U0794666

普通高等教育"十二五"规划教材

精细化学品剖析及常用技术原理

贾长英　唐丽华　张晓娟　陈　红　等编著

中国石化出版社

内 容 提 要

本书从应用与创新型精细化工人才的培养目标出发，以剖析过程为主线，以典型精细化学品的剖析为实例，按照剖析工作的一般程序，系统介绍剖析过程中常用且易于实现的经典方法和现代分离、分析技术，同时对分离方法的最新进展、性能检测的最新标准也作了相应介绍。书中前5章从实用角度出发，重点介绍剖析过程中各阶段常用技术及其主要原理、特点。第6章以产品剖析为例，说明各技术在不同类型精细化学品剖析中的选择与应用。

本书可作为高等院校化学化工类相关专业的相应课程教材，也可作为化学化工行业的科技人员，尤其是从事应用化学专业的新产品研发人员的培训教材和参考资料。

图书在版编目（CIP）数据

精细化学品剖析及常用技术原理／贾长英等编著．—北京：中国石化出版社，2011.8（2023.1 重印）
普通高等教育“十二五”规划教材
ISBN 978-7-5114-1134-1

Ⅰ．①精… Ⅱ．①贾… Ⅲ．①精细化工-化工产品-化学分析-高等学校-教材 Ⅳ．①TQ075

中国版本图书馆 CIP 数据核字（2011）第 163212 号

中国石化出版社出版发行
地址：北京市东城区安定门外大街 58 号
邮编：100011　电话：(010)57512500
发行部电话：(010)57512575
http://www.sinopec-press.com
E-mail：press@sinopec.com
北京科信印刷有限公司印刷
全国各地新华书店经销
*
787×1092 毫米 16 开本 16 印张 397 千字
2023 年 1 月第 1 版第 4 次印刷
定价：35.00 元

前　　言

依据《教育规划纲要》的要求，我国高等教育的发展任务将定位在以全面提高质量为重点，更加注重提高人才培养质量、提升科学研究水平、增强社会服务能力，到2020年高等教育的最大重点就是战略性地转变发展理念及全方位注重教育质量。

精细化工是石油和化学工业的深加工产业，日渐成为石化工业发展水平的重要标志，对专有技术依赖性强，市场转型快，属快进快出的产业。由于精细化工产业门类多，受到产业政策影响大，从结构调整和技术进步角度看，培养具有剖析与研发能力、创新与实践能力的应用型高技能人才，必然是未来国内精细化工人才需求的发展方向之一。

目前，国内同类书籍屈指可数，有的侧重于学科研究，理论偏深；有的侧重于分析检测，仅适用于相关产品的质量监控。本书则依据高教改革需要和未来精细化工人才发展方向进行构思和编写，以产品剖析过程为主线，以典型精细化学品剖析为实例，按照剖析工作的一般程序，以总-分-总的结构形式，系统介绍了剖析过程中常用且易于实现的经典方法和现代分离、分析技术。结合剖析技术综合性和精细化学品产品复杂性等特点，本书加强了常用分离、分析技术的主要原理和应用特点的对比论述，以培养学生的辩证思维能力和一定创新意识，为将来从事精细化工产品的生产、新产品剖析与开发研究等奠定基础。

全书共分6章，第1章对精细化学品剖析的含义、作用、研发特点及常用技术、剖析程序与过程等进行阐述；第2章至第5章，按照剖析过程，系统介绍样品分离与纯化、物性常数测试与纯度鉴定、谱图解析与结构推测、合成验证与性能测试等的常用技术及其主要原理、应用特点及选择等内容。第6章则以前述方法和原理为基础，结合几类典型精细化学品的特点，阐述各种分离、分析方法在产品剖析中的运用。各章后附有一定数量的思考题，便于学生学习和复习。

本书由沈阳工业大学贾长英、唐丽华、张晓娟、陈红等教授编著而成。编著的完成得益于国内参考资料，主要参考文献列于书末，编者对书中相关内容的各位列出作者或因篇幅所限、查证困难等原因未能列出的各位作者表示诚挚的谢意！同时，本书的完成和出版得到了陈延明、李福宝、李素君等院领导的支持和指导，程贵刚、张丹阳、邹明旭、王凤洁、王永杰、程军、朱海峰、吴连印、庄殿铮、杨旭鹏等老师的积极协作，2002级应用化学专业由奉先、孙钦杰同学以及2003级应用化学专业任传佳等同学的帮助，在此一并表示衷心感谢！

全书由沈国良教授主审。

鉴于水平和能力所限，书中不当之处在所难免，敬请各位专家学者和读者朋友不吝指教。

编　者

目　录

第1章 精细化学品剖析概论

1.1 精细化学品的含义及其门类

1.1.1 精细化学品的含义及其特点

精细化学品(fine chemicals)是精细化工产品的简称，是化学工业中用来与通用化工产品或大宗化学品(heavy chemicals)相区分的一个专用术语。前者指一些具有特定应用性能的、合成工艺中步骤繁多、反应复杂、产量小而产值高的产品，例如医药、化学试剂等；后者指一些应用范围广泛，生产中化工技术要求高、产量大的产品，例如石油化工中的合成树脂、合成橡胶及合成纤维三大合成材料等。

到目前为止，对精细化学品的定义还没有一个公认的比较严格的提法；归纳起来，主要是从产品制造角度和技术经济角度来下定义。其中得到较多公认的定义，是指对基本化学工业生产的初级或次级化学品进行深加工而制取的具有特定功能、特定用途、小批量生产的系列产品，称为精细化学品，有时也称为专用化学品。

这些产品具有以下特点：①品种多，更新换代快；②产量小，大多以间歇方式生产；③许多为复配性产品，配方等技术决定产品性能；④具有功能性或最终使用性；⑤产品质量要求高；⑥商品性强，多数以商品名销售；⑦技术密集性高，要求不断进行新产品的技术开发和应用技术的研究，重视技术服务；⑧设备投资较小；⑨附加价值率高等。

由于此类产品门类多、商品性强、生产工艺精细，有些产品的化学反应与工艺步骤复杂(如药物)，附加值高，投资少，利润大，对市场适应性强，服务性强，产品更新换代快，技术密集性高等特点，因此需要不断进行新产品研发，而新产品研发离不开剖析技术。

1.1.2 精细化学品的门类

关于精细化学品包括的范围，各国的见解不甚一致，大体可归纳为：医药、农药、合成染料、有机颜料、涂料、香料与香精、化妆品与盥洗卫生品、肥皂与合成洗涤剂、表面活性剂、印刷油墨及其助剂、粘接剂、感光材料、磁性材料、催化剂、试剂、水处理剂与高分子絮凝剂、造纸助剂、皮革助剂、合成材料助剂、纺织印染剂及整理剂、食品添加剂、饲料添加剂、动物用药、油田化学品、石油添加剂及炼制助剂、水泥添加剂、矿物浮选剂、铸造用化学品、金属表面处理剂、合成润滑油与润滑油添加剂、汽车用化学品、芳香除臭剂、工业防菌防霉剂、电子化学品及材料、功能性高分子材料、生物化工制品等40多个行业和门类。

精细化工的发展程度是一个国家综合国力和技术水平的重要标志之一。随着科学技术的发展和进步，精细化工的门类和精细化学品的品种越来越多，应用的领域和范围也越来越广。而精细化工特别是新领域精细化工一直被列为我国化学工业发展的战略重点之一。

1.2 精细化学品剖析的含义及作用

剖析是指运用化学和物理等方法对一个复杂样品(精细化工产品、环境分析样品、天然物等）进行全面系统的分析鉴定过程。

精细化学品剖析（analysis of fine chemicals）是指通过多种化学或物理分析测试手段的综合运用，对各类精细化学品中未知物质的化学成分进行定性和定量、复配型产品进行配方研究的全面系统的分析工作。

通过剖析，可以为科研及生产中调整配方、新产品研发、改进生产工艺、提高产品的核心竞争力等提供科学依据。剖析技术广泛应用在环境科学、材料科学、生命科学、精细化工及天然物的成分分析，其在国民经济中的重要作用日益显著。

精细化学品的产量虽小，但品种繁多、用途广，几乎渗透到一切领域。可以说，国民经济各部门，现代工业的一切产品，人们的衣食住行，现代国防和高新科技，环境保护、医疗保健等都与精细化学品有关。新型精细化学品的技术开发需要剖析技术，通过产品剖析解决关键技术问题和难题，不仅可直接产生经济效益，而且能提高产品的竞争能力。

1. 剖析工作是开发新产品的侦察兵

要开发一种精细化工新产品，首先必须了解国内外的信息，而剖析工作正是获得这种信息的特殊而有效的工作。例如，许多国内外的精细化工产品性能优异，但价格昂贵，未知其化学结构和配比。通过剖析，就可获得其详细结构和配比，从而为开发自己的产品打下基础。如我国的彩色感光材料工业，在 20 世纪 70 年代起步时就是从剖析工作开路，瞄准世界先进水平，获取了大量感光有机物结构的信息。以此为起点，开创了具有中国特色的感光材料工业体系。

2. 剖析工作是产品升级换代的先行兵

在农业生产中，施用农药以防治病、虫、草害是保证农业丰收的必要手段，但化学农药因对人、畜的安全危害和对环境的污染又受到日益严格的管制。而一种农药施用过久，则病菌、害虫和杂草会对其产生抗药性，因此，需要不断开发高效低毒的、能自然降解为无毒物质的新农药。近年来，通过剖析技术，农用杀菌剂、灭虫剂和除草剂推陈出新。增效、缓释长效的新剂型不断推出，功效卓越的植物生长调节剂更新换代，为农业发展提供了条件。

精细化工具有品种多、技术密集度高、竞争剧烈、更新换代快等特点，尤其是品种的多少是衡量一个国家精细化工水平的综合性标志，也是一个企业成败的关键。为了达到多品种的目的，任何一个精细化工企业都应紧紧跟踪市场，对国内外市场上出现的新产品随时进行剖析，找出其内在结构组成的关系和规律，也就是找寻这一领域最先进的科技水平。它山之石，可以攻玉，以剖析结构作参考，从而使本企业产品升级换代。例如，1983 年我国进口的尼龙拉链的机械强度、耐磨、耐热、寿命等性能均明显优于国产尼龙拉链。为此，有关部门对进口拉链的材料进行剖析，发现其主要为尼龙-66（锦纶），而国产拉链却是尼龙-6（卡普隆）。通过剖析搞清了两种尼龙拉链的材质差别，为国产拉链提高质量指明了方向。

在轻纺、电子等工业生产中，都要使用精细化学品作为辅助性原材料。如轻纺工业产品须经使用涂料、染料、印刷油墨或电镀助剂的加工过程，才能成为美观耐用的产品。由棉纱或化纤织造纺织品的过程中，许多工序需要使用各种助剂，如柔软剂可使织物手感更柔滑，媒染剂可使颜料易染到织物上，固色剂可使染色牢度大大提高；用不同优质助剂进行染整，才能织出花色品种各异的纺织品。又如，坯皮至少要经过鞣革剂、涂饰剂、加脂剂等皮革化学品的处理，才能制成皮革。聚氯乙烯树脂必须用稳定剂、增塑剂和其他化学品加工，才能制成各种塑料制品。纸浆要用施胶剂、助留剂、增强剂等加工，才能制成不同用途的纸张。这些产品的生产和性能的改进离不开精细化学品以及精细化学品剖析。

3. 剖析工作是开发利用自然资源的前提

我国有丰富的自然资源，其开发和利用对国民经济发展有重大意义。特别是在“回归自然”的潮流下，现今世界上天然产品倍受青睐，对天然资源的综合剖析将是其扩大利用的前提。例如，在江南，满山遍野生长着山苍子树，长期以来其果实未被利用。后来有不少学者对其进行了剖析和研究，从山苍子果实中提取了山苍子油，并对其进行分离鉴定，发现山苍子油中含70%～80%柠檬醛，这一化合物是合成紫罗兰酮、维生素A等香料、医药及其他日用化工产品的重要原料；同时还发现山苍子核仁油含40%～50%的C_{12}脂肪酸，其组成与椰子油相似，可以用来合成多种化工产品和表面活性剂，于是就节省了大量昂贵的椰子油。由此可见，山苍子资源的利用是以其化学成分的剖析为基础的。

4. 剖析工作有利于治理“三废”，变废为宝

治理和保护环境是人类当前面临的十分严峻的任务，而“三废”治理离不开剖析工作。以废水处理为例，一般废水中含有多种成分，如重金属、氰化物、氟化物、砷化物、酚类、富氧污染物、多环芳烃等。首先要应用吸附、絮凝、过滤、离子交换、反渗透等分离技术，对废水进行分离和分级处理；然后分析鉴定各污染物的类别；最后还要测定处理后水的纯度和污染物的去除情况等。在这过程中，既处理了废水，又回收了废水中某些有用物质，变废为宝。而这一切正是剖析工作的主要内容。

5. 剖析工作是保证正常生产的关键

各种化工或医药产品的生产过程一般较长，有时需要有十几个步骤，控制各步骤中间体的质量是保证生产正常进行的关键，这就需要对各阶段的中间体进行及时剖析。在生产过程中，分析测试与剖析技术可为我们提供快速的跟踪手段，以保证生产的所有工序都处于正常状态；在新产品研制过程中，要及时掌握产品的质量、中间体的性质、可能产生的副反应和副产品性质等，也都要进行一系列的剖析工作。

综上所述，剖析是精细化学品生产与发展的一项重要手段，对研制新材料、开发新产品、利用新资源、提高和确保产品质量、确定合理工艺、综合利用副产物等均有重要作用。

因此，国内外许多研究和产业部门均有一支强有力的剖析技术队伍，对本行业的最新信息和产品进行及时剖析。对于研究精细化工配方工艺的工作者来说，必须懂得剖析这一特殊技术的作用和一般程序。一旦遇到需要剖析的样品，就可自行剖析研究或委托专业单位进行剖析，并对剖析结果作出正确的评价。

科学技术的发展离不开剖析，剖析工作是科学技术进步和发展的“眼睛”，同样也是精细化学品研发、生产、贸易和销售全过程中的“眼睛”。

1.3 精细化学品的研究方法与常用技术

1.3.1 精细化学品的研究方法

精细化学品的技术开发与通用化学品不同。后者是解决现有产品存在的问题，通常谋求以尽可能低的消耗(原料、工时、能源等)，获得高产率和高纯度的工艺。精细化学品的技术开发则是解决用户需求问题，通常是针对用户对产品性能提出的新要求而开发新系列、新一代或新领域且售价用户可以接受的产品。为此，常需采用以下研究方法。

1. 合成和筛选具有特定功能的目标化合物

要合成和筛选具有特定功能的目标化合物，在着手研究之初，首先应进行用户及市场调

查，切实了解产品的技术要求和产品在应用过程中所经受的物理和化学变化；并且在掌握了该类化学品的基本知识和阅读了有关专著和综述性文章的基础上进行文献查阅，然后运用化学理论设计并合成一系列目标化合物，再通过性能或有关性质的检测从中筛选出相对理想的目标化合物。实际生产实践与新产品开发中往往不能在一轮筛选中达到理想的目的，这时还需要跟踪已发现的构效规律作较深入的研究，最后筛选出目标产物。

当产品功能的作用机制和干扰因素不太复杂时，按上述步骤常可较快地筛选出性能较佳的产品。例如，使用邻苯二甲酸二辛酯类增塑剂时，其挥发性较高，耐抽出性和迁移性不够理想。按化学理论，这些“耐久性能”是随着增塑剂的相对分子质量增加而改善的，但相对分子质量过高又可能影响塑料的加工性能。所以，研究人员合成了己二酸与二元醇的系列缩聚物。根据应用效果的比较，从中筛选出两个耐久性能极佳的产品，分别是相对分子质量为1000~8000的聚己二酸-1,2-丙二酯和聚己二酸-1,3-丁二酯。它们更适用于作高温电缆绝缘层和室内装修材料的聚氯乙烯增塑剂(前者成本较低，而后者耐寒性较好)。

某些生物化学功能的精细化学品，有关作用机制的资料往往比较缺乏，开发这类化学品的初期，常模拟已知功能的天然产物的结构，合成一系列类似物并测试比较其功能，从中筛选出功效满意而经济效益高的产物，或取得有关构效关系的信息以进行深入研究，逐步逼近目标。例如，20世纪20年代确定了具有高效杀虫力的除虫菊花中有两种主要活性成分——除虫菊素Ⅰ和除虫菊素Ⅱ的化学结构后，合成了多种结构类似物，并从中筛选出许多比除虫菊素Ⅰ和除虫菊素Ⅱ更加高效低毒，而合成成本较低、物化性能更优、杀虫谱广的拟除虫菊酯，为植物保护和家居卫生提供了一大类优于其他农药的杀虫剂。用类似的研究方法，人们在研究麝香酮和灵猫酮结构类似物的香气的基础上，开发出多种类麝香型香料，分别作为高、中档化妆品用香精调香时使用。

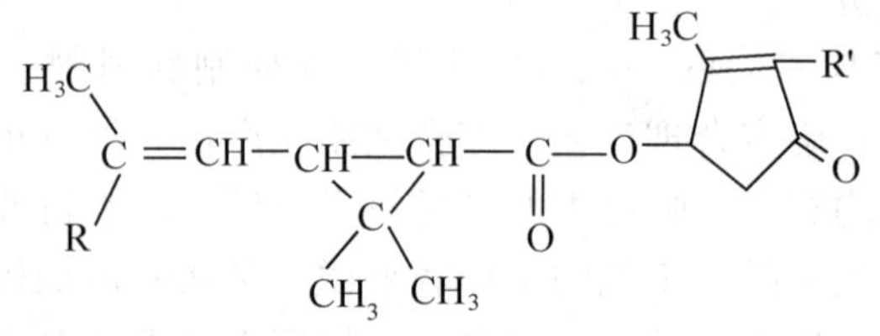

天然除虫菊酯(在除虫菊花中含量一般为0.5%~3%)

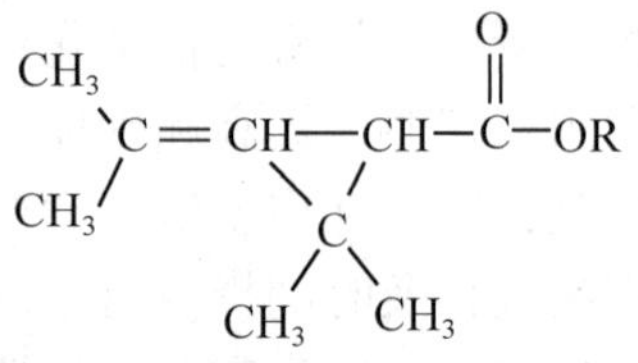

合成的除虫菊酯

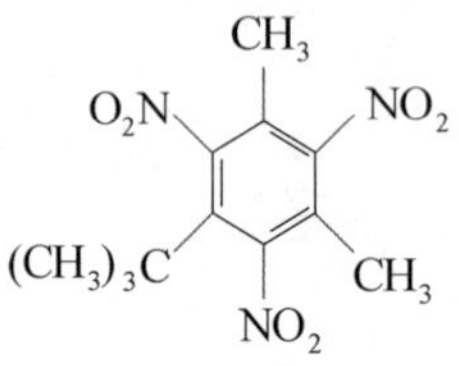

二甲苯麝香

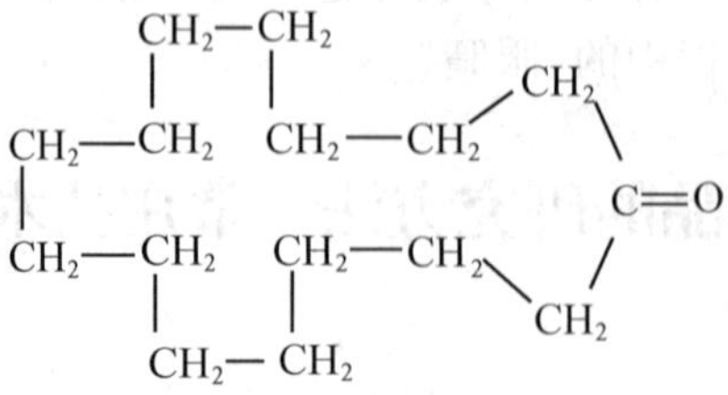

环十五酮(麝香)

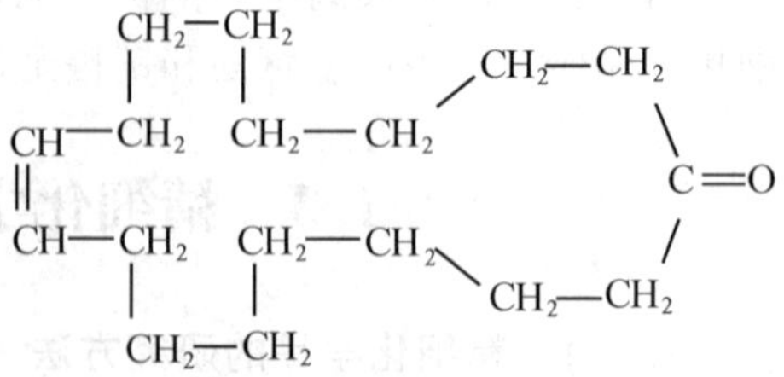

9-环十七烯酮(灵猫香)

2. 配方研究

单一化合物不能兼备用户所需的各种性能，许多精细化学品是以多种成分复配制成的。

配方的研究必须设计目明标确。例如为了发挥主要活性成分的功能，同时赋予产品其他功能或抑制其不良性能，为了调节产品的性状和物理性质以方便使用，为了增加产品的储存稳定性等目的而选用适当的配方原料。但是即使选料正确，各原料的用量配比和配制工艺条件都会对产品性能有很大影响。某种原料的用量不当，还将对产品性能产生不良的作用。因此，配方研究需做大量的工作，研究时应尽量参考前人从配方中积累的经验和文献上有关的基础性研究成果。进行改进性配方研究时，在现有产品成熟配方的基础上，集中研究要解决的关键问题，常可获得满意的结果。

配方设计的主要依据：产品的基本功能，产品的经济性、安全性、地域性和原料易得性。

配方研究的基本过程：配方设计→配方的实验室研究与优化设计→模拟试验→现场应用试验→产品质量标准的制定→产品的鉴定等。

配方设计的主要内容包括：产品性能指标(含剂型)设计和配方原理及结构设计。

配方实验室研究的主要内容有：主成分及辅助物质的筛选；组分配比的确定；配方工艺的确定；原材料质量规格的确定等。

3. 产品性能的检验

有机合成研究工作中，产品是否达到要求是以结构分析和纯度测量结果来衡量的。精细化学品的研究，其结果则以产品的性能，即它的应用效果来衡量。精细化学品中允许存在的杂质含量也是以它对产品性能的影响大小而定的。

因此，研制新型精细化学品时，化学分析结果不能作为筛选产物的依据，最终产物的优劣，要从它的应用效果来评定。对于仿制的精细化学品来说，研制阶段可以根据化学分析数据来评估阶段性结果，但最终仍要进行应用性能的全面测试，并与其他厂家的样品测试数据及其技术指标相比较。

性能检测通常要使用专用设备，按标准的操作程序进行，因此，剖析工作者从事精细化学品的新产品研制时，必须有应用部门或相关研究单位的协作。

4. 应用技术研究

精细化学品要以适当的技术操作应用在合适的对象上，才能充分发挥它的功能，否则毫无效果。例如，胶黏剂的胶接强度与被粘材料的种类、表面处理情况、胶层厚度、固化湿度和时间、环境湿度、施工压力等因素有关，在最佳操作条件下才能得到满意的胶接强度。因此，开发精细化工新产品应结合应用技术的研究，才能最终将产品变成商品。

5. 工艺流程的设计与优化

研制的产品具备满意的性能以后，还要使其成本和售价达到生产厂家和用户可以接受的程度。因此要对合成路线、工艺条件、操作方式等进行优化研究。工艺流程的合成与优化是新产品开发的重要内容，随着开发研究的深入而逐步完善。

(1) 工艺流程的内容

以化学反应为核心，连接反应前后对物料的处理，形成由原料到产品的生产工艺程序，即为工艺流程。对于不同的产品，由于化学反应和物料在反应前、后的处理方法和要求不同，而会有不同的工艺流程；即使同一种产品，由于生产原料、生产厂家等环境条件的差异，也会有不同的工艺流程。尽管生产各种产品的工艺流程繁简程度和组合方式各不相同，但以化学反应为核心，配合反应前、后对物料的处理及有用物料的循环这一基本结构不变。工艺流程的内容包括工艺流程图和流程说明书。

流程说明书的内容包括工艺原理和工艺步骤的说明、生产物料的规格和要求、工艺条件和控制的技术要求以及生产规模、产品规格和生产指标等。

（2）工艺流程的设计与优化

设计工艺流程是一项复杂的技术工作，需要从技术、经济、社会、安全和环保等许多方面综合考虑，其中需特别注意的有：技术的成熟程度，技术的先进性和可靠性的关系，流程的可操作性，投资和操作费用，安全、环境和生态等因素。

选择合适的合成路线是流程设计中首先需要考虑的问题，其中需要考虑的因素有：①生产成本；②产品和副产品经济价值的分配；③反应的自由能（$\Delta G<0$ 的反应较易进行，此时的反应路线可以考虑选择；$\Delta G<40$kJ/mol 时，ΔG 处于较小的正值，此时的反应路线还值得考虑；$\Delta G>40$kJ/mol 时，ΔG 处于较大的正值，反应较难进行，此时的反应路线只有在特殊情况下才作考虑）。

操作方式的选择在流程设计与优化中也很重要，操作方式通常有连续操作和间歇操作。通常：①生产规模小（生产能力小于 4500t/a）的装置；②市场需求具有较强季节性的产品（如时令医药和农药）；③受特殊条件（反应速率极慢、反应物料中有泥浆状物质、生产过程中易产生结垢或结块而需要频繁清扫等）限制的情况适宜采用间歇操作。

此外还需考虑的因素有：原料预处理的判断，产物流股数的确定，反应器的选型等。

1.3.2 精细化学品研究的常用技术

精细化工产品的特点是品种多、技术密集，对产品合成过程、终点的控制以及产品的质量都要求严格。化学分析法是产品合成过程、终点的控制以及产品的质量监控的常用手段，色谱法及波谱分析技术是精细化工中用于分离、定量分析和结构鉴定的重要手段。

1. 化学分析法

虽然现代仪器分析在研究和生产中已占有主导地位，但是一些经典的化学分析和分离技术在精细化工领域分析测试中的作用不应被否定。

过滤、蒸馏、萃取、重结晶等经典分离方法仍是制备及提纯试样的最简单、实用的常用手段；经典的以化学反应为基础的点滴分析对某些化合物的定性鉴定，至今仍是一种快速、准确的定性方法。如用高锰酸钾退色检验不饱和键、用2,4-二硝基苯肼检验化合物中是否存在羰基、用重氮盐在碱性介质中偶合生成有色物质鉴定是否为酚类化合物等。化学反应点滴分析有较高灵敏度，且不一定要用纯物质，以埃利希试剂检验芳胺为例，检出限为微克（μg）级。

在仪器分析中有时还需与化学反应相配合（如化学衍生化等方法）才能获得更为可靠的信息，仪器分析中常用的标准样常用化学方法进行标定。同时，化学分析法也在不断改进，如新的显色剂、掩蔽剂、络合试剂等的不断出现，促进了化学分析法的发展。

有些化合物不能直接用化学分析或仪器分析方法测定时，可将其在一定条件下降解或热裂解成小分子化合物，再进行分离鉴定，如多糖类的酶降解及偶氮基的还原裂解等。另一些化合物，如硝基化合物不易定性检出，可将其还原成氨基后检出；含羧基的化合物经衍生化之后生成稳定性好、易挥发的物质，可用气相色谱分析；无机离子用有机试剂络合后进行比色测定。总之，化学分析法在精细化学品剖析中仍具有不可替代的作用。

2. 色谱分析法（Chromatography）

色谱法是多组分混合物的分离、定量分析和化合物结构同一性鉴定的有效方法。

气相色谱（GC：Gas Chromotography）和高效液相色谱（HPLC：High Performance Liquid Chromatography）在定量分析方面的精确性比较突出，其准确度为 2%；通过与标准样品的保留值进行比较的方法，可进行定性分析，但可靠性不大，对于未知结构的化合物，不可能提供详细的结构信息。

气相色谱主要适用于热稳定性好、易挥发的中小相对分子质量的化合物($M\leqslant400$)的定量分析；而高效液相色谱几乎适用于所有有机化合物的分析。

薄层色谱(TLC：Thin Layer Chromatography)的优点是设备和操作比较简单、展开速度快、应用和分析对象广，无论是无机、有机、药物或生物大分子都可以用薄层色谱进行分离鉴定，但该法的定量误差较大，一般为5%~10%。从化合物的性质来看，无论是非极性、极性或离子化合物等各种类型物质的分离、精制、鉴定和半定量分析用薄层色谱都非常有效，薄层色谱在精细化学品的开发研究和生产过程中的质量控制中应用广泛。

纸色谱(PC：Paper Chromatography)虽然展开时间较长，但用于强极性化合物和离子化合物(如含磺酸基团的水溶性物质)的分离和定性鉴定方面非常有效。

在分离和制备纯样方面，柱色谱(CC：Column Chromatography)有其突出的优点。它比经典分离方法(如蒸馏及萃取等)的分离效率高，而与高效液相色谱相比，则不需要昂贵的分析仪器。柱色谱的流动相和吸附剂固定相的更换方便，可根据被分离对象的性质进行选择，也可以通过改变柱的长度、直径和吸附剂颗粒的大小来改进柱效，柱色谱的分离量可以是微克(μg)至克(g)级。

3. 波谱分析法(Spectrum Analysis)

紫外-可见光谱(UV-vis：Ultraviolet-visible Spectroscopy)、红外光谱(IR：Infrared)、核磁共振谱(NMR：Nuclear Magnetic Resonance Spectroscopy)和质谱(MS：Mass Spectrometry)四种波谱分析技术，是精细化学品剖析中定量分析和结构鉴定的重要手段，对于解析有机化合物的结构非常有效。结构不同的有机化合物各有其特征的波谱图，构成谱图的基本要素是谱峰的位置、强度和形状。不同波谱方法所提供的结构信息种类互不相同，所以要根据分析的要求和样品的特点有效采用。波谱图中横坐标指示峰位置，可用于物质的定性，纵坐标指示峰的强度，可用作物质的定量指标。

(1) 紫外-可见光谱(UV-vis)

紫外-可见光谱主要适用于含共轭双键的分子，尤其是芳环、稠环和杂环化合物的分析。紫外-可见光谱图所提供的信息量较少，图中的峰很宽且数目少，不可能对分子结构给予准确的表征。该法的突出特点是灵敏度高，常作为定量分析的工具，对大多数芳烃化合物的检出极限可达ng~pg($10^{-9}\sim10^{-12}$g)，也是高效液相色谱中最常用的检测方法。一般情况下，用紫外-可见光谱作定量分析的样品应该是纯样，有混合组分共存时，由于吸收的加合性可能导致错误的结论。定量分析的常用方法有标准曲线法(工作曲线法：$A-C$关系曲线)和标准对照法(该法需要纯度较高的标准样品)，它们适合于样品溶液中单组分的定量测定；多组分的同时测定方法有双波长分光光度法和导数分光光度法。

紫外光谱定性鉴定的主要依据是λ_{max}和相应的ε_{max}以及吸收曲线的形状、吸收峰的数目。不同结构的化合物具有不同的吸收特性，相同结构的化合物，紫外吸收光谱应完全相同；但是，具有相同吸收曲线，并不一定是结构相同的化合物。因此，为鉴定某一化合物的结构，紫外吸收光谱还应与化学分析法、红外、质谱、核磁等方法配合使用。

紫外光谱在化合物定性鉴定方面的应用主要有以下几个方面。

①把样品谱图与被推测物质的标准光谱图进行比较，判断是否为同一化合物。

②确定混合物中某一特定的组分是否存在或鉴定一个纯样品中是否含有其他杂质。

③推断化合物的骨架结构；

④判断顺反异构体、互变异构体。

紫外光谱进行化合物结构定性的缺陷是不能鉴定饱和物质及结构相似的化合物。

(2) 红外光谱(IR)

红外光谱图有较多的吸收峰，可以提供分子中含有的官能团和结构类型等信息。红外光谱适用范围广，无论气体、液体、固体或悬浮体都可进行分析，少量氯化钠等无机盐的存在也不会影响给出的结构信息。与此同时，红外光谱已积累有十余万张标准谱图供解析谱图中参看使用。在鉴定未知结构化合物或要确定化合物中是否含有某特定基团时，都可以对试样先做一张红外光谱图以获取必要的信息。对于已知结构的化合物可以采用与标准样品或标准谱图对比的方法予以肯定。

红外光谱图提供的结构信息虽然比较丰富，但对谱图中各峰的归属尚难以全部解释清楚。对于含量较少的组分(基团)检出不敏感。如用红外光谱法检测相对分子质量约1000的化合物中是否存在有一个甲基，就可能没有信息出现。所以单纯依靠一张红外光谱图来确定化合物的结构是比较困难的。

(3) 核磁共振谱(NMR)

核磁共振谱是记录磁矩不等于零的原子核在外加磁场中吸收外界微波辐射能量后，从基态跃迁到高能态的共振现象的谱图，其中核磁共振氢谱研究得多，应用广，并有标准谱图可供参考，在未知有机化合物结构鉴定时还需要核磁共振碳谱。

在各类波谱分析方法中，核磁共振谱提供的信息量最为严格和准确，如分子中烷基基团的类别、异构体的区分等都可以找到对应的吸收峰，进行归属和解释。对于结构比较简单、相对分子质量不大的化合物，根据核磁共振谱的信息，并结合其他波谱的信息，基本可以推测出化合物的结构，必要时可采用与已知标准样进行对比的方法进行确定。

核磁共振谱的不足之处是样品必须溶解在价格昂贵的氘代试剂中，并需要有足够的浓度才能进行测试，即相对于其他波谱方法，核磁共振谱的灵敏度较低，一般为微克(μg)级。此外，核磁共振仪器本身的价格以及日常的运转费用都比较高。

(4) 有机质谱(MS)

质谱图是记录分子在外界因素作用下电离生成离子，再在电场或磁场中运动，按不同质量和所带电荷比而互相分离的谱图。质谱分析最大特点是灵敏度高、快速，最低检出极限可达10^{-12}g，质谱图可以提供化合物的相对分子质量。尽管根据裂解碎片可推测化合物某些结构，但对于异构体识别、分子空间构型和判别基团连接方式等困难。此外，质谱使用前要根据被分离样品挥发程度的难易、热稳定性等因素选择不同电离技术，才能得到可靠满意的结果。

4. 联用技术

色谱法是一种很好的分离技术，可以将复杂的多组分混合物分离成单一的纯组分，但其定性能力较差；四大波谱方法尽管是良好的定性方法，但适用于纯样。将色谱仪和光波谱仪联用，则可同时解决复杂混合物的分离和结构的定性。其联用的关键是特殊的接口。

(1) 气相色谱-质谱联用

气相色谱-质谱联用仪器已实现商品化，应用较多。对于分离后各个已知组分的定性可以提供可靠的信息，对于未知组分可以提供相对分子质量信息。

(2) 液相色谱-质谱联用

由于液相色谱的流动相是液体，直接进入质谱将会破坏质谱系统的真空，因此液相色谱

-质谱联用技术发展缓慢。随着流动相液体收集技术的解决和能使离子化合物和难挥发物质离子化的电喷雾电离/常压化学电离接口技术的成熟，液相色谱-质谱联用技术也有了迅速发展，并已实现商品化。但目前液相色谱-质谱联用技术尚有一定的局限性，流动相中添加的难挥发无机盐及相对分子质量较大的有机离子对试剂会产生干扰。

综上所述，化学分析法、色谱法和波谱法在分离、结构分析和定量分析等方面都有许多突出的优点，各有长处和局限性。至今还没有一种能超出其他方法之上的万能方法，因此需要对每种方法的基本原理、应用范围和能提供的数据信息有充分的了解，才能用得恰到好处。主要分析方法的比较见表 1-1。当一种化合物有几种测定方法时，需要根据试样组成、被测组分的性质、含量、可能存在的干扰因素以及实验室具备的条件等进行选择和应用。

表 1-1　主要分析方法的比较

分析内容 \ 分析方法		UV	IR	NMR	MS	GC	HPLC	GC-MS	HPLC-MS
已知化合物	定性　验证	△	☆	☆	△		△	☆	☆
	定量　纯度	☆	◇	△	△	☆	☆	△	△
未知化合物	相对分子质量	×	×	×	☆			☆	☆
	官能团	△	☆	◇	◇				
	不饱和键	☆	☆	☆	◇				
	脂肪族化合物	×	◇	☆	☆				
	芳香族化合物	☆	☆	☆	☆				
	杂环化合物	△	△	◇	◇				
	异构体	△	◇	☆	△				
	立体异构	△	△	☆	△				
	高分子化合物	△	☆	☆	◇				
	生物大分子	△	△	◇	◇				
	天然产物	△	△	◇	◇				

注：☆ 十分有效，信息丰富；◇ 有效；△ 有时有效，信息少；× 无效，不适用。

剖析工作需要完备的分析测试仪器设备为手段，包括核磁共振波谱仪、红外光谱仪、色谱-红外光谱联用、气质谱联用仪、液质谱联用仪等高精尖设备，更需要分析技术人员有高超的理论知识和丰富的实践经验。

1.4　剖析技术的发展及特点

1.4.1　剖析技术的发展

剖析技术的发展主要分为三个阶段。

1. 化学分析法阶段

剖析技术的发展已经历了 200 多年的历史，最早的剖析工作主要应用于测定天然物的化学结构。20 世纪 50 年代以前主要是应用化学分析法，即将待测试样经过氧化燃烧，与各种专属试剂反应，以确定其基本化学骨架和官能团，然后通过合成验证。这种方法历时长，花费大，误差大。如 1803 年从罂粟中分离出一种白色化合物，定名吗啡，具有明显的镇痛作用，又有巨大的成瘾性。人们对其化学结构进行了长期持续的研究，直到1881年经过锌粉蒸馏，分离得到产物菲，说明有氢化菲环结构，并根据降解产物才确定了三个氧官能团的位置。到1925年古兰德和R罗宾逊提出吗啡的结构式，但没有确定乙胺基的位置。最后到1952年全合成吗啡成功，才正式确定了它的化学结构式，前后共花了149年时间。同样，另一个生物碱番木鳖碱的化学结构鉴定，从1891年到1946年，共花了53年时间。

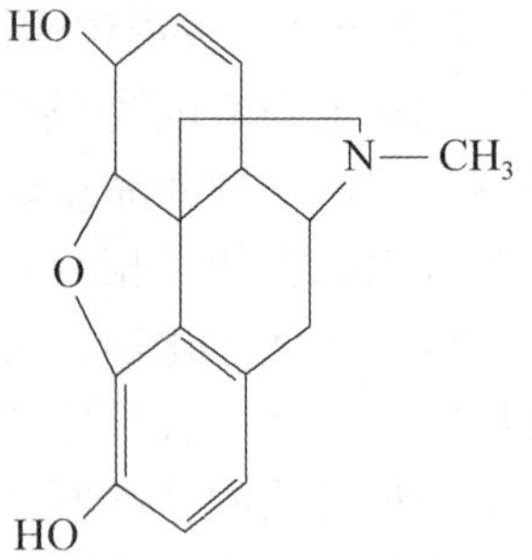

吗啡

因此，20世纪50年代前的天然物结构剖析工作，历时长，需要样品量大，消费大量化学试剂，结构分析后的样品一般均被破坏，这种剖析工作属破坏性剖析。

2. 色谱、波谱法阶段

20世纪50年代以后，色谱分离法应用于剖析技术，使分离程序简化，分离效果提高；用已知样品进行色谱分离，可对比鉴定，节省了测试时间及样品用量。特别是各种波谱测定方法应用于剖析技术后，可以对大部分化合物进行原始状态的分析，即非破坏性剖析，分析所需样品少，而得到的数据多。一般一个有机物结构测定的平均时间为一周到数十天。

3. 新型分析仪器联用技术和计算机专家系统阶段

20世纪80年代后期，分析科学领域中不断涌现出新技术、新方法，为剖析研究提供了新的有力工具。新的分离方法和新的仪器联用技术使分离手续简化，并能提供更灵敏、更丰富、更准确的结构信息，这就提高了解决复杂体系、复杂结构的能力。

色谱与波谱技术直接联用，如：气相色谱/质谱(GC/MS)，高压液相色谱/质谱(HPLC/MS)，气相色谱/傅里叶变换-红外光谱(GC/FT-IR)等方法已被广泛应用。近年来超临界流体色谱(SFC)的发展弥补了GC和HPLC法的部分缺点，更易实现与MS和IR的联用，市场上已有SFC/MS、SFC/FT-IR联用的商品仪器。毛细管高压电泳(CZE)技术可高效地分离生物大分子，并可实现与质谱的联用。这些新分离技术的出现使分离技术的应用范围更加宽广。

计算机进入剖析领域，使剖析工作有了质的飞跃，如实验数据和图谱的存储、检索、加减、平滑处理、复杂的数学运算等。当今，计算机应用已成为分析仪器数据的常规手段，尤其是各种标准图谱库的建立，有效地减轻了剖析工作者在查找图谱时的麻烦。近年来计算机专家系统在有机波谱结构剖析和推断中已有了显著成绩，首先是建立了知识库，将已有的波谱与结构相关知识加以归纳、总结，并存入计算机的知识库中。专家系统根据知识库中提供的丰富知识和规律，进行逻辑推理和判断，提出可能的结构。这样对剖析工作起到了良好的启示作用。

剖析技术发展到今天，剖析一个有机化合物化学结构的时间已缩短到只要数天，甚至仅数小时。剖析作为一种复杂体系综合分析研究的学术地位和应用价值，必将得到普遍的认识和重视，在国民经济中必将发挥更大的作用。

1.4.2 剖析技术的特点

剖析技术是集分离、分析、结构鉴定和合成等方法相结合的综合技术，它具有如下特点：

1. 剖析对象复杂性

(1) 样品组成复杂

剖析技术所面临的工作对象常常是组成十分复杂的体系。剖析对象可能是国内外的新产品或生产过程中的中间体，也可能是天然资源或“三废”处理样品。剖析对象的组成有的较简单，仅含数种成分，但大多数是复杂的配方，含数十种组分。需剖析的样品有的较多，可充裕地进行各种分离测试，有的却只有几毫克，甚至是微克级，需用精打细算。

（2）样品中各组分的含量、状态及分布各异

有些样品的待测组分含量甚微，其浓度只有百万分之一或更低。有的样品需对其进行三维空间分布的分析，有的需了解其分子构型构象、价态、活性等信息。

（3）样品组分的稳定性不同

有的样品在加工、储存和应用过程中，某些组分已发生某些变化，如高分子材料中的抗氧剂、交联剂等的剖析，通常得到的是发生某些反应后的产物，要得到原始组成，还必须根据存放、应用的条件进行反推，由此得到其原始物质的状态及含量。

由此可见，剖析对象十分复杂，剖析工作者必须调查和熟悉工作样品的来源、基本性质、可能的组成、制作过程及应用范围等，以便制定切实可行的工作程序和选用最佳的剖析方法。

2. 剖析过程的综合性

由于剖析对象十分复杂，必然决定剖析过程也是十分复杂的过程，需要多种技术、多种仪器、多种方法综合协调作用，才能完成剖析任务。剖析工作一般分为三步进行：首先要选用各种分离、纯化手段，对复杂体系进行分离、制备纯品，并进行纯度鉴定，此时各类色谱分离是主要的手段。其次是对样品中所获得的各纯化组分进行结构分析与结构推测。此时，如果是无机元素，则必须运用原子光谱、电子能谱或 X 射线光谱技术；如果是有机物，就必须运用紫外、红外、核磁共振、质谱等波谱分析仪器和方法进行化学结构鉴定。最后是对所推测的结构进行合成、加工及应用性能检验。合成验证，可以是整个化合物结构的全合成，也可以合成某些衍生物后再进行光谱鉴定，这样可避免结构推测中可能造成的误差。对于配方性的精细化工产品，还需获得有关组分含量信息，有时还要根据剖析结果进行产品配制，将配得产品的性能与样品的性能进行比较，以检验剖析结果的可靠性。所以整个剖析过程是各种分离分析、结构分析与鉴定等各种方法的综合利用过程。

3. 剖析工作者必须具有全面的知识和能力

由于剖析工作是一种十分复杂的综合性研究工作，因此要求剖析工作者具有综合的技术知识，并具备如下的技术能力。

①具有较全面的化学基础知识，包括常用分离、纯化方法的原理及其应用特点，鉴定无机物、有机物、合成物、天然物结构的基本知识等。

②熟悉各种分析仪器的原理、特点和应用范围，并能综合解析各种谱图；跟踪分析科学领域中新技术、新方法，以选择最佳分析方案，获取有效分析信息，确证各结构难点。

③具备熟练的纯品分离、制备、纯度鉴定的实验技巧，包括制定各种合成路线，熟练地进行各类合成反应，懂得有关配方、加工等应用方面知识，以创建独有的新工艺、新产品。

因此，剖析工作往往不是靠一个人完成，而是需要由一批专家组成的群体齐心协力来完成。

4. 委托剖析应注意的事项

由于剖析工作具有如上所述特点，非一般企业可以完成，因此委托剖析就显得十分必要。为了使委托达到预期的目的并尽量节省经费，委托时应注意如下事项：

①委托方应尽量提供样品来源、名称、牌号、产品使用说明书、试用效果等有关详细材料。小件样品尽量用原包装，若原包装太大而要采样时，采样必须符合规定，以保证样品有

代表性。装样品的容器必须干净且不能与样品发生化学反应，以保证样品不受沾污。

委托应在已确定了产品的使用性能符合要求、并已查阅有关资料、进行过配方预备试验的基础上进行。

②剖析目的必须明确。因为剖析样品的工作量、所需经费和时间与剖析的目的任务有关。比如一个清洁剂，通过剖析可以知道配方的主要表面活性剂的性质或类别，主要助剂是什么，是否有特殊助剂存在，其可能的化学结构是什么等。再如一个高分子产品，你可以要求剖析其相对分子质量范围和主要的单体结构，并鉴定其中的主要助剂。在委托时，必须明确选择哪一项或哪几项作为委托任务。委托任务不同，使用的仪器设备不同，工作量也不同。此外，有的样品剖析则不是一个单位就可以完成的，比如一个中药产品，若要知道其有效成分是什么，就需要同时委托药化、药理、临床单位，要靠他们互相配合研究才能完成。

③对剖析结果应进行分析，看其是否合理。接受委托单位应向委托方说明采用了何种方法完成剖析任务，同时提供有关谱图、数据并对剖析结论加以说明。委托方可以对有关谱图进行复核，或将剖析结果与参考文献资料比较，还可查阅剖析出的有关成分的性质，看其在配方中应起的作用及与使用条件是否相容等。总之，应通过多种途径去判断剖析结果的合理性、可信性，如有疑义，可与接受委托单位探讨。

④剖析只是研究开发的基础。剖析结果往往只能给出某一产品的某个方面的信息，离真正开发出一个新产品还有相当一段距离。某些产品通过全剖析或可以成功仿制，但往往要支付大额的剖析费，并要为防止被委托单位利用剖析结果仿制或向其他单位转让剖析结果而费尽脑筋。此外，一些受专利保护的产品，在专利保护期内亦不能通过全剖析而仿制，否则将构成侵犯知识产权罪。此时，常需在了解了产品的配方组成后，对其某一组分进行结构改造，以获得“青出于蓝而胜于蓝”的新产品。因此在产品剖析之后，通过配方研究去完成产品开发还是十分必要的。

1.5　精细化学品剖析的程序与过程

由于剖析对象具有复杂性，剖析过程具有综合性，因而剖析工作具有繁琐性和多样性，没有一套规范化的普遍适用的程序和方法。所以在进行剖析时，思路要清晰，目标要明确，根据样品的性质、复杂的程度、组成成分以及剖析的目的要求等，选择合适的程序和方法。精细化学品剖析的一般程序见图 1-1。

对组成简单的样品剖析，通过物化性质的了解、薄层色谱(Thin Layer Chromatography, TLC)或化学点滴分析定性，确定为混合物则进行分离，若为单一物质则进行精制后再进行定量分析就基本完成剖析过程。但对于组成复杂、完全未知的样品进行剖析时，则要有步骤地按以下一般顺序进行：对被剖析样品进行了解和调查→对样品物化性质进行初步检验→编制剖析程序→剖析样品的预分离→纯度鉴定→结构测定→各组分含量的定量测定→合成、加工、配方和应用性能研究。

1.5.1　对样品进行了解和调查

对样品进行了解和调查是剖析工作的第一步，也是最重要的一步，它对剖析工作起到事半功倍的效果。通过对剖析样品的来源和用途的深入了解(如样品的固有特性、使用特性以及可能的组分等)，能够大大缩小剖析的范围。通过对剖析的目的、任务、价值的了解可以明确剖析范围，节省不必要的实验。无论剖析哪类样品，在剖析工作进行之前，查阅各方面

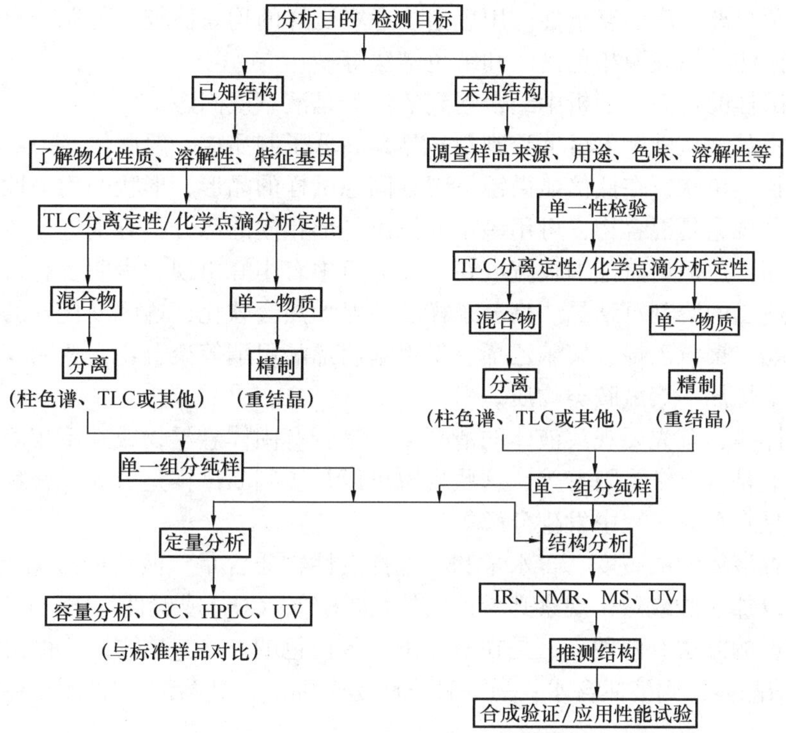

图 1-1　精细化学品剖析的一般程序

的资料，对样品有充分的了解都将有利于剖析工作的深入进行。对样品的了解和调查主要从以下两个方面入手。

1. 样品的来源

剖析工作的对象大致来自三个方面：一是国内外新产品，特别是填补国内空白所引进的国外新产品；二是天然产物；三是生产过程中出现的剖析课题。

如是国内外新产品，需要尽可能地获知该产品的商品名称、生产厂家、商标、批号，以缩小查找专业文献的作者和时段范围。

如是天然产物，则要了解动植物种、属的拉丁名称。根据化学分类学原理，同源植物有相似的化学组成，因此要查找与其相同种、属植物的化学组分。例如，人参中含有可增强人体免疫功能的 12 种皂甙 R_x(x=o，a，b_1，b_2，c，d，e，f，g_1，g_2，g_3，h)，在其同属植物三七中也含有与人参相似的皂甙，只是 R_o、R_c 的含量较少。

如是生产过程中的剖析课题，则应了解该产品的生产流程、反应方程式，以尽可能获知剖析样品属生产过程中的哪一阶段，以及可能的组分及化学结构。

2. 样品的用途和经济价值

通过了解样品的用途，常可获知样品的一些固有特性及可能组分，这有利于缩小剖析范围。如果剖析样品是民用的和销售量较大的材料和制品，一般均是价格低廉的通用化工原料；若是军用产品，则可能是一些具有特殊性质的新材料。

1.5.2　样品物化性质的初步检验

1. 样品的包装形式及均一性的考察

通过包装形式可以得知内容物是否具有吸湿性、感光性、易挥发性或毒性等。试样的均一性决定样品预分离程序的复杂性。用色谱法考察试样的均一性较为可靠，常用的是气相色谱法、薄层色谱法、高效液相色谱法和纸色谱法等。

首先观察试样的物态，剖析中经常遇到的样品是液态或固态。

若是固态样品，从外观上可大致判断样品是高分子制品或一般固体。一般的固体又可分为粉末、结晶状、块状，在低倍显微镜下观察固态试样的晶形、形状的均一性，可判别样品的纯度，如果发现它是混合物，可用镊子分拣出晶形相同的部分，分别进行色谱分析。如果外观是均匀的固体，但熔点范围较宽或在色谱分析中有小峰出现，表明含有杂质，应该进行提纯，例如用适当的溶剂重结晶。高分子样品一般加热会软化，透明度良好的可能是低结晶或无定形的聚酯、聚氯乙烯、聚苯乙烯、聚甲基丙烯酸甲酯等聚合物；透明度较差的则可能是高结晶度的聚烯烃、聚酰胺类物质。

若是液态样品，首先要观察液体的清亮度，是否有固体悬浮物或互不相溶的其他液体存在，以及器壁上是否有结晶附着等，这些现象可以初步判断试样是否为混合物，或其中含有杂质，或可能是在存放过程中发生分解等。

其次是检查液体的酸碱度、含水量和其他挥发性物质含量。液体的酸碱度可以用 pH 试纸检查，也可以加入酸或碱，观察其酸性气体(如 HCl，CO_2)或碱性气体(如 NH_3)的放出情况。检查含水量的方法有两种：一是在液体中加入白色的 $CuSO_4$晶体，若很快转变成蓝色的 $CuSO_4 \cdot H_2O$ 结晶体，则液体含水；另一种方法是蒸馏法，其蒸馏程序如图 1-2 所示。

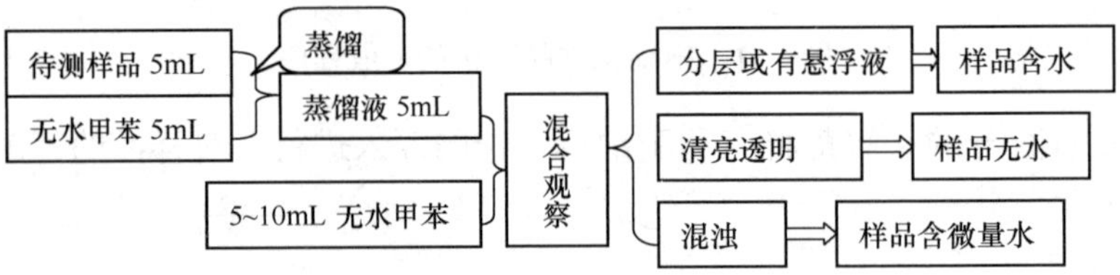

图 1-2　蒸馏法测定液体含水的过程

检查挥发性成分的方法是将样品进行水蒸气蒸馏，获取少量蒸馏液，再用乙醚提取，并用薄层色谱检验乙醚提取物是否含化合物。如果薄层色谱经碘蒸气显色后有棕色斑点出现，证明有挥发性成分。

2. *颜色的考察*

通过试样的颜色考察常常能给分析者一定的启示，色彩和深浅可以是试样固有的，或是来自试样中所含的杂质。固体试样在低倍显微镜下显出不同颜色和不同的晶形，应视为混合物，如有可能就把它们分拣出来。液体试样经过蒸馏后颜色变浅，则颜色是杂质所带来的。

验证有色物质纯度的一种方法，就是将其经过重结晶或蒸馏，观察所得到的纯化合物样品是否仍然具有颜色，如已没有颜色，说明样品颜色只是由杂质引起的；如果得到的纯化合物仍然具有颜色，说明该化合物分子中必然含有生色基团或具有双键的共轭体系，例如硝基、亚硝基、偶氮物和醌类化合物。一些具有四个以上双键的共轭体系，如叶绿素、胡萝卜素也有颜色。有些化合物在光照时会发出荧光，如洗衣粉中的某些荧光增白剂，即使量很少，也会发生蓝-绿色荧光。某些样品是有色化合物与无色化合物混杂在一起，此时有颜色的化合物可能会掩盖其他无色化合物的存在，就必须先分离这些组分，再分别进行剖析鉴定。

无机物的颜色较易观察，大多数无机盐是无色的，少数无机物具有特征性颜色，如 $KMnO_4$呈紫红色，$K_2Cr_2O_7$呈橙黄色，含水 $CuSO_4$呈蓝色，碘呈紫色，溴呈红色。

大多数纯度高的有机化合物为无色物质，只有部分有机化合物，在存放一段时间后，由于光和空气的作用会显示某些颜色，尤其是一些多官能团的芳香胺和酚，常呈现黄色至褐色。这是由于官能团被氧化所致。对于这些易变色芳香胺和酚，分析鉴定时可不必彻底精制。

分子中含有生色基的有机化合物，如大多数的硝基物、醌、偶氮物、三苯甲烷系染料，以及含有许多共轭结构的化合物等，纯品就有颜色；因此稳定的无色液体或结晶中必定没有生色基或容易氧化为生色基的官能团。

3. 气味的考察

一般固体无机化合物中，除了硫、磷、卤素等以外，没有特征性气味；而大多数有机化合物常有特殊的气味，如各类香精香料均是有机化合物，香料研究工作者常通过嗅觉来辨别某一香精的主要成分，然后再以仪器分析加以验证。因此，剖析工作者也应熟悉主要有机化合物的气味，以缩小剖析的范围。典型的酯类化合物气味及其沸点见表 1-2，有机化合物的特征气味及分类见表 1-3，气味的考察及常见物质的特征气味见图 1-3。

表 1-2　典型酯类化合物的气味及沸点

低碳酸酯	气　味	沸点/℃
乙酸丁酯	香蕉	124
丙酸异戊酯	菠萝	160
异戊酸乙酯	苹果	135

表 1-3　有机化合物的特征气味及分类

特征气味		典型化合物
醚香		乙酸乙酯，乙酸戊酯，乙醇，丙酮
芳香	苦杏仁香	硝基苯，苯甲醚，苯甲腈
	樟脑香	樟脑，百里香酚，黄樟素，丁香酚，香芹酚
	柠檬香	柠檬醛，乙酸沉香酯
香脂	花香	邻氨基苯甲酸甲酯，萜品醇，香茅醇
	百合香	胡椒醛，肉桂酸
	香草香	香草醛，对甲氧基苯甲醛
	麝香	三硝基异丁基甲醛，麝香精，麝香酮
	大蒜臭	二硫醚，大蒜素
	鱼腥臭	有机胺
	焦臭	异丁醇，苯胺，苯甲酚，愈疮木酚
	腐臭	戊酸，己酸，甲基庚基甲酮，甲基壬基甲酮
	粪臭	粪臭素(3-甲基吲哚)，吲哚

注意事项：某些有机化合物的气味具有毒性，在检验时不能直接闻样品，只能在滤纸上滴上几滴，任其挥发，在旁嗅其气味。构成样品气味的微量组分除了可能是杂质外，有时也可能是为了掩蔽不快的气味而特意加入的。

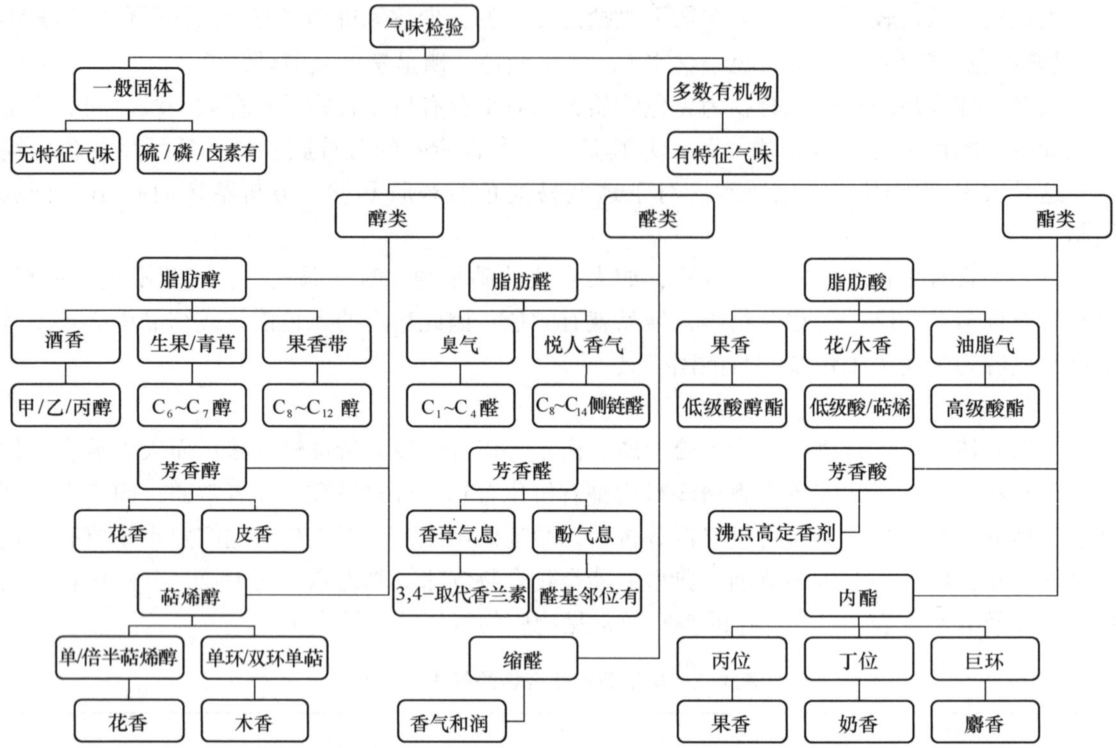

图 1-3　气味考察及物质的特征气味

4. 溶解性试验

大多数有机化合物虽不溶于水，但可溶于有机溶剂、酸、碱之中，如$CH_3CH_2OCH_2CH_3$、5%HCl、5%Na_2CO_3等。通过溶解性试验确定化合物的酸碱性及其强弱情况，判断试样所属类型，可能含有的官能团，推断可能的化学结构，缩小探索范围；了解样品的溶解性能也有利于预分离时选择正确的溶剂，以达到有效的分离，为后续试验提供明确线索。

样品在各种溶剂中的溶解性能十分重要。物质溶解于某溶剂，意味着该物质的分子受溶剂分子的引力作用而分散于溶剂中，成为均匀的溶液。溶质与溶剂结构相似就能相互溶解，因此能够从有机化合物的溶解性能来推断可能的化学结构。如含极性官能团的有机化合物能溶于水，但是随着分子中烃基部分增大，它的极性减小，在水中的溶解性能也会逐渐变小。大多数有机化合物溶于乙醚，而极性强的化合物不溶于乙醚，如磺酸类化合物。有机化合物在不同溶剂中的溶解性能及可能结构见表 1-4，样品溶解性与分子结构的关系详见第 3 章。

表 1-4　溶剂类型及可溶物的可能结构

溶剂类型		可溶物质可能的结构类型
水		含较少碳原子，但有极性官能团的化合物
乙醚		非极性和中等极性的有机化合物
5%氢氧化钠	不溶于 5%的碳酸氢钠	酚类，烯醇，肟，羟肟酸
	可溶于 5%的碳酸氢钠	羧酸，磺酸
5%的盐酸		胺类，肼类，胍类等含氮有机化合物
浓硫酸		不饱和烃，易磺化芳烃，能形成鎓盐的含氧有机化合物

必须指出，含有多个官能团的有机化合物或多种成分混合物，往往对溶解性能有很大影响。如某一中药一般含有数十甚至数百个化合物，它们有互溶效应，大多数能溶解于水，这就是中药水煎液的基础。但有些化合物从水煎液中分离纯化成纯品时，就不再溶解于水。又如有些芳烃中，不同异构体的溶解性能也不同，如1,2、1,3和1,4-二羟基萘，在20℃水中的溶解性能分别为45%、21%和7%。因而只用溶解性能来推断化合物可能的结构类型是不够的。

5. 灼烧试验

灼烧试验能够了解试样是否有爆炸性，可确定以后分析操作的安全性。该试验简单易行，对判别有机物与无机物是绝对可靠的方法(无机物不燃烧)，还可以提供一些结构信息。但是，灼烧试验是破坏性的化学试验，如样品量很少，不宜采用。

常量法：取少量试样(约0.1g)放在瓷坩埚盖上(或铂箔上)，用坩埚钳夹起，在酒精灯的小灯焰的边缘上点燃，观察：试样能否分解或燃烧？有爆炸性否？有气体放出否(小心有毒气体)？然后放大灯焰强灼，冷后如有灰分残留，加1滴蒸馏水，用pH试纸试验后，再加1滴稀盐酸，观察有气体放出否？

饱和脂肪族化合物燃烧时火焰多半无烟，而芳香族或某些不饱和物的燃烧火焰往往冒出黑烟，特别是多环芳烃如萘和蒽等含碳量大的物质，燃烧时有大量黑烟随火焰升起。

灼烧后留有残渣的应放大灯焰强灼，经过强灼可以消失的黑色残渣表明是没有分解完全的炭渣；炭化过程中有起泡现象，试样可能是糖类或多羟酸如柠檬酸或酒石酸。黑色残渣强灼后变成其他颜色的可能是重金属氧化物。如果残渣是白色的可能是碱金属或碱土金属的碳酸盐，也可能是二氧化硅，如硅氧烷灼烧后生成二氧化硅。此外，试样中含有无机盐时灼烧后也有残渣。通常在残渣中加1滴浓盐酸，使其溶解后，作阳离子分析。

6. 试样的制备

精细化学品分析虽然有时可以直接用所需分析的物质作为试样，如气相色谱法可以同时完成分离、定性和定量三种工作；色谱-质谱联用仪、色谱-傅立叶红外光谱联用能够进一步解决定性分析问题等。然而这类方法从科学角度看它们是不完善的和有局限性的，鉴定或识别有机物在总体上需要有一定的过程，在这些过程中必须依靠纯试样去完成，如物理常数的测定和元素分析等。如果不用纯试样所得到的结果必定不可靠，因此试样制备是剖析中的一个重要环节，往往这种工作比分析本身还要困难和耗费更多时间。为此要求分析者能够多方面地掌握这些知识，并能熟练地运用这些技术。

试样通常有单组分和多组分(即混合物)两种类型。单组分试样主要是科研或生产中的最终产物或从混合物中分离出来的。多组分混合物最为常见，有的是科研或生产中的中间体、粗产品以及天然物等。

供剖析用的样品：①由纯物质组成，可直接用作试样进行分析；②夹杂少量杂质的单一物质，通常用物理方法如重结晶、蒸馏或萃取等法除去杂质；③由几种物质按各种比例组成的混合物，则需要分离、提纯后再行分析。

试样的制备一般经过混合物的预分离、分离、目标组分的纯化、纯度的鉴定等过程，在此过程中，首先选择机械或物理分离(如过滤、离心、超离心、提取或萃取等)方法进行相分离，获得均一相后再进一步进行各组分的分离(此时可采用蒸馏、萃取或色谱分离等分离技术)；纯度的鉴定可采用物理常数测定法或仪器分析(色谱或光谱)法。

(1) 混合物的分离

分离混合物中各组分可以根据它的物理、化学或物理化学性质的不同适当设计分离步骤。由于有机物种类繁多，性质差异，因此，必须根据实际情况，在了解样品来源和进行初步检验的前提下，拟定分离方案。

①非均相的混合物：首先进行相的分离，然后再把每一相中的混合物进行分离。

悬浮液：过滤或离心分离(除去颗粒较大的固体悬浮物)，超速离心机、超过滤器或透析法(分离颗粒小、类似于胶体溶液)。

乳浊液：超速离心机，或在乳浊液中加入较大量的盐类或其他电解质，颗粒凝聚形成凝乳后分层，特别是所加的电解质在其中一相有很大溶度时更为有效。

固体混合物：颗粒较大，用机械分离法，或利用组分在某种溶剂中的溶解度不同，或在密度适当的液体中利用密度不同加以分离。

②均相的混合物。

固体溶液：破坏晶格，可用升华法、熔化法或萃取法。

液液溶液：分馏，萃取法，部分结晶法，选择性吸附或高分子合成树脂。

用化学方法分离均相混合物有很大的局限性，特别是对于同系物、同族物或异构物(旋光异构物除外)等的分离往往难以奏效，因此往往需要与其他方法配合使用。分离方法的分类、选择及常用分离技术的操作详见第2章。

(2) 试样的提纯

试样的提纯是指分离出所需要的组分和去除不需要分析的杂质。

提纯固体试样的最常用方法是重结晶法或升华法，然而在某些情况下分拣法却简便适用；提纯液体试样通常用蒸馏法、分馏法或色谱法，制备色谱法是提纯试样的有效方法。

分拣法：适用于颗粒较大的混合物，其中的组分在外观上有所不同，可以分拣出一部分纯品供分析用；或试样中只含有少量的杂质时可以把它们拣出弃去。这种方法提纯试样可减少重结晶的次数，或甚至有时不需要重结晶，非常有效。用具：载玻片，玻璃针或铂丝针、甘油等粘着剂，显微镜(一般用低倍显微镜：对于颜色相同、相似或无色的颗粒)。

重结晶法：是提纯固体试样和制备衍生物时最常用的有效方法，重结晶时最重要的是选择适当的溶剂、确定试剂的用量、以及在适当的溶剂中操作。

升华法：固体在低于熔点的温度下有足够蒸气压力能够汽化的叫做升华。升华是很有效的提纯有机物的方法，如某些药物或氨基酸等的升华物有良好的晶形，便于用显微法测定熔点和检验其纯度。

蒸馏与分馏：是分离固体与液体或液体与液体的混合物最基本的物理方法，分馏器中多一个分馏柱(利用热交换原理达到反复蒸馏的效果)。其常用类型有：减压蒸馏(适于常压下蒸馏过程易分解的物质，如萜醇、萜醇酯等的提纯)、分子蒸馏(适用于一些热敏性液体有机化合物的最后纯化，特别是一些天然精油的纯制，可避免蒸馏过程中可能发生的重排、异构化，甚至聚合、分解等副反应)、水蒸气蒸馏(适用于不溶于水或稍溶于水的有机化合物的分离或提纯。水蒸气蒸馏时，在水中加一些无机盐如 NaCl 或 K_2CO_3 可缩短蒸馏时间，并能提高难蒸馏物的挥发度。)

萃取：是用溶剂从固体或液体试样中分离出某些组分或除去不需要的杂质，常用于富集痕量组分。由于无机盐能降低许多有机物在水中的溶解度，因此萃取前加入 NaCl 或 $CaCl_2$，制成饱和溶液，可提高有机溶剂萃取水中溶解物质的效率。

水蒸气蒸馏-萃取联用：是富集痕量组分的最常用的有效方法，如分离或富集食品或饮料中的芳香组分、江河湖海中的污染物如多环芳烃或农药残留物以及法医检验等。

干燥：指去除物质中含有的少量水分或吸附的有机溶剂。试样提纯过程中干燥是一个重要环节，如：水或吸附的有机溶剂能够影响物理常数的测定，蒸馏法提纯的组分可能与水形成恒沸物等，干燥剂选择要适当。

(3)试样纯度检验

进行分离与提纯前应该知道试样中各组分的大致分布情况，最好的方法是进行色谱分析，如薄层色谱、高效液相色谱等。各种分析仪器对试样纯度要求并不一致，如质谱法中要求试样纯度要远远高于红外光谱法中所用的，但总的来说首先都要进行纯度的检验。

通常可用多种方法检验试样纯度，如：色谱法(最佳分离条件下色谱峰呈单一尖峰)；沸点测定法：沸点范围(不超过3℃、恒沸物除外)；熔点测定法：熔点范围(不超过1℃，固体试样)；固体试样通常可以通过溶解度试验来检验它的纯度，这种方法对不均匀的混合物尤其适用。

7. 物理常数的测定

测定物理常数可判断化合物的纯度情况，剖析样品经常测定的物理常数有熔点 mp、沸点 bp、相对密度 d_4^{20}、相对分子质量 M、黏度 η、闪点 $t_{fl.p}$ 等。如果样品是混合物，必须将样品分离至纯品再进行测定。若样品是单一的纯化合物，则在初步检验阶段就可以进行测定。

对固体样品应测定其熔点，方法主要有两种：一是应用不同型号的熔点测定仪进行测定；二是提勒管法，即将粉末状样品放在玻璃质毛细管中，再将毛细管放在提勒管中的油浴中进行测试。对液体有机化合物，常测定其密度、折射率、闪点、沸点或浊点等。这些物理性能与分子结构的关系及项目的测定方法详见第3章。

8. 元素定性

元素定性分析可以提供剖析样品较重要的结构信息，以缩小剖析样品的可能范围。进行元素定性分析时，试样需具有较高纯度，以期得到较准确的结果。在初步检验中，元素定性分析的主要任务是检测样品中含有哪些杂元素。

经过灼烧试验，已可判别剖析样品是有机化合物或无机化合物。若是无机化合物，元素定性分析的方法一般是将样品或硝化后的样品用原子发射光谱(AES)分析。若是有机化合物，就检测样品中的杂元素(氮、磷、硫、卤素)和其他金属元素。

简单的 Beistein 铜试验法可以检验样品中的卤素，即将样品放在一根用煤气灯火焰加热的铜丝上裂解，如火焰呈鲜绿色，表明含有卤素。对杂元素的细微检测，一般应用经典的钠熔法，有机化合物与金属钠共熔，分解，然后用各种试剂测试分解产物，以确定有机化合物中氮、硫、磷和卤素等杂元素的存在。

钠熔法的反应方程式为：

$$\text{C、H、O、N、S、X 等} \xrightarrow{\text{钠熔}} \text{NaCN、}Na_2S\text{、NaSCN、NaX 等}$$

钠熔法的具体操作如下：①将大约0.05g干燥的样品放入玻璃试管中，加入一粒豌豆大小的新切的钠，加热数分钟，使试管呈暗红色；②冷却后加入几滴乙醇，消耗多余的钠，再缓慢加热，使多余的乙醇挥发；③用强火加热试管至暗红色，快速浸入含蒸馏水的烧杯中，试管碎裂；④过滤除去碎玻璃，将滤液分成若干份，分别检验其中的硫、磷、氮和卤素。

硫：将1mL滤液用乙酸酸化，加几滴乙酸铅溶液，出现黑色沉淀，表明含硫；或在滤液中加入1~2滴新鲜亚硝基铁氰化钠($Na_2[Fe(CN)_5(NO)]$)。如出现明显红蓝色，表明含硫。

磷：1mL 滤液用浓硝酸酸化，加几滴钼酸铵溶液加热至沸腾。有黄色沉淀，表明含磷。

氮：在滤液中加入 2 滴新鲜的饱和硫酸亚铁溶液，煮沸 1min，滤去可能出现的沉淀（FeS）。待冷却后再加入 1 滴 5%的硫酸铁溶液，并用稀盐酸酸化，直到氢氧化铁恰好溶解。如产生普鲁士蓝沉淀，表明含氮。

氯：取 1mL 滤液与稀硝酸一起煮沸（去掉可能生成的 HCN 和 H_2S），冷却后加入硝酸银溶液。如出现白色沉淀，并可溶于氨水，表明含氯；如出现黄色沉淀，表明含溴或碘。

氟：将 1mL 滤液用乙酸酸化，煮沸 1min，冷却后加入 2 滴饱和氯化钙溶液，如生成胶状沉淀，悬浮于溶液中，表明含氟。或将滤液滴于锆-茜素试纸（1%茜素乙醇溶液和 0.4%硝酸锆溶液浸渍过的滤纸）上，任其干燥。如红试纸上出现黄色，表明含氟。

1.5.3 编制剖析程序

未知物剖析的一般程序如图 1-4 所示，未知配方清洗剂的剖析程序见图 1-5。

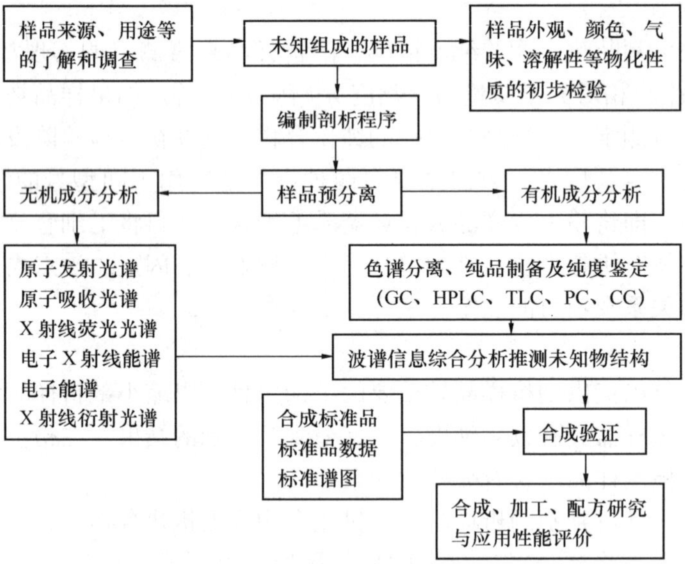

图 1-4 未知物剖析的一般程序

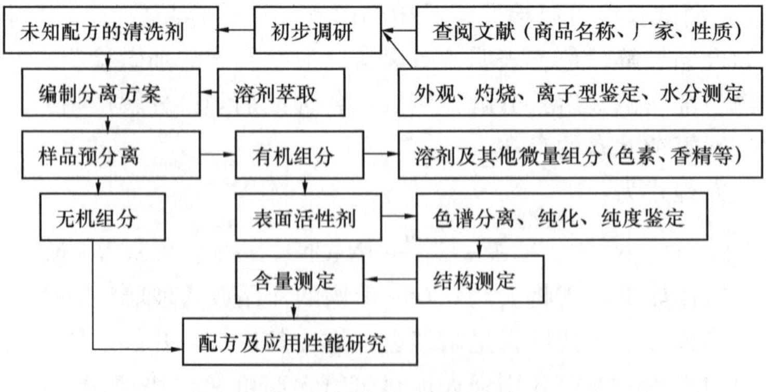

图 1-5 未知配方清洗剂的剖析程序

对于某一个剖析对象的剖析程序，应根据具体条件有所变化，可简也可繁。如对新的清洗剂配方剖析，工作重点首先是弄清对洗涤性能起决定作用的表面活性剂的品种和配比，其次是进行配方和应用研究，获得性能与样品相似或优于样品的新清洗剂配方。至于清洗剂中各助剂的组成，配比等可根据一般规律进行调整。剖析手段主要是溶剂萃取、柱色谱和薄层色谱，应用各类表面活性剂的标准品作对照等。

天然植物药物中有效成分的剖析程序如图 1-6 所示。

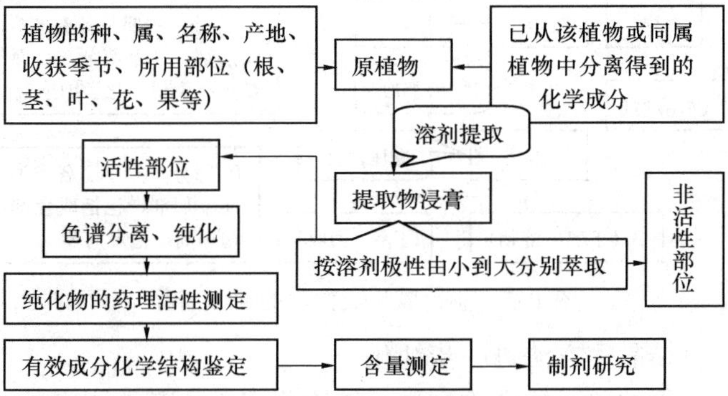

图 1-6　天然植物药物的剖析程序

天然植物药物的剖析中，为了获知该药物治疗某种疾病的有效成分，在剖析工作前，除对该天然植物的来源、种属、已分离得到的有关化学成分等进行调研外，重要的是确立一种药理模型(动物试验方法)。如治疗肝炎的药物，必须分离植物提取物的各个部位，在动物身上做试验，观察其治疗效果，以确定提取物的有效部位和有效成分化合物。在此，药理试验是分离工作的眼睛，是剖析工作的前提。

1.5.4　剖析样品的预分离

剖析样品的预分离也称粗分离，就是采用最有效的分离技术，将原始样品分离成几个部分，使每个部分分别集中某些相似的组分，预分离的作用是对某一组分的富集和浓缩。

例如，某个原始样品为含有 A、B、C、D 等组分的混合物，经预分离后分别得到以 $\overline{A}$、$\overline{B}$、$\overline{C}$、$\overline{D}$ 为主要组成的 4 个部分，可用下式表示：

$$(A+B+C+D+E\cdots)\xrightarrow{\text{预分离}}(\overline{A}+B+C\cdots)+(\overline{B}+A+C\cdots)+(\overline{C}+A+B\cdots)+(\overline{D}+A+B\cdots)$$

根据样品的不同状态和性质，可以采用不同的预分离方法。

①液体样品：先用离心、沉淀、过滤等方法分离出固体悬浮物，再用萃取、蒸馏等方法进行进一步分离。

②固体样品一般采用溶剂萃取、升华、重结晶等方法，分离某些组分。

③难熔(溶)物质，适当采用酸解、碱解或热解等方法，使其转变成小分子化合物，然后再进行化学分离。

④热不稳定或分析灵敏度不高的物质，需先转变成衍生物，再进一步分离、纯化。

图 1-7 显示了彩色胶片中成色剂的预分离程序。该程序主要通过加水浸泡、漂银酶解、丁醇萃取和减压蒸馏等操作，将彩色胶片中的成色剂预分离成水溶性添加剂(A 部分)和油溶性添加剂(B 部分)，A、B 两部分可供下一步的色谱分离、纯化和结构鉴定。

1.5.5　色谱分离、纯品制备及纯度的鉴定

剖析样品经过预分离后，富集了某些组分，其中绝大多数仍是混合物。在进一步分离纯化时，通常应用色谱法，其中柱色谱和薄层色谱法是最常用的方法。薄层色谱法具有操作简便、分离迅速(一般仅需 10~60min)、检出灵敏度高(可检测 1.0~5.0ng 的样品)等特点，但所分离的样品量较少，如需分离 50mg 以上的样品，就需要采用柱色谱法分离。色谱分离后

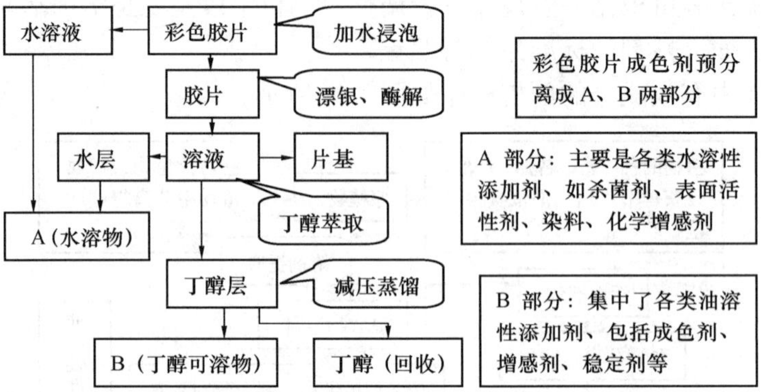

图 1-7　彩色胶片成色剂的预分离程

的样品需采用蒸馏、重结晶等方法进一步纯化。

经过分离纯化所获得的单一化合物在进行结构鉴定前，必须测定其纯度或均一性。只有纯度足够高的样品，其波谱分析所得的数据才有价值。

纯度测定有物理常数测定法、色谱法（TLC、GC 或 HPLC）和红外光谱法（IR）等。

（1）熔点或沸点测定

熔点或沸点测定可以判断化合物的纯度。纯的有机化合物熔距或沸程均在 1℃以内。

（2）薄层色谱鉴定

应用两种以上不同的溶剂体系进行薄层色谱分析，如果样品均显示均一圆斑，说明该化合物为纯物质。

（3）气相色谱或高效液相色谱测定

在分离条件最佳化后，进行气相和高效液相色谱测定，纯品应显示单一尖峰。

（4）红外光谱鉴定

用红外线光谱跟踪观察分离纯化过程。如果纯化产品在红外光谱测定过程中已无异常峰存在，图谱也不再变化，则说明样品已纯化，达到“光谱纯”。

以上任何一种方法均可进行样品的纯度鉴定。在应用色谱法鉴定时，仅显示单一峰或单一斑点的样品，应认为是达到了“色谱纯”的样品。达到“色谱纯”或“光谱纯”的样品，就可满足有机结构分析中各种波谱法的要求，给出的各项分析数据是可靠的。

1.5.6　化学结构的测定

经过以上各种预分析、预分离和纯品制备及纯度鉴定后进入剖析工作的核心部分，即将所分离到的化合物进行化学结构的测定。

测定无机化合物的结构，可应用原子发射光谱（AES）、原子吸收光谱（AAS）、X 射线荧光光谱（XFS）、X 射线能谱（SEM-EDX）、电子能谱（ESCA）等来确定无机元素的种类、含量、价态、结合形式和表面分布，包括复合材料中无机组分的微区分布。当需要确定元素在产品中存在的化合物结构形式时，可采用 X 射线衍射分析法（XDA）。

简便快速的元素定性方法是原子发射光谱（AES），元素标准光谱图见图 1-8。

该法以铁谱作为标准（波长标尺），将其他元素的分析线标记在铁谱上，将试样与纯铁在完全相同条件下摄谱，将两谱片在映谱器（放大器）上对齐、放大 20 倍，检查待测元素的分析线是否存在，并与标准谱图对比确定，可同时进行多种元素的快速测定，但非金属元素不能检测或灵敏度低。

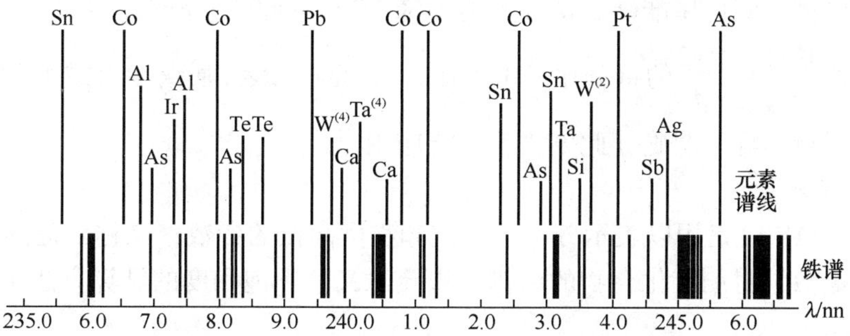

图 1-8 元素标准光谱图

这里重点叙述有机化合物的结构分析，这是精细化学品剖析中最经常遇到而且较为复杂的问题。有机化合物结构分析的手段主要有仪器分析法和化学衍生化法。仪器分析法主要是四大波谱(紫外光谱 UV：确定分子中的共轭情况及化合物的结构信息；红外光谱 IR：确定官能团类型及化合物的结构；核磁共振波谱 NMR：确定分子中 H 的类型、数目、化学环境、碳骨架情况；质谱 MS：确定相对分子质量及分子中的各种断裂情况)。化学衍生化法中最常用的是降解法，如降解试验，即将试样经过适当的降解处理，如水解、氧化、臭氧裂解、碱熔、锌粉蒸馏、彻底基化等化学反应，使原化合物转变为较简单的产物，由简单产物的分析推测原化合物，如：

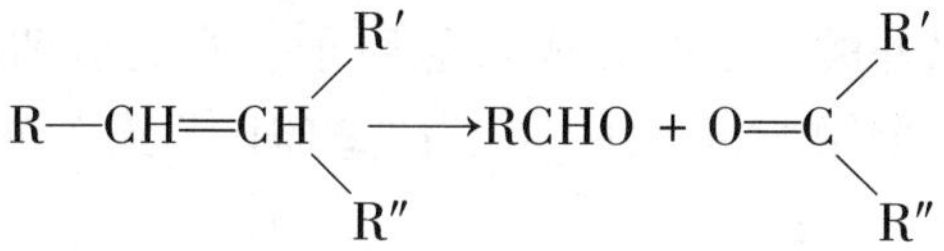

再进行合成，推测原化合物的结构。

有机化合物结构测定一般按以下步骤进行。

1. 测定相对分子质量

经典的测定相对分子质量的方法有冰点下降法、沸点升高法、蒸气压下降法和渗透压法等，并有专门的仪器装置。但上述方法所测定的相对分子质量有一定误差，现代测量相对分子质量的方法是质谱法，它具有测定速度快、样品用量少、数据准确等优点。

2. 确定分子式

确定化合物分子式的方法主要有两种，即元素分析法和质谱法。

(1) 元素分析法

经过元素定量分析已测得样品中碳、氢、氮的含量(C%、H%、N%)，并已测得该化合物的相对分子质量 M。这样就可按下列计算式，计算出分子中各元素的原子数。

$$\text{碳原子数}^{\#}\text{C}=\frac{\text{C}\%\times M}{12}$$

$$\text{氢原子数}^{\#}\text{H}=\text{H}\%\times M$$

$$\text{氮原子数}^{\#}\text{N}=\frac{\text{N}\%\times M}{14}$$

$$\text{氧原子数}^{\#}\text{O}=\frac{(100-\text{C}\%-\text{H}\%-\text{N}\%)}{16}\times M$$

(2) 质谱法

高分辨质谱能准确给出分子离子峰的精密质量数和各元素的原子数，即得到分子式。如果不是高分辨质谱，则可用准确测得分子离子峰 M^{+} 和其同位素峰 $(M+1)^{+}$、$(M+2)^{+}$ 的相对强度，然后根据 $\frac{M+1}{M}$ 和 $\frac{M+2}{M}$ 的百分比或丰度比，查 Beynon 表（质谱专著或手册）求得分子式。当然，如果分子离子峰不明确，此方法就不能应用。

3. 计算不饱和度

不饱和度（U 或 u）是用以表示分子中不饱和程度高低的参数，又称双键的当量数或分子中的环数和重键数，对测定化合物的结构有重要意义。不饱和度的计算方法主要有两种：

（1）公式法

根据化合物的分子式可以计算：

$$不饱和度\ u=1+N_4+\frac{1}{2}(N_3-N_1)$$

式中：N_4、N_3、N_1 分别代表分子式中四价（C、Si 等四价元素）、三价（N、P 等三价元素）和一价（H、F、Cl、Br 等一价元素）原子的数目。将相应价数的原子数目代入公式即可求出不饱和度（盐类化合物除外）。

【例 1-1】 计算 C_8H_7N 的不饱和度。

解：不饱和度 $u=1+N_4+$[SX( ]1[ ]2[SX)]$(N_3-N_1)=1+8+$[SX( ]1[ ]2[SX)]$(1-7)=6$

（2）相似烃法

此法将分子式中碳氢以外的原子换算成碳氢原子，构成所谓的相似烃，其代替方式为：①用 CH_2 代替 O、S 或每一个第六主族的原子；②CH 代替 N 或每一个第五主族的原子；③用H 代替卤素。

经过如此代换后，分子式就变成了仅含碳氢两种原子的相似烃，并且是含偶数氢原子的烃（若为奇数说明该分子式有误）。然后找出与该烃碳数相同的饱和烃的分子式，用其饱和烃的氢原子的数目减去相似烃中的氢原子数目，其差数一般即为分子式的不饱和度。

【例 1-2】 计算 $C_7H_6NO_2Br$ 的不饱和度。

解：N≈CH；2O≈$2CH_2$；Br≈H；所以相似烃为 $C_7H_6+CH+2CH_2+H=C_{10}H_{12}$。

与 $C_{10}H_{12}$ 相似的饱和烃为 $C_{10}H_{22}$；二者氢原子数目差值为 22−12=10；所以 $u=5$。

不饱和度可划分为：

①各种双键，如 C═C 、 C═O 、 C═N 、 N═N 等一律看成具有一个不饱和度；

②各种三键，如 C≡C 、 C≡N ，相当于两个双键，一律看成具有两个不饱和度；

③各种配价键，如 O—S、P—O、N—O 视为单键，如

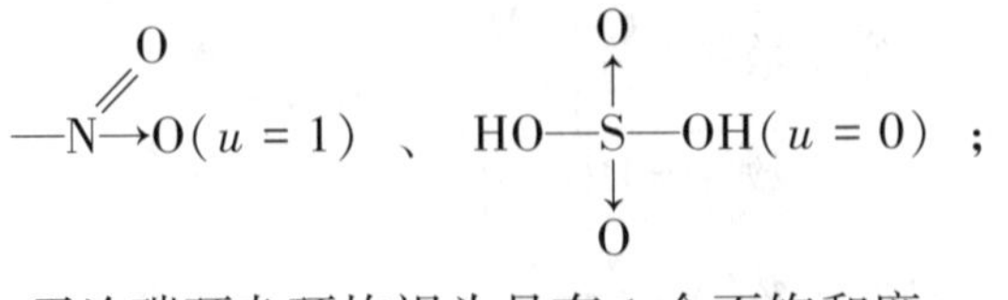

④一个环无论大小、无论碳环杂环均视为具有 1 个不饱和度；

⑤苯环可看成一个环和三个双键组成，不饱和度为 4；

⑥萘环可看成两个环和五个双键，不饱和度为 7。

【例 1-3】 计算 $C_6H_4O_2NCl$ 的不饱和度，并估计可能的结构。

解：根据计算 $u=5>4$→含苯环；侧链不饱和度可能由硝基—NO_2 所带来；所以其可能结

构为硝基氯苯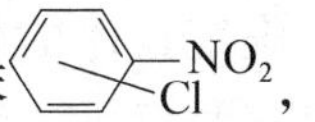，进一步的确认还需要其他鉴定。

【例 1-4】 叔丁基甲基肉桂醛的分子式为 $C_{14}H_{18}O$，计算其不饱和度，写出其结构式。

解不饱和度 $u=1+N_4+[SX(]1[]2[SX)](N_3-N_1)=1+14+[SX(]1[]2[SX)](0-18)=6$

结构式为 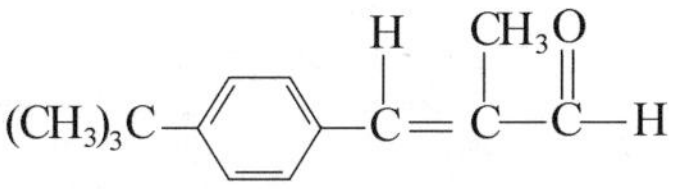

4. 综合解析、推断并确定结构式

对样品进行紫外、红外、核磁共振、质谱分析，综合所得的各种分析数据，就可进行结构式推断。推断结构式一般从小到大，从简单到复杂，逐步深入。例如，从紫外与红外光谱中，可以获知化合物的一些分子骨架和官能团信息，知道该化合物是否含有苯环、羰基、羟基、硝基、氨基、氰基等；从核磁共振(氢谱和碳谱)中，可以了解该化合物中碳、氢结合的类型、数目和相互联结方式，由此推测未知分子中可能存在的结构单元，也即确定该化合物中是否含有 $CH_3CH_2—$、$(CH_3)_2CH—$、$CH_3—\overset{|}{C}=CH—$ 、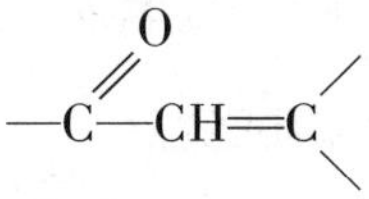 、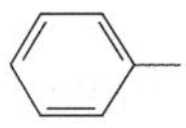 等结构碎片。从总的分子式扣除已测得的一些结构碎片，就可知道剩余部分的碳、氢比例及彼此的联结方式。再综合考虑质谱中碎片相关信息，组装成可能的分子结构，并用各种波谱数据逐一解释，舍去不合理的结构式，最后审定最可能的结构式，推断结构式的详细过程见第 4 章。

实际工作中，任何一种分析方法都不能独立解决结构的测定。多数情况下，波谱法、化学法及经典分析方法配合使用才能取得正确结果。确定结构式的途径见图 1-9。

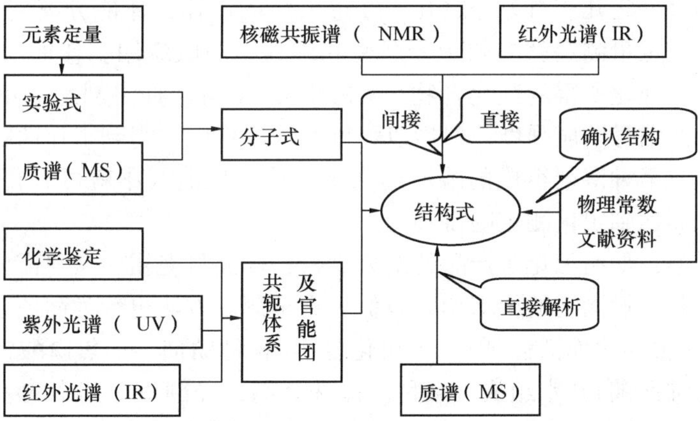

图 1-9　确定结构式的几种途径

5. 合成验证

由于剖析过程中分离、纯化得到的样品不一定有足够的纯度，所应用的分析仪器、方法也可能有一定的局限，给出的信息就不一定准确和完善，由此推断出来的未知组分的结构式就可能有错误，因而必须用合成来验证。

合成验证通常是合成标准样品(化合物本身或衍生物)，或寻找纯物质作类似的波谱分析，或从标准图谱库中查找结构相同的谱图，仔细分析比较这些波谱数据和化学测定数据(如熔点)，以便作出最后的判断。

如通过物性常数数据、元素、官能团分析结果，查化学手册，确定具体的化合物，然后进行衍生物试验：以所分析的试样为母体，根据文献上所介绍的要求和启示，经过适当的有机合成手段，将试样转变为另一种固体化合物，经过纯化后，测定产物的熔点 mp 及其他物性常数，从而确定分析结果正确与否。

【例 1-5】 某一样品：

（1）无色油状液体，在空气中易氧化；

（2）样品燃烧试验无残渣产生；

（3）溶解性试验，该物易溶于 5%HCl 乙醇中；

（4）物性测定：mp：-7～-6℃，bp：184～185℃，d_4^{20}：1.022，M：93；

（5）元素定性：C、H、N；

（6）官能团定性：、NH_2；

（7）查手册：与苯胺数据相符合；mp：-6.3℃；

（8）衍生物试验：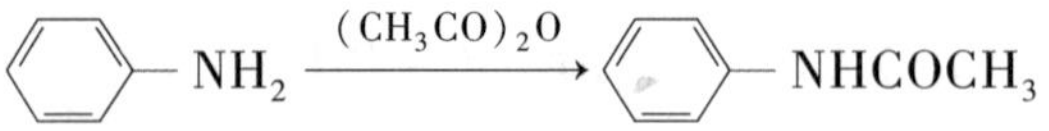

再测产物的 mp 及其他物性常数，与文献的乙酰苯胺完全一致，证明所分析结果正确，即原样品为苯胺。

1.5.7 配方产品组分含量的测定

一个精细化工配方的剖析，除鉴定出组成配方的各类化合物的结构外，还要分别对各组分的含量进行测定。

对不同的化合物有不同的定量分析方法和精密度要求。例如，天然植物药中的有效成分有时仅为原植物的万分之几或百万分之几，经过大量的工作，才能分离到微量的有效成分。对这种有效成分进行定量测定就必须十分严密和细致。一般应用工作曲线法（内标法），即从剖析样品中分离，纯化所得的纯化合物（或标准品）A 与某种溶剂配成不同浓度的一组溶液，测定该组溶液的信号响应强度。然后以强度对浓度作图，得到工作曲线。以同样实验条件再测定剖析样品与某种溶剂组成的溶液的强度，从工作曲线中就可查得该组分 A 在剖析样品中的浓度，从而达到定量测定的目的。

对于另一些样品，如精细化工产品的配方剖析，样品量充裕，又只需要确定某种组分含量的百分比范围，其定量测定的要求相对较低，定量测定方法也较为简便。通常的液体洗涤剂由有机化合物（主要为表面活性剂）、无机化合物（各种助剂，如焦磷酸钾、碳酸钠、硅酸钠和少量羧甲基纤维素钠）和水组成。某种液体洗涤剂，经剖析知其中的表面活性剂结构为壬基酚聚氧乙烯醚（乳化剂 NP-10 或 TX-10）（EO9～10），需要确定表面活性剂在洗涤剂中的质量分数，即有效物的含量时，一般可用较为简单的称重法（称量法），按图 1-10 程序进行：将残余物 B 称重，计算$(m_B/m_A)\times100\%$，即求得表面活性剂（乳化剂 NP-10）在洗涤剂中的质量分数。至于其余的无机助剂用量可参照一般洗涤剂要求适量配置，并通过应用性能测试不断调整。这样，一个具有相似洗涤效果的新洗涤剂就产生了。

1.5.8 合成、加工、配方和应用性能研究

精细化学品配方剖析目的是为了得到一个性能优异的新产品。因此在完成了剖析样品中各组分的分离、结构和含量分析后，还必须进行产品的合成、加工、配方和性能研究。

如果剖析所得的关键化合物国内无相似产品，就应着手自行合成，并对合成的最终产品

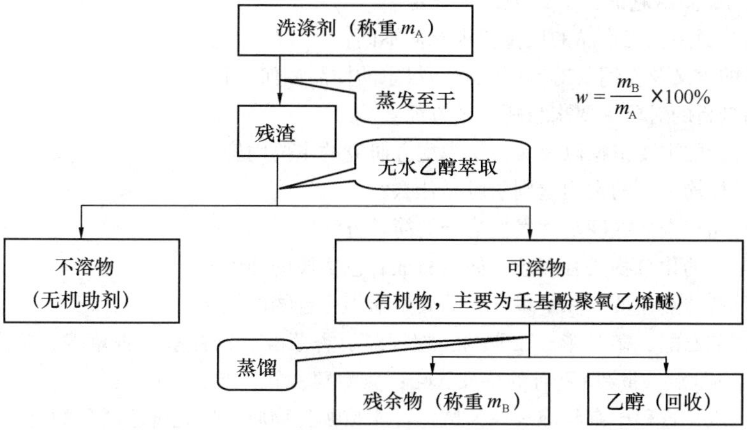

图 1-10　称量法定量测定洗涤剂中乳化剂 NP-10 含量的程序

进行分析鉴定，所得数据应与剖析结果吻合。然后加入其他助剂，组成一个新的配方，试验其应用效果；如果剖析所得的结果是天然植物药的有效成分，而且已知其含量，下一步工作就要进行适合于治疗某种疾病的制剂研究，研究内容应包括：制剂成分(纯化合物或仅有效部分)，制剂形式(注射剂，片剂、栓剂、膏剂等)，制剂工艺，质量控制标准和制剂的稳定性试验等；如果剖析的样品是国外产品，获得剖析结果后应尽快进行仿制，然后，将仿制品和国外产品同时进行对比应用试验，并根据试验结果适当调整或改进仿制品的配方和组成，以提高仿制品的质量。通过一系列的应用试验，一方面可以检验剖析结果的准确性；另一方面通过应用研究，可以创造出性能优异的新产品或新配方，从而达到剖析工作的最终目的。

1.6　精细化学品剖析的特点

由于精细化学品的原料来源于石油和优质工业，原料本身不纯，都是同系物的混合物，组成复杂不固定；精细化学品的产品大都不经分离提纯，为满足工艺的特定要求往往把各种性能不同的化学品混合复配，或把不溶于水的物质配成乳液，所以在一般剖析过程中，首先必须经过预分离和分离过程，然后再对其基本物性等进行定性和定量分析。再者，精细化学品的组成与性能之间缺乏简单的对应关系，特别是普遍存在着的协同效应或相互制约等情况，使用方面也表现为多功能性，所以剖析主要成分或有效成分的结构及含量后，还要进行配方、性能的研究和评价。

思　考　题

1. 精细化学品剖析与一般剖析的主要区别是什么？
2. 简述精细化学品剖析的含义作用。
3. 精细化学品的研究方法有哪些？简述工艺流程的内容，工艺流程设计应考虑的主要因素。
4. 简述常用分析技术在精细化学品剖析中的主要应用及特点。
5. 开发新型食品防腐剂时，产品性能的检验包括哪些方面？
6. 有机合成研究中，产品是否达到要求是以(　　)分析和(　　)测量结果来衡量。精细化学品的研究，其结果则以产品的(　　)，即它的(　　)效果来衡量。精细化学品中允许存在的杂质含量也是以它对产品(　　)的影响大小而定的。因此，研制新型精细化学品时，(　　)分析结果不能作为筛选产物的依据，最终产物的优劣，要从它的(　　)效果来评定。

7. 精细化学品与通用化工产品的质量要求有何不同？

8. 简述预分离的含义及作用。对不同性质、状态的样品如何进行预分离？

9. 精细化学品剖析的对象主要来自哪三个方面？

10. 简述配方设计的主要依据以及实验室中配方研究的主要内容。

11. 考察固体试样均一性的常用鉴别手段是什么？

12. 简述液体样品检查酸碱度及挥发性成分的简单方法。

13. 含有哪些基团的化合物具有颜色？如何验证有色物质的纯度？

14. 分别写出具有香蕉、菠萝和苹果气味的典型酯类化合物的结构。

15. 分别写出乙酸乙酯、硝基苯、丁香酚、柠檬醛、香茅醇、肉桂酸、香草醛、麝香酮、二硫醚、有机胺、苯胺、己酸、吡啶、吲哚所具有的特征气味；典型醇、醛、酯的气味。

16. 试样灼烧、炭化过程中有起泡现象，试样可能是哪类物质？灼烧试验的目的有哪些？

17. 对被剖析样品进行调查和了解主要从哪两个方面入手？

18. 初步检验包括哪些内容？液态样品如何进行初步检验？

19. 简述试样的制备的主要过程及常用方法。

20. 萃取时加入无机盐的作用是什么？

21. 分离或富集水溶性组分的最常用有效方法是什么？

22. 非均相化合物主要有哪三种情况？分别叙述其相应的分离方法。

23. 用化学方法分离均相混合物的条件有哪些？

24. 无机物结构分析最常用方法是哪两种？简述 AES 的含义及定性分析过程。

25. 简述有机物结构分析的常用手段及步骤，获得有机物结构式的途径。

26. 经典的测定相对分子质量方法有哪些？现代测量相对分子质量的方法是什么？

27. 确定分子式的方法有哪两种？

28. 写出不饱和度的计算公式，计算下列化合物的不饱和度：(1) $C_{12}H_{24}$；(2) $C_6H_{15}N$；(3) $C_4H_{10}O$；(4) C_8H_8O；(5) $C_6H_{10}O_2$。

29. 精细化学品剖析的特点有哪些？

30. 画出称量法定量测定洗涤剂中乳化剂含量的程序。

31. 画出彩色胶片成色剂剖析的预分离程序。

32. 画出天然植物药物、未知配方清洗剂以及剖析工作的一般程序。

33. 相对分子质量为 88 的化合物 A，其 C、H、O 含量分别为 68.18%、13.63% 和 18.18%。A 的碘仿反应呈阳性；A 被 $KMnO_4$ 氧化生成分子式为 $C_5H_{10}O$ 的化合物；B 与苯肼反应生成腙。A 与硫酸共热则生成分子式为 C_5H_{10} 的化合物 C，C 的臭氧化还原产物中有丙酮。计算 A 的分子式，试推测写出 A、B、C 的结构式。

第2章 样品分离与纯化

2.1 分离方法的分类与选择

2.1.1 分离的定义和实施条件

借助于一定能量，通过物理、化学等手段将多个组分的混合物分离成单个组分(或几个组分的混合物)的过程，称为分离。

宇宙间一切自发的过程，从本质上讲，均是混合过程。例如，一滴墨水落入一杯清水中，会自发地扩散到整杯水中。然而在精细化学品剖析过程中常需从混合物中制备纯品，因此要对混合物进行分离。

为使混合物分离，必须建立某些装置、系统或过程，并加入一定的分离剂，使其产生分离作用。分离剂就是加到装置中使分离过程得以实现的能量或物质，也可以两者并用。常用的分离剂有蒸气、冷却水、吸收剂、萃取剂、机械功、电能等。分离装置是分离过程得以实施的必要物质设备，也可以是某个特定的装置。例如，用蒸馏法分离某液体有机混合物，必须应用蒸馏装置。在其中加热，使液体分级汽化，达到分离，这里的加热就是对混合物外加的能量(能量分离剂)。应用萃取法分离有机混合物时，必须在萃取装置(例如分液漏斗)中加入萃取剂(物质分离剂)。实施分离过程的操作技术叫分离技术。

要使一个混合物达到顺利分离，必须具备内、外两个因素：外部因素是分离装置和分离剂，内部因素是混合物的各组分性质有明显差异或它们与分离剂的作用各不相同。应该说，外部因素是实现分离的条件，内部因素是达到分离的主要基础。

2.1.2 分离方法的分类和选择原则

当前，分离技术已成为一门独立学科，并得到广泛应用。目前的分离方法种类繁多，几乎涉及物理、化学以及生物领域等多种学科，装置的结构和型式也五花八门，而且还在不断地改进和发展。

在物理学领域中，力、电、磁、热等学科的理论都与分离科学密切相关。如以重力和压力为原理的沉降、离心、过滤等方法；以电磁为原理的电泳、电渗析、电解、磁选等分离方法；利用分子的热力学性质的汽化、升华、蒸馏等分离方法；以分子动力学性质建立起来的扩散分离、渗透与反渗透分离、膜分离等。

在化学领域中，利用分子的物性、相对分子质量与分子体积、分子之间的相互作用原理等，如溶解、沉淀、溶剂化、重结晶等分离方法；利用物质分子间相互作用力的热力学与动力学性质差异而建立的现代色谱技术，则是分离科学中最活跃和最有成效的研究领域。

利用生物化学领域中免疫化学的基本原理建立起来的抗原与抗体选择性结合免疫分离与测定，如酶免疫分离测定法、荧光标记免疫测定等有极高的选择性和灵敏度，常用于生化物质的分离与测定。

许多分离方法的原理并不是单一的，有的只是以一种原理为主，另一种原理为辅，或几种原理相互结合形成的分离分析方法。试图用任何的简单分类方法包罗全部分离技术是很困难的。如果按分离过程原理分类，分离方法主要可分为机械分离和传质分离两大类，其主要分离过程列于表 2-1 中。

在分离科学中由于实验的目的不同，对分离的要求及采用的技术也不同。以测定物质的结构和性质为目的分离方法，主要是为了得到纯的待测物质，通常注重样品的“纯度”，而不一定要求分离过程的高效率、高精度。当分离的目的是要求测定物质中某一成分的含量时，则要求分离方法应具有高分离效率、高回收率和高精度的等特点。对组分的纯度要求，一般以不干扰定量分析为目标。此外由于分离的对象、规模等各不相同，采用的方法、操作程序等彼此可能有很大的差别。

表 2-1　主要分离方法及过程

<table>
<tr><th colspan="2">分离过程分类</th><th>过程名称</th><th>分离原理</th><th>分离剂</th></tr>
<tr><td colspan="2" rowspan="2">机械分离过程</td><td>过滤</td><td>固体颗粒尺寸大于过滤介质孔径</td><td>压力</td></tr>
<tr><td>离心</td><td>不同尺寸粒子具有不同离心力</td><td>离心力</td></tr>
<tr><td rowspan="8">传质分离过程</td><td rowspan="5">平衡分离过程</td><td>蒸馏(蒸发)</td><td>挥发度</td><td>热能</td></tr>
<tr><td>吸收</td><td>溶解度</td><td>液体吸收剂</td></tr>
<tr><td>萃取</td><td>溶解度</td><td>不互溶萃取剂</td></tr>
<tr><td>结晶</td><td>溶解度</td><td>溶剂，热或冷</td></tr>
<tr><td>吸附</td><td>吸附平衡</td><td>固体吸附剂</td></tr>
<tr><td rowspan="3">速率控制分离过程</td><td>反渗透</td><td>克服渗透压</td><td>膜，压力</td></tr>
<tr><td>色谱分离</td><td>吸附或分配浓度差</td><td>固相载体</td></tr>
<tr><td>电渗析</td><td>电位差</td><td>电场，膜</td></tr>
</table>

混合物的分离是错综复杂的，采用何种分离过程主要取决于被分离样品中各种组分的理化特性和分离方法所能达到的分离程度。例如，对于一个热敏性液体有机化合物的分离，可以应用萃取法，而不能用蒸馏法，因为蒸馏过程中的长期加热会破坏一些有机物的结构；而对硝基苯酚与邻硝基苯酚的分离，则应采用水蒸气蒸馏法，不能采用萃取法，因为它们有相似的化学性质。邻硝基苯酚由于生成分子内氢键，具有较高挥发度，随水蒸气挥发，而对硝基苯酚则留在蒸馏残液中，所以用水蒸气蒸馏法可以达到较好的分离效果。由此可知，采用何种分离方法是分离成功的关键。另外，操作者的经验也有重要作用。

样品的剖析如何入手，选用什么样的分离方法和分离程序，将各个组分逐一分离开，通常是剖析研究中关键的技术之一，也是难度大、耗时长的分析过程。剖析工作者必须熟练掌握各种分离与纯化技术，按照以下原则：尽量选用简单合理的分离程序，确保分离过程中各组分不丢失、不破坏和尽可能高的分离效率，分离制备出纯度足够结构分析用的样品。

本章涉及的分离方法仅在化学实验室的规模上，对常用的一些分离方法和纯化技术的原理、特点、应用及相互配合选择等进行概述，并以一些典型样品为例，介绍这些分离方法在精细化学品分离与纯化中的综合应用。

2.2　经典分离与纯化技术

2.2.1　离心与过滤

离心或过滤分离是分离悬浮在液体中固体颗粒的操作，是对非均相混合物进行相分离而常用的分离技术。在精细化工配方的剖析过程中，离心操作往往可以代替过滤，可用于难分离悬浮液的分离。

对于悬浮液可采用离心或过滤分离(除去颗粒较大的固体悬浮物)，超速离心机、超过滤器或透析法(分离颗粒小、类似于胶体溶液)；对于乳浊液则需采用超速离心机，或在乳浊液中加入较大量的盐类或其他电解质，颗粒凝聚形成凝乳后分层(特别是所加的电解质在其中一相有很大溶解度时更为有效)，然后再进行相分离。

由于精细化工产品制备中遇到较多的固-液分离过程，所以本节主要介绍利用多孔材料阻留固体而让液体通过，使溶液中不溶物质与液体分离的方法。

在过滤操作中，一般将原有的悬浮液称为滤浆(或滤料)，滤浆中的固体颗粒称为滤渣，滤浆经过过滤积聚在过滤介质(多孔材料)上的滤渣称为滤饼(湿固体块)，透过滤饼和过滤介质的澄清液体称为滤液，过滤系统示意图见图 2-1。

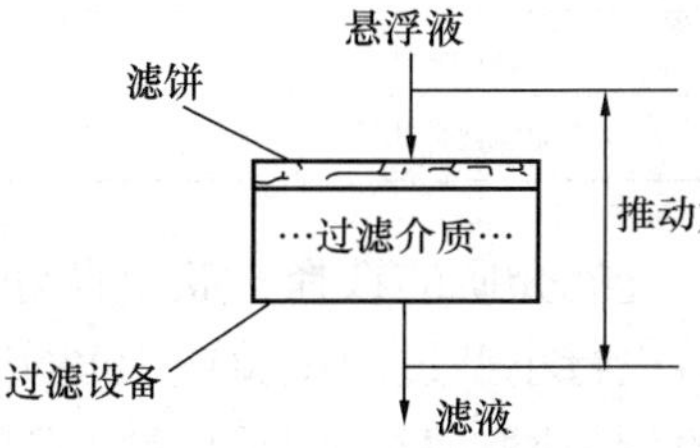

图 2-1　过滤系统示意图

为使过滤能够进行并获得通过过滤介质的液体流，必须在过滤介质两侧保持一定的压差以克服过滤过程的阻力。产生压差的推动力来源可分为四种类型，即重力、真空度、压力及离心力。相应地，过滤操作分别称为重力过滤(或称常压过滤)、真空过滤(或称减压过滤)、加压过滤和离心过滤。

重力过滤是借助于悬浮液本身的静液柱高度作为过程推动力的操作，由于滤浆液柱所能提供的压差有限，所以过滤效果很低，工业上应用较少。

真空过滤是借助于过滤介质两侧的真空度大小不同来完成，通常是接触滤浆的一侧为大气压，而过滤面的背后则与真空系统相连。常用真空度为$(5.33\sim8.0)\times10^4$Pa。

加压过滤是由压缩机或泵提供压力，用泵提供压力时，压差一般不超过4.9×10^5Pa；用压缩机提供压力时，压差常为$(4.9\sim29.4)\times10^4$Pa。

离心过滤是由载有过滤介质的离心机提供压差，常用压差为1.5×10^6Pa。下面介绍小试中常用的过滤介质和过滤方法。

1. 过滤介质

过滤介质是在过滤操作中用以截留悬浮在液体中的固体颗粒的多孔性物质。选择得当，不仅能提高过滤速度和液固分离效果，而且能简化过滤设备的结构。

按作用原理及回收物料的性质，过滤介质可分为表面过滤介质和深层过滤介质两类。

使用表面过滤介质的特点是：截留的固体颗粒沉积在介质的表面，液体渗入介质的孔隙后流出。常用的这类过滤介质有滤纸、滤布(帆布、白细布、合成纤维布料、绸布等)、滤网(不锈钢网、铜网、铁丝网等)、微孔滤膜(尼龙、聚砜、聚氯乙烯等制成的多孔性薄膜等)。在分离回收的产品是固相物质(即滤饼)时主要使用这类过滤介质。

使用深层过滤介质的主要特点是：悬浮料中的固体微粒基本上都渗入介质的孔隙内被截留，液体通过过滤介质而流出。常用的这类过滤介质有助滤剂(活性炭、滑石粉等)层、砂滤层、多孔金属及多孔塑料球等。一般来说，深层过滤介质不可能将悬浮液中所有固相微粒截留，其截留能力为90%~99%。它主要用来获得澄清的液体。

作为选择参考，表 2-2 给出了一些过滤介质能截留的固体最小颗粒度。

表 2-2　一些过滤介质截留固体颗粒大小的能力

过滤介质名称	构成材料	截留的固体最小颗粒/μm
滤纸	棉、木材等纤维素	5
滤布	天然及人造纤维	10
滤网	不锈钢、铜等金属丝	>5
毛毡	羊毛、人造纤维	10
非织造滤布	人造或玻璃纤维	2~5
多孔塑料薄膜	聚乙烯、聚氯乙烯等	0.005
刚性多孔介质	陶瓷；金属陶瓷	1(陶瓷)；3(金属陶瓷)
松散固体介质	硅藻土、膨胀珍珠岩	<1

过滤介质的选择对获得良好的过滤效果有重要意义。在小型试验中选择好过滤介质，对以后进行小型过滤试验或中间实验都有很好的参考价值。选择过滤介质时，首先应了解过滤目的(是获取滤饼或是滤液，或是两者都要)及料浆的性质，如料浆的温度、黏度、酸碱性、腐蚀性、固体颗粒尺寸及相对密度大小，滤饼的黏性、松散性、可压缩性、结晶性及含水率等。通常，良好的过滤介质应符合下列要求：过滤时间短、阻力小、不易发生堵塞，滤饼容易剥离；耐温、耐腐蚀，强度高，易于清洗，价廉易得。

2. 过滤方法及器具

(1) 常压过滤

常压过滤的滤器有漏斗(如玻璃漏斗、砂芯漏斗、不锈钢漏斗、塑料漏斗等，其中玻璃漏斗最常用)、滤框和滤袋。

砂芯漏斗又称烧结玻璃漏斗，是由玻璃粉末烧结制成多孔性滤片，再焊接在相同或相似膨胀系数的玻璃壳上所制成的一种滤器，它不能过滤浓氢氟酸、热(或冷)浓碱液、热浓磷酸。这些溶液可以溶解砂芯中的微粒，腐蚀玻璃器皿，使滤孔增大，并有使芯片脱落的可能。市售砂芯漏斗的型号及一般用途见表 2-3。

表 2-3　市售砂芯漏斗的型号及一般用途

型　号	滤片平均孔径/μm	一　般　用　途
1	80~120	滤出大颗粒沉淀
2	40~80	滤出较大颗粒沉淀
3	15~40	滤出一般结晶或杂质
4	5~15	滤出细粒沉淀
5	2~15	滤出极细颗粒、较大细菌
6	<2	滤出细菌

滤框和滤袋需根据悬浮液或料浆的性质及要求选用，如提取中草药等有效成分时，药渣可用单层纱布或棉布夹于滤框上过滤；而胶浆、果汁等黏稠物料可采用滤袋过滤。

采用漏斗过滤是实验室常用而简便的方法。操作中需注意以下几点。

①采用曲折法折叠的滤纸，过滤面积大，过滤速度快。

②转移液体时，滤纸内的液面应低于滤纸边缘约 1cm。

③倒入漏斗内的料液，表面呈平坦时，过滤效果不好；中心呈凹状时过滤效果好。

（2）减压过滤

减压过滤又称真空过滤、抽滤或吸滤。由于它具有更大的推动力，所以过滤速度快，能将固体抽得更干。

减压过滤装置主要由滤器(常用瓷质布氏漏斗)、接受容器(常用玻璃吸滤瓶)和减压系统[可以使用水压真空抽气管(水泵)或真空泵]组成。

实验装置如图2-2所示。

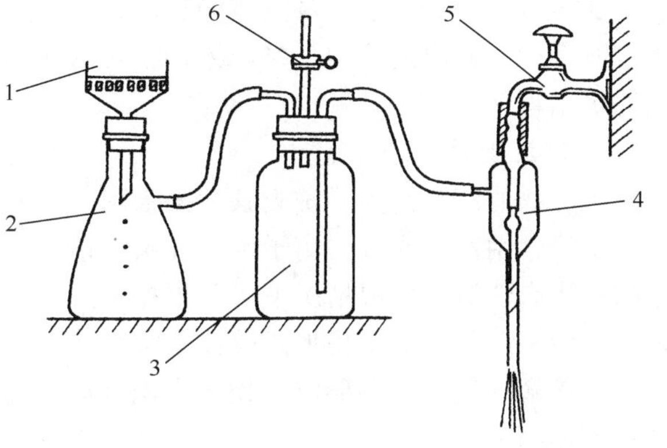

图2-2 减压过滤装置

1—布氏漏斗；2—吸滤瓶；3—安全瓶；4—水泵；5—水龙头；6—二通旋塞

安装时注意布氏漏斗的颈口斜面应与吸滤瓶的支管相对；安全瓶配一个二通旋塞，用于吸滤结束时使系统恢复为常压状态；安全瓶的长管接水泵，短管接吸滤瓶。滤纸应比布氏漏斗的内径略小，但能盖住瓷板上所有小孔；用去离子水或同一种溶剂将滤纸润湿，使滤纸面紧贴在瓷板上，然后按以下步骤进行抽滤。

①关闭二通旋塞，打开水龙头，由水泵抽气，将滤纸吸紧。开始过滤时，先倒入要沉淀的上层清液，然后将其余部分倾注在整个滤纸上，一直抽气至无滤液的液滴为止。在过滤过程中，当发现滤液快要上升到吸滤瓶的支管处时，则应迅速拔下吸滤瓶上的乳胶管，取下漏斗，将吸滤瓶的支管朝上倒出滤液后，再安装好装置继续吸滤。同时，在过滤过程中不要关闭水泵，以防自来水倒流。

②如果直接在布氏漏斗上洗涤滤饼时，应停止吸滤，将二通旋塞打开，使吸滤瓶内恢复为常压状态后，在布氏漏斗上加入一定洗涤剂或去离子水使其浸过滤饼，再开动水泵抽气，直到抽干，经过几次反复洗涤、抽干即可将滤饼洗净。这种洗涤方法可以减少因转移滤饼而造成的产品损失。

③吸滤结束时，应先打开二通旋塞，接通大气，使吸滤瓶内恢复为常压状态后再关闭自来水，以免滤液倒灌入安全瓶内。然后取下漏斗，将漏斗的颈口朝上，轻轻拍打漏斗的边缘，使沉淀脱离漏斗，落入事先准备好的滤纸或容器内。

图2-3 热过滤

在过滤强酸或强碱性溶液时，容易造成滤纸破损，这时可选用耐酸或耐碱的滤布代替滤纸进行过滤操作。

此外，减压过滤一般不适合挥发性液体，如乙醚、氯仿等的过滤。

（3）热过滤

热过滤又称保温过滤，主要用于过滤那些冷却时会有晶体析出的溶液。同时，热过滤还可以除去一切不溶性杂质，保持溶液温度不下降，提高过滤速度。热过滤是通过铜质夹层漏斗来保持温度，如图2-3所示，有一短柄可以加热。玻璃漏斗放在铜质夹层漏斗的内侧，下部套以带孔的橡皮塞。保温漏斗内放折叠式滤纸。过滤操作时，先往铜质夹层漏斗的夹层注入热水，对柄部进行加热。放好漏斗与折叠滤纸，然后将热的待滤料液沿着玻璃棒分批加入玻璃漏斗中进行过滤，漏斗上面可以覆盖表面皿以减少溶剂蒸发。

应该注意，如果待滤料液易燃，则应关闭明火热源后再过滤。

(4) 加压过滤

加压过滤多数用于大量液体的过滤，其特点是压力稳定，滤速快，有利于防止污染。加压过滤系统一般由配液罐、泵(或压滤机)、压滤罐、储液槽等组成，市面上也有小型板框压滤机出售。

3. 沉淀物的洗涤

沉淀物的洗涤是为了洗去其表面吸附的杂质和混杂在沉淀物中的母液。

洗涤常用蒸馏水或去离子水，在某些情况下经试验证明无不良影响时，也可采用自来水或软化水来洗涤。一般情况下可以根据下述情况来选择洗涤液。

①溶解度很小而不易形成胶体的沉淀物，可用蒸馏水或去离子水洗涤。

②溶解度较大的晶形沉淀物，宜用沉淀剂稀溶液来洗涤，这样可以减少沉淀物因溶解而造成产品损失。

③溶解度较小的非晶形沉淀物，应该选用易分解、易挥发的电解质稀溶液洗涤，这样可以避免非晶形沉淀物在洗涤过程中又分解成胶体。

④温热的洗涤液容易将沉淀物洗干净，还能防止产生胶体溶液，也容易通过滤纸或滤布。但热洗涤液中沉淀物的损失也增加。所以，只对溶解度很小的非晶形沉淀物才宜用热洗涤液进行洗涤，对溶解度很大的晶形沉淀物，还是用冷洗涤液为好。

洗涤一般采用倾泻法倾洗，操作前先放尽母液，加入适量洗涤剂，充分搅拌后静置澄清，再将澄清液放尽。如此反复几次。洗涤时以洗涤液用量少、但洗涤次数多一些比较适宜。

此外，洗涤必须连续进行，不能中途停顿，更不能放置过久，尤其是一些非晶形沉淀，放置过久会发生凝聚，很难洗净。

2.2.2 结晶与重结晶

1. 结晶

(1)晶体、结晶及结晶过程

晶体是内部结构中的质点(原子、离子或分子)作有规律排列的固态物质。结晶是固体物质以晶体状态从溶液、熔融物或蒸气中析出的过程。如果晶体的生产环境好，就可以形成有规律的多面体外形，成为结晶多面体。为数众多的精细化学品是以晶体形态出现，这是因为通过结晶过程能从杂质含量相当多的溶液中形成纯净的晶体，而且结晶产品的外观优美，储存、使用及运输都较方便，受到人们欢迎。另一方面，结晶也是小规模制备纯品的简单方法，其生产规模可以小至每小时数克，也可以大致每小时数十吨。

结晶过程也是溶质从溶液中析出的过程。这种过程一般可分为过饱和溶液形成、晶核生成及结晶成长等三个阶段。

要使溶质从溶液中析出，溶液必须呈过饱和状态，也就是必须有一个推动力，这个推动力是一种浓度差，称为溶液的过饱和度(过饱和溶液的浓度与饱和溶液的浓度之差)。过饱和溶液是不稳定的，容易析出过量的溶质而产生微观的晶粒作为结晶的核心，这些核心称为晶核，然后晶核长大的过程称为晶体成长。溶液在结晶器中结晶出来的晶体与余留的溶液所构成的混合物称为晶浆。晶浆除去了悬浮于其中的晶体后所余留的溶液称为母液。

在结晶过程中，含杂质的母液是影响产品纯度的重要因素之一。晶体上的母液如未除尽，则最后产品中必然会粘附上杂质。结晶后所得固体一般都需经过滤、洗涤等处理，就是为了除去母液所带来的杂质。若干晶体颗粒聚结成晶族时，容易把母液包藏在内，这种母液粘附在晶粒上或包在晶族中的现象，通常称为包藏。产生包藏现象时，会使以后的杂质洗除发生困难，从而降低产品纯度。

晶体的外形称为晶形。不同的结晶条件也可使所产生的同一物质的晶体在晶形、颜色、粒度及所含结晶水等方面有所不同。例如，氯化钠在含有少量尿素的溶液中结晶时，形成八面体的晶体，但如在纯水溶液中结晶时，则为立方晶体。碘化汞在不同温度下结晶时可以有黄色或红色两种晶体。此外，物质结晶时如存在水合作用，则所得晶体中含有一定数量的水分子，这种水分子称为结晶水，它以分子形式存在于晶体结构中，水分子的数量与化合物的其他成分之间常成简单比例。如葡萄糖（$C_6H_{12}O_6 \cdot H_2O$）、草酸（$H_2C_2O_4 \cdot 2H_2O$）、胆矾（$CuSO_4 \cdot 5H_2O$）、晶碱（$NaCO_3 \cdot 10H_2O$），分别表示含有1、2、5、10个分子的结晶水。不同的含水化合物都有特定的脱水温度。

物质溶解性的大小可用溶解度来表示。而大多数固体物质的溶解度随温度的升高而增大。各种固体物质的溶解度随温度变化的关系常用溶解度曲线来表示。如图2-4所示，图中BB'线为普通的溶解度曲线；CC'线代表溶液过饱和而能自发地产生晶核的浓度曲线（也称为超溶解度曲线），它与溶解度曲线大致平行。这两根曲线将浓度-温度图分割为三个区域：在BB'曲线以下是稳定区，在此区溶液是不饱和的，因此不会发生结晶；BB'线以上为过饱和区，此区又分为两部分，在BB'线与CC'线之间为准稳定区，在这个区域中，不会自发地产生晶核，除非溶液中已加了晶种，这些晶种就会长大；CC'线以上是不稳定区域，在此区域中，溶液能自发地产生晶核。

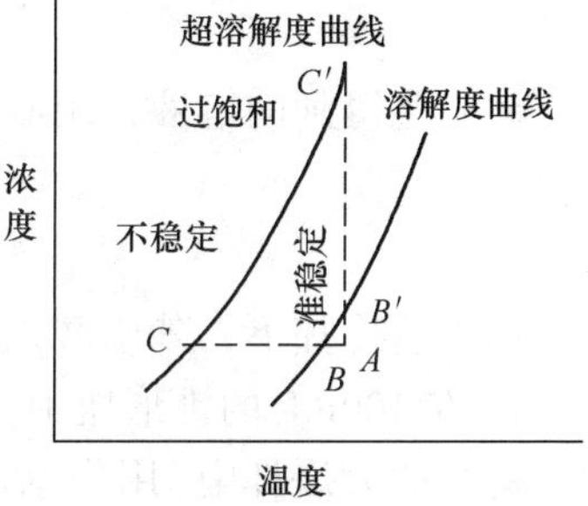

图2-4　溶解度曲线与超溶解度曲线

从不饱和区域处于A状态的某溶液出发（见图2-4），使之析出结晶的方法有两种：冷却法与蒸发法。

冷却法是取$A \rightarrow B$的途径，即在保持一定浓度的条件下，采取降低温度的方法使溶液冷却达到过饱和而结晶。当溶液从A点冷却到B点时，溶液刚好达到饱和，但它还缺乏作为推动力的过饱和度，从B点冷却到C点的一段时间内，溶液进入准稳定区，虽已处于过饱和状态，但仍不能自发地产生晶核，只有冷却到C点后，溶液中才能自发地产生晶核，越深入不稳定区，产生的晶核越多。对于溶解度随温度下降而显著减少的物质，如硝酸钠、硝酸钾、硫酸镁等都可用冷却法使溶液产生结晶。

蒸发法是取$A \rightarrow B'$的途径，即在保持一定温度的条件下，使溶剂蒸发或汽化，溶液浓缩达到过饱和而结晶。图中$AB'C'$线即代表恒温蒸发过程，其结晶过程与冷却法相似。这种方法适用于溶解度随着温度下降而减少不多的物质，如氯化钠、氯化钾、碳酸钾等。

从上述讨论可知，超溶解曲线、不稳定区、准稳定区等现象对结晶过程有重要影响，而溶液的过饱和度大小又直接影响着晶核形成过程和晶核生长的快慢。

过饱和溶液的性质很不稳定，只要稍加震动或向它投入一小粒溶质时，那些含于过饱和溶液中的多余溶质便会从溶液中分离出来，析出很多新的晶体。所以，为使单晶长大，应使溶液状态保持在准稳定区域内，不再有其他细小晶体析出，使晶体缓慢长大。

(2) 结晶方法

①冷却法。冷却法的结晶过程基本不除去溶剂，而是使溶液冷却降温，成为过饱和溶液，这种方法适用于溶解度随温度的降低而显著下降的物系。在小量结晶试验时，冷却方法可分为自然冷却及间壁冷却两种方法：自然冷却是使溶液在室温下冷却而结晶，由于冷却速度慢，会使产品质量受到影响；间壁冷却法适用于冷却剂(水或冰等)通过器壁带走热量而使溶液迅速冷却而结晶。一般来说，冷却速度快，过饱和度增加就快，但在结晶过程中，太大的过饱和度容易超越"准稳定区"极限，从而析出大量晶核，影响结晶粒度。因此，结晶过程的冷却速度要控制适宜。特别当结晶物的纯度要求较高的场合，细晶的快速成长容易包藏母液及其他杂质，而大晶体的慢速生成则有利于结晶纯度的提高。此外，当冷却速度快、剧烈搅拌时容易得到细晶，而使溶液静置则有利于大晶体的生成。下面以苯磺酸制法为例，说明冷却法制备结晶的方法。

苯磺酸($C_6H_5SO_3H$)为无色易吸湿结晶，是重要的化工原料及中间体，用于制备苯酚和用作有机合成的催化剂。可由苯与浓硫酸发生磺化反应制得：

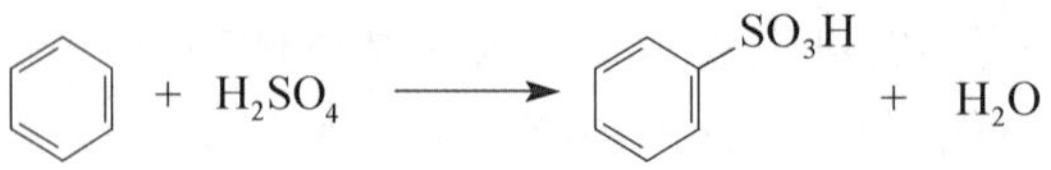

磺酸化得到的溶液，用氯化钠盐析时，发生以下反应：

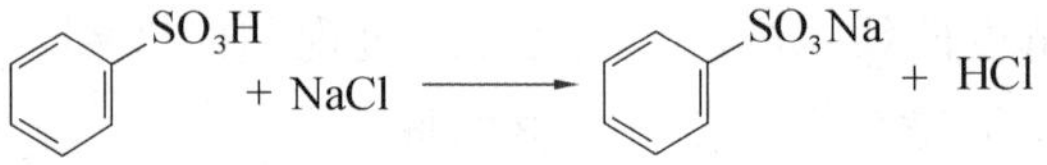

在迅速冷却下，苯磺酸以苯磺酸钠的形式成结晶析出，其制备过程如下。

a. 在100mL的锥形瓶中，加入6mL苯及8mL浓硫酸，塞上带有玻璃管的橡皮塞，然后放入盛水的大烧杯中(用作水浴)，将水浴加热到80℃，保温约15min，同时将锥形瓶激烈振荡，使反应物充分混合。随着反应进行，溶液渐成黄色，黏度逐渐增大。

b. 反应结束后，将锥形瓶内的反应物成滴状地倒入内盛60mL的20%氯化钠溶液的烧杯(100mL)中。

c. 将100mL的烧杯放入已盛有冷水的500mL烧杯中，同时用玻璃棒迅速搅拌烧杯内的黄色溶液，使其迅速冷却。在冷却过程中，可以换几次烧杯中的冷却水，也可采用冰水冷却以提高冷却效果。

d. 在冷却过程中，苯磺酸钠结晶析出，溶液呈粥状。

e. 采用减压过滤法用砂芯漏斗过滤析出的结晶，再用少量乙醇对结晶洗涤，干燥后即制得外观像脂肪、带有光泽的小片状结晶。

②蒸发法。蒸发法是除去一部分溶剂的结晶法，使溶液在加压、常压或减压状态下加热蒸发而浓缩，成为饱和溶液。在小型试验中主要采用常压蒸发，可将盛有溶液的表面皿或锥形瓶置于振动小的地方，令其自然蒸发，或将锥形瓶放入恒温水浴或恒温烘箱中，进行加热蒸发。与上述冷却法相比较，蒸发法难以获得较大的结晶，而且析出结晶所需时间较长。下面以碘化钾晶体的制备为例进行说明。

碘化钾为无色或白色立方晶体，在湿空气中稍有潮解，溶于水、乙醇及甘油。熔点为681℃。用作分析试剂和制碘化物、染料的原料，也可用作食品添加剂及照相感光乳化剂，医学上用来防治甲状腺肿及用作祛痰、利尿药等。

用铁屑和碘为原料先制成碘化铁，反应如下：

$$3Fe+4I_2 = Fe_3I_8$$

碘化铁用碳酸钾溶液分解即可制成碘化钾，反应如下：

$$Fe_3I_8+4K_2CO_3[FY=]Fe_3O_4\downarrow+8KI+4CO_2\uparrow$$

其制备过程如下：

a. 在容积为500mL烧杯中加入水100mL及洁净而干燥的铁屑17~18g，在通风良好的条件下不断搅拌，同时将25g碘分多次慢慢加入上述溶液中，并用水浴适当加热，至碘完全溶解为止，这时溶液应呈深黄色或绿色。

b. 将溶液慢慢倒入另一同体积烧杯中，弃去剩余未反应铁屑。在将溶液加热至沸腾时，倾入到34g碳酸钾溶于100mL水的沸腾溶液中。适当搅拌后，混合物由稀变为浓稠。

c. 将浓稠混合物移入瓷蒸发皿中加热。这时，随着Fe_3O_4析出，混合物逐渐变为澄清，然后进行过滤，收集滤液。对Fe_3O_4沉淀用去离子水洗涤1~2次，合并洗液及滤液。

d. 将合并的洗液及滤液加热至沸腾后再过滤一次，除去沉淀。然后将滤液加热蒸发至形成晶体膜后，再放至洁净的地方令其缓慢结晶。

e. 用布氏漏斗吸滤析出的结晶，用适量的去离子水洗涤一次，合并洗液及母液，再加热蒸发至获得结晶。由布氏漏斗收集的晶体以及由母液蒸发获得的晶体即为碘化钾产品。

2. 重结晶

在结晶过程中，含杂质的母液是影响产品纯度的重要因素之一，粘附在晶体上的这种母液如未除尽，最后的产品必然沾有杂质，纯度降低。所以，第一次结晶出来的晶体常会吸附及夹杂某些杂质，使产品纯度达不到要求。而除去这些杂质的最有效方法之一就是用适当的溶剂来进行重结晶，这是一些固体盐类及有机精细化学品最简单有效而又常用的提纯方法之一。

（1）原理

利用固体剖析样品中各组分在特定溶剂中溶解度不同，尤其是溶解度的温度系数不同而达到分离的方法，称为重结晶法。重结晶时一般先将待结晶的固体溶解于热的溶剂中达到饱和，冷却时由于溶解度降低，溶液因过饱和而析出结晶；杂质则全部或大部分留在溶液中，然后用过滤法与结晶分离，达到分离纯化的目的。

重结晶过程主要包括过饱和溶液的制备、晶核形成和生长、晶体的过滤分离三个步骤。

一般重结晶只适用于纯化杂质在5%以下的固体有机化合物。对有机反应的粗产物，应先采用其他方法如萃取、水蒸气蒸馏、减压蒸馏等进行初步提纯后，再用重结晶法提纯。

剖析样品经过一系列漫长的分离纯化过程，得到的固体有机化合物(所含杂质小于5%)在进行化学结构测定前，还必须经过重结晶纯化。在进行重结晶前，必须选择合适的溶剂。

（2）溶剂的选择

选择合适的溶剂是对固体物进行重结晶的关键。理想的重结晶溶剂必须具备下列条件。

①在较高温度(溶剂沸点附近)时，溶剂对样品的溶解度S_1较大；而接近室温(或更低温度)时，溶解度S_2较小。其溶解度随温度的变化值越大越好，即$S_1/S_2>3$。

②杂质与被纯化的化合物在同一溶剂中的溶解度相差很大，即杂质在较高温度时的溶解度S'_1较小，可以趁热过滤除去；而在较低温度时的溶解度S'_2较大，不至于随试样一起析出。

③溶剂的沸点适中，一般在30~150℃之间，最好在40~130℃。沸点过低，会使溶剂蒸发逃逸；沸点过高，又使其不易从结晶体中挥发除去。

④试样在溶剂中能形成良好的晶体析出，能给出较好的结晶形式。

⑤溶剂与样品应不起化学反应，如醇类溶剂不可用于重结晶酯类或氨基酸的氯化氢盐等；试样在溶剂的沸点温度下不会分解。

⑥溶剂应价廉、低毒。

简单的溶剂选择方法是：取几支试管，各放入要提取物质的样品 0.2g，往试管中滴加 0.5mL 不同种类的溶剂，如样品全部溶解，则这些溶剂都不能入选，因为样品在这些溶剂中的溶解度太大。如果样品中加入溶剂后并不溶解，待加热后才溶解，则冷却后析出晶体最多者为最好的溶剂。如果加入溶剂的样品在加热条件下仍不溶解，可依次再加 0.5mL 溶剂，直至加至 5mL，样品仍不溶解，则此溶剂也不适用。如在 5mL 内，加热溶解，冷却后也有大量晶体析出，则此溶剂可选用。

当一种物质在一些溶剂中的溶解度非常大时(这些溶剂被称为良溶剂)，而在另一些溶剂中的溶解度非常小(这些溶剂被称为不良溶剂)，不能选择到一种合适的溶剂时，常可使用混合溶剂来得到满意的结果。

混合溶剂一般由两种能以任何比例互溶的溶剂组成，其中一种较易溶解待提纯的物质，另一种较难溶解待提纯的物质。这时也可采用上述简单方法进行探索试验。先将样品放入溶解度大的溶剂中溶解，然后滴加对样品溶解度小的而且与前溶剂能互溶的溶剂，直到溶液呈混浊为止，然后加热或再加入少量溶解度大的良溶剂，使溶液变为澄清，经放置冷却析出结晶者为适用的混合溶剂。如果冷却后得到的为油状物，则此混合溶剂不适用，或再重新调整两者的比例进行试验，至冷却后析出结晶者为适宜。

混合溶剂溶解的具体操作是：先将待纯化物质溶解在热的(接近沸点的)良溶剂中，若有不溶物，趁热过滤；若有色，则稍冷后加入活性炭，煮沸脱色后再趁热过滤。然后，在此热滤液中小心地加入热的不良溶剂，直至所呈现的混浊不再消失，再加入少量良溶剂或稍加热，使之恰好澄清。最后，冷至室温，结晶析出。有时也可将两种溶剂先混合，然后按单一溶剂重结晶的方法进行重结晶。

当几种溶剂都合适时，应根据结晶的回收率、操作难易、溶剂的毒性、易燃性和价格来选择。

常用的混合溶剂有乙醇/水、乙醚/石油醚、丙酮/水、苯/石油醚等。

醇类溶剂是最常使用的溶剂，低级醇与水互溶可用作混合溶剂，但酸酐、酰卤及羧酸等不能用醇进行重结晶；醚类溶剂也常用，但过氧化物有爆炸性，使用醚类溶剂要特别小心注意；酮类溶剂也是重结晶的常用溶剂，但酮能与许多化合物发生反应，使用时也要注意；烃类溶剂为非极性溶剂，能溶解非极性化合物，常用作中等极性化合物的重结晶溶剂。一般芳香烃溶剂的溶解能力比脂肪烃及脂环烃溶剂要强，其中苯的毒性较高，使用时要注意安全；卤代烃类溶剂的溶解能力比相应的烃类溶剂大，三氯甲烷、四氯化碳等卤代烃毒性较大，不适于碱性物质的重结晶；酯类溶剂是溶解能力很强的极性溶剂，用于重结晶时效率高，但它能与伯胺、醇类、羧酸等物质发生反应，对于有可能与酯类发生反应的物质不宜使用；酸及胺类溶剂常用于一般溶剂中难溶物质的重结晶，但甲酸有还原作用，吡啶能使含双键化合物的构型发生改变；硫化物类溶剂的毒性较大，用于重结晶的情况不多。

(3) 重结晶操作及注意事项

重结晶操作如下：选择合适的重结晶溶剂⟶加热溶解⟶趁热过滤⟶冷却结晶⟶抽滤⟶干燥。

主要说明及注意事项：

①加热溶解过程中，若使用高沸点溶剂可采用直接加热法；若溶液中无不溶性杂质，则可直接抽滤；若溶液中含有有色杂质，可采用活性炭脱色。方法是：待溶液冷却至沸点以下，在不断搅拌下加入活性炭、粉末状活性或骨架炭或加入滤纸浆、硅藻土等脱色剂；活性炭用量不可太多(一般为重结晶物质质量的1%~5%)，否则将吸附样品，使产率下降；加活性炭时为防止暴沸，一定要待溶液冷至沸点以下。

②趁热过滤时，玻璃漏斗应选颈短且粗的，使过滤速度快；为便于下一步取出结晶，应将溶液滤到烧杯内；结晶溶液如含有胶状物质而堵塞滤纸时，可在滤纸上加一层洁净干燥的硅藻土、滑石粉或石棉等助滤剂。采用减压过滤，可使用布氏漏斗或砂芯漏斗和吸滤瓶，使过滤快速进行，避免过滤过程中析出结晶；减压过滤的缺点是细小的杂质有时也会通过滤纸，滤下的热溶液会急剧蒸发，有溢出的危险，因此，抽滤压力不宜太低；整个操作过程要迅速，否则漏斗一凉，结晶在滤纸上和漏斗颈部析出，操作将无法进行。

③冷却结晶时，结晶析出速度与重结晶物质的纯度有关，物质越纯，结晶越易析出，因为杂质的存在影响晶核的形成和结晶生长。滤过的热滤液快速冷却或冷却过程中不断振摇，则所析出的晶体小，所包含的杂质也较少，但其表面积较大，故表面吸附的母液也多，因此要将母液充分洗去，否则会在表面吸附较多的杂质。如果热滤液静置而缓慢冷却时，则析出的晶体较大，但有时也会有母液包在晶体之间而含有杂质。因此，调节热滤液的冷却速度，便可适当地调节晶体的大小及生长速度。当物质已较纯，进行第二次重结晶时，常将热溶液静置，慢慢冷却，就可获得均匀而较好的晶体。

有时滤液冷却后析出油层，常是因为重结晶物质的溶解度太小或杂质太多，或因为混合溶剂的配比不合适，或因冷却时温度下降过快等因素所造成。对一些已达到过饱和状态的溶液，仍不析出结晶时，也可试用玻棒摩擦器壁法、过冷法(将过饱和溶液放入冰箱或冷冻剂中)或加入少量晶种法(所谓晶种就是在过饱和溶液中人为地加入少量溶质晶体颗粒。如现场没有这种晶种时，可用以下方法制备：取一滴过饱和溶液于表面皿上，由于溶剂蒸发而得到晶体颗粒。或取数滴过饱和溶液于一试管中，将试管转动时，溶液会在壁面形成一薄膜，再将试管放入冷冻剂中，所形成的晶体微粒就可用作晶种。加入晶种可以加速晶核的形成，促进结晶析出)等方法刺激结晶生长。

④抽滤时，沾在烧杯上的晶体要用滤液洗出；洗涤晶体时用的溶剂一般为重结晶溶剂，洗涤时应先停止抽气，再加洗涤溶剂，用玻璃棒小心搅动，使所有晶体润湿，静止片刻再抽气；若所用重结晶溶剂的沸点较高，用其洗涤1~2次后改用低沸点溶剂(此溶剂必须和重结晶溶剂互溶，而对晶体不溶或微溶)洗涤1~2次，使最后得到产品易于干燥；洗涤用的溶剂量应尽可能少，以避免晶体大量溶解损失。

⑤干燥时，常用的干燥方法有三种：自然干燥(将晶体在表面皿上铺成薄薄的一层，盖上一张滤纸，室温下放置)；烘干(对热稳定的化合物，可在低于其熔点的温度下于烘箱或红外灯下烘干；烘干时，必须小心注意温度，并不断翻动，以避免熔化)；干燥器中干燥(在干燥器中放入适当的干燥剂，将盛有晶体的表面皿放入干燥器内，盖上盖，静置。必要时还可使用真空干燥器在减压状态下进行干燥)。

重结晶后的晶体，应在干燥后测定其熔点，以观察重结晶效果。如果熔点不合格，应再一次进行重结晶；干燥不彻底的晶体，熔点也会降低，熔程增长。

⑥粗制的有机化合物常含有杂质，一些中草药等植物提取液经常含有色素及树脂状物

质，重结晶时这些杂质、色素或树脂虽可溶于溶剂，但仍有部分会被结晶吸附。为此，常在热溶液(重结晶物质已加热溶解而稍冷后的)中加入适量活性炭后再煮沸 5~10min，趁热滤去活性炭，色素及树脂状物会被活性炭吸附而除去，滤液冷却后即可得到无色较纯的产品。

活性炭的脱色能力在水和甲醇溶剂中效果最好，在乙酸乙酯、丙酮中次之，而在苯、石油醚及三氯甲烷等非极性溶剂中效果不好，这时也可使用活性氧化铝进行脱色。

⑦从漏斗中取出结晶时应预防滤纸纤维附着在晶体上。通常可连滤纸一起取出，待干燥后，用刮刀轻拍滤纸，晶体就会全部脱落。

⑧结晶产品的纯度是否达到质量要求，可用薄层色谱法和熔点测定法检验。

(4) 重结晶法分离及精制示例

①苯磺酸钠的精制。前已述及，苯磺酸钠可由苯与浓硫酸反应后用氯化钠盐析，用冷却法制得结晶。这样制得的结晶含有少量杂质，一般称为粗品或粗晶，需进一步精制提纯时，可采用重结晶法，其操作过程如下：

a. 在 500mL 的圆底烧瓶中，加入 10g 苯磺酸钠的粗品，再加入 160mL 95%乙醇。烧瓶中加入几滴沸石(保证液体加热至沸腾时保持平稳，以防暴沸)，装上回流冷凝管。

b. 接通冷凝管的冷却水，用水浴或电热套将烧瓶内容物加热至沸腾，并适当振摇，促进苯磺酸钠粗品的溶解。如未完全溶解，可分批补加 4~6mL 乙醇，直至沸腾溶液中的粗品不再溶解，再加 10mL 乙醇，然后停止加热。

c. 待溶液稍冷而不再沸腾时，加入 0.2~0.3g 活性炭，摇匀后再加热煮沸 5min 进行脱色。

d. 趁热将溶液过滤，过滤前应先将漏斗用热水预热后再放入扇形滤纸，然后倒入溶液，滤去活性炭及不溶性杂质。过滤结束后再用少量热乙醇洗涤烧瓶及滤饼。

e. 将盛滤液的锥形瓶塞好塞子后放置冷却。如无结晶析出时，可放入几粒苯磺酸钠的纯品细晶体作为晶种，促进结晶形成；如无苯磺酸钠纯品时，可用玻璃棒轻轻摩擦液面的器壁，促使结晶析出。

f. 用冰水浴冷却 15~20min，待结晶完全析出后进行抽滤，并用 20mL 冷乙醇洗涤结晶，抽干，然后将结晶转移至表面皿上，放置后晾干，即可得到无色大颗粒针状结晶。结晶母液及洗液合并后回收溶剂。

②黄芩苷的提取与精制。黄芩是一种野生或栽培的中草药，正品为唇形科植物黄芩的根，又名空心草、元芩、土金茶根等，主根长圆柱形，外皮粗糙，暗褐色。主要产于我国长江以北及西北和西南地区。

黄芩中的主要化学成分为黄酮类化合物，已确定结构的有 30 余种。黄芩的抗菌有效成分以黄酮类化合物黄芩苷为主，含量为 4.0%~5.2%。黄芩苷为黄色结晶，熔点为 223~225℃，溶于热乙酸，难溶于甲醇、乙醇，几乎不溶于水。黄芩苷具有消炎、清热、止血及解毒等功能，其提取及精制方法如下：

a. 在 2000mL 烧杯中加入黄芩粗粉 100g 及去离子水 800mL，加热煮沸约 1h。过滤，收集滤液，滤渣再加去离子水 600 mL，也煮沸约 1h。过滤，合并两次滤液，弃去滤渣。

b. 滤液中慢慢加入盐酸，调节溶液的 pH 值为 1~2 后，加热至 80℃，保温 40min，然后静置，使黄芩苷凝聚而析出。

c. 过滤，弃去滤液，在所得滤饼中加入体积为沉淀物 6~8 倍的去离子水。充分搅匀后，慢慢加入33%的氢氧化钠溶液，调节溶液的 pH 值为 6.8~7，再加入等量的95%乙醇，充分搅匀，使黄芩苷溶解。

d. 抽滤，滤饼再用少量50%乙醇抽洗，将滤液与洗液合并，用盐酸调节 pH 值为 1.6~2。加热至 80℃，保温 0.5h 后冷至室温，析出沉淀物，过滤后得到黄芩苷粗品。

黄芩苷的精制：

a. 烧瓶中放入黄芩苷粗品，加入20倍的去离子水，充分搅匀后，用33%的氢氧化钠调节溶液的 pH 值为 6.8~7，使黄芩苷溶解。

b. 加热至沸点，稍冷后加入黄芩苷粗品量 0.2%的活性炭，煮沸 5~10min 进行脱色。

c. 静置 15~20min 后进行抽滤，并用少量去离子水抽洗活性炭层。将滤液与洗液合并，加入一倍量的95%乙醇，搅匀后过滤。滤液用盐酸调节 pH 值为 1.6~2。

d. 加热至 80℃，保温 0.5h。冷却至室温时析出结晶。将结晶抽滤，并用少量95%乙醇抽洗。抽干后将结晶置于真空中，用60℃的温度烘干，即获得黄芩苷纯品。

2.2.3 升华

1. 升华特点及装置

有些固体物质在熔点温度以下具有较高的蒸气压(高于 2.7kPa)时，不须经过熔融即可变成蒸气而升华。利用升华操作可以除去不挥发性杂质，或分离挥发度不同的固体混合物，从而得到纯度较高的产物。其缺点是，操作时间长，样品损失也较大。通常化验室中只对较少量(1~2g)的物质进行升华纯化。

化合物的升华温度与气压有关，气压越低，升华温度越低。如：苯甲酸：熔点 120℃，升华温度：43~45℃(气压 1.01×10^5Pa)，25℃(气压 68~133Pa)；萘：熔点 79℃，升华温度：36~38℃(气压 1.01×10^5Pa)，25℃(气压 68~133Pa)。为降低升华温度，可采用减压升华或真空升华使升华温度低于物质熔点。

可利用升华法提纯的有机物，常压下有：苯甲酸、乙酰苯胺(退热冰)、六甲基四胺(乌洛托品)、香豆素、胆甾醇、乙酰水杨酸(阿司匹林)、月桂酸、肉豆蔻酸(十四烷酸)，软脂酸(十六烷酸)、硬脂酸等；减压下有：1-羟基蒽醌(130℃，1.2Pa 与 2-羟基蒽醌分离，180℃升华)、苯甲酸(50℃，133Pa)、糖精(150℃，133Pa)等。

最简单的常压升华装置见图 2-5，少量物质的减压升华装置见图 2-6。

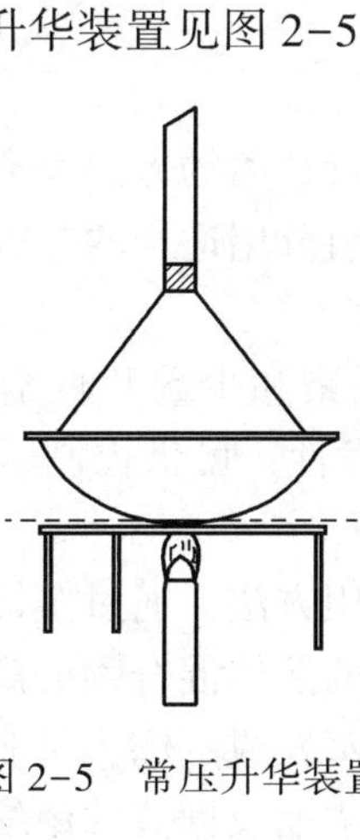

图 2-5　常压升华装置

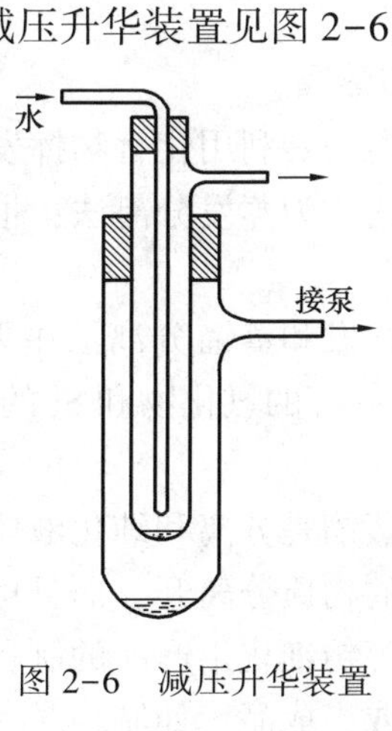

图 2-6　减压升华装置

2. 升华操作

(1) 常压升华

操作程序及注意事项见表 2-4。

表 2-4　常压升华操作程序及注意事项

操作程序	准　备	加热升华	结　束
操作要点	将待升华样品放到蒸发皿中，盖上一张穿有许多小孔的滤纸，将一玻璃漏斗倒盖在上面，漏斗颈部塞上玻璃毛或棉花团	在石棉网下慢慢加热蒸发皿，控制温度，使样品逐渐升华	停止加热，仪器基本冷却后，取下玻璃漏斗和滤纸，小心将结晶收集起来，测定其熔点，以判断纯度
简要说明	覆盖多孔滤纸时，最好先在蒸发皿的边缘放置一个石棉纸狭圈，用以支持此滤纸；漏斗颈部塞玻璃毛或棉花团，为的是减少蒸气逃逸		升华样品所需的时间较长，少则数小时，多则数十小时
注意事项	塞玻璃毛或棉花团时，不要填塞过紧密；本实验应在通风橱中进行	加热时要小心调节火焰，控制样品温度低于其熔点，切忌加热温度太快太高；必要时漏斗外壁可用湿布冷却，以促使结晶迅速形成	

（2）减压升华

操作程序与常压升华相同，但操作中的要点及事项须予以注意。

①在准备过程中，如图 2-6 所示，需将待升华物质放到吸滤管中，将装有冷凝管的橡皮塞紧密地塞住管口，可利用水泵或油泵减压。样品切勿加得过多，冷凝管与样品层之间要有一定距离；与水泵或油泵连接处一定要安装一个安全瓶。

②减压下加热升华时，样品可在远低于其正常沸点下沸腾，故无须把加热温度升得太高，以免气化了的样品不凝为固体；冷凝水的流量要尽可能大些。

③结束时，停止加热，仪器冷却后，打开安全瓶上的二通活塞，使系统通大气，关掉水泵或油泵取下冷凝管，小心将结晶收集起来，测定其熔点，判断纯度。减压升华所需时间较长，样品损失也较大。

2.2.4　蒸发与蒸馏

蒸发与蒸馏分离法是利用化合物挥发性的差异来进行分离的方法。通常以气态形式蒸发除掉干扰组分的方法称为蒸发分离法；把蒸发的被检测组分用适当的方式收集起来的方法称为蒸馏分离法。

无机分析中，挥发和蒸馏分离法主要用于非金属元素和少数几种金属元素的分离。如 Ge、As、Sb、Sn、Se 等的氯化物和 Si 的氟化物都有挥发性，可借控制蒸馏温度的办法把它们从试样中分出。

有机分析中，蒸馏是分离和纯化液体有机物的最常用方法。通过蒸馏不仅可以把挥发性的物质与不挥发性的物质分离开，而且可以把沸点不同的液体混合物分离开。

在食品、药品等精细化工产品的制备过程中，通过蒸发或蒸馏，可脱出部分溶剂，浓缩稀溶液，获得成品或半成品，如制药时一些浸出制剂的浓缩及糖液的浓缩等；通过蒸发或蒸馏，将溶液增浓直至饱和状态，随后加以冷却，析出固体产品，如制取结晶葡萄糖时的蒸发结晶过程；通过蒸馏还可除去杂质，得到纯净的溶剂。

根据操作压力、方式等的不同，常见蒸馏有常压蒸馏、减压蒸馏和水蒸气蒸馏。

1. 常压蒸馏

常压下将液体加热至沸腾，使液体变为蒸气，再使蒸气冷却凝结为液体进到另一容器中，这一过程称为常压蒸馏。当被蒸馏物质的沸点不是很高，且受热后不会发生分解时，多用此法。一般纯的液体有机物，在大气压力下有确定的沸点，若在蒸馏过程中沸点发生变动，说明物质不纯。为得到纯物质，就必须控制沸程。但具有固定沸点的液体不一定都是纯物质，因某些有机物常和其他组分形成多元共沸混合物，也有固定的沸点。

（1）常压蒸馏装置

主要包括蒸馏瓶(distillation flask)、冷凝管(condenser)和接收器(container)三大部分，如图 2-7 所示。蒸馏瓶应根据蒸馏物的量选择，一般是使蒸馏物的体积不超过瓶体积的 2/3,也不少于 1/3。若装入物太多，沸腾时可能冲出，或液体飞沫被蒸气带出，混入馏出液中；反之，蒸馏结束时，相对会有较大部分的液体残留在瓶内不容易蒸出来。安装时，温度计应插入瓶颈中央，其水银球上限应和蒸馏瓶支管下限在同一水平线上。支管应伸出胶(木)塞 2~3cm。冷凝管出水口(上端)应向上，以保证套管中充满水。接液管和锥形瓶间不可用塞子塞住，而应与外界大气相通。蒸馏低沸点、易燃、易吸潮的液体时，应按图 2-7(b)安装接收装置，并将接收瓶在冰水浴中冷却。

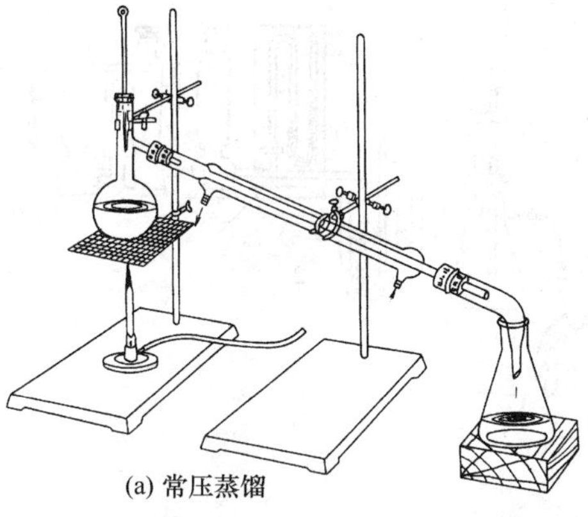

(a) 常压蒸馏

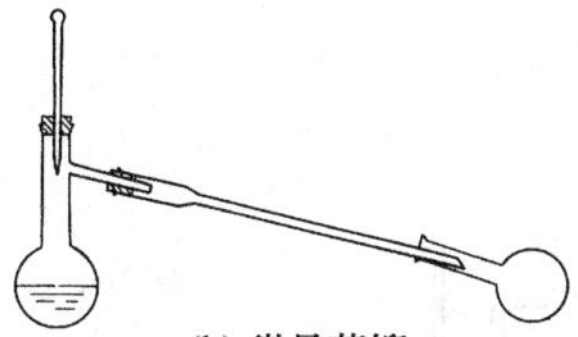

(b) 微量蒸馏

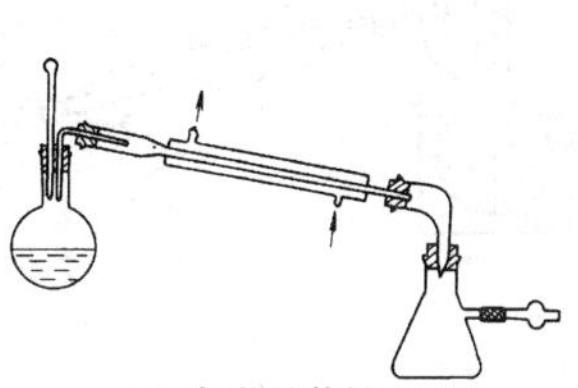

(c) 半微量蒸馏

图 2-7　常压蒸馏装置

（2）常压蒸馏操作及注意事项

常压蒸馏操作程序及注意事项见图 2-8。

2. 减压蒸馏

液体的沸点是指它的蒸气压等于外界大气压时的温度，所以液体沸腾的温度随外界大气压力的降低而降低。若用真空泵连接盛有液体的容器，使液体表面上的压力降低，便可降低液体的沸点。在较低压力下进行的蒸馏称为减压蒸馏(又称真空蒸馏)，减压蒸馏特别适用于那些常压蒸馏时达到沸点就已分解或聚合的物质，或者沸点甚高不易蒸馏的物质。

（1）减压蒸馏装置

主要包括蒸馏、抽气以及安全保护和测压三部分，如图 2-9 所示。

蒸馏部分：A 是减压蒸馏瓶(又称克氏蒸馏瓶)，上有两个颈，可避免减压蒸馏时瓶内液体由于沸腾而冲入冷凝管中。侧颈插温度计，其水银球上限和支管下限在同一水平线上；另一个颈插有一根毛细管 C，其长度恰好使其下端距瓶底 1~2mm。毛细管上端连一段带有

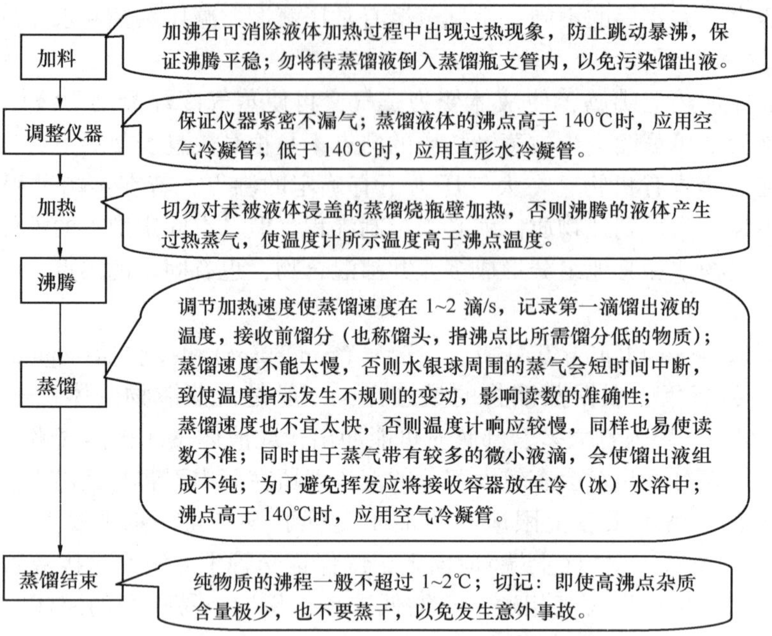

图 2-8　常压蒸馏操作程序及注意事项

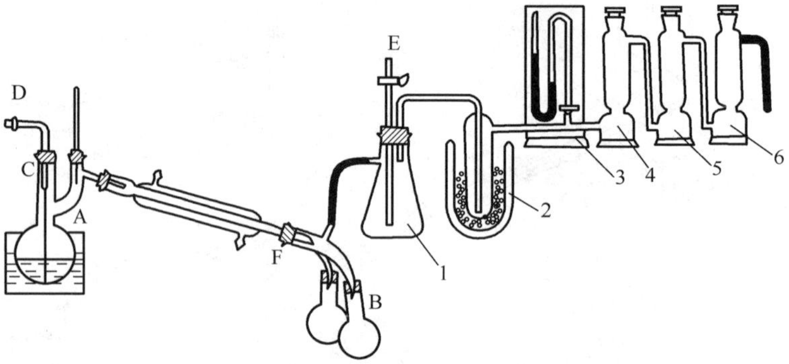

图 2-9　减压蒸馏装置

1—安全瓶；2—冷却阱；3—压力计；4—氯化钙；5—氢氧化钠；6—石蜡片；A—减压蒸馏瓶；B—接受器；C—毛细管；D—螺旋夹；E—放气活塞；F—接液管

螺旋夹D的橡皮管，调节进入的空气量，使有极少量的空气进入，液体呈微小气泡冒出，作为液体沸腾的汽化中心，使蒸馏平稳进行。接收器B可用圆底烧瓶，不间断蒸馏而收集多种馏分时，可用多尾接液管。E为放气活塞。根据蒸出液体沸点不同，选择合适的热浴和冷凝管。热浴温度应比蒸馏液体的沸点高20~30℃；沸点高的蒸馏液应使用空气冷凝管，且最好用石棉绳(或部)包裹蒸馏瓶的两颈，以减少散热。

抽气部分：实验室常用水泵(或机械泵)抽气。水泵所能达到的最低压力为当时室温下水蒸气压。机械泵的真空度可达1Pa。蒸馏时若有挥发性有机溶剂产生，其蒸气被泵中油吸收，会增加油的蒸气压，影响真空效能；若有酸性水蒸气产生，水蒸气凝结后，会与油形成浓稠的乳浊液，破坏油泵的正常工作。因此使用机械泵时必须十分注意对它的保护。使用机械泵时，真空系统的压力控制在650~1300Pa间。

安全保护及测压装置部分：水泵减压时，应在泵前安装一个安全瓶，以免发生倒吸。机械泵减压时，应在泵前安装安全瓶、冷却阱、压力计、吸收塔等保护装置。在保护系统中，安全瓶主要用于调节系统的压力及放气；冷却阱可分离低沸点和易挥发有机物，阱中冷却剂可根据需要采用冰-水、冰-盐、干冰等；封闭式压力计用于测量系统的实际压力。吸收塔通常有三个：第一个装无水氯化钙或硅胶，可吸收微量水分；第二个装粒状氢氧化钠，可吸收酸蒸气；第三个装石蜡片，可吸收烃类气体。减压蒸馏时整个系统必须保证密封不漏气，选用的胶塞大小及钻孔都要十分合适。胶管应使用耐压的真空橡皮管，各磨口玻璃塞处都应仔细地涂好真空脂。

（2）减压蒸馏操作程序及注意事项

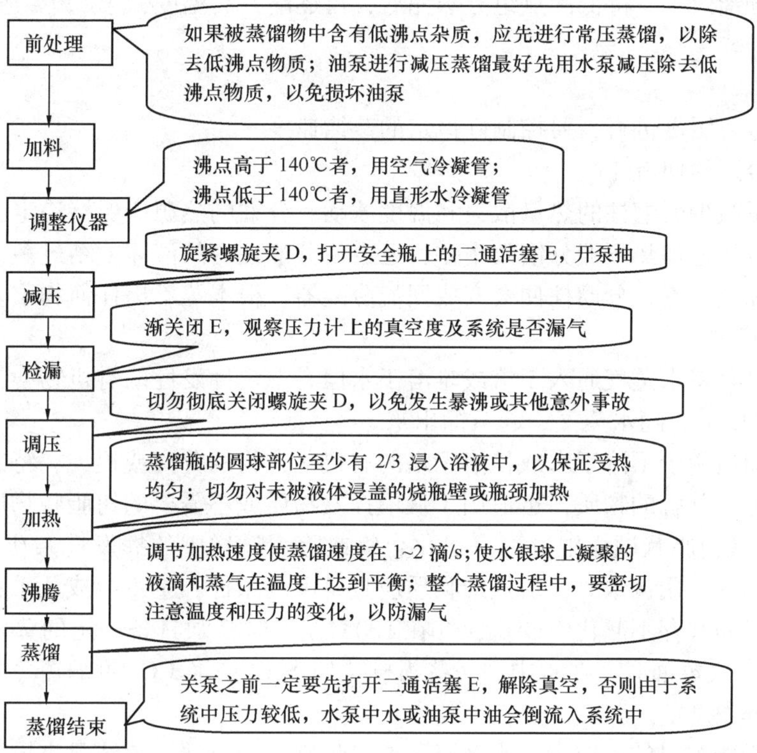

3. *分馏法*

用分馏柱使液体混合物中各组分沸点相差不太大的组分分离开的方法。精密的分馏设备能将沸点相差 1~2℃的混合物分开。

分馏原理：是被蒸馏的混合液在分馏柱内进行多次汽化和冷凝，上升的蒸气与下降的冷凝液互相接触发生热量交换，上升的蒸气部分冷凝放出的热量使下降的冷凝液部分汽化，而每一次汽化和冷凝将使蒸气中低沸点的组成增加一次，因此蒸气在分馏柱内的上升过程中，等于经过多次反复的简单蒸馏，不断增加蒸气中低沸点组分。其结果是上升蒸气中低沸点组分增加，而下降的冷凝液中高沸点组分增加。分馏柱的效率足够高时，开始从分馏柱顶部出来的几乎是纯净的低沸点组分，而最后留在烧瓶里的液体几乎是纯净的高沸点组分，这样就可将沸点不同的物质分离开。

分馏的关键：选择适当的分馏柱，一般对分馏柱的要求不是越高越好，而是应该选择适当。通常把分馏柱的分馏能力和效率用“理论塔板值”表示，一个理论塔板值相当于一次简单蒸馏。被分馏液中各组分之间沸点相差越大，对分馏柱要求越低；反之要求越高。另外，分馏时要求回馏液(内含高沸点物质较多)的滴数与馏出液的滴数之比，即回流比有一个恰当的比例，才能将不同沸点组分分离完全，一般回流比大体上应与分馏柱的理论塔板值相等。

分馏装置：与蒸馏装置基本相同，仅在蒸馏瓶上方加一个分馏柱。

分馏操作：与蒸馏操作基本相同。将待分馏物加入圆底烧瓶中，加入沸石，装上分馏柱，插上温度计。分馏柱的支管与冷凝管相连。柱外用石棉绳包住，以减少柱内热量散发，减少风和室温的影响。液体沸腾后要注意调节浴温，使蒸气慢慢升入分馏柱，约 10~15min 后蒸气达到柱顶。有馏出液滴出后，调节浴温使得蒸出液体的速率控制在每 2~3s 滴一滴，以得到较好的分馏效果。待低沸点组分蒸完后，再逐渐升高温度，第二个组分蒸出时会产生沸点的迅速上升。

注意事项：

①分馏一定要缓慢进行，要控制好恒定的蒸馏速度。

②要选择合适的回流比。

③必须尽量减少分馏柱的热量散失和温度波动。分馏的热源应保持稳定，才能保持所需要的回流比。过快地加热不但分馏效率差，还会使分馏柱内的液体凝结过多，堵住蒸气上升的通道；如果加热太慢，分馏柱便会变成回流冷凝器，根本蒸不出任何物质来。

4. 水蒸气蒸馏

水蒸气蒸馏是将水蒸气通入不溶或难溶于水但有一定挥发性的有机物中，使该有机物在低于 100℃ 的温度下，随水蒸气一起蒸馏出来。

水蒸气蒸馏适用于不溶于水或稍溶于水的有机化合物的分离或提纯，特别适用于分离那些在其沸点附近易分解的物质，也适用于从不挥发物质或不需要的树脂状物质中分离出所需的有机物组分(从树脂状试样中分离有机化合物或除去试样中的挥发性杂质)，其效果较一般蒸馏或重结晶好，用该法时，被提纯物质应具备下列条件：①不溶或几乎不溶于水；②在沸腾下与水长时间共存不起化学变化；③在 100℃ 左右时必须具备一定的蒸气压，一般不小于 1300Pa。水蒸气蒸馏时，在水中加一些无机盐如 NaCl 或 K_2CO_3 可缩短蒸馏时间，并能提高难蒸馏物的挥发度。

在植物性天然香料的提取中，水蒸气蒸馏是最常用的方法，该法具有设备简单、操作容易等特点；除在沸水中主香成分容易溶解、水解或分解的植物原料(如紫罗兰、金合欢、茉莉及风信子等一些鲜花)外，绝大多数芳香植物均可用水蒸气蒸馏法提取精油。

(1) 原理

两种互不相溶的液体相混合的液体混合物，在一定温度下，每种液体都有各自的蒸气压，其大小与每种液体单独存在时的蒸气压相同(也互不相干)。而液体混合物的总蒸气压等于两种液体单独存在时的蒸气压之和。当与水不相混溶的物质和水一起存在时，整个体系的蒸气压力应为各组分蒸气压之和。当混合物中各组分蒸气压总和等于外界大气压时，混合物开始沸腾，此时的温度即为混合液的沸点。这时的沸点必定较任一组分的沸点低。因其中一种液体为水，所以混合物在 100℃ 以下即开始沸腾。因此，在不溶于水的有机物中，通入水蒸气进行水蒸气蒸馏时，在比该物质的沸点低得多的温度(而且还低于 100℃)下，可将该物质蒸馏出来。蒸出的蒸气中两组分的含量与其蒸气分压成正比：

$$\frac{m_A}{m_{H_2O}} = \frac{M_A p_A}{M_{H_2O} p_{H_2O}}$$

即在馏出物中，随水蒸气一起蒸出的有机物组分质量 m_A 与水质量 m_{H_2O} 之比，等于两者的分压（组分分压 p_A 与水的分压 p_{H_2O} ）分别和两者相对分子质量（组分的相对分子质量 M_A 与水的相对分子质量 M_{H_2O}）的乘积之比。

例如，松节油是带有松香味的淡黄色液体，其主要成分是蒎烯（$C_{10}H_{16}$）。松节油可由松枝经水蒸气蒸馏提取。在95℃进行水蒸气蒸馏时，水的饱和蒸气压为85. 3kPa（95℃），松节油的蒸气压为16kPa（95℃），两者之和为101. 3 kPa（即等于大气压）。而松节油的相对分子质量比水的大得多。所以，按上式公式计算可知，松枝在水蒸气蒸馏时，馏出物中水的质量要远大于松节油的质量。

（2）水蒸气蒸馏装置

水蒸气蒸馏装置由水蒸气发生器、蒸馏烧瓶、冷凝管和接受器等部分组成，见图2-10。

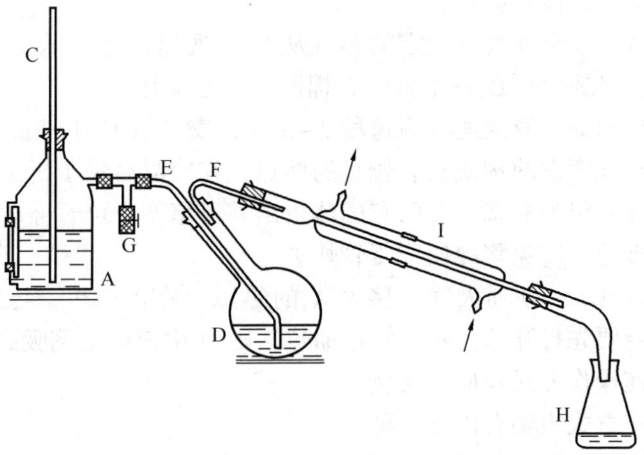

图 2-10　水蒸气蒸馏装置

A—水蒸气发生器；B—玻管（液面计）；C—安全管；D—长颈圆底烧瓶；E—水蒸气导管；F—馏出液导管；G—螺旋夹；H—接受瓶；I—冷凝管

水蒸气发生器一般用金属（钢质或铁质）制成，也可用短颈圆底烧瓶代替，盛水量以其容积的3/4为宜。从瓶口的橡皮塞插入一长玻璃管作为安全管，当蒸气通道受阻，器内的水沿玻璃管上升，起到报警作用。当器内压力太大时，水会从管中喷出，以释放系统内压。而管内喷出水蒸气时，则表示器内水位已接近器底，应立刻补充水。金属制的水蒸气发生器还可安装液位计，直接观察器内水面高度。

水蒸气发生器的出口与一个T形管（三通）相连，T形管下端支管套有橡皮管，用螺旋夹夹住；T形管的另一端与蒸馏烧瓶的水蒸气进口管相连（连接口应尽量短，以减少水蒸气冷凝）。T形管主要用来放掉水蒸气冷凝的积水，而当水蒸气量过大或系统内压力骤增或操作结束时，可以旋开螺旋夹使之与大气相通。

蒸馏烧瓶一般使用长颈圆底烧瓶，用铁夹固定使其倾斜放置，以免溅起的液体被水蒸气带入冷凝管中。瓶口配置双孔塞，一孔插入水蒸气进口管，另一孔插入馏出物出口管。出口管的另一端与冷凝管相连。为保证水蒸气畅通，进口管的外径一般不小于7mm，其末端应接近烧瓶底部，以便水蒸气与被蒸馏物质充分接触并起到搅拌作用。出口管的外径应比进口管略粗些，弯曲部应短些，使水蒸气能畅通地进入冷凝管。

冷凝管一般采用直形水冷管，由于水的蒸发潜热大，所以冷却水的流速要大些，操作中要保证套管中充满水。

接受器由接液管和接收瓶组成，接液管和接收瓶之间要保证与外界大气相通。

（3）水蒸气蒸馏操作程序及注意事项

水蒸气蒸馏操作程序与常压蒸馏类似，主要说明及注意事项如下。

①加料：将被蒸馏物与少量水一起放入蒸馏瓶 D 中，其量约为蒸馏瓶容积的 1/3；为防止 D 中液体因跳溅而冲入冷凝管 I 内，将烧瓶 D 的位置向水蒸气发生器方向倾斜 45°。

②调整仪器：水蒸气发生器 A 的盛水量为其容积的 3/4，安全玻管 C 几乎插到 A 的底部，蒸气导入管 E 的末端应弯曲，使之垂直地正对瓶底中央并伸入到接近瓶底。接通冷凝水，检查仪器各连接处是否紧密、不漏气，打开螺旋夹 G。若盛水过多，沸腾时水将冲至烧瓶；由 B 可观察 A 内水面高度。如果系统发生了堵塞，则 C 管中水位将迅速升高，此时应立即打开螺旋夹 G，然后移去热源。

③加热：加热 A，直至有大量稳定的蒸气从 G 管逸出，将 G 夹紧；为使蒸气不致在 D 中冷凝而积聚过多，必要时可在 D 下置一石棉网，小心加热。

④蒸馏：一般控制馏出液的速度为每秒 2～3 滴；安全管 C 中液面上下跳动表示蒸馏平稳进行；如果随水蒸气挥发的物质具有较高的熔点，在冷凝后易于析出固体，则应调小冷凝水的流速，使它冷凝后仍为液态。若已有固体析出并近堵塞，可暂停冷水的流通。重新通冷水时，要小心而缓慢地，以免骤冷使冷凝管炸裂。

⑤蒸馏完毕：打开 G，使通大气，移去 A 的热源，停止加热，与安装顺序相反，拆除仪器。中断蒸馏一定要先打开 G，若先停止加热，则 D 中液体会倒吸到 A 中。

（4）水蒸气蒸馏操作方式及应用实例

水蒸气蒸馏操作方式主要有以下三种。

①直接蒸气蒸馏。直接蒸气蒸馏是最常用的水蒸气蒸馏法，用于提取植物性天然香料时，所得精油质量比用其他两种方法要好。该法将蒸馏原料放入蒸馏烧瓶中，由水蒸气发生器产生的蒸气经导管通入烧瓶底部，使蒸气与原料直接接触后进行蒸馏。该法蒸馏温度较高，蒸馏速度较快，装置经改装后可实现加压蒸馏。

②水中蒸馏。将蒸馏原料与水一起放入蒸馏烧瓶内加热蒸馏，必要时还可在蒸馏过程中往瓶内加水，这种方法，原料始终浸泡在沸水中，受热较均匀。装置经改装后可实现减压蒸馏。对容易发生水解的物质不适宜用此法蒸馏。

③水上蒸馏。采用专门设计的蒸馏瓶或蒸馏锅，锅内下部装有多孔隔板，板上装蒸馏原料，板下盛水，水面与隔板之间有一定距离，水受热而成饱和水蒸气，穿过原料而上升。这种方法中原料与水隔开，可减少水解作用。装置经改装后也可实现加压蒸馏。该法不适用于易结块及细粉状原料的蒸馏。

无论采用哪一种蒸馏方式，蒸馏过程中水的作用可简单地归结如下。

原料表面润湿→水分子向有机物组织中渗透及扩散→水置换或微量溶解其中的某些组分→有机物（或精油）向水中扩散→有机物与水形成共沸物→有机物与水同时蒸出→冷凝→油水分离→有机物（或精油）。

应用实例（水蒸气蒸馏法提取针叶油）如下：

针叶油是沸点为 140～300℃的无色透明油状液体，易挥发，富含乙酸龙脑酯，是一种多组分天然精油。难溶于水，易溶于乙醇、乙醚、三氯甲烷等有机溶剂及动植物油脂；可用作橡胶、树脂及石蜡等的溶剂，也可作空气清香剂，配制成香用香精及气雾香精。喷以针叶油气雾剂，能给人以大自然的清香气息。松柏科树木(如冷杉、云杉、落叶松、柏木等)的松叶中都含有针叶油，只是其组成及含量随树种而有所不同。30 年左右的树的枝叶中含油量可达 3.5%。

采用直接蒸气蒸馏方式，将已切碎的新鲜针叶装入蒸馏烧瓶(装入量为烧瓶容积的 1/3),控制馏出速度为 2~3 滴/s，冷凝管温度控制在 30℃以下，蒸馏至馏出物中只有极少油花为止；接收器内底层为针叶油，上层为水，经分液操作分出针叶油。此时油中常含有乳状分离水，经干燥脱水后制得成品。针叶油易挥发氧化，干燥后应及时密闭储存。

5. 分子蒸馏

分子蒸馏又称短径蒸馏，蒸馏装置中蒸发面与冷却界面之间的距离小于分子的平均自由行径，使从蒸发面上跳跃蒸发的分子在很少受到其他残存空气分子的冲击下就达到冷却界面而冷凝。分子蒸馏是在高真空(0.1~6Pa)下进行，适用于一些热敏性液体有机化合物的最后纯化，特别是一些天然精油的纯制，可避免蒸馏过程中可能发生的重排、异构化，甚至聚合、分解等副反应，其装置见图 2-11。

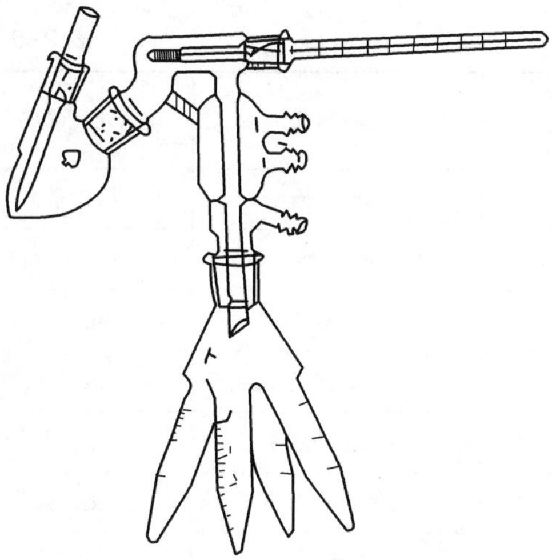

图 2-11 分子蒸馏的玻璃仪器

分子蒸馏法的分离效率较低，不能用以分离沸点相近的组分，它的特点是能在较低温度下蒸馏热不稳定的高沸点有机物甚至固体的有机物，适用于沸点很高、对热不稳定或容易爆炸(如过氧化物)的有机物的分离。该法曾用以蒸馏棉籽油和鱼肝油等：100℃以前蒸馏出各种精油和蜡；140℃以下蒸馏出各种脂肪酸；250℃以下蒸馏出各种固醇类等。

2.2.5 萃取与浸取

1. 萃取

萃取是利用物质在两种不互溶(或微溶)溶剂中溶解度或分配比的不同来分离、提纯或纯化物质，是分离、提取或纯化各类有机化合物的重要手段。应用萃取法可以从固体或液体混合物中提出所需要的物质，也可以用来除去混合物中少量杂质，萃取一般在常温下进行，适宜于热敏性物质的分离。

利用剖析样品中各组分在萃取剂中不同的溶解度和亲和力，选择合适的萃取剂进行连续萃取，可使某一组分在萃取剂中得到浓集，达到分离。

对于液体剖析样品，萃取操作可以在分液漏斗中进行，也可以将剖析样品拌以惰性填充剂(如硅藻土)后置于索氏提取器中，用不同极性溶剂相继萃取。

在萃取固体有机化合物时，如高分子样品中的添加剂剖析，可以将高分子材料碾碎，或研磨成细粉，放在索氏提取器中用己烷、乙醚、甲醇等溶剂将各类添加剂萃取出来。样品粉碎的程度与萃取效果有直接关系。粉碎程度高，萃取效果好；但颗粒过小，可能会产生结块，反而会影响溶剂与样品的充分接触。这就要求根据经验来确定样品的粉碎程度。

萃取剂与混合物中某些组分也可能发生一些化学反应，如甲苯与苯胺的混合物，可用酸液萃取。苯胺与酸液成盐转入水相，从而与甲苯分离。水层用碱中和后，即得到苯胺。

萃取法具有可以连续操作、分离效果好、能耗低、易于自动控制等优点。

2. 浸取

浸取是指选择某种溶剂(液相)与固体物质(如大豆、中药材、天然植物原料等)相接触，利用固体物质中各组分在该溶剂中的溶解度不同，使易溶的组分溶解在液相溶剂中，从而达到分离固体中某些组分的目的。所以，浸取又称为固-液萃取。

浸取操作广泛用于生物、制药、食品及冶金等行业。例如，使用有机溶剂(乙醇、丙酮、石油醚)等从大豆、花生、葵花籽中浸取植物油类，用热水浸取甜菜中的糖类，用有机溶剂从中草药中浸取生物碱等。不同固体物质的浸取溶剂不同，浸取实例见表2-5。

表2-5 浸取实例

固体物质	浸取溶剂	产物	固体物质	浸取溶剂	产物
碎米	乙醇溶液	维生素B	甘草	水	甘草酸
玉米	乙醇(90%)	玉米蛋白质	棉仁	丙酮	棉酚
米糠	稀酸	植酸钙	当归	正己烷	丁基酞内酯、阿魏酸
人参根	正丁醇、石油醚、乙醚等	人参苷	茶叶	水、乙醇	咖啡碱
丁香	氢氧化钠溶液	丁香酚	南瓜子	水、乙醇	南瓜子氨酸
大黄	乙醇、乙醚等	大黄酚、大黄素	蚕砂	乙醇	叶绿素铜
水果块	水	果汁	烟草	氢氧化钠溶液、乙醚	生物碱
咖啡豆	氯代甲烷	咖啡因	黄连	乙醇、稀碱液、丙酮等	盐酸黄连素

(1) 浸取过程

在浸取过程中，物质由固相转移到液相是一个由润湿、渗透、扩散、溶解等一系列过程组成的复杂过程，整个过程一般分成以下几个步骤。

首先浸取溶剂与固体物质表面接触，润湿表面并在两相接触处形成液膜；然后液膜中的溶剂分子通过渗透、扩散进入固相界面的滞留层内；固相界面的滞留层内的溶剂分子进一步扩散渗入固体内部和内部的微孔隙内，能被溶剂溶解的物质(溶质)随即进入溶剂中形成溶液；固体内部的微孔隙通道中的溶液经扩散而进入固相界面滞留层中，然后再以分子扩散形式进入液膜；液膜内的溶液又以分子对流形式进入溶剂主体。

如此反复直至固体物质内外溶质达到动态平衡，这时如果把含有浸取了溶质的溶剂移去，再加入纯溶剂，则重复上述过程。由于浸取过程中包含许多不同现象，因此，不同固体物质中可溶物质的溶解机理也各不相同。

(2) 浸取过程的影响因素

如上所述，浸取过程是一个复杂过程，在固体内部溶质溶解到溶剂中的过程可能是一个简单的物理溶解过程，也可能是溶质溶解的化学或生物化学过程，因而影响浸取速率的因素较多，下面简要说明一些主要因素。

①固体原料的预处理。适当地粉碎原料，可加大溶剂的接触面积，缩短固体(无机物或有机物)或动植物细胞内部溶质分子向其表面扩散的距离，有利于提高浸取速率。

动植物等生物物料是由细胞组成，被浸取的可溶性物质往往存在于细胞内，由于细胞壁存在扩散阻力，使浸取速率缓慢。这类物料可以切成楔形薄片，以减少溶剂分子扩散到每个细胞的距离，使细胞内部的溶质可以通过半透性的细胞壁扩散出来，其他组分(如胶体、蛋白质等)则不能穿过细胞壁而滞留在内部。

从植物的花、叶、茎、根中浸取药用成分或香料时，在浸取之前，进行烘干处理，使其细胞壁破裂，可使溶剂进入细胞内直接溶解溶质；将某些植物种子如花生、大豆、葵花子等压成0.1~0.5mm厚的薄片，能极大地破坏细胞壁，使内部的油脂容易进入浸取溶剂中。

无机或有机固体物质的预处理需根据物质的性质、原始颗粒的大小、所含可溶组分的含量及其在固体中的分布情况等不同，进行不同的预处理。如某些矿石，其可溶性物质被不可溶的母岩所包围时，浸取溶剂就必须先扩散到母岩内部与可溶性物质接触并使其溶解，然后再扩散出来。这时，将矿石破碎或研细，可增加溶剂与可溶部分的接触面，提高浸取速率。如果可溶物在固体中呈固态溶解状态，或分散在整个固体中，在浸取时由于溶剂的作用会在固体内部形成细小的通道，使补充的溶剂比较容易通过，就没有必要将固体物料研磨成很小的颗粒。如果可溶性物质分散存在于固体的表面，那么用简单的洗涤方法就可提取可溶性成分，也就不需要对其进行预处理。

无论何种固体物质的预处理，并非原料粉碎得越细越好，过细的原料颗粒不仅会造成浸取操作中固体床层被压实，不利于溶剂的渗透和溶质的扩散，过滤也困难，而且过细还会造成大量细胞壁破裂，浸取液中无效成分相对增多，致使成品难以呈透明状，储存中易产生沉淀。一般来说，疏松的原料，如花、叶等可粉碎得粗些，而坚硬的原料，如根、茎等则应粉碎得细些。另外，含植物黏液质多的原料也宜采用粗粉。

②浸取用溶剂。为了高效、快速地从固体物质中浸取出目的产物，同时尽可能将不需要的物质残留在固体中，选择合适的溶剂十分重要。所选溶剂不仅要对目的产物的选择性高，而且要无毒、无腐蚀性、无爆炸性，价格低廉，在产品中易于除去并且容易回收。选择溶剂时的主要考察因素简述如下。

a. 溶解能力：不同溶剂对各种物质的溶解能力不同，同一种原料，由于其组成复杂，当用不同的溶剂浸取时，会得到成分不同的浸取液。选择溶剂，评价其溶解能力时主要考虑：该溶剂将物质分散成小颗粒的能力；溶解某物质的速度；将目的溶质溶解到一定浓度的能力；与其他溶剂组成混合溶剂的能力等几个方面。

水是一种极性的无机溶剂，它价格低、安全无毒，应用广泛；水渗入细胞的作用强，可以溶解和浸取许多物质，如有机酸及其盐类、无机盐、树胶、糖类、生物碱、苷类、蛋白质、色素、酶类等。在食品工业，水及含盐水溶液都是最常用的浸取剂。

醇类，特别是乙醇是常用的有机溶剂之一。其化学性质稳定，可以溶解许多物质，如生物碱、苷、挥发油、苦味质、蒽醌衍生物等；对叶绿素、树脂及脂肪也能溶解或部分溶解。各种成分在醇中的溶解度与醇的浓度有关，醇的浓度越高，对游离生物碱、挥发油及树脂等的溶解度大，而对树胶、果胶、糖类、蛋白质的溶解度小；反之，醇的浓度越低，对树胶、果胶、糖类、蛋白质的溶解度越大，而对游离生物碱等的溶解度越小；无水乙醇能溶解某些无机盐，含水乙醇对无机盐的溶解度会增大。因此，需根据浸取目的选择不同浓度的乙醇。

乙醚及氯仿的溶解选择性强，可溶解树脂、游离生物碱、脂肪、蜡、挥发油及某些苷类，但不能溶解蛋白质、果胶、虫胶、糖类及黏液质等。二者都有麻醉作用，乙醚易着火及发生爆炸，氯仿不易燃烧，但对金属有强腐蚀性。苯、石油醚、正己烷、丙酮、二硫化碳、二氯乙烷等也是浸取常用溶剂，它们在化学工业中普遍使用，而在浸取与食品有关的目的产物时需认真考虑其安全问题。

b. 表面张力和黏度：表面张力是液体表面相邻两部分间单位长度上的引力，由于表面张力的作用，液体总是具有缩小表面的倾向，所以液滴常呈球形。浸取选用的溶剂必须能浸润固体，即当溶剂与固体接触时，接触面扩大并发生粘附。如果溶剂的表面张力及黏度越小，则浸润、渗透及扩散作用越大。有时为了提高浸取效果，可在溶剂中加入少量表面活性剂，它能显著降低两相间的界面张力，促进浸润效力。例如，在溶解中添加少量吐温类表面活性剂，可以促进颠茄生物碱的浸取速率。

c. 相似相溶性：溶质与溶剂的分子结构越相似，越容易溶解，通俗说"物以类聚"。选择溶剂时可以从分子结构相似及分子间作用力相似的角度加以考察。

③浸取温度。提高浸取温度能增强渗透、溶解及分子扩散等作用，降低溶剂及溶液的黏度，提高浸取速率；但温度要适当，一般应低于浸取溶剂的沸点。而有些成分遇热易分解时应避免加热，如鲜花原料只适于常温及低温浸取，温度过高，原料中的热敏性物质易发生氧化、聚合等反应。

④浓度差。主体溶液与相界面之间溶质的浓度差是推动浸取进行的重要因素，为增加该浓度差，可采用翻动原料、搅拌原料与浸取溶剂混合物、循环浸取溶剂、更换新鲜浸取溶剂、让原料与浸取溶剂呈逆流方式浸取、增加两相间相对运动速度等方法，但要注意更换浸取液次数不宜太多，否则会造成溶剂过度消耗，目的产物损失增多。

⑤浸取时间。一般来说，延长浸取时间，能增加目的产物的收率，但时间过长，又会浸出较多不需要的成分，影响浸取制品的质量。

⑥溶剂回收性。溶剂的回收一般采用蒸馏的方法。溶剂的沸点低、易挥发、溶剂对溶质及稀释剂之间的相对挥发度大等有利于溶剂的回收。

(3)浸取操作应用实例——由甘草提取甘草酸/甘草素

一些植物性原料(如中草药)含有许多化学成分，如生物碱、芳香族化合物、萜类化合物、含氮及含硫化合物等，它们有的可用作药物有效成分，有的是重要化学原料。这些化合物中，有的就可以采用水、乙醇、乙醚及氯仿等溶剂进行提取。下面介绍从甘草提取甘草酸的方法。

①甘草酸的性质及用途。甘草为豆科植物的根，主要产于我国内蒙古、山西、甘肃、宁夏、新疆等地。我国甘草资源丰富，带皮甘草中含甘草酸 7%～10%，去皮甘草中约 5.5%～9.0%。

甘草经溶剂浸取，可以制得甘草浸膏，再进一步加工可以制得甘草酸。甘草味甘，故又名甜草、蜜草。其主要化学成分有四类：三萜类、黄酮类、生物碱类及多糖类。其中三萜类成分有甘草酸、羟基甘草次酸等。

甘草酸又称甘草皂苷、甘草甜素。分子式 $C_{42}H_{62}O_{16}$，相对分子质量 822.90。纯品为白色、无臭的结晶粉末，熔点 212～217℃，易溶于热水及热的稀乙醇，几乎不溶于无水乙醇或乙醚。甘草酸在植物中常以钙、钾、铵盐等形式存在。从甘草根为原料制得的甘草浸膏中提取的铵盐，其甜度为蔗糖的 50～100 倍，精制甘草酸钠、钾盐的甜度为蔗糖的 200～300 倍，是一种天然的甜味剂。

甘草素入口后不能立即感觉到甜味，而是逐渐才有感觉，并且一直延续很长时间还有余味，因此甘草素与砂糖、葡萄糖等糖类复配，可以得到口感良好的甜味。因为它是非糖类、高甜度的甜味剂，因此没有褐变、吸湿及发酵等缺点。甘草素在医药上还可用在消化道溃疡治疗剂、解毒剂、消炎剂以及降血脂、抗动脉粥样硬化、降胆固醇等。目前，甘草素已广泛用于食品、医药、化妆品、饮料、卷烟等行业。

②甘草酸的提取。工业上进行大量浸取操作时，浸取设备很多，有固定床浸取器、移动床浸取器、搅拌式细粒浸取器等，并有专业的制造厂加工制作。小型试验或简易法生产时，用瓶、罐、桶、槽或缸等容器都可作浸取设备。用浸渍法提取甘草酸操作顺序如下：

a. 将洗净干燥后的甘草切成细截，再破碎成粗粉。取4kg粗粉放入罐中，加入3倍清水，浸渍约20h，过滤后再加水浸渍一次，过滤后合并滤液，滤渣可用于生产添加剂。

b. 在不断搅动滤液的条件下，慢慢加入30%的硫酸，调节滤液pH值约为1.9，然后静置，使其产生沉淀。将沉淀过滤，沉淀物经适当干燥后，将其溶于2L 80%的甲醇中(或将沉淀物用甲醇回流提取2次)。

c. 将甲醇提取物用适量浓氨水调节pH值为7.5~8后，在减压下蒸发浓缩，得到糖浆状物。

d. 将糖浆状物用适量乙醇溶解后，加入少量晶种，经静置数小时后进行过滤，所得结晶再用乙酸洗涤后在减压下干燥，干燥物即为甘草酸。

e. 将甘草酸再经丙酮及氢氧化钠的乙醇溶液处理，还可进一步制得甘氨酸单钾盐纯品。

2.2.6 溶解沉降法

选取对固体样品(或高分子制品)和各种助剂溶解度均较好的溶剂，先将样品完全溶解或大部分溶解，除去不溶性高聚物(交联网状结构大分子等)和无机添加剂。在不断搅拌下，向溶液中缓慢滴加一种对基体溶解度差、对微量组分溶解度较好的溶剂(作沉淀剂)，使基体高分子、大分子沉降下去而使微量助剂成分仍留在溶液中，然后用过滤或离心方法除去沉淀，从而达到富集与分离目的。这是高分子的助剂剖析以及生化样品中除去蛋白质、无机盐等的有效方法。必要时可重复溶解-沉降，可使微量组分充分富集后再进一步分离与纯化。

例如，在中草药水提取液中，加入乙醇或丙酮等有机溶剂后，蛋白质、多糖类物质的溶解度显著降低，可以从溶液中沉淀出来，这样就可与低分子的天然物分离。同样，合成高分子化合物也可应用甲醇等沉淀剂，将其从高分子溶液中沉淀出来，以便与添加剂分离。

如果沉淀剂是无机盐，则称盐析法，是沉淀分离蛋白质的常用方法。

2.3 色谱分离与样品制备技术

色谱法是目前应用最广泛的分离、纯化和鉴定有机化合物的方法，是现代分离科学中最伟大的成就之一。

1906年俄国植物学家兹维特曾用该法来分离菠菜色素，得到颜色不同的色层，“色层(谱)”一词由此而得。此后，不管被分离的化合物有无颜色，均沿用此名。

20世纪50年代初，英国生物化学家马丁因纸色谱的杰出成就而荣获诺贝尔化学奖，随后他又创建了气相色谱法(Gas Chromatography，GC)，60年代兴起的薄层色谱(Thin Lay Chromatography，TLC)、70年代崛起的高效液相色谱(High Performence Liquid Chromotography，HPLC)、80年代的超临界流体色谱(Supercritical Fluid Chromatography，SFC)、90年代急剧发展的高效毛细管电泳(Capillary Zone Electrophoresis，CZE)等，使色谱领域充满活力，成为应用最广泛的现代分离分析技术。

色谱法是一种分离技术，试样混合物的分离过程也就是试样中各组分在称之为色谱分离柱中的两相间不断进行着的分配过程。其中的一相固定不动，称为固定相；另一相是携带试样混合物流过此固定相的流体(气体或液体)，称为流动相。色谱分离是一种动态过程，是由流动相(流动着的气体或液体)对固定相(固定不动的固体或液体)作相对连续移动而构成。流动相携带待分离的物质不断流经固定相，由于混合物中各组分在固定相和流动相两种不同的物相体系中表现出不同的溶解(或分配)、吸附、渗透、离子交换和其他亲和作用等热力学和动力学的差异而具有相互分离的内在基础；混合物在流动相的携带下，在两相间多次(10^3~10^6)反复地吸附和分配等，为各组分的分离提供了外在条件，从而使各组分原来性质上的微小差别明显增大，使各组分随流动相的移动速度的差别加大，从而达到分离。

色谱法是分离混合物最有效的方法，具有选择性高(可分离性质极相似的物质，如同分异构体、同系物等)、分离效率高(分离效率的高低常可用塔板数的多少来表示，色谱法的塔板数比分离效率高的精馏柱还要高数千倍)、灵敏度高(可检出10^{-11}~10^{-13}g 的物质或 μg/g 级甚至 ng/g 级的物质)、分析速度快(一般的不太复杂样品可在几秒钟或几十秒钟内完成分离分析过程；快速分析时每秒钟可分离分析 6~7 个组分)、应用范围广(气相色谱：沸点低于 400℃的各种有机或无机试样的分析；液相色谱：80%的有机物)等优点，不足之处是被分离组分的定性需要有纯标准品作对照分析或相关的色谱数据作参照，否则定性困难。

根据两相的状态、操作方式、分离机理和固定相的类型等色谱操作条件的不同，色谱分离法可分为气相色谱法、液相色谱法；平面色谱法(薄层色谱、纸色谱)、柱色谱；吸附色谱、分配色谱、离子交换色谱、离子对色谱；化学键合色谱、反相色谱、正相色谱、反相化学键合色谱等不同类型。

近年来又发展了一些新的色谱技术，如超临界流体色谱和毛细管电泳色谱法等。

2.3.1 薄层色谱的分离与样品制备

薄层色谱(TLC)是 20 世纪 60 年代发展起来的一种微量、快速、简便的色谱法，既可分离少量(0.01~1.0μg)样品，又可分离多达 500mg 的样品(制备薄层)，因此常用来制备标准品。薄层色谱法特别适用于分离那些挥发性小、热敏性大、难以用气相色谱分离的样品。由于这种方法的分离效率比经典的柱色谱法要高得多，不需要复杂的实验设备，因此它的应用普及性远超过色谱法中的其他分支，其主要特点有：设备简单，操作方便，节省用料；可根据实验要求方便地更换吸附剂和展开剂；适用样品范围宽，ng 级微量到 mg 级制备量，从极性到非极性化合物皆可适用；展开操纵技术多样，如双向、圆形、多次、旋转展开等，以适用于各种复杂体系样品的分离与制备。

由于薄层色谱具有以上的突出优点，使它成为剖析研究中分离、纯化与样品制备的主要方法。通常采用柱色谱作为初分离，进一步采用薄层色谱进行纯化和制备。

薄层色谱法的主要缺点是重复性差，定量分析误差大，可达到 5%~10%。引起误差的原因有：薄板制作技术不良引起薄层厚度不均一；薄板活化、储放条件不严格引起活度不规范；样品体系复杂，某些大量组分与微量组分间可能相互溶解而难分离，或者样品中存在高分子或无机盐时使某些组分包裹在里面，引起斑点拖尾，采用商品预制板和定量分析用光密度扫描仪，可使误差降低到 3%~5%。

1. 薄层色谱操作的一般程序及装置

薄层色谱操作的一般程序见图 2-12，薄层色谱的主要操作及装置见图 2-13。

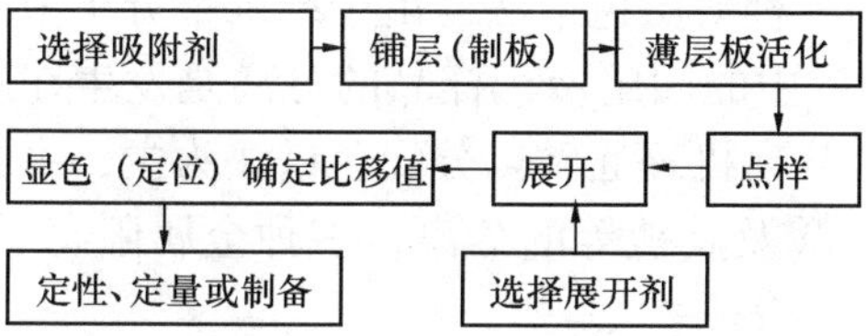

图 2-12　薄层色谱操作流程图

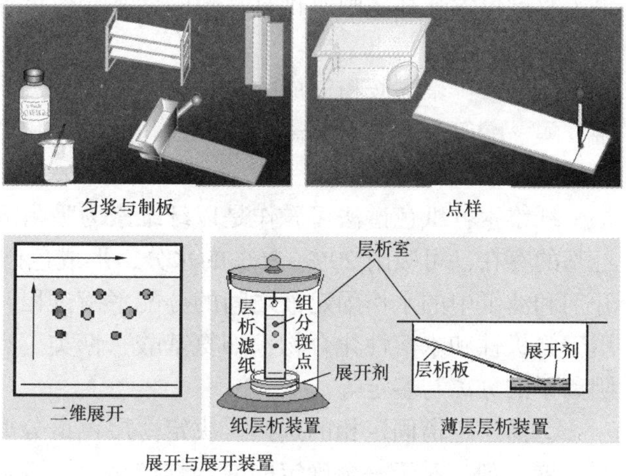

图 2-13　薄层色谱的主要操作及装置

2. *薄层色谱法的基本原理*

薄层色谱的固定相吸附剂一般是极性的，当把涂布着极性吸附剂的干板放入展开剂中时，由于毛细管效应使展开剂开始进入由不同直径的毛细管互相连接的薄板中(其流动速度与展开剂的表面张力、黏度以及吸附剂性质有关)此时，点在薄板上的样品随着展开剂的移动而移动。由于被分离组分的极性差异使它们与吸附剂和展开剂的亲和力产生差异，致使展开时各组分在薄板上移动速度不一样，使其移动距离不同：与吸附剂亲和力强的组分留在接近样品滴加点(原点)较近的地方，而与吸附剂亲和力弱的组分则在离原点较远的地方，从而使各组分彼此分离开，实质就是组分在吸附剂和展开剂之间进行反复多次的吸附、解吸，再吸附、再解吸的连续过程。

3. *薄层色谱法展开结果的表达*

薄层色谱的展开结果用比移值(R_f 值)表示。R_f 值指原点至斑点中心的距离与原点至溶剂前沿的距离的比值，其图示见图 2-14。

4. *薄层色谱法的操作过程说明*

(1) 薄层色谱的固定相类型及其选择

①薄层色谱的固定相类型。薄层色谱的固定相类型有硅胶(可用于弱极性、中等极性和强极性化合物的分离)、氧化铝(主要用于非极性化合物的分离)、聚酰胺(主要用于分离易生成氢键的极性化合物)和纤维素(主要用于强极性和水溶性化合物的分离)。

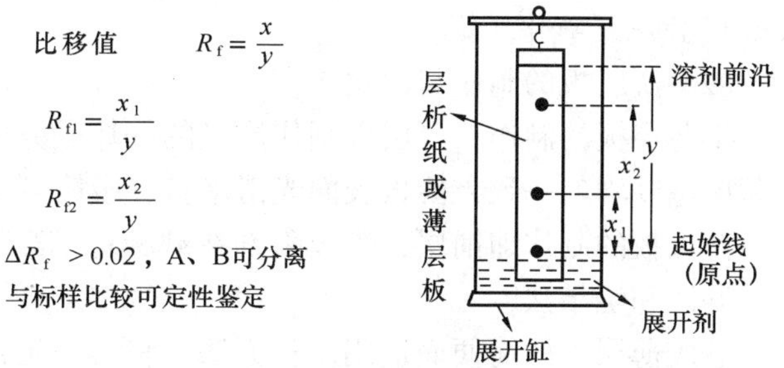

$$R_f=\frac{\text{斑点中心移动的距离}}{\text{溶剂前沿移动的距离}}$$

图 2-14　薄层色谱展开结果及其表达方式

硅胶：薄层色谱中常用的硅胶类型主要有三种：硅胶 H 为不含黏合剂的硅胶；硅胶 G 含 13%～15%的煅石膏($CaSO_4\cdot 1/2H_2O$)；硅胶 GF254 是在硅胶中加入石膏和荧光指示剂，在波长 254nm 的紫外光激发下发出黄绿色荧光。

氧化铝：其吸附活性比硅胶大，且氧化铝具有催化活性，有可能引起酯水解、醛酮缩合、双键位置迁移、脱氯化氢、酮的烯醇异构化等化学反应，所以氧化铝薄板的应用比硅胶板少。

聚酰胺：聚酰胺粉铺成的薄板主要用于分离易生成氢键的极性化合物，如酚、醛、酮、醌、醇、酸等。当用于分离中等极性和弱极性化合物时，主要表现为吸附色谱原理。因此，它的适用范围很宽。

纤维素：纸色谱法可看作是以纤维素为吸附剂的一种薄层色谱法，由于纤维素分子中多羟基的存在，可吸附20%~25%的水分，形成色谱过程中的固定液，样品的分离是发生在展开剂和滤纸中的水作固定液之间的分配平衡过程，其分离机理通常以分配色谱法为主，主要用于强极性和水溶性化合物，如氨基酸、糖类、有机酸及其盐等的分离，多种金属阳离子、阴离子的分离与鉴定等。

②薄层色谱固定相的选择。决定薄层色谱分离效率的因素主要有三个：样品性质、吸附剂、展开剂。对于一个确定的混合物样品，关键在于吸附剂与展开剂的选择，而吸附剂与展开剂的选择取决于混合物样品的性质。混合物样品的性质主要考虑三个方面：溶解性、酸碱性、极性。

一般而言，选择硅胶、氧化铝、聚酰胺、乙酰纤维素等分离中等极性和弱极性的亲脂性化合物；分离强极性和水溶性的亲水性化合物通常选择离子交换纤维素、硅藻土等。如果亲脂性化合物不能用于吸附薄层分离，则可适用反相分配薄层。

吸附剂的酸碱性应与样品保持一致，避免一酸一碱发生酸碱反应产生不可逆吸附，使分离过程难以进行。一般而言，硅胶略带酸性，氧化铝略带碱性，但也可通过某种方式改变其酸碱性，如硅胶与氧化铝以1∶1掺和制得中性吸附剂，用稀碱液制备薄层使硅胶薄层呈碱性，以稀酸制薄层使氧化铝呈酸性。

吸附剂一般都是极性物质，某一组分的极性越大，则被吸附剂吸附得越牢，移动速度越慢。一般而言，强极性试样应使用活性低的吸附剂，弱极性试样则应使用活性高的吸附剂。

化合物极性顺序为：饱和烃<不饱和烃<醚<酯<醛、酮<胺<羟基化合物<酸<离子化合物（如RNH_4^+、$RCOO^-$等）。

常见吸附剂吸附活性顺序为：蔗糖<纤维素<淀粉<碳酸钙<硫酸钙<碳酸镁<硅胶<活性炭<氧化镁<三氧化二铝。

（2）薄层板的制作与活化

①薄层板的制作。薄层板制作质量的好坏是分离成功与否的关键之一。质量好的薄板要求薄层厚度均匀一致，薄板表面光滑平整，吸附剂不易脱落。

薄层板的制作即铺层，指吸附剂在载板（一般为玻璃板）上的涂敷过程。铺层方法有干法、湿法和烧结法。

硅胶薄层板的简便而适用制作方法是将含一定比例黏合剂的硅胶G与定量水（体积比=1∶3）混合调成糊状，倾倒在玻璃板上，用玻璃棒推平后用手轻轻振动薄板，使硅胶层尽量均匀。该法简便但薄板质量不高。比较好的方法是借助专业涂布器。

定性用薄层厚度一般为0.25mm；制备用薄层厚度一般为0.5~0.75mm甚至1~3mm。

②薄层板的活化。硅胶是最常用的吸附剂，是由多聚硅酸加热适度脱水制成，可用$SiO_2 \cdot xH_2O$的化学式表示，表面上具有吸附活性的硅羟基，对不同极性的化合物具有不同的吸附能力；对强极性、易生成氢键的分子，吸附力较大；若水分子存在可以和硅胶表面的羟基形成氢键，占据了硅胶的吸附活性中心，使硅胶失去吸附其他物质的能力，所以控制硅

胶的含水量是调节硅胶吸附活性的有效方法，硅胶或氧化铝的活度与含水量关系见表 2-6。

表 2-6　硅胶、氧化铝活度分级

活　度　级	硅胶含水量/%	氧化铝含水量/%
Ⅰ	0	0
Ⅱ	5	3
Ⅲ	15	6
Ⅳ	25	10
Ⅴ	38	15

薄层板的活化，指在适当温度(80℃或 105℃)下烘干 0.5~1h 或阴干，使吸附剂具有一定含水量，出现一定吸附活性，具有适当吸附活度的操作过程。

常规用的硅胶薄层板一般在 105~115℃活化 30~60min，其含水量在 5% ~15%，活度级别为Ⅱ~Ⅲ，含水量较低，吸附活性较高，主要用于弱极性和中等极性化合物的分离，其分离的机制以吸附色谱法为主；当用于分离强极性化合物时，活化温度在 100℃以下，或在室温下让空气中的水蒸气饱和，或将吸附剂铺制后凉干使用，此时的硅胶中含有 15%~35%水，活度级别为Ⅲ~Ⅴ，含水量较高，吸附活性较低，物质在流动相和硅胶吸附的水之间发生分配平衡，主要作分配色谱板使用，而使不同的组分相互分离。

③薄层板制作示例。

硅胶 G 薄层：称取硅胶 G 5g，加水 15~18mL，调成均匀的糊状，至糊开始发黏时，铺板层(可铺成 10 cm×20 cm 的板 4 块)后，应水平放置，室温晾干，活化后置干燥器备用(活化温度和时间可根据活度要求而定)。

氧化铝 G 薄层：取氧化铝 G1 份，加水 1~2 份，调成糊状，铺板层，置空气中干燥，活化后置干燥器备用。

硅胶 CMC 薄层：取硅胶 50g 加 0.7%的羧甲基纤维素(CMC)水溶液 100mL，调成均匀糊状物，铺层，于空气中晾干后，移至 110℃烘箱活化 30min，置于燥器中备用。

氧化铝 CMC 薄层：取 60~80g 氧化铝，加 100mL 0.7%CMC 水溶液，调成均匀糊状后铺层、晾干、活化，备用。

聚酰胺薄层：取聚酰胺粉 1g，溶于 85%甲酸 6mL 中，再加 70%乙醇 3mL，调匀，用量筒吸取一定量液体，用徒手倾倒法铺层。

倒在板上的溶液如太多，可倾去一些，否则薄层太厚，干后易开裂。薄层铺好后，水平地放在一个盛水的盘子的水面上(不能浸入水中，但要使盘中的水蒸气熏湿薄层，所以盘中常放温水)，盘子用大玻璃板或其他盖子盖上。制好的薄层原来是透明的，放在盘中约 1h 后，变成透明的乳白色。放置数小时后，取出薄层用自来水漂洗 2 次，再用蒸馏水漂洗 1 次，以洗去甲酸，晾干，再在 80℃烘 15min。

(3) 展开剂的选择

①对展开剂中溶剂的基本要求及展开要求。

a. 基本要求：

溶剂的纯度：许多文献中曾强调，展开剂所用的有机溶剂需经特殊的纯化处理，如重蒸馏等。对于大多数剖析研究中的色谱分离，直接使用普通的分析纯溶剂，一般皆可满足实验的需要。但是应注意到有些溶剂的质量可能严重不纯，如丙酮、甲醇、乙醇等含水量过大，影响溶剂的极性；乙醚、四氢呋喃等醚类溶剂可能因放置时间过长，其中含有过氧化物和聚合物，严重影响样品的纯度；大多数溶剂还可能被塑料器皿污染，而含有微量的烃类和增塑剂酞酸酯类化合物，影响样品的质谱和红外分析结果等，必须引起注意。

溶剂的物理常数：溶剂的沸点要适宜，太低易挥发可能引起展开剂组成改变；沸点太高，溶剂可能残留在样品中影响样品的纯度；组成沸点相差太大的混合溶剂，易引起展开剂的组成改变；溶剂的黏度太大展开速度太慢；溶剂的毒性应尽可能小，价格便宜，市场上易购买得到等。

溶剂的化学稳定性好：溶剂之间、溶剂与样品间不应发生化学反应，如展开剂中酸、醇共存时可能发生酯化反应。酸、碱的存在可能引起酯、酰胺等基团的水解。有氨水存在时可能与金属离子交换生成相应的铵盐，将影响红外光谱的测定。

溶剂必须保证为均一体系：特别是两种极性相差较大的溶剂共存时，如石油醚-甲醇体系中，当甲醇比例增加时，两种溶剂不能互溶，出现混浊，展开时可能出现双溶剂前沿现象。

b. 展开要求：对所需成分有良好的溶解性；可使成分间分开；待测组分的 R_f 在 0.2~0.8 之间，定量测定时的 R_f 在 0.3~0.5 之间；不与待测组分或吸附剂发生化学反应；沸点适中，黏度较小；展开后组分斑点圆且集中；混合溶剂最好新鲜配制。

②展开剂的选择方法。

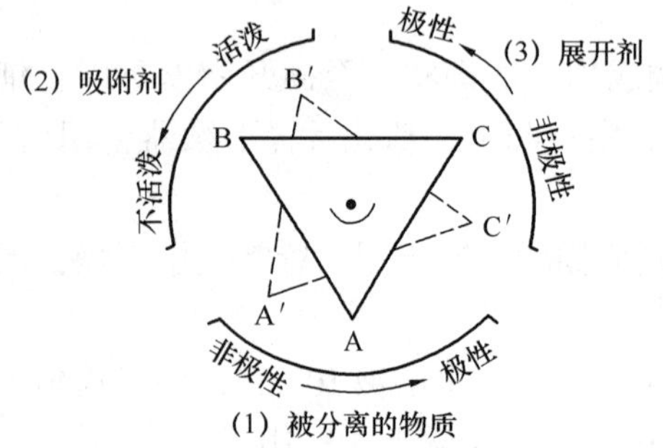

图 2-15 Stahl 三角形圆环表示的化合物极性、吸附剂活度和展开剂极性的关系示意图

a. Stahl 三角形圆环法：薄层色谱的分离过程是样品在吸附剂和展开剂之间的一种热力学和动力学的分配平衡过程，三者的关系可用 Stahl 三角形的圆环表示，见图 2-15。

图中圆弧被等分成三部分，分别表示被分离物、展开剂与吸附剂，其极性变化如图中箭头方向所示。旋转中心的等边三角形，如使三角形的 A 角指向 A′位置，表示被分离物是非极性分子时，三角形的 B 角指向 B′位置，即应选择活性大的Ⅰ级吸附剂，而展开剂则应选择三角形 C 角指向的非极性展开剂 C′位置。

实际展开剂选择并非如此简单，这是因为实际样品通常是多组分、极性不同的未知样品，所以很难由理论上直接预见某一样品的最佳展开剂。多组分复杂样品，一般须通过实验选定。

b. 微量圆环法和微型薄板法。微量圆环法和微型薄板法是快速、简便地选择展开剂的方法。

微量圆环法是在一个薄板上点加多个样品斑点，然后在每个样品点的中心各滴加一种不同的溶剂，观察每个样品斑点中各组分在不同溶剂展开下的扩散情形而选择展开剂的方法，如图 2-16 所示。

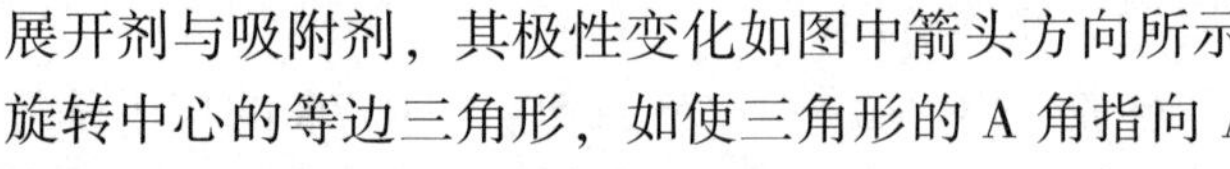

图 2-16 微量圆环法示意图

由图 2-16 可见，以正己烷为展开剂时，样品中各组分不扩散，表明溶剂极性太小；以氯仿为展开剂时，样品中各组分皆随溶剂前沿移动，表明

溶剂极性太大；只有苯作展开剂时，同一斑点分离出三个圆环，表明苯为主体的展开剂适用于此样品的分离。

微型薄板法，即用显微镜载片制成的薄层板在培养皿中展开，几分钟即可见到分离效果。微型板用的展开条件，在用作常规板时仍需作相应的调整，才能得到满意的展开剂体系。

一般以常见化合物的薄层色谱和纸色谱所用吸附剂和展开剂为基础进行试验，加以调整，可确定最佳展开体系。但对于多组分复杂体系，一般很难由文献直接找到合适的展开剂，常采用多元混合溶剂作展开剂，必须通过实验选定。

③多元混合溶剂的展开剂。

常用溶剂按照极性从小到大的顺序排列大概为：石油醚<己烷<苯<乙醚<THF<乙酸乙酯<丙酮<乙醇<甲醇，使用单一溶剂，往往不能达到很好的分离效果，往往使用混合溶剂。通常使用一个高极性和低级性溶剂组成的混合溶剂，高极性的溶剂还有增加区分度的作用。

一般来说，弱极性的溶剂体系基本由正己烷和水两相组成，再根据需要加入甲醇、乙醇，乙酸乙酯来调节溶剂系统的极性，以达到好的分离效果，适合于生物碱、黄酮、萜类等的分离；中等极性的溶剂体系基本由氯仿和水两相组成，由甲醇、乙醇、乙酸乙酯等来调节，适合于蒽醌、香豆素，以及一些极性较大的木脂素和萜类的分离；强极性溶剂，由正丁醇和水组成，也靠甲醇、乙醇、乙酸乙酯等来调节，适合于极性很大的生物碱类化合物的分离。很多时候，展开剂的选择要靠自己不断变换展开剂的组成来达到最佳效果。

一般组成简单的样品，可能用一元体系达到相互分离。但是对复杂体系的样品，则可能需要二元甚至多元混合体系展开剂。从众多的有机溶中如何选择适宜的溶剂组合，是色谱过程中最费时间也是最困难的技术环节。各种溶剂的组合配比主要由实验技术来确定。但并非完全随意组合，一些实验的经验规律，可作展开剂选择的参考来使用。

下面以一个 A-B-C-D 四元组成的展开剂为例，讲述每种溶剂在展开剂体系中的作用。

A 组分通常在展开剂中极性小，比例大，对样品不溶或微溶，在展开剂中主要是对样品起“输送剂”的作用，如单独使用，不能使样品的斑点移动。

B 组分极性比 A 组分大，能使样品中各组分充分溶解，起“分配剂”作用。

C 组分的极性介于 A 与 B 溶剂之间，是展开剂的“极性调节剂”，使 A 和 B 能够互溶。如果样品的 R_f 值较大，接近溶剂的前沿，应主要降低 B 组分的比例。反之，如样品的 R_f 值太小接近原点，则应增加 B 组分的比例。

D 组分是为改进样品中某些极性特别大的组分在展开中斑点拖尾或在原点不动，而加入强极性溶剂，如甲醇、酸、碱等。其作用主要是“薄板的活性调节剂”。在展开剂中，D 组分占的比例较小，必须严格控制加入量的准确性。

把一个混合均一的展开剂体系中各组分的作用作以上简单的归属，可能不够严格与准确，但对理解各组分在展开剂中的主导作用，有效地改变展开剂中的各溶剂比例，调节各组分对 R_f 值的影响，减小实验次数，选择最佳体系的展开剂是有益的。

对于一些组成较简单的样品并不一定都需要四元体系。相反，展开剂的组成以简单为佳。一般选用两元体系，即一个极性小的作“输送剂”，另一个极性较大的作“分配剂”，两者以一定比例混合即可达到分离的目的。

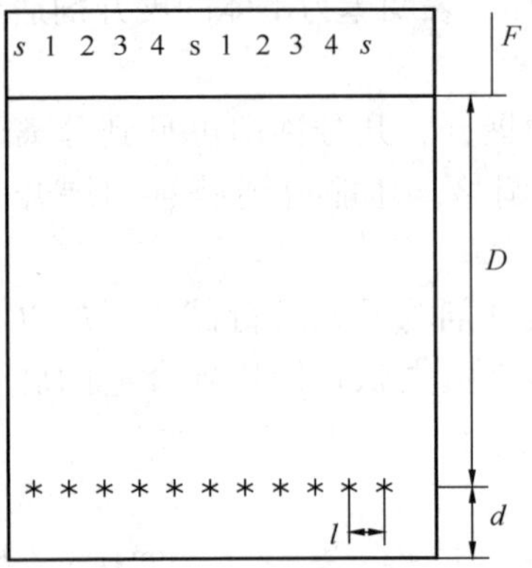

图 2-17 点样图解示意图

图中：s 处点加对照溶液；1~4 处点加样品溶液；

* 代表原点；F 处指溶剂前沿；D 指展距(TLC 10~15cm；PHTLC 5~7cm)；l、d 指原点之间、原点与薄板底端边缘的距离(TLC 1~2cm；PHTLC 0.5cm)。

(4) 点样与展开

①点样及有关要求。点样，就是将样品溶液仔细小心地滴加到已处理好的薄层纸或薄板上。

点样方法：定性分析用玻璃毛细管；定量分析用微量注射器，定量加入数微升的溶液。

要求：点样样品溶液必须是均一体系，应避免将非均相的混合溶液点到薄层纸或薄板上。溶液的浓度应在 1% 左右，太稀时加样体积增加，引起斑点扩散，加样量从 10^{-9}g 到 10^{-3}g 级，由分离目的而定。配制样品溶液的溶剂尽量选用易挥发、极性较小的溶剂，以保证样品斑点尽量不大于 0.5cm。样品溶液太稀时可分多次加样，两次加样之间适当间隔一定时间，以使溶剂充分挥发。为力求达到分离目的，并使分离效果显著，点样时应注意：控制点样点的大小，样点的过大，会使分离后的斑点不集中，影响分离效果；点样量要适中：点样量太小，会使斑点模糊或不显色；点样量太大，则会使斑点过大或拖尾，使分离不完全。一般点样图解示意见图 2-17。

经典薄层与高效薄层(采用高效薄层色谱固定相铺制而成)的点样规范见表 2-7。

表 2-7 经典薄层与高效薄层的点样规范

规范 色谱方式	起始线与底端边距/cm	原点直径/mm	样点间距/cm	展距/cm
经典薄层(TLC)	1.5	3~5	1~2	10~15
高效薄层(HPTLC)	1.0	1~2	0.5	5~7

当样点发生扩散时，为了样品斑点在一定的面积内，可用“化学聚焦”的方法，使扩散了的原点重新汇聚成一条细线。办法是把点样后的薄板插入甲醇溶液中，待甲醇溶液前沿达到样品原点处，迅速取出薄板，斑点即汇聚成一条线，再进行展开，其效果与带浓缩区薄层(薄层下端铺成一段活性低的硅藻土薄层与上部硅胶层相接，制成所谓带浓缩区薄层，可防止因样品原点扩散而引起的斑点扩散)相同，操作简便。化学聚焦示意图见图 2-18。

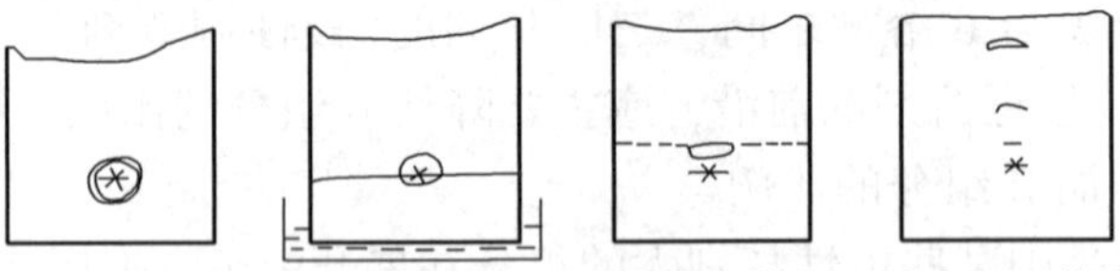

(a) 点样　(b) 聚焦开始　(c) 聚焦结束　(d) 展开结果

图 2-18 化学聚焦示意图

②展开及展开方式。展开就是将带有样品原点的薄板放入装有展开剂的展开槽内，使混合物样品在展开剂的不断流动带动下，各组分得以分离的过程。

展开方式主要有以下几种：上行展开和下行展开；一次、二次展开；单向展开和双向展开(正方形薄层上，把样品点在薄层的一角，先以一种溶剂系统展开后再以另一种溶剂系统于其垂直方向作第二次展开，可使某些单向展开时重叠的斑点得到分离)；浓度梯度展开；径向展开等。展开方式的选择是根据需要通过对物质特性的研究来确定的，不可拘泥。

展开时装置应密闭；保持展开槽内展开剂的蒸气充分饱和，以消除“边缘效应”(即由于板不被溶剂饱和而出现的边缘溶剂蒸发速度与板中心不一致，引起薄层板中心斑点的 R_f 值比薄层板边缘处斑点的 R_f 值低的现象)，即先将展开室密闭，待溶剂蒸气饱和 5~10min(也可在槽壁贴上用展开剂浸过的滤纸条)后，放入薄层板进行展开，以消除“边缘效应”。

(5) 定位(显色)

定位(显色)：指对展开后的薄板上各组分的色斑或色带位置进行确认的过程。

定位(显色)的目的是对物质进行鉴定，是进行定性与定量的前提之一。常用的显色方法有紫外-荧光法、碘熏法和化学显色法。

①紫外-荧光法。许多有机化合物在紫外线照射下会产生不同颜色的荧光，因此可在紫外分析灯下直接观察到斑点的位置。对于不具备荧光性质的化合物，可利用带荧光的薄板，展开后仍在紫外分析灯下，观察板上的荧光，在样品斑点的位置处，由于荧光的淬灭效应，会在明亮的黄绿色荧光背景上出现一个暗斑。由于紫外灯中仍存在小量可见色光，所以这种斑点又常显淡紫色。这种显色方法，对化合物没有选择性，检出灵敏度比较高，一般在 10^{-6} g 级范围，是目前应用最广泛的一种显色方法。

②碘薰法。大多数有机化合物可以吸附碘蒸气，而形成棕黄色斑点，其灵敏度可达 0.5μg，而且这种吸附作用大都是可逆的过程，放在空气中或用热风稍吹一下，碘即可被除去，不影响样品洗脱后的定性与定量分析，且操作简便、迅速，有时碘熏后再在紫外分析灯下观察，可提高某些组分的检出灵敏度。

③化学显色法。化学显色法是向薄板上喷洒某些特殊的化学试剂，可以使样品中的某些组分发生化学反应，生成有色或有荧光的物质，以达到检出的目的。这是一种破坏性检出方法。

此外，还可以用水喷雾，此时疏水化合物常表现为蜡状。用紫外-荧光法、碘薰法和水喷雾法显色都属于可逆显色过程。不可逆显色过程主要有两种：用硫酸氧化显色法和使用化学显色剂法。

(6) 定性、定量或制备

①定性。薄层色谱的定性分析方法如下。

比较比移值法：将样品的 R_f 值或 R_m 值(相对比移值 R_m 值=某一化合物的 R_f 值/作为参照物的 R_f 值)与标样的 R_f 值或 R_m 值相比较，使用 R_f 值定性时，由于影响 R_f 值的因素很多，常需要在使用两种以上不同组成的展开剂而得到的 R_f 值与标样的 R_f 值一致时，才能确认斑点与标样是同一化合物。

比较显色特性法：将样品斑点的显色特性与标样的显色特性相比较，以确定化合物性质。

斑点原位扫描法：用薄层扫描仪对展开后的斑点作原位扫描可得到该斑点的扫描图，当其吸收峰及最大吸收波长与标样一致时，可认为是同一种物质。

与其他方式联用法：将薄层分离后得到的单一斑点进行收集、洗脱，然后与 GC、HPLC、UV、IR 等方法帮助鉴定。

②薄层色谱的定量分析法。薄层色谱的定量分析法可分为两类：一种是溶剂洗脱-分光光度测定的间接法，方法的误差在5%以内，已成为国内外许多工业产品质量控制的标准化方法，该法的误差主要在于分离操作和洗脱过程的损失大小。另一种是在板上原位直接定量测定法，即测定斑点的面积法，误差较大，一般在 10%~15%之间；或测定斑点光密度法，

误差较小，一般为10%。

定性与定量分析时，吸附剂中μm级的细颗粒随溶剂穿过滤材进入样品，成为对红外光谱分析的严重干扰源，消除吸附剂干扰的方法两种。

三角形溴化钾片转移法：板上样品的斑点与吸附剂一同刮下来放在特制的5mL的小烧杯内，加入0.5mL洗脱溶剂（如甲醇、丙酮等），将专门压制的三角形溴化钾片（底7mm，高25mm，厚2mm）放入烧杯的溶剂中并用一个支架支住，随溶剂扩散，样品从溶剂转移到三角形溴化钾片的顶尖部位，通常需要反复加几次溶剂，直到溶剂中全部样品均转移到溴化钾片上为止，整个操作过程需要数小时才能完成。

柱上洗脱法：选用内径7~8mm长20cm的小型玻璃色谱柱，柱的下端填充一小团脱脂棉，稍压紧后装入2~3cm高，100~150目硅胶/氧化铝吸附剂，把从薄板取下来的吸附剂粉末装入柱中，敲打柱子使之填充紧密，用数毫升不会使样品从吸附剂上洗脱下来的溶剂冲洗柱子，通常使用正己烷等低极性溶剂，吸附剂中的细颗粒随溶剂前沿被冲出。

③薄层色谱中纯品的制备。采用薄层色谱技术制取纯化合物，首先在制备薄层板时，薄层厚度应加厚至约2mm，甚至3mm（定性用薄层厚度一般为0.25mm）；根据实验需要，可以设计不同的点样方式，用条状点样法可以提高薄层的载量，在制备薄层中，可将样品点成长条。如需要量增大，则可将吸附剂吸去一条，将样品溶液与吸附剂拌匀。干燥后把它仔细地填充在原来的沟槽内、再进行展开；如将样品点成一条直线，展开后色谱图显示彼此分开的一些直线条，每一条直线代表一种组分。将直线条连同薄层板上的硅胶一起刮下、收集，分别装在各自的玻璃管中，并用有机溶剂淋洗，蒸干淋洗液中的溶剂后，即得到色谱分离的组分。

在分离制备纯样品时，无论使用商品预制板，还是实验室自制板，为防止吸附剂中吸附的杂质干扰，最好在使用前用展开剂丙酮-甲醇（体积比=1∶1），采用蒸发式展开法，即使展开缸的上盖留一空隙，使溶剂不断地挥发，以使板上的杂质全部浓缩在板的前沿，取出板后用刀刮出前沿的杂质，再适当活化后使用。

在精细化工配方剖析中，薄层色谱的其他用途有：

找寻合适的溶剂体系：找寻合适的溶剂体系是色谱分离成败的关键。合适的溶剂体系可使需分离的混合物在薄层上呈现尽可能多的清晰圆斑，即达到尽可能好的分离。因此，需在一小块薄层板上（例如9cm×3cm），用不同极性的溶剂体系展开，然后比较各种展开结果，确定最佳溶剂体系。若对该溶剂体系适当减少极性组分，即可用于柱色谱分离。

检测混合物中组分的类属和数目：根据找出的溶剂体系，再在20cm×20cm薄层板上对样品进行薄层色谱分离。所得的薄层色谱图可用紫外光照射检测，也可在薄层板上喷洒某些显色剂，使分离出的斑点显色。某些组分的类属或结构就可以用专属显色剂或与标准化合物对照而确定。经过这一试验可初步了解样品中可能含有多少组分和各组分的大致性质。

如对高分分子化合物中抗氧剂进行剖析时，可以将收集到的抗氧剂标准化合物与待剖析样品在同一薄层板上进行色谱分离。应用至少两种不同的溶剂体系展开，如果未知样品中某个斑点和已知标准化合物有相同的比移值 R_f，则未知样品的该斑点与标准样品具有相同的化学结构。又如在薄层板上喷洒茚三酮，若有红紫色出现，说明该斑点为氨基酸或蛋白质。

纯度鉴定：如果被分离的化合物在薄层色谱上用至少两种的溶剂体系展开，而仅显示一个斑点，即说明该化合物为纯品。

2.3.2 柱色谱的分离与样品制备

柱色谱(Column Chramatography，简称 CC)是有机化合物剖析中广泛应用的分离技术之一，主要用于较大规模(大于 50mg)样品的制备。柱色谱较费时，效率也较薄层色谱低，但操作简单，每次洗脱物获得的分离样品较多。

因此，在精细化学品剖析中，柱色谱主要用来获得较多量的纯化合物，对于组分较多(含有四五个以上)的剖析样品，有时难以用一次色谱操作达到分离目的，就可用柱色谱作为样品的预分离，即先将复杂组分的混合物分为几类组分，然后再用其他分离手段或重复几次柱色谱过程，进行细分离，得到较纯的各种组分的化合物，完成柱色谱的样品制备过程。

1. 柱色谱操作的程序和装置及类型选择

(1) 柱色谱操作的程序和装置

柱色谱的操作过程如下：将固定相(硅胶、氧化铝、纤维素、聚酰胺粉等)装于柱中，含有待分离样品的溶液从柱顶加入，并随流动相(溶剂)缓缓地流经柱体。此时，溶质在柱中自上向下移动，并根据对吸附剂亲和力的大小逐渐从柱中洗脱，分别收集，用薄层色谱检测，合并比移值 R_f 相同的馏分，除去溶剂，就可得到各分离的组分。柱色谱的操作程序、常见有机化合物的极性大小、色谱柱的洗脱过程以及色谱柱的装填示意见图 2-19。

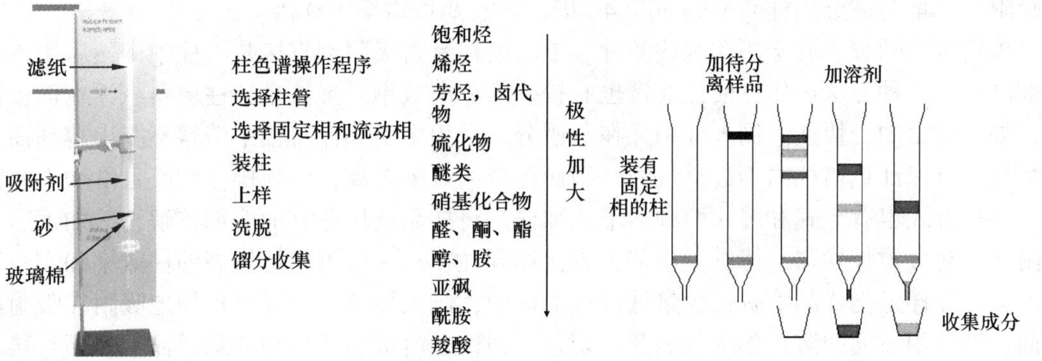

图 2-19 柱色谱的主要操作过程及装置

(2) 柱色谱类型及选择

常用柱色谱分为吸附色谱和分配色谱两类。不同固定相可用于不同类属化合物的分离。

硅胶柱色谱应用最广泛，可用于极性或中等极性化合物的分离、纯化；硅胶对非极性化合物，如长链饱和烃等吸附活性很低，分离各种石油制品时，常选用活性更大的氧化铝作吸附剂。

氧化铝色谱柱分酸性、中性、碱性三种，可用于分离酸、碱性化合物。当样品中含有强极性的组分时，一般先用硅胶柱分离，将强极性组分分离开后，再用氧化铝柱将非极性、弱极性组分分离。

聚酰胺柱色谱的特点是样品上柱量大，吸附剂可以回收并反复使用，酚类、酸类、醌类、硝基化合物均可与酰胺分子内的酰胺键结合形成氢键，以便与其他物质分离。聚酰胺柱已成为分离水溶性化合物的主要方法之一。天然有机化合物的分离中，往往应用聚酰胺柱色谱先除去酚性物、黄酮类化合物和鞣质，再进行下一步分离。

离子交换柱色谱主要用于可电离的水溶性化合物的分离。

凝胶柱色谱主要用于高分子化合物的分布分析。

2. 硅胶填料柱

(1) 净化处理

由于硅胶具有很强的表面吸附活性，所以在生产、贮存过程中，可能吸附空气，生产设备、包装材料中的一些污染物，使用前必须进行净化处理。对一般有机组分的剖析分离，可用丙酮、乙醇、水依次在柱内洗脱一遍，适度活化后可满足剖析工作的需要。净化后的硅胶应保存在有盖的广口瓶中，尽量避免与空气和塑料容器的长时间接触。

(2) 活度选择

硅胶是一种微酸性的吸附剂，吸附活性比氧化铝稍低，可用于分离大多数弱极性、中等极性和强极性的化合物。一般分离极性较弱的化合物，应选用活性较强的硅胶；而分离极性较强的化合物，应选活性较低的硅胶。如分离含磺酸基的化合物，可将硅胶用乙醇-水冲洗后晾干，不经活化处理而直接应用。此时，硅胶的分离机理已不是吸附，而是以水-乙醇作固定液的分配色谱。

(3) 装柱与加样

色谱柱通常选用内径 5~30mm、柱长 10~50cm 的玻璃管(柱高和直径之比一般是 10∶1~20∶1;)，一端拉细而成。填充剂的高度在 5~30cm 之间，主要由样品量的大小所决定：柱中的吸附剂用量为被分离样品量的 30~ 40 倍，若需要可增至 100 倍。

填料装柱的方法有干法和湿法两种。干法装柱是将吸附剂直接装入柱中，然后用不同的溶剂淋洗。这种方法操作方便，通常也有较好的分离效率。湿法是把柱填料悬浮在低极性溶剂，如石油醚中，快速倾倒入柱中并在色谱分离过程中始终保持柱中填料不露出溶剂面。这种装柱法可保证色谱柱内不进空气泡，因而柱分离效率较高，但须操作细心且淋洗不间断。

加样方式也有干式和湿式两种。干式加样是将样品选用适宜的溶剂溶解，并加入适量的吸附剂，充分搅拌均匀，挥发去溶剂，直接加到柱顶，一般可保持较高的柱效率和实验重现性。湿式加样是把样品溶解在少量低极性溶剂中，倾入柱顶后，样品均匀地吸附在吸附剂的表面，然后用不同的溶剂作洗脱展开。切忌以强极性溶剂和非均相的悬浮体系样品直接加入柱中，这将导致分离实验的失败。

(4) 洗脱与洗脱剂的选择

洗脱是柱色谱分离的关键操作。洗脱溶剂尽量选择易挥发、毒性小的溶剂，以便除去溶剂，回收样品。同时必须注意溶剂应对样品中各组分以及与吸附剂之间不发生化学反应。洗脱液中各馏分的检测，一般采用间断式定体积收集流出液，控制流速为 1~3 滴/s，流速主要受吸附剂的粒度、填充高度和柱上流动相溶剂的高度及性质的影响。

参考薄层色谱的试验结果可为柱色谱选择合适的洗脱剂体系。以吸附原理为主的硅胶柱，流动相的选择一般按溶剂的极性由小到大顺序加入。常用的有机溶剂按极性由小到大的顺序排列为：正己烷>石油醚>环己烷>四氯化碳>苯>甲苯>氯仿>乙醚>乙酸乙酯>丙酮>乙醇>甲醇>水>乙酸>甲酸。将上述溶剂以适当的比例混配，可调制成极性梯度更细的混合溶剂。从吸附色谱柱上用极性从小到大的顺序作梯度洗脱时，样品中各组分的洗脱顺序也按极性由小到大的顺序依次被洗脱下来。

以分子中常见官能团的极性由小到大排列，有如下规律：烷烃>烯烃>醚类>酰胺类>醇类>酚类>羧酸>磺酸>盐。上述极性大小受极性官能团的数目、非极性取代基数目与大小影响而有许多例外。所以各类化合物的洗脱顺序需通过实验确定。

对大多数结构与组成未知的样品，只能用定体积、按溶剂极性由小到大作梯度淋洗的方法，收集各馏分，通过光谱检测后，再对淋洗剂的顺序作调整。经过多次反复实验，方可选择出某一组分的最佳洗脱溶剂。

一般不宜采用水和酸、碱等洗脱柱子，因为硅胶中水溶性的杂质可能污染样品；强极性化合物，如多羟基、有机酸的盐等，由于它们与硅胶吸附作用力大，很难用有机溶剂完全洗脱，造成较大的吸附残留，使样品损失。有机碱类化合物可能与硅胶吸附太强，用一般的溶剂难以洗脱，此时，可用微碱性($NaOH$，NH_4OH)的甲醇溶液使之完全洗脱。

3. 氧化铝填料柱

氧化铝是由 $Al(OH)_3$ 在 300～400℃脱水制得。因制备条件不同可分为中性氧化铝、酸性氧化铝、碱性氧化铝。中性氧化铝应用较广泛，适用于烃、酯、酮、醚类等中等极性和强极性化合物的分离。当用硅胶吸附剂对某些弱极性、非极性化合物分离效果不理想时，换用氧化铝常可给出满意的分离效果。强极性化合物，如有机酸、糖、肽等，因在氧化铝上被吸附太牢而难以用溶剂洗脱下来，因而不宜用来分离制备这些强极性化合物。相反，可用于从弱极性的样品中除去这类强极性物质。酸性和碱性氧化铝分别适用于分离某些含弱酸性基团和生物碱类化合物。

氧化铝含水量与活性关系如前所述。含水量多少与活化温度相关，一般在 100～150℃活化，使氧化铝中含水量保持在 10%～15%，其活性在Ⅳ～Ⅴ级；在 150～300℃活化，含水量在 3%～6%，其活性在Ⅱ～Ⅲ级；在 300～400℃活化，含水量在 0%～3%，活性在Ⅰ～Ⅱ级；500℃以上因 Al_2O_3 被熔融失去孔径和表面活性，因此其色谱行为变化很大。一些溶剂对氧化铝柱的洗脱能力顺序如表 2-8 所示，其顺序与硅胶柱略有差异。

表 2-8　氧化铝柱色谱法中溶剂的洗脱能力

序号	溶　剂	洗脱能力参数	序号	溶　剂	洗脱能力参数
1	正己烷	0.00	11	二氯乙烷	0.49
2	石油醚	0.01	12	丙酮	0.56
3	环己烷	0.04	13	二氧六环	0.56
4	四氯化碳	0.18	14	乙酸乙酯	0.56
5	甲苯	0.29	15	乙腈	0.65
6	苯	0.32	16	吡啶	0.71
7	乙醚	0.38	17	乙醇	0.95
8	氯仿	0.40	18	甲醇	0.95
9	二氯甲烷	0.42	19	水	1.0
10	四氢呋喃	0.45	20	乙酸	>1.0

4. 聚酰胺填料柱

聚酰胺是由有机酸与有机胺缩聚而成的高分子材料，俗称尼龙、锦纶。因为有机酸与有机胺中碳链的长短不同而制成不同型号的产品，如尼龙 6、尼龙 66、尼龙 1010、尼龙 11 等。它们的化学性质很稳定，除了在浓盐酸、热甲酸和苯酚等溶剂中可溶解外，不溶于水、醇、丙酮、氯仿、苯、正己烷等各种极性的与非极性的溶剂中。

(1) 吸附活性与分离机理

聚酰胺色谱分离机理比较复杂，链状的聚酰胺分子上有许多酰胺基团，形成活性中心。

在非水体系溶剂中，它和弱极性分子相互作用，主要表现出吸附色谱的性能，溶剂的洗脱能力从极性小到大而递增。但在极性溶剂和水溶液中，由于酰胺基能与酸、醌、酮、醇、酚及胺等化合物生成氢键，因此对这类化合物，以生成氢键的强弱而实现分离。

样品分子与尼龙生成氢键能力的强弱取决于尼龙分子中酰胺基的数目和样品分子中含羧基、羟基、磺酸基的基团类型和数目。尼龙 6 中酰胺基团的相对数目比尼龙 11 多，它的活性比尼龙 11 大。同理，因磺酸基与酰胺生成氢键的能力强，它的吸附活性比羟基化合物要大。此外，生成氢键的能力还与溶剂介质有关，一般在水溶液中，化合物与尼龙分子生成氢键的能力大，即吸附力强。相反，在有机溶剂(醇、醛、酮等)中，化合物与尼龙分子形成氢键能力较弱，吸附力亦降低，由此使不同的组分得以相互分离。

(2) 洗脱溶剂与洗脱能力

由于聚酰胺对物质的色谱分离机理与硅胶等吸附色谱法不同，所选用的展开剂和洗脱剂也不同。它对水溶液中样品的吸附能力最大，即水是洗脱能力最差的溶剂，有机溶剂醇、丙酮和碱性溶液、甲酰胺等，使尼龙分子生成氢键的能力减弱，在酰胺类中形成氢键能力最弱，所以其洗脱能力强。各类溶剂在聚酰胺上的洗脱能力顺序是：水<乙醇<甲醇<丙酮<稀碱(NH_4OH、NaOH)溶液<甲酰胺<二甲基甲酰胺(DMF)。也可用混合溶剂，如水∶乙醇(1∶1)、水∶甲醇(1∶1)、水∶乙醇∶乙酸∶二甲基甲酰胺(30∶20∶10∶5)、二甲基甲酰胺∶苯(3∶97)等进行洗脱展开。

由于在水溶液中，尼龙对极性有机化合物的吸附能力强，恰好利用此性质，可对水中微量强极性有机化合物进行吸附、富集和分离。

(3) 聚酰胺填料柱的再生及应用

待样品中各组分从柱中洗脱后，再进一步用甲醇-氨水(1∶1)充分洗涤柱子，可将柱子中残留的样品全部解吸下来，再换用 pH=3~4 的 HCl 水溶液通过柱子，使聚酰胺恢复原有的活性，可重复使用。这为聚酰胺作成 HPLC 的柱填料创造了必备的条件。在以制备为目的的实验中，调节溶液的 pH 值尽量采用稀 NaOH 和 HCl，以免样品中引入其他的阳离子和阴离子，对样品的红外测定产生干扰。用 NH_4OH 溶液调节 pH 值时，在样品中引入 NH_4^+ 离子，在红外谱图 $1400cm^{-1}$ 处出现一尖锐的强峰，干扰了样品的红外图谱。为此可在样品溶液中加入 NaOH 溶液，调节 pH 值为 9，在红外灯下烤干，此时铵盐消失，转化成钠盐，可消除铵离子对红外图谱的干扰。

聚酰胺填料柱对含磺酸基数目多的酸性染料，吸附容量最大，中性染料次之，碱性染料如罗丹明 B 吸附容量最小。这与染料分子与尼龙生成氢键的能力大小有关。利用这种对不同染料的吸附活性差异有利于对混合染料的分离。

聚酰胺填料柱亦成功地用于表面活性剂的分离，其吸附与洗脱行为与水溶性染料相似。当非离子表面活性剂与阴离子表面活性剂共存时，阴离子表面活性剂被吸附，非离子表面活性剂不被吸附，而与无机盐同时随水溶液流出。烤干水溶液后，用醇溶剂把非离子溶解分离出来。用甲醇的碱性溶液(pH=8~9)可把阴离子表面活性剂从柱上完全洗脱下来，使两类表面活性剂得到完全分离。

5. 离子交换柱

离子交换柱是以离子交换树脂为固定相，树脂上具有固定离子基团及可交换的离子基团。当流动相带着组分电离生成的离子通过固定相时，组分离子与树脂上可交换的离子基团进行可逆交换，根据组分离子对树脂亲合力不同而得到分离。

目前常用的离子交换树脂分为三种形式：一是常见的纯离子交换树脂；第二种是玻璃珠

等硬芯子表面涂一层树脂薄层构成的表面层离子交换树脂；第三种为大孔径网络型树脂，在基体网状结构上引入各种不同酸碱基团作为可交换的离子基团，如磺酸基、羟基、季铵盐等。典型的离子交换树脂是由苯乙烯和二乙烯苯交联共聚而成。其中，二乙烯苯起到交联和加强牢固整个结构的作用，其含量决定了树脂交联度的大小。交联度一般控制在 4% ~ 16% 范围内，高度交联的树脂较硬而且脆，但选择性较好。通过交联度控制网状结构中孔隙的大小，调节交换平衡的速度。交换容量的大小由骨架中可交换的基团数目决定，普通树脂的交换容量在 3~4mg/g 之间。离子交换柱的流动相最常使用水缓冲溶液，有时也使用有机溶剂如甲醇或乙醇同水缓冲溶液混合使用，以提高特殊的选择性，并改善样品的溶解度。根据树脂含有的可交换基团不同，离子交换剂分为阳离子交换剂和阴离子交换剂两大类。

(1) 阳离子交换剂(cation exchanger)

即用于交换阳离子的树脂，该树脂的骨架上含有—SO_3H 和—COOH 等基团，交换过程发生在金属阳离子与树脂中的 H^+之间，用化学式表示为：

$$R—SO_3—H+M^+ \longrightarrow R—SO_3—M+H^+$$

即在中性水溶液中，阳离子 M^+与树脂中的 H^+交换，吸附到树脂上，再用酸性水溶液洗脱交换剂，回收树脂吸附的阳离子。调节不同的酸度，可使不同类型的阳离子得到分离洗脱。

树脂上可交换基团除了强酸型的—SO_3H 外，还有中等酸性和弱酸性基团，如羧酸、磷酸、酚羟基等。强酸型阳离子交换剂主要用于金属离子的分离，弱酸型阳离子交换剂常用于生化样品中氨基酸和肽类的分离。

(2) 阴离子交换剂(anion exchanger)

即含有碱性活性基团的树脂，该碱性活性基团可交换阴离子。碱性活性基团主要是含氮的胺基，如季铵、叔胺、仲胺和伯胺，可交换基团的活性依次减弱，即季铵盐型属强碱性阴离子交换剂，伯胺则为碱性最弱的阴离子交换剂，用化学式表示阴离子的交换过程为：

$$R—N(CH_3)_3—OH+A^- \longrightarrow R—N(CH_3)_3—A+OH^-$$

剖析中常用阴离子交换剂分离阴离子表面活性剂。

市售商品阳离子交换剂一般为钠型，使用前需转化为氢型；阴离子交换剂一般为氯型，可直接用于阴离子的交换，也可转化成 OH^-型，两者交换能力相当。

(3) 离子交换操作技术

①树脂的净化与预处理。填充用的离子交换树脂应控制一定的粒度分布，一般以 80~100 目为好，如果商品树脂的粒度过粗，应磨细过筛分级。为除去树脂中的杂质，一般需用 4~6mol/L 盐酸浸泡 1~2 天，用去离子水洗涤至中性。这种处理使阳离子交换剂转换成氢型，阴离子交换剂则转换成钠型。净化处理后的树脂，浸泡在去离子水中备用。

②装柱与加样。离子交换柱与普通的硅胶色谱柱相同，但在装柱时，必须用湿法装柱，且整个实验过程中保证气泡不进入柱中，为此柱子的出口可接上一段乳胶管，用止水夹来控制流速，以防止操作过程中气泡进入柱中。样品必须以均一的溶液形式加入，并控制加样量不得超过柱子的总交换容量。溶液从柱顶向下移动的过程即为离子的交换过程。不断检测流出液中是否出现被交换离子，出现待交换离子时，交换柱达到饱和状态。此时柱的交换容量可近似作为柱子的总交换容量。交换容量的大小受柱中树脂的粒度、溶液的 pH 值、柱的填充高度和流速等影响。常用的操作条件是：树脂粒度 80~120 目，柱填充高度 20~30cm，柱内径 0.8~1.5cm，流速 2~5mL/min。

③分离与洗脱。将一定 pH 值的溶液(如洗脱阳离子时，加入一定酸度的 HCl 溶液；洗脱阴离子时加入一定碱度的 NaOH 溶液)作洗脱液，加入柱上可使已交换的离子被解吸洗脱下来，控制不同 pH 值可使柱中吸附的混合离子依次得到分离洗脱。洗脱剂的 pH 值和流速是影响洗脱效果的主要因素。酸性或碱性洗脱液的浓度一般在 3~4mol/L 时，洗脱效率可达到最大值。

6. 凝胶色谱法

凝胶色谱法又称分子排阻色谱法(Molecular Exclusion Chromatography)，其固定相是高分子凝胶。凝胶是一种表面惰性、含有许多不同尺寸的孔穴或立体网状结构的物质，是含有大量液体(一般是水)的柔软而富有弹性的物质，它是一种经过交联而具有立体网状结构的多聚体，一般可分为软性、半刚性和刚性凝胶三类。软性凝胶，如葡聚糖凝胶、琼脂糖凝胶都具有较小的交联结构，其微孔能吸入大量的溶剂，并能溶涨到它干体的许多倍，适用于水溶性作流动相，一般用于小分子质量物质的分析，不适宜在高效液相色谱中；半刚性凝胶，如高交联度的聚苯乙烯，常以有机溶剂作流动相；刚性凝胶，如多孔硅胶、多孔玻璃等，它们既可用水溶性溶剂，又可用有机溶剂作流动相，可在较高压强和较高流速下操作。

按流动相类型分为凝胶渗透色谱(Gel Permeation Chromatography，GPC，有机溶剂为流动相)和凝胶过滤色谱(Gel Filtration Chromatography，GFC，水为流动相)。其分离机理不是根据组分与固定相之间的相互作用，而是依据试样分子尺寸大小进行分离。

凝胶渗透色谱的分离原理是当流动相与样品的组分一同在凝胶柱中向下流动时，样品中小分子的组分可以进入凝胶的网眼孔隙内，增加了流动的流程即受凝胶的阻滞作用大，保留体积大，最后流出。相反大相对分子质量的组分，因分子的体积大，不能进入凝胶分子的网眼内，而只沿凝胶颗粒间的空隙中通过，即受凝胶的阻滞作用小，保留体积小，而较早从柱中流出。由此可把物质按相对分子质量的大小分级分离。显然化学结构不同但相对分子质量相近的物质，不可能通过凝胶色谱法达到完全分离纯化的目的。

凝胶渗透色谱法(GPC)主要用来分离高分子类物质(相对分子质量大于 2000)，可对相对分子质量在 10^2~10^5 范围内的化合物按质量分离。凝胶过滤色谱(GFC)一般用于分离水溶性的大分子，如生化蛋白、多糖类化合物，凝胶的代表类型为葡萄糖系列(Sephadex)；GPC 主要用于有机溶剂中可溶性的高聚物的分布分析及分离，常用的凝胶品种为聚丙烯酰胺系列，流动相为醇、氯代烃等有机溶剂。

经典柱色谱法由于具有操作简便、灵活、柱容量大、适应性强等突出优点，使得它在各种色谱的新技术、新方法蓬勃发展的分离科学领域中，始终保留着一席之地，但它仍有分离效率低、缺乏实时检测方法、速度慢、重现性差等局限性。

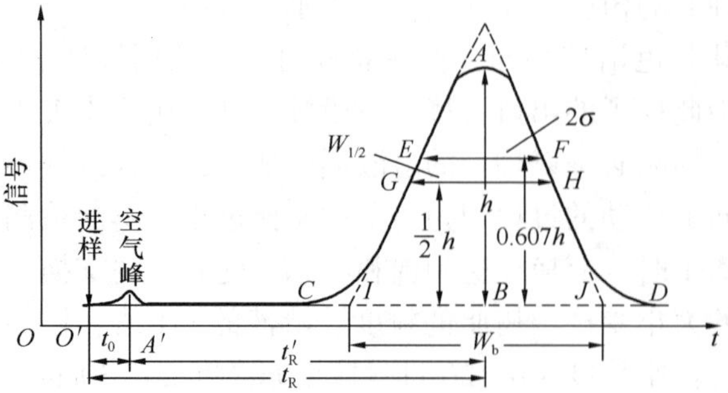

图 2-20　色谱流出曲线

2.3.3　色谱分析基础及理论

1. 色谱流出曲线及重要术语

(1) 色谱流出曲线及重要术语

色谱流出曲线见图 2-20，图中重要术语的含义、表达符号及其在色谱分析中的用途如下。

保留值 R：是试样各组分在色谱柱中保留行为的量度，反映组分与固定相间作用力大小，通常用保留时间和保留体积表示。它是色谱定性分析和色谱过程热力学特性的重要参数。

①保留时间 t_R：指某组分通过色谱柱所需时间，即试样从进样到出现峰极大值时的时间，图中 $O'B$ 所示。在一定色谱体系和操作条件下，任何一种化合物都有一个确定的保留时间，这是色谱定性的依据。

②调整保留时间 t'_R：扣除死时间后的保留时间，是组分在固定相中的滞留时间（如图中 $A'B$ 所示），t'_R 反映了组分在色谱过程中，与固定相相互作用所消耗的时间，是各组分产生差速迁移的物理化学基础。

$$t'_R = t_R - t_0 \tag{2-1}$$

③相对保留值 $r_{2,1}$：组分 2 的调整保留值与组分 1 的调整保留值之比。

$$r_{2,1} = \frac{t'_{R2}}{t'_{R1}} = \frac{V'_{R2}}{V'_{R1}} \neq \frac{t_{R2}}{t_{R1}} \neq \frac{V_{R2}}{V_{R1}} \tag{2-2}$$

注意：$r_{2,1}$ 只与柱温和固定相性质有关，而与柱内径、柱长 L、填充情况及流动相流速无关，它表示了固定相对这两种组分的选择性。因此，广泛用作定性的依据。

④保留体积 V_R：指从进样到待测物在柱后出现浓度极大点时所通过的流动相的体积。

$$V_R = t_R \cdot F_{co} \tag{2-3}$$

其中，F_{co} 为柱出口的载气流速，mL/min。

⑤调整保留体积 V'_R：扣除死体积后的保留体积。

$$V'_R = V_R - V_0 = t'_R \cdot F_{co} \tag{2-4}$$

⑥区域宽度：用于衡量柱效及反映色谱操作条件的动力学因素。通常有三种表示方法：

标准偏差 σ：0.607 倍峰高处色谱峰宽度的一半，图中 EF 的一半。

半峰宽 $W_{1/2}$ 或 $Y_{1/2}$：峰高一半处的峰宽，图中 GH。

$$W_{1/2} = 2.354\sigma \text{ 或 } Y_{1/2} = 2.354\sigma \tag{2-5}$$

峰底宽 W_b：色谱峰两侧拐点上切线与基线的交点间的距离，图中 IJ。

$$W_b = 4\sigma \tag{2-6}$$

（2）色谱流出曲线的意义（重要信息）

通过色谱峰数可知样品中单组分的最少个数；色谱保留值是色谱定性的依据；色谱峰高或面积是色谱定量的依据；保留值或区域宽度可作为色谱柱分离效能评价的指标；由色谱峰间距可知固定相或流动相选择是否合适。

2. 色谱理论

（1）描述色谱分配过程的重要参数

①分配系数（partion factor 或 distribution constant）K。组分在固定相和流动相间发生的吸附、脱附，或溶解、挥发的过程叫做分配过程。在一定温度下，组分在两相间分配达到平衡时的浓度（g/mL）比，称为分配系数，用 K 表示，即：

$$K = \frac{\text{组分在固定相中的浓度}}{\text{组分在流动相中的浓度}} = \frac{c_s}{c_M} \tag{2-7}$$

分配系数是色谱分离的依据，由色谱过程的热力学性质决定。K 值只与固定相和温度有关，与两相体积、柱管特性和所用仪器无关，K 值表明了组分与固定相间作用力的大小。

一定温度下，K 值大，说明组分与固定相的亲和力大，即组分在柱中滞留的时间长，移动速度慢。试样一定时，K 主要取决于固定相性质；每个组分在各种固定相上的分配系数 K 不同，使两组分峰间距足够远而得以分离；选择适宜的固定相可改善分离效果，其实质是改

变分配系数 K；试样中的各组分具有不同的 K 值是分离的基础；某组分的 $K=0$ 时，即不被固定相保留，最先流出。

②分配比(partion ratio) k。在实际工作中，更常用分配比来表征色谱分配平衡过程。分配比是指：在一定温度和压力下，组分在两相间分配达到平衡时，分配在固定相和流动相中的质量比。它反映了组分在柱中的迁移速率(受组分在色谱柱中的传质和扩散影响)，由色谱过程动力学性质决定。

$$k=\frac{\text{组分在固定相中的质量}}{\text{组分在流动相中的质量}}=\frac{m_s}{m_M} \qquad (2-8)$$

分配比也称容量因子(capacity factor)、容量比(capacity ratio)，k 是衡量色谱柱对被分离组分保留能力的重要参数。某组分的 k 值可由实验测得，它等于该组分的调整保留时间 (t_R) 与死时间 (t_0) 的比值，即：

$$k=\frac{t_R-t_0}{t_0}=\frac{t'_R}{t_0}=\frac{V'_R}{V_0} \qquad (2-9)$$

$$\text{或}\ t_R=t_0(1+k)$$

其推导过程如下：

滞留因子(retardation factor)：

$$R_s=\frac{u_s}{u} \qquad (2-10)$$

式中，u_s 为组分在分离柱内的线速度；u 为流动相在分离柱内的线速度。

滞留因子 R_s 也可以用质量分数 w 表示：

$$R_s=w=\frac{m_M}{m_s+m_M}=\frac{1}{1+\dfrac{m_s}{m_M}}=\frac{1}{1+k} \qquad (2-11)$$

若组分和流动相通过长度为 L 的分离柱，需要的时间分别为 t_R 和 t_M，则：

$$t_R=\frac{L}{u_s};\quad t_M=\frac{L}{u} \qquad (2-12)$$

由以上各式，可得：$t_R=t_M(1+k)$，或 $k=\dfrac{t_R-t_M}{t_M}=\dfrac{t'_R}{t_M}$ (2-13)

③分配系数与分配比关系。相同之处：分配系数 K 与分配比 k 都是反映某一组分在两相间的分配，与组分及两相的热力学性质有关的常数，随分离柱温度、柱压的改变而变化；分配系数与分配比都是衡量色谱柱对组分保留能力的参数，数值越大，该组分的保留时间越长。不同之处：K 与两相体积无关，而 k 则随固定相的量而改变，k 值越大，组分分配在固定相中的量越多(保留时间越长)，相当于柱的容量越大，因此 k 又称容量因子，并可由实验测得。

容量因子与分配系数的关系：

$$K=\frac{c_s}{c_m}=\frac{m_s/V_s}{m_m/V_m}=k\cdot\frac{V_m}{V_s}=k\cdot\beta \qquad (2-14)$$

即：

$$k=K\cdot\frac{1}{\beta}=K\cdot\frac{V_s}{V_m} \qquad (2-15)$$

其中的 β 称为相比，它是反映色谱柱柱型及其结构的重要特性。对填充柱，$\beta=6\sim35$；对毛细管柱，$\beta=50\sim1500$。V_m 为流动相体积，即柱内固定相颗粒间的空隙体积；V_s 为固定相体积，对不同类型色谱柱，V_s 的含义不同：V_s 为固定液体积(气-液色谱柱)，V_s 为吸附剂表面容量(气-固色谱柱)。

(2) 描述峰间距、峰形状和峰宽影响因素的两大理论

①塔板理论提出了计算和评价柱效的参数。1952 年，Martin 等人提出。该理论将色谱分离过程比拟作蒸馏过程，将连续的色谱分离过程分割成多次的平衡过程的重复(类似于蒸馏塔塔板上的平衡过程)，是一种半经验理论，但成功地解释了色谱流出曲线呈正态分布。塔板理论假设：在每一个平衡过程间隔内，平衡可以迅速达到；将载气看作脉动(间歇)过程；试样沿色谱柱方向的扩散可忽略；每次分配的分配系数相同。在此基础上推导出理论塔板数 n 的公式，用以评价一根柱子的柱效。

色谱柱长(L)、虚拟的塔板间距离(H)和色谱柱的理论塔板数(n)三者的关系为：

$$H = \frac{L}{n} \tag{2-16}$$

理论塔板数与色谱参数之间的关系为：

$$n = 5.54\left(\frac{t_R}{W_{1/2}}\right)^2 = 16\left(\frac{t_R}{W_b}\right)^2 \quad 或\ n = 5.54\left(\frac{t_R}{Y_{1/2}}\right)^2 = 16\left(\frac{t_R}{W_b}\right)^2 \tag{2-17}$$

保留时间包含死时间，组分在 t_0 时间内不参与柱内分配，因此需引入有效塔板数和有效塔板高度：

$$n_{有效} = 5.54\left(\frac{t'_R}{Y_{1/2}}\right)^2 = 16\left(\frac{t'_R}{W_b}\right)^2$$

$$H_{有效} = \frac{L}{n_{有效}} \tag{2-18}$$

塔板理论(意义)把色谱柱看成一个精馏塔，借用精馏塔中“塔板”概念来描述组分在柱内的分配平衡和分离过程，导出流出曲线的数学模型，解释了流出曲线形状和位置，提出了计算和评价柱效的参数。由此可见理论塔板数由组分保留值和峰宽决定，理论塔板数 n 越多、理论塔板高度 H 越小、色谱峰越窄，则柱效越高。单位柱长的塔板数越多，表明柱效越高。用不同物质计算可得到不同的理论塔板数。

②速率理论指出了影响柱效的因素。1956 年，荷兰化学工程师范・弟姆特(van Deemter)提出了色谱过程动力学速率理论。

van Deemter 方程：

$$H = A + \frac{B}{u} + Cu \tag{2-19}$$

式中 u——流动相线速度，cm/s；

A——涡流扩散系数；

B——分子扩散系数；

C——传质阻力系数(包括液相和固相传质阻力系数)。

该式从动力学角度很好地解释了影响板高(柱效)的各种因素。

涡流扩散项 A：

$$A = 2\lambda d_p \tag{2-20}$$

式中 d_p——固定相的平均颗粒直径；

λ——固定相的填充不均匀因子。

可见，固定相颗粒越小 $d_p\downarrow$，填充的越均匀，$A\downarrow$，$H\downarrow$，柱效 $n\uparrow$。表现在涡流扩散所引起的色谱峰变宽现象减轻，色谱峰比较窄。对于空心毛细管柱，无涡流扩散，即 $A=0$。

涡流扩散所引起的色谱峰变宽示意图见图 2-21。

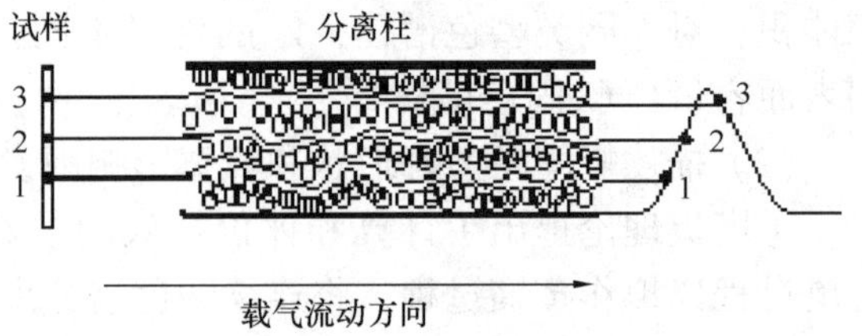

图 2-21　涡流扩散引起的色谱峰变宽

分子扩散项 B/u (Longitu dinaldiffusion term)：

$$B = 2\gamma D \qquad (2-21)$$

式中　γ——弯曲因子，它表示柱填充物对分子扩散的阻碍情况；

D——组分在流动相中的扩散系数。

分子扩散又称纵向扩散，是由于浓度差的存在而产生。由于 $D_g \propto 1/\sqrt{M_{流动相}}$，所以流动相相对分子质量大，$D_g$ 小，即 B 小；D_g 随柱温降低而减小，随柱压降低(短柱)而减小；u 增加，组分停留时间短，小；(B/u)对于液相色谱，因 D_m 较小，B 项可勿略。

传质阻力项 C_u(Mass-transferterm)：试样分子在两相中的传质受到阻力使两相分配不能瞬间达到，使色谱峰变宽。

对气液色谱：包括气相传质阻力系数 C_g 和液相传质阻力系数 C_l，即：

$$C = C_g + C_l = [\frac{0.01k^2}{(1+k)^2} \cdot \frac{d_p^2}{D_g}] + \left[\frac{2}{3} \cdot \frac{k}{(1+k)^2} \cdot \frac{d_f^2}{D_l}\right] \qquad (2-22)$$

由式(2-22)可知：减小填充颗粒直径 d_p；用相对分子质量小的流动相，使 D_g 增加，从而使 C_g 减小；减小液膜厚度 d_f，可使 C_l 下降，降低传质阻力；增加柱温，可增加 D_l，但 k 值也减小，为保持合适 C_l 值，应控制柱温。

对液液色谱：包括流动相传质阻力系数 C_m 和固定相传质阻力系数 C_s，即：

$$C = C_m + C_s = \frac{(\omega_m + \omega_{sm}) d_p^2}{D_m} + \frac{\omega_s d_f^2}{D_s} \qquad (2-23)$$

流动相传质阻力包括：流动的流动相传质阻力 C_m 和滞留的流动相传质阻力 C_{sm}。分别与填充物大小 d_p、扩散系数(D_m)、微孔大小及其数量等有关。此时降低其传质阻力的方法：采用细颗粒、孔径大的固定相，增加组分在流动相中的扩散系数 D_m，使用黏度低的流动相和短的色谱柱等。

固定相传质阻力与液膜厚度 d_f、容量因子 k 和扩散系数 D_s 等有关，使其降低的方法与气液色谱中的表述相同。

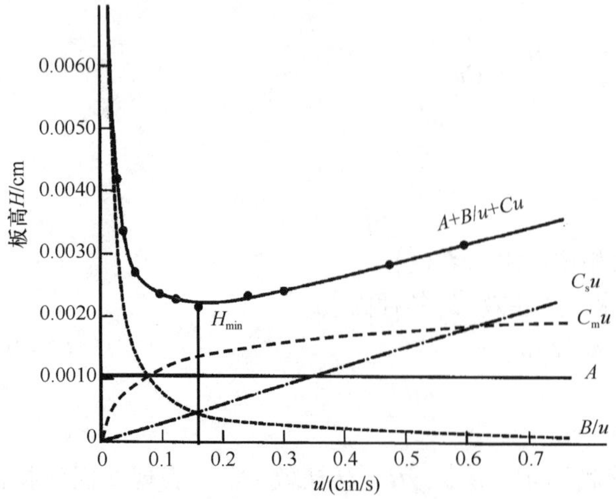

图 2-22　塔板高度与流动相流速的关系

流速 u：由 van Deemter 方程 $H=A+B/u+Cu$ 知道：当 u 一定时，仅在 A、B、C 较小时，H 较小，柱效较高；反之则柱效较低，色谱峰将展宽。以 u 对 H 作图，可得 $H-u$ 曲线(见图 2-22)，从该曲线得到：

$$\frac{dH}{du} = -\frac{B}{u^2} + C = 0$$

$$u_{opt} = \sqrt{\frac{B}{C}}$$

所以　$$H_{min} = A + 2\sqrt{BC} \qquad (2-24)$$

综上所述：涡流扩散项 A 与流速 u 无关。

低流速区(u 小)，B/u 大，分子扩散项占主导，应选择相对分子质量大的气体如 N_2 和 Ar 为载气，可减小扩散系数，提高柱效。

高流速区(u 大)，Cu 大，传质阻力项占主导，应选择相对分子质量小的气体如 H_2 和 He 为载气，可增加扩散系数，提高柱效；曲线的最低点对应最佳线速 u_{opt} 下的最小板高 H_{min}。

LC 的 H_{min} 和 u_{opt} 均比 GC 小一个数量级，即在 LC 中，较低流速可获得较大的柱效。

速率理论是在塔板理论基础上，把色谱分配过程与组分在两相中的扩散和传质过程相联系，提出色谱峰受涡流扩散、分子扩散和传质阻力等因素控制，从动力学基础上较好解释了影响板高的各种因素，对选择合适的色谱分离条件具有指导意义。它比较全面地概括了柱填充物颗粒度、填充均匀性、固定液液膜厚度、载气种类及流速等对柱效能和色谱峰变宽的影响。

(3) 分离度与色谱基本分离方程式

塔板理论和速率理论都难以描述难分离物质对的实际分离程度，即柱效为多大时，相邻两组分能够被完全分离。色谱分离中的四种情况如图 2-23 所示。

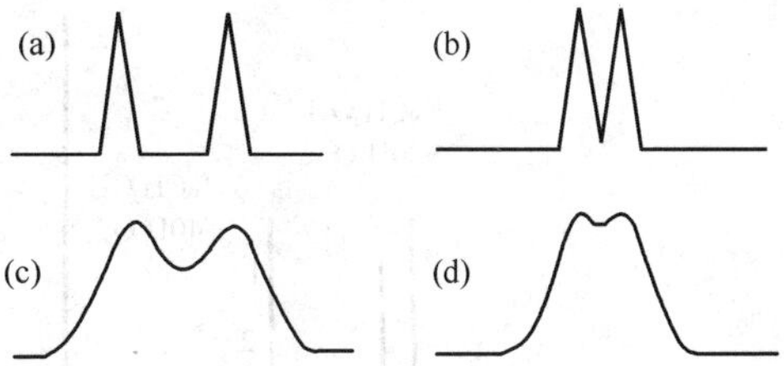

图 2-23　色谱分离四种情况

图 2-23(a)：柱效较高，ΔK(分配系数)较大，完全分离；

图 2-23(b)：ΔK 不是很大，柱效较高，峰较窄，基本分离；

图 2-23(c)：柱效较低，ΔK 较大，但分离的不好；

图 2-23(d)：ΔK 小，柱效低，分离效果差。

①分离度 R(Resolution)。R 定义为相邻两组分色谱峰保留值之差与两组分色谱峰峰底宽度平均值之比，即：

$$R=\frac{t_{R2}-t_{R1}}{\frac{1}{2}(W_{b1}+W_{b2})}=\frac{2(t_{R2}-t_{R1})}{W_{b1}+W_{b2}}\text{或}R=\frac{2(t_{R(2)}-t_{R(1)})}{W_{b(2)}+W_{b(1)}}=\frac{2(t_{R(2)}-t_{R(1)})}{1.699(Y_{1/2(2)}+Y_{1/2(1)})}\tag{2-25}$$

由于保留值之差主要决定于色谱过程的热力学因素；色谱峰的区域宽度则反映了色谱过程的动力学因素，柱效能高低；R 越大，相邻组分分离越好。因此，分离度 R 是同时反映色谱柱效能和选择性影响因素的一个综合指标，故分离度 R 又称色谱柱的总分离效能指标(over-all resolution efficiency)。利用式(2-25)，可直接从色谱流出曲线上求出分离度 R。

从理论可以证明，峰形对称且符合正态分布，则当 $R=1.5$ 时，分离程度可达 99.7%，因此通常用 $R=1.5$ 作为相邻两峰完全分开的判据。

②色谱基本分离方程式。对于相邻的难分离组分，由于它们的分配系数 K 相差小，可合理假设 $k_1\approx k_2=k$，$W_{b1}\approx W_{b2}$。因此可导出 R 与 $n_{有效}$、r_{21} 和 k 的关系：

$$R=\frac{\sqrt{n_{eff}}}{4}\cdot\frac{r_{2,1}-1}{r_{2,1}}\text{或}R=\frac{\sqrt{n}}{4}\cdot\left(\frac{r_{2,1}-1}{r_{2,1}}\right)\cdot\left(\frac{k}{k+1}\right)\tag{2-26}$$

$$n_{有效} = 16R^2\left(\frac{r_{21}}{r_{21} - 1}\right)^2$$

$$L = 16R^2\left(\frac{r_{21}}{r_{21} - 1}\right) \cdot H_{有效} \quad (2-27)$$

由色谱基本方程式可得分离度 R 与柱效的关系：

$$\left(\frac{R_1}{R_2}\right)^2 = \frac{n_1}{n_2} = \frac{L_1}{L_2} \quad (2-28)$$

由式(2-28)可知：通过增加柱长可提高分离度 R，但分析时间也相应增加，且峰宽也展宽。为提高柱效，用减小塔板高度 H 的方法比增加柱长更有效。

分离度 R 与选择性 $r_{2,1}$ 值的关系：$r_{2,1}$ 越大，柱选择性越好，对分离有利；$r_{2,1}$ 的微小变化可引起 R 较大改变；改变 $r_{2,1}$ 的方法：降低柱温、改变流动相及固定相的性质和组成(见图 2-24)，增大 r_{21} 的最有效方法是选择合适的固定液。

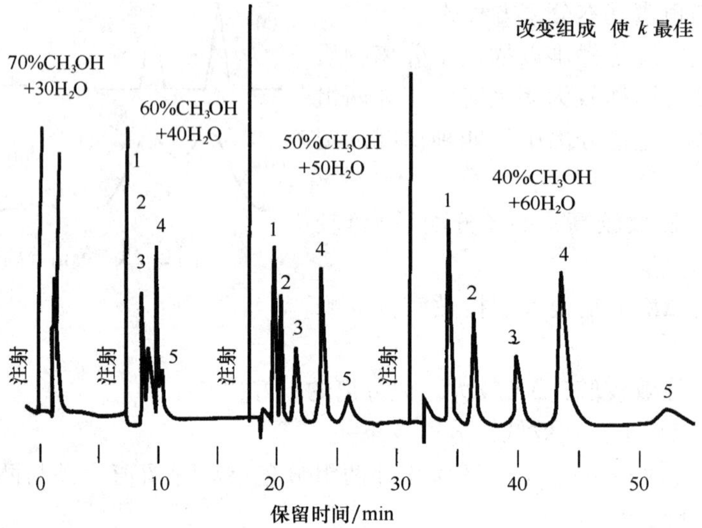

图 2-24 改变流动相组成对分离的影响

1—9，10-蒽醌；2—2-甲基-9，10-蒽醌；3—2-乙基 9，10-蒽醌；

4—1，4 二甲基-9，10-蒽醌；5—2-特丁基甲基-9，10-蒽醌

分离度 R 与分配比 k 的关系：$k\uparrow$，$R\uparrow$，但当 $k>10$，则 R 的增加不明显；通常 k 在 2~10；改变 k 的方法：增加柱温(GC)、流动相性质和组成(LC)以及固定相含量(见图 2-25)。

【例 2-1】 在一定条件下，两个组分的调整保留时间分别为 85s 和 100s，要达到完全分离需要多少块有效塔板？若填充柱的塔板高度为 0.1cm，柱长是多少？

解： $r_{21} = 100/85 = 1.18$

$n_{有效} = 16R^2[r_{21}/(r_{21}-1)]^2 = 16\times1.5^2\times(1.18/0.18)^2 = 1547$(块)

$L_{有效} = n_{有效} \cdot H_{有效} = 1547\times0.1 = 155(cm) = 1.55(m)$

答： 柱长为 1.55m 时，两组分可以得到完全分离。

3. 色谱定性鉴定和定量测定方法

(1) 色谱定性及方法

色谱定性指确定试样中的各组分，即每个色谱峰各代表的何种化合物，色谱定性的依据

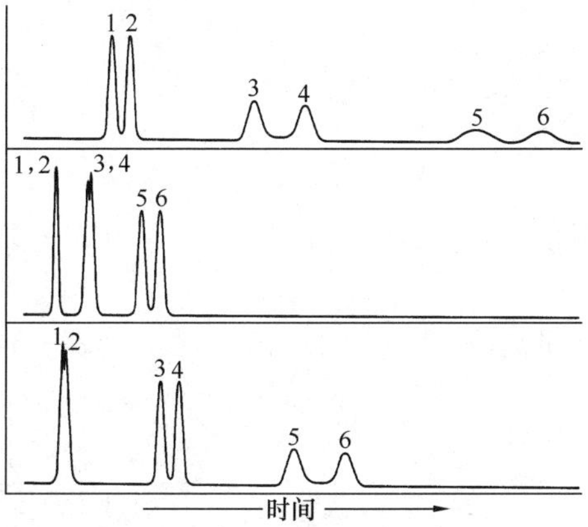

图 2-25　程序升温和梯度淋洗的分离结果

由于分析物组成复杂，以某组成的流动相可能使部分待测物得到好的分离，但同时出现其他待测物的分离不令人满意！实际工作中采用程序升温（GC）和梯度淋洗（LC）来解决这个问题。

是保留值，色谱定性方法如下。

①利用纯物质定性的方法。

利用保留值定性：分别以试样和标准物进样，分析各自的色谱图；通过对照、对比试样中具有与纯物质相同保留值的色谱峰，来确定试样中是否含有该物质及在色谱图中的位置。该法不适用于不同仪器上获得的数据之间的对比。

利用加入法（峰高增量）定性：将标准物（纯物质）加入到试样中，观察各组分色谱峰的相对变化，看试样中哪个峰增加来确定。

②利用文献保留值定性。利用相对保留值 r_{21} 或 $r_{i,s}$ 定性：相对保留值 r_{21} 仅与柱温和固定液性质有关。在色谱手册中都列有各种物质在不同固定液上的保留数据，可以用来进行定性鉴定。该法是在样品和标准中分别加入同一种基准物 s，将样品的 $r_{i,s}$ 和标准物的 $r_{i,s}$ 相比较来确定样品中是否含有 i 组分。只要固定相性质与柱温确定，相对保留值就是一个定值。

③根据经验规律定性

碳数规律：在一定温度下，同系物的调整保留时间 t'_R 的对数与分子中碳数 n 成正比：

$$\lg t'_R = An + C \quad (n \geqslant 3) \tag{2-29}$$

沸点规律：同族具相同碳数的异构物，其调整保留时间 t'_R 对数与分子中沸点 T_b 成正比：

$$\lg t'_R = AT_b + C \tag{2-30}$$

④保留指数（Kovats 指数）定性

该指数定性的重现性最佳，当固定液和柱温一定时，定性可不需要标准物。它是把物质的保留行为用两个靠近它的基准物来标定得到的。设正构烷烃的 Kovats 指数为碳数（100。测定时，将碳数为 Z 和 $Z+1$ 的正构烷烃加入到样品 X 中进行色谱分析（见图 2-26），则这三个物质的调整保留值分别：

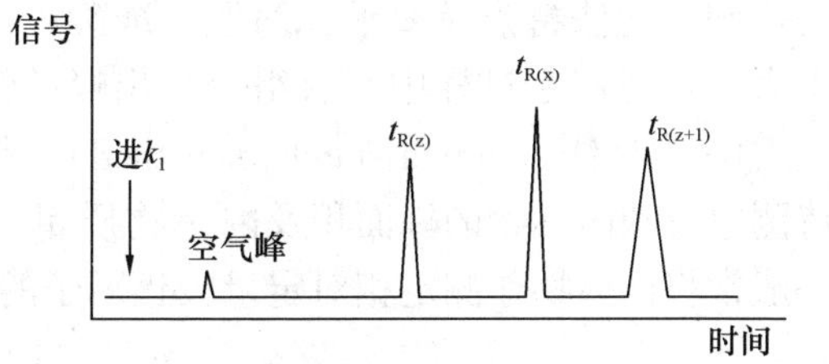

图 2-26　保留指数测定色谱图

$$t'_{R(Z+1)} > t'_{R(X)} > t'_{R(Z)}$$

$$I_X = 100\left(\frac{\lg t'_{R(X)} - \lg t'_{R(Z)}}{\lg t'_{R(Z+1)} - \lg t'_{R(Z)}} + Z\right) \tag{2-31}$$

利用式（2-31）求出未知物 Kovats 指数 I_X，然后与文献值对照。

⑤双柱或多柱定性：可克服在一根柱上，不同物质可能出现相同的保留时间的情况。

⑥与其他方法结合定性：如小型化的台式色质谱联用仪（GC-MS，LC-MS）；色谱-红外光谱仪联用仪（GC-IR）等，可同时实现复杂样品的分离及分离后各组分的结构鉴定。

（2）色谱定量分析依据及方法

①定量分析依据。定量分析依据是检测器对待测物的响应（峰高或峰面积）与待测物的

量成正比。即：

$$m_i = f'_i \cdot A_i \tag{2-32}$$

其中峰面积 A 的测量方法有：

峰高 h 与半峰宽乘积法(对称峰)：

$$A = 1.065 \times h \times W_{1/2} \tag{2-33}$$

峰高与平均峰宽乘积法(不对称峰)：

$$A = 1/2 \times h \times (W_{0.15} + W_{0.85}) \tag{2-34}$$

②定量校正因子

绝对校正因子 f'_i：

$$f'_i = m_i/A_i \tag{2-35}$$

通过式(2-35)可得到待测物单位峰面积对应的该物质的量。

相对校正因子 f_i：组分 i 的绝对校正因子与标准物质 s 的绝对校正因子之比，即：

$$f_i(\mathrm{m}) = \frac{f'_i(\mathrm{m})}{f'_s(\mathrm{m})} = \frac{A_s m_i}{A_i m_s} \tag{2-36}$$

相对校正因子的测量：准确称取被测物与标准物，混合后进样。从所得色谱图分别求出它们的峰面积，然后通过公式(2-36)计算校正因子(省去“相对”二字)。

校正因子只与试样、标准物和检测器类型有关，与其他所有条件无关，可以查表得到。

③定量计算方法。

a. 归一化法(normallization method)：把所有出峰组分的含量之和按 100% 计算的定量方法。

$$w_i = \frac{m_i}{m} \times 100\% = \frac{A_i f_i}{A_1 f_1 + A_2 f_2 + \cdots + A_i f_i + \cdots + A_n f_n} \times 100\% \tag{2-37}$$

式中 f_i——i 物质的相对定量校正因子；A_i——i 物质的峰面积。

归一化法特点及要求：简便、准确；进样量的准确性和操作条件的变动对测定结果影响不大；仅适用于试样中所有组分全出峰的情况。

b. 内标法(internal standard method)：是在一定量试样中准确加入一定量的内标物，根据待测组分和内标物的峰面积及内标物质量计算待测组分质量的方法，计算公式见式(2-39)。一般常将内标物作测定相对定量校正因子的基准物，则 $f_s=1$，则计算公式简化为式(2-40)。

$$\frac{m_i}{m_s} = \frac{A_i f_i}{A_s f_s} \Rightarrow m_i = \frac{A_i f_i}{A_s f_s} \cdot m_s \tag{2-38}$$

$$w_i = \frac{m_i}{m_{试}} \times 100\% = \frac{A_i f_i}{A_s f_s} \cdot \frac{m_s}{m_{试}} \times 100\% \tag{2-39}$$

$$w_i = \frac{m_i}{m_{试}} \times 100\% = \frac{A_i}{A_s} \cdot \frac{m_s}{m_{试}} \cdot f_i \times 100\% \tag{2-40}$$

若称取同样量试样(试样取样量 $m_{试}$ 相同)，加入恒定量内标物(m_s 不变)，式(2-40)简化为：

$$w_i = \frac{A_i}{A_s} \cdot \left(\frac{m_s}{m_{试}}\right) \cdot f_i \times 100\% = \frac{A_i}{A_s} \cdot 常数 \tag{2-41}$$

此法是一种简化的内标法，此时被测物的质量分数 w_i 与 A_i/A_s 成比例关系，以 w_i 对 A_i/A_s 作图得到一直线，即内标标准曲线。

对内标物的要求：样品中不含内标物；不与试样发生化学反应；与各待测物性质比较接近、保留时间和浓度相差不大(出峰位置应位于被测组分附近，且无组分峰影响)；

内标法特点：准确性较高，操作条件和进样量的稍许变动对定量结果的影响不大；每个试样的分析都要进行两次称量，不适合大批量试样的快速分析。

内标标准曲线法：不必测出校正因子，消除了某些操作条件的影响，也不需严格定量进样，适于工厂快速控制分析的需要，减少了称样和计算的麻烦。

c. 外标法(external standard method)：也称标准曲线法，以 A_i 对 w_i 作图得标准曲线。

外标法特点及要求：外标法不需要校正因子，但操作条件变化对结果准确性影响较大；进样量和操作条件必须严格控制；适用于日常分析和大批量同类试样的快速分析。

小结：根据流出曲线给出的各种信息，对各组分进行定性和定量。

色谱法进行分离的理论依据是塔板理论和速率理论。塔板理论描述了组分在色谱柱中的分配行为，提出用有效塔板数(n_{eff})和有效塔板高度(H_{eff})来评价色谱柱分离效能，即：

$$n_{eff} = \frac{L}{H_{eff}} = 5.54\left(\frac{t'_R}{W_{1/2}}\right)^2 = 16\left(\frac{t'_R}{W_b}\right)^2$$

速率理论把分配过程与组分在两相中的扩散和传质过程相联系，用速率理论方程式较完善地解释了影响塔板高度的各种因素，即 $H=A+B/u+Cu$。

为了更全面、真实地反映相邻两组分在色谱柱中的分离情况，提出了用分离度 R 作为色谱柱总分离效能指标，即

$$R = \frac{t_{R2} - t_{R_1}}{\frac{1}{2}(W_{b1} + W_{b2})} = \frac{2(t_{R2} - t_{R1})}{W_{b1} + W_{b2}}$$

$$R = \frac{\sqrt{n_{eff}}}{4} \cdot \frac{t'_{R2} - t'_{R1}}{t'_{R2}} = \frac{\sqrt{n_{eff}}}{4} \cdot \frac{r_{2,1} - 1}{r_{2,1}}$$

由于 R 既反映了两组分保留值的差异，即固定液对两组分的选择性，又考虑到色谱峰宽度对分离的影响，即柱效能 n_{eff}的高低，由此导出色谱基本分离方程式：

色谱基本分离方程式将分离度及与柱效能 n_{eff}、柱选择性 $r_{2,1}$联系起来，为色谱分离条件的选择提供了理论依据。

2.3.4 气相色谱与顶空进样

气相色谱是指以气体为流动相，以液体或固体为固定相的一种色谱分离技术。液体固定相(固定液)一般是高沸点液体吸附在小颗粒载体的表面，待剖析样品(或某些待分离产物)在气体带动下进入色谱柱，利用各组分在固定液中溶解度或在固定相表面吸附能力的不同而达到分离。

气相色谱是近几十年来迅速发展起来的新技术，特别适用于多组分混合物的分离，但不适用于挥发性差、热稳定性差和腐蚀性物质的分离分析。

近年来，气相色谱采用了毛细管柱(内径 0.25mm、长达数十米)，分离效率有明显提高。固定相的热稳定性也有了提高，分离柱温可高达 420℃，扩大了工作范围。此外，气相色谱与红外、质谱联用，既发挥了色谱仪的高分离能力，又利用了质谱或红外光谱的高鉴别能力，有利于有机化合物分离和结构鉴定。20 世纪 60 年代开始，出现了裂解气相色谱，可用于一些不溶/熔的固化高分子化合物的测试，扩大了气相色谱的应用范围。

1. 气相色谱结构流程(process of gas chromatography)

气相色谱结构流程图见图 2-27，毛细管气相色谱仪的结构特征见图 2-28。

气相色谱仪的组成包括气路系统、进样系统、分离系统、检测记录系统和温控系统。图 2-27 中 1~6 提供气源，完成气路系统中的各路气体的净化、干燥、稳压、稳流和流速的控制与测量；7 进样器中汽化室的作用是使样品瞬间汽化而不分解，并将汽化产物送入色谱柱；8 色谱柱是色谱仪核心，在此利用其不同固定相的吸附或分配作用完成对复杂样品的分离；9 热导检测器是气相色谱的常用检测器之一，对所有物质均有响应，可将色谱柱分离出的各组分的浓度信号转化为电信号，然后进入 10 放大器进行信号放大、经 12 记录仪得到色谱图；11 温度控制器的作用是对进样系统的汽化室、分离系统的色谱柱、检测记录系统的检测器进行温度的控制和测量。

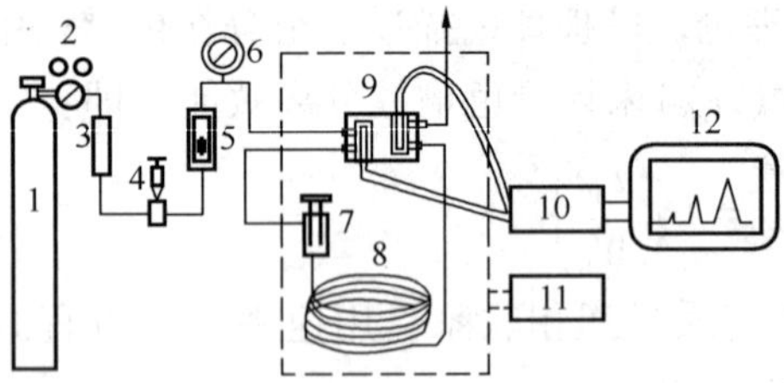

图 2-27　气相色谱仪结构流程图

1—载气钢瓶；2—减压阀；3—净化干燥管；4—针形阀；5—流量计；6—压力表；7—进样器；8—色谱柱；9—热导检测器；10—放大器；11—温度控制器；12—记录仪

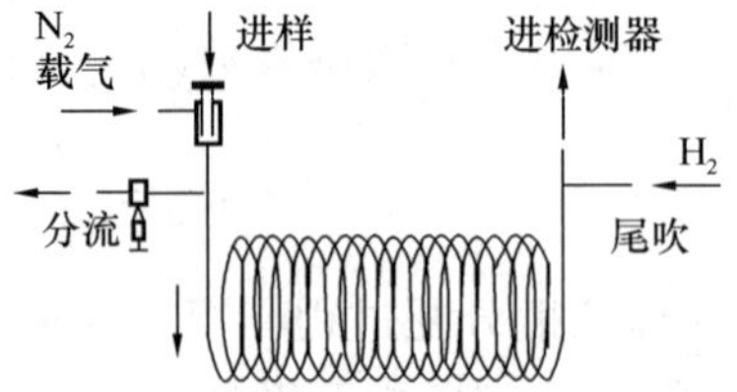

图 2-28　毛细管气相色谱仪结构特征图

图 2-28 中显示了毛细管色谱仪的特征：分流和尾吹装置。这是因为毛细管柱内径很细，允许通过的载气流量很小、柱容量小、允许的进样量小，因此需采用分流技术。分流后，柱后流出的试样组分量少、流速慢，因此需采用灵敏度高的氢火焰检测器和尾吹技术。其中的分流技术需用分流比(指放空的试样量与进入毛细管柱的试样量之比，一般在 50 ∶1 到 500 ∶1 之间)进行调节。

2. 气相色谱操作条件的选择及确定

(1) 载气种类及其流速

当载气流速 u 较小时，B/u 占主要，此时选择相对分子质量大的载气(N_2 或 Ar)，使组分的扩散系数小；当 u 较大时，Cu 占主要，此时选择相对分子质量小的载气(H_2、He)，使组分的扩散系数大，减小传质阻力项 Cu。选择载气时还需考虑对不同检测器的适应性(热导池检测器需用热导系数较大的氢气作载气，有利于提高其检测灵敏度；在氢焰检测器中，氮气仍是首选)。最佳流速及其相应板高可由式(2-24)确定。

(2) 柱温控温范围、选择原则及其确定

柱温控温范围在固定液的最高使用温度和最低使用温度之间，以保证固定液呈液态而又不发生固定液的流失。

柱温的选择：选择原则是在使最难分离的组分能尽可能好的分离前提下，采用较低的柱温，但以保留时间适宜、峰形对称为度。柱温一般选择在接近或略低于组分平均沸点时的温度。组分复杂，沸程宽的试样，需采用程序升温(是在一个分析周期内使柱温按预定的程序由低向高逐渐变化)。程序升温与恒温对分离的影响见图 2-29。

由图 2-29 可知，柱温低时，分离度高，分析时间长；柱温升高，分离度下降，色谱峰变窄变高(柱温↑，被测组分的挥发度↑，即被测组分在气相中的浓度↑，K↓，t_R↓，低沸点组分峰易产生重叠)。

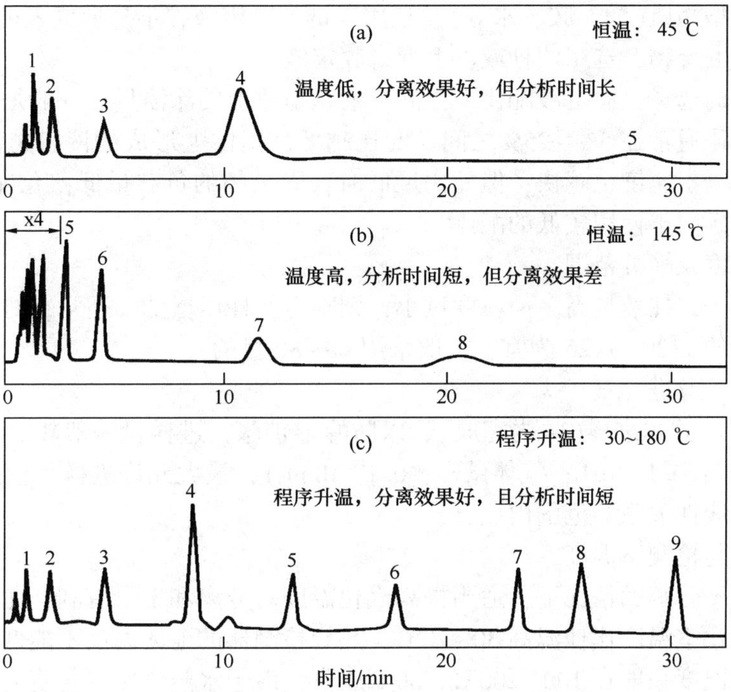

图 2-29　程序升温与恒温对分离的影响比较

对于难分离物质对，降低柱温虽然可在一定程度内使分离得到改善，但是不可能使之完全分离，这是由于两组分的相对保留值增大的同时，两组分的峰宽也在增加，当后者的增加速度大于前者时，两峰的交叠更为严重。使用程序升温则可以使不同沸点的组分在各自的最佳柱温下流出，从而改善分离效果，缩短分析时间。

(3) 固定相及其选择

气-固色谱适用于分离常温下的气体及气态烃类，其固定相主要是非极性的活性炭、极性的氧化铝、硅胶、最新的高分子多孔微球等。高分子多孔微球不仅可成功地作为气固色谱的固定相用于极性化合物(不拖尾)和顺、反空间异构体的分离，而且还可用于分析试样中的痕量水含量，用于多元醇、脂肪酸、腈类等强极性化合物的测定，又可作为气液色谱的载体涂上固定液后使用。气-液色谱应用更广、选择性更好，在此主要介绍气-液色谱中固定液的性质及用量的选择。

对固定液的要求：热稳定性好、蒸气压低、流失少；化学稳定性好(不与其他物质反应)；对试样各组分有合适的溶解能力(分配系数 K 适当)；对各组分具有良好的选择性。由于固定液与组分的作用力的类型不同，非极性分子之间存在的是色散力，极性与非极性分子之间存在诱导力，极性与极性分子之间存在取向力和氢键力(氢键力是强度介于化学键力和范德华力之间的静电吸引力)，所以固定液选择原则是：按“相似相溶”原理选择固定液。

①分离非极性组分，常选用非极性固定液：各组分按沸点顺序出峰，低沸点组分先出峰；

②分离极性组分，常用极性固定液。各组分按极性大小顺序出峰，极性小的先出峰；

③分离非极性和极性的(或易被极化的)混合物，一般选用极性固定液。此时，非极性组分先出峰，极性(或易被极化的)组分后出峰。

④分离氢键型物质(醇、胺、水等)，选用氢键型固定液，不易形成氢键的物质先流出；

⑤分离复杂混合物，选用两种或以上混合固定液。

固定液用量的选择：固定液配比，指固定液在担体上的涂渍量，一般是固定液与担体的质量百分比。配比通常在5%~25%之间。配比越低，担体上形成的液膜越薄，传质阻力越小，柱效越高，分析速度也越快；但配比过低时，固定相的负载量低，允许的进样量较小。分析工作中通常倾向于使用较低的配比。

(4) 载体粒度及筛分范围

载体粒度越小，柱效越高。但粒度过小，则阻力及柱压增加。通常，对填充柱而言，粒度大小为柱内径的1/20~1/25为宜，一般采用60~80目的。

(5) 进样方式及进样量

要以“塞子”的方式进样(1s内完成)，以防峰形扩张；进样量一般较少，要以峰形不拖尾为宜(液体试样：0.1~5μL；气体试样：0.1~10mL)；最大允许进样量应控制在峰高或峰面积与进样量呈线性关系的范围内。

(6) 汽化室与检测室温度

在保证试样不分解的情况下，适当提高汽化温度对分离和定量有利，尤其进样量大时更是如此。一般汽化室温度比柱温高30~70℃。热导检测器的池体温度不能低于柱温；氢火焰离子化检测器的温度一般在100~200℃，80℃以下，由于水蒸气冷凝会使灵敏度下降。

3. 气相色谱检测器类型及其特性

气相色谱检测器是气相色谱仪的关键部件之一，种类较多，原理和结构各异。有的具有广普性，如热导检测器；有的具有高选择性，仅对某类物质有高响应。根据响应原理分为浓度型和质量型检测器。

浓度型：检测的是载气中组分浓度的瞬间变化，即响应值与浓度成正比；例如热导检测器和电子捕获检测器。

质量型：检测的是载气中组分进入检测器中速度变化，即响应值与单位时间进入检测器的量成正比。例如氢焰检测器和火焰光度检侧器。

(1) 热导检测器(TCD)

热导检测器(TCD)是一种应用较早的检测器，由池体和热敏元件构成，通常将参比臂和测量(样品)臂组成 Wheatstone 电桥。

检测原理及灵敏度的影响因素：利用不同气态物质所具有的热传导系数不同而进行检测，载气与试样的热导系数相差越大，则灵敏度越高。因此通常选择热导系数大的 H_2 和氦气 He 作载气。较大的桥电流(N_2 作载气时为 100~150mA，H_2 作载气时为 150~200mA)、较低的池体温度(不能低于色谱柱温度)、低相对分子质量的载气以及具有大的电阻温度系数的热敏元件可获得较高的灵敏度。

热导检测器(TCD)的特点：对任何气体均可产生响应，而且不破坏样品，多用于 10×10^{-6}以上组分的测定，因而通用性好，而且线性范围宽、价格便宜、应用范围广，但灵敏度较低。

(2) 氢火焰离子化检测器(FID)

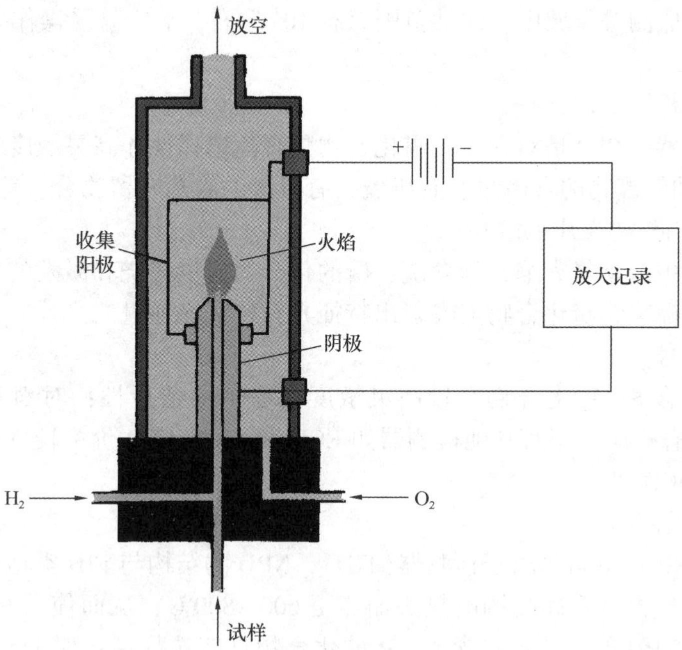

图 2-30　氢火焰离子化检测器的结构示意图

氢火焰离子化检测器(FID)主要用于可在 H_2-空气火焰中燃烧的有机化合物(如烃类物质)的检测。其结构(见图 2-30)主体为离子室，内有石英喷嘴、发射极和收集极。

检测原理：根据含碳有机物在氢火焰中发生电离的原理进行检测。氢在氧中燃烧生成的火焰为有机物分子的燃烧和电离提供了能源；有机物分子在氢火焰中进行化学电离；化学电离产生的离子在置于火焰附近的静电场中定向移动而形成离子流。

影响 FID 灵敏度的因素如下：

①载气和氢气流速：一般 N_2 ∶ H_2 = 1 ∶ 1～1 ∶ 1.5。

②空气流速：流速越大，灵敏度越大，到一定值时，空气流速对灵敏度影响不大。一般，H_2 ∶ 空气 = 1 ∶ 10～1 ∶ 20。

③极化电压：50V 以下时，电压越高，灵敏度越高。通常选择 100～300V 的极化电压。

④操作温度：比柱的最高允许使用温度低约 50℃(防止固定液流失及基线漂移)。

FID 特点：灵敏度高(～10^{-13}g/s)；线性范围宽(～10^7 数量级)；噪声低；耐用且易于使用；特别适于水中和大气中痕量有机物分析或受水、氮和硫的氧化物污染的有机物分析；对含羰基、羟基、卤代基和胺基的有机物灵敏度很低或根本无响应；样品受到破坏。

(3) 电子捕获检测器(ECD)

电子捕获检测器(ECD)主要对含有较大电负性原子的化合物有响应，特别适合于环境样品中卤代农药和多氯联苯等微量污染物的分析。

原理：检测器内有能放出 β 射线的放射源；载气分子能被 β 射线电离，在电极间形成一定的基流；样品分子含有能捕获电子的官能团。

$$N_2 \xrightarrow{\beta} N_2^+ + e \xrightarrow{AB} AB^- + E \xrightarrow{N_2^+} N_2 + AB$$

特点：高选择性检测器，仅对含有卤素、磷、硫、氧等元素化合物具有极高选择性和灵敏度，检测下限 10^{-14}g/mL；对含酰胺基和羟基化合物及烃类物质不灵敏；适用于农药残留量、药物学和环境监测等领域中；线性范围只有 10^3 左右；响应易受操作条件的影响，重现性较差。

（4）火焰光度检测器（FPD）

火焰光度检测器（FPD）是对含硫、磷化合物具有高选择性和高灵敏度的检测器。主要用于 SO_2、H_2S、石油精馏物的含硫量、有机硫、有机磷的农药残留物分析等。

FPD 结构：喷嘴+滤光片+光电管。

原理：检测器中有富氢火焰，为含硫、磷的化合物提供燃烧和激发的条件；样品在富氢火焰中燃烧时，含硫、含磷化合物能发射出特征光；特征光通过滤光片后，由光电倍增管把光强度转换成电信号。

FPD 特点：对含 S、P 化合物有较高灵敏度和一定的选择性；对卤素气 X_2、N_2、Sn、Cr、Se 和 Ge 等也有响应；相对其他检测器如 ECD 和 FID、FPD 价格较贵；对测 S 的灵敏度比硫荧光检测器（SCD）低。

（5）氮磷检测器（NPD）

氮磷检测器（NPD）也叫热离子检测器（TID），NPD 的结构与 FID 类似，只是在 H_2-空气焰中燃烧的低温热气再被一硅酸铷电热头加热至 600～800℃，从而使含有 N 或 P 的化合物产生更多的离子。NPD 的特点：对含 N、P 的化合物具有选择性：对 P 的响应是对 N 的响应的 10 倍，是对 C 原子的 10^4～10^6 倍；灵敏度高：与 FID 对 P、N 的检测灵敏度相比，NPD 分别是 FID 的 500 倍（对 P）；50 倍（对 N）。

4. 顶空气相色谱技术及应用

顶空气相色谱是对液体或固体试样中的挥发性成分进行气相色谱分析的技术。该方法是将试样置于密闭的恒温系统中，待气-液（气-固）两相达到热力学平衡时，测定气相组成。其操作方式有两种：

静态法：恒温密闭系统，平衡时，测定气相组成；

动态法：吹扫-捕集法，采用吸附剂吸附，加热解吸。

【例 2-1】 分析血样中酒精是顶空气相色谱应用最广泛的方法，可检查司机是否酒后驾车。

方法：样品平衡温度 50℃；平衡时间 30min；色谱柱：30m×0.53mm（石英毛细管柱）；固定液：聚二甲苯硅氧烷。

【例 2-2】 固体样品（塑料、食品等）的顶空分析；塑料食品包装袋中的甲苯残留量的测定。

方法：将塑料食品包装袋剪成 30mm×10mm 装入 100mL 玻璃注射器，在 80℃ 预热 20min，用空气稀释为 100mL，恒温 10min 后进样分析。色谱柱：500mm×3mm，填充柱，80～100 目；固定液：20%的 PEG20M；柱温：80℃；最小检测浓度为 0.031mg/m^2。

5. 气相色谱在精细化学品剖析中的应用

一般气相色谱在精细化工配方剖析中的主要应用有以下两个方面：

①样品纯度检验；

②样品的定性或定量测定。

2.3.5 高效液相色谱（HPLC）及其样品制备

高效液相色谱（HighPerfomance Liquid Chromatography，简称 HPLC）是 20 世纪 70 年代迅速发展起来的一种新型柱色谱技术。与经典的柱色谱相比，采用了高压泵，加快了流动相的流速，缩短了洗脱时间；选用了两种新型填充剂，一种是薄壳型，以大小一样的实芯玻璃球（Φ30～40μm）为核心，表面覆盖一层多孔层析材料，厚度约1μm；另一种填充剂是大小均匀、直径很小（5～10μm）的全多孔型硅胶，在这些填充物上涂以适当的固定液，或采用化学键合的固定相，就可以进行液-液分配色谱分离；采用紫外吸收、示差折光或荧光检测器及二极管阵列检测检测器等，提高了检测灵敏度。

高效液相色谱可分离分析的样品类型广，分析灵活性大，可以分离分析从离子型到极性、非极性化合物。高效液相色谱法不仅是高效能的分离方法，也是有效的定性分析手段和混合物各组分的定量测定方法。新一代制备型色谱技术也在深入研究；检测技术的发展，尤其是光电二极管阵列光谱检测器的出现，使液相色谱能提供的信息量大幅度增加。

1. 液相色谱与气相色谱的比较

液相色谱所用基本概念：保留值、塔板数、塔板高度、分离度、选择性等与气相色谱一致。液相色谱所用基本理论也与气相色谱相似。但由于在液相色谱中以液体代替气相色谱中的气体作为流动相，而液体和气体的性质不相同；此外，液相色谱所用的仪器设备和操作条件也与气相色谱不同，所以，液相色谱与气相色谱有一定差别，主要有以下几方面：

（1）应用范围不同

气相色谱仅能分析在操作温度下能汽化而不分解的物质。对高沸点化合物、非挥发性物质、热不稳定化合物、离子型化合物及高聚物的分离、分析较为困难，使其应用受制，据统计只有大约20%的有机物能用气相色谱分析；而液相色谱则不受样品挥发度和热稳定性的限制，它非常适合相对分子质量较大、难汽化、不易挥发或对热敏感的物质、离子型化合物及高聚物的分离分析，大约占有机物总数的75%～80%。

（2）液相色谱能完成难度较高的分离工作

因为：①气相色谱的流动相载汽是色谱惰性的，不参与分配平衡过程，与样品分子无亲和作用，样品分子只与固定相相互作用。而在液相色谱中流动相液体也与固定相争夺样品分子，为提高选择性增加了一个因素。也可选用不同比例的两种或两种以上的液体作流动相，增大分离的选择性。②液相色谱固定相类型多，如离子交换色谱和排阻色谱等，分析时选择余地大；而气相色谱并不可能。③液相色谱通常在室温下操作，较低的温度，一般有利于色谱分离条件的选择。

（3）柱外效应显著

由于液体的扩散性比气体的小10^5倍，因此，溶质在液相中的传质速率慢，柱外效应就显得特别重要；而在气相色谱中，由色谱柱外区域引起的峰扩展可以忽略不计。

（4）可进行样品制备

液相色谱中制备样品简单，回收样品容易，而且可定量回收，适于大量样品的制备。

由于仪器比较复杂，价格昂贵，实际应用中，这两种色谱技术应互相补充使用。

2. 高效液相色谱仪的流程及组成

高效液相色谱仪由高压输液系统、进样系统、分离系统、检测系统、记录系统等五大部分组成，其结构流程见图2-31。

分析前，选择适当的色谱柱和流动相，开泵，冲洗柱子，待柱子达到平衡而且基线平直后，用微量注射器把样品注入进样口，流动相把试样带入色谱柱进行分离，分离后的组分依次流入检测器的流通池，最后和洗脱液一起排入馏分收集器，除去溶剂后得到一定纯度的各组分，完成较大样品量的制备。当有样品组分流过流通池时，检测器把组分浓度转变成电信

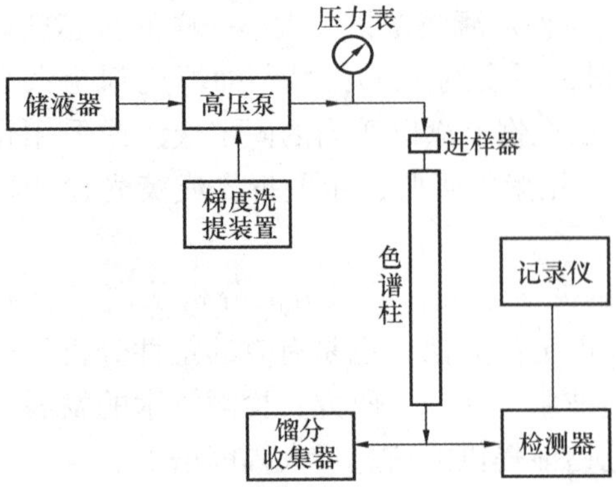

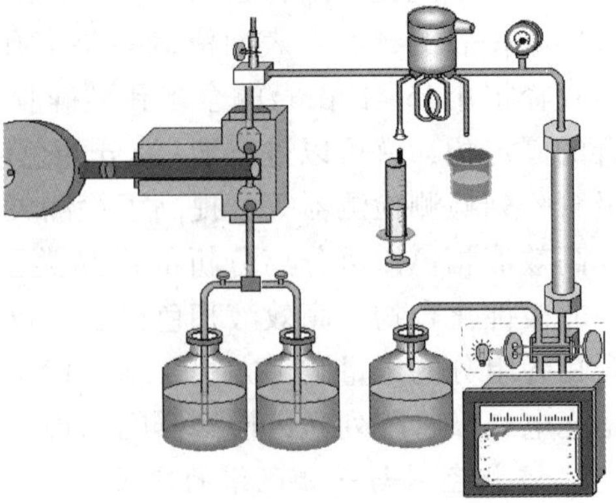

图 2-31 高效液相色谱仪的结构及流程

号，经过放大、记录得到色谱图，由此进行定性、定量和柱效评价。

(1) 高压输液系统

高压输液系统由溶剂储存器、高压泵、梯度洗脱装置和压力表等组成。

①溶剂储存器。溶剂储存器一般由玻璃、不锈钢或氟塑料制成，容量为 1~2L，用来储存足够数量、符合要求的流动相。

②高压输液泵。高压输液泵是高效液相色谱仪中关键部件之一，其功能是将溶剂储存器中的流动相以高压形式连续不断地送入液体流路系统，使样品在色谱柱中完成分离过程。由于液相色谱仪所用色谱柱径较细，所填固定相粒度很小，因此，对流动相的阻力较大，为了使流动相能较快地流过色谱柱，就需要采用高压泵注入流动相。

对泵的要求：输出压力高、流量范围大、流量恒定、无脉动，流量精度和重复性为 0.5%左右。此外，还应耐腐蚀，密封性好。

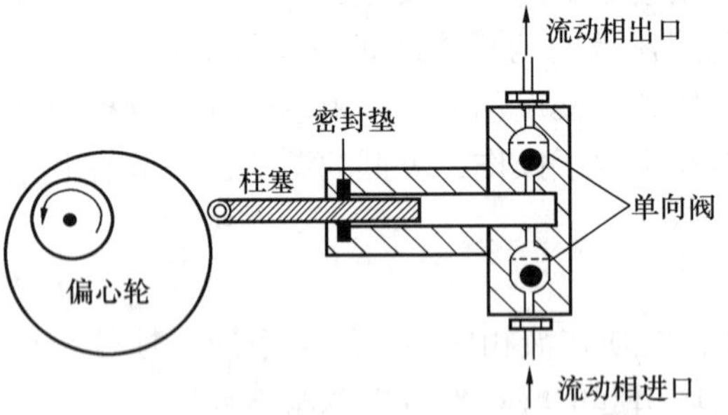

图 2-32 往复式柱塞泵

高压输液泵，按其性质可分为恒压泵和恒流泵两大类。

恒流泵是能给出恒定流量的泵，其流量与流动相黏度和柱渗透无关。往复式柱塞泵是目前较广泛使用的一种恒流泵，其结构如图 2-32 所示。

该泵特点是：可连续供给恒定体积的流动相；死体积小（约 0.1mL）；方便地调节流量；更换溶剂方便，适于梯度洗提；使用脉冲阻尼器，消除输出脉冲的波动。

恒压泵是保持输出压力恒定，而流量随外界阻力变化而变化，如果系统阻力不发生变化，恒压泵就能提供恒定的流量。常用的恒压泵是气动放大泵，由于该泵的液缸体积大，不便更换流动相，因此不适用于频繁更换流动相的选择合适溶剂的试验及梯度淋洗；由于该泵可提供大的输出流量，因此适用于匀浆法填装色谱柱。

③梯度洗脱（梯度淋洗、梯度洗提）装置。梯度洗脱就是在分离过程中使两种或两种以上不同极性的溶剂按一定程序连续改变它们之间的比例，从而使流动相的强度、极性、pH 值或离子强度相应地变化，达到提高分离效果、缩短分析时间的目的。梯度淋洗对分离的影

响见图 2-24。

梯度洗脱方式有外梯度(又称低压梯度：流动相在常温常压下混合，用高压泵压至柱系统，仅需一台泵即可完成)、内梯度(又称高压梯度：将两种溶剂分别用泵增压后，按电器部件设置的程序，注入梯度混合室混合，再输至柱系统)。梯度洗脱方式示意图见图 2-33。

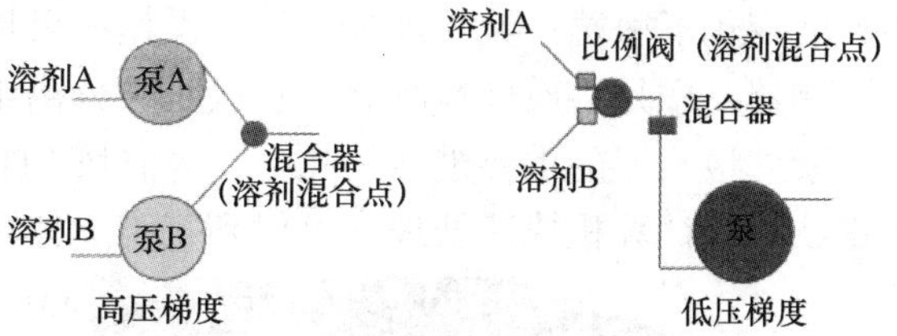

图 2-33　梯度洗脱方式示意图

梯度洗脱的实质是通过不断地变化流动相的强度，来调整混合样品中各组分的 k 值，使所有谱带都以最佳平均 k 值通过色谱柱。它在液相色谱中所起的作用相当于气相色谱中的程序升温，所不同的是，在梯度洗脱中溶质 k 值的变化是通过改变溶剂的极性、pH 值和离子强度来实现的，而不同于气相色谱中借助于温度程序(改变温度)来达到最佳分离效果。

(2) 进样系统

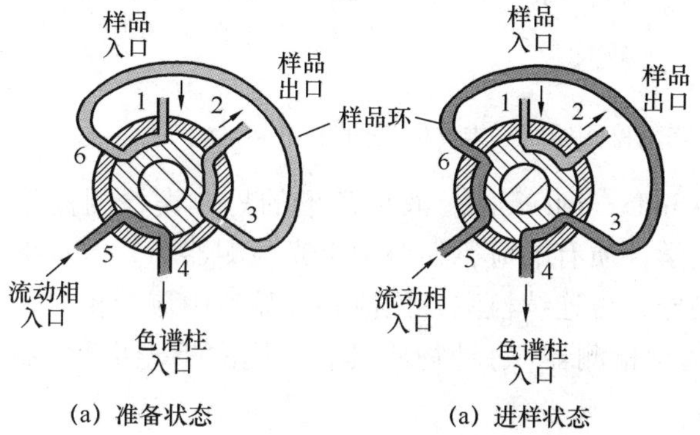

图 2-34　耐高压六通阀进样装置

进样系统包括进样口、注射器和进样阀等，它的作用是把分析试样有效地送入色谱柱上进行分离。进样方式有注射器进样(需采用停流进样的方法，保留时间的精确性、峰形重复性差)和高压定量进样阀(常用六通阀，可高压进样，进样准确，重现性好，适用于定量分析，适应大体积样品)。通常使用的耐高压六通阀进样装置见图 2-34。

(3) 分离系统

分离系统包括色谱柱、恒温器和连接管等部件。高效液相色谱的核心是色谱柱，标准柱型为内径 4.6mm 或 3.9mm，柱长 15~30cm，发展趋势是减小填料粒度(5~10μm→3~5μm)和柱径(内经小于 1mm)以提高柱效。装柱技术有干法和湿法两种，柱形多为直形；使用小颗粒(10μm、7μm、5μm、3μm)无机氧化物作基质，在这些基质上键合各种化学基团或涂渍各种聚合物的高效填料时需采用有专门装置的湿法装柱。柱温一般为室温或接近室温。

(4) 检测器

检测器是液相色谱仪的关键部件之一。对检测器的要求是：灵敏度高，重复性好，线性范围宽，死体积小以及对温度和流量的变化不敏感等。

①紫外光度检测器(ultraviolet photomericdetector)。紫外光度检测器应用最广，对大部分有机化合物有响应，Agilent1100 紫外检测器的光学结构如图 2-35 所示。

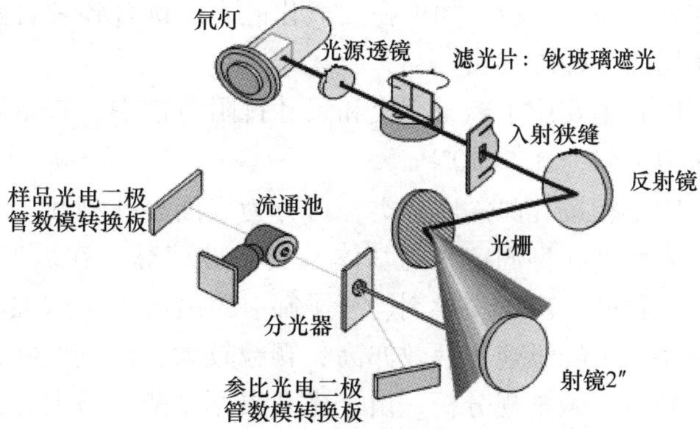

图 2-35　Agilent 1100 紫外检测器的光学结构

特点：灵敏度高；线形范围宽；流通池小（1mm×10mm，容积 8μL）；对流动相的流速和温度变化不敏感；波长可选，易于操作；可用于梯度洗脱。紫外光度检测器像荧光、电化学检测器一样是溶质性检测器，它仅对被分离组分的物理或物理化学特性有响应。

紫外检测器的重要进展是光电二极管阵列检测器，由 1024 个二极管阵列组成，各检测特定波长经计算机快速处理，可得到三维立体谱图，如图 2-36 所示。

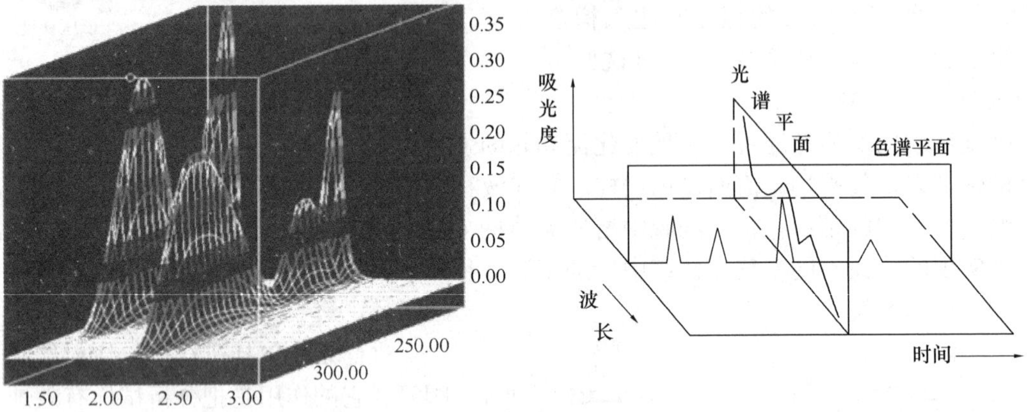

图 2-36　光电二极管阵列检测器的三维立体谱图

②差示折光检测器（differential refractive index detector）。液相色谱的另一类检测器是总体检测器，它对试样和洗脱液总的物理和化学性质有响应，如差示折光检测器等。差示折光检测器是除紫外检测器之外应用最多的检测器，可连续检测参比池和样品池中流动相之间的折光指数差值（该差值与浓度呈正比），通用型检测器（每种物质具有不同的折光指数）；灵敏度低、对温度敏感不能用于梯度洗脱。

③荧光检测器（fluorescence detector）。荧光检测器灵敏度高、选择性好，但仅对多环芳烃，维生素 B、黄曲霉素、卟啉类化合物、农药、药物、氨基酸、甾类化合物等有响应。

④电导检测器（electrical conductivity detector）。电导检测器属于一种电化学检测器，在离子色谱中广泛使用。

3. 高效液相色谱的固定相与高效液相色谱的类型

（1）高效液相色谱固定相的特点及其分类

高效液相色谱固定相以承受高压能力来分类，可分为刚性固体和硬胶两大类。

刚性固体以二氧化硅为基质，可承受 $7.0\times10^{8}\sim1.0\times10^{9}$Pa 的高压，可制成直径、形状、孔隙度不同的颗粒。如果在二氧化硅表面键合各种官能团，可扩大应用范围，它是目前最广泛使用的一种固定相。

硬胶主要用于离子交换和尺寸排阻色谱中，它由聚苯乙烯与二乙烯苯基交联而成。可承受压力上限为 3.5×10^{8}Pa。

固定相按孔隙深度分类，可分为表面多孔型和全多孔型固定相两类。

表面多孔型固定相的基体是实心玻璃球，在玻璃球外面覆盖一层多孔活性材料，如硅胶、氧化硅、离子交换剂、分子筛、聚酰胺等。这类固定相的多孔层厚度小、孔浅，相对死体积小，出峰迅速，柱效亦高；颗粒较大，渗透性好，装柱容易，梯度淋洗时能迅速达到平衡，较适合做常规分析。由于多孔层厚度薄，最大允许量受到限制。

全多孔型固定相由直径为 10nm 的硅胶微粒凝聚而成。这类固定相由于颗粒很细（5～

10μm），孔隙仍然较浅，传质速率快，易实现高效、高速。特别适合复杂混合物分离及痕量分析。

（2）高效液相色谱的类型及其应用特点

①液-固色谱法(liquid-solid adsorption chromatography)。液固色谱的固定相是固体吸附剂。吸附剂是一些多孔的固体颗粒物质，位于其表面的原子、离子或分子的性质在一定程度上与内部的原子、离子或分子的性质不同；表层的键因缺乏覆盖层结构而受到扰动，一般处于较高的能级，存在一些分散的具有表面活性的吸附中心。因此，液-固色谱是根据各组分在固定相上吸附能力的差异进行分离，故也称为液-固吸附色谱。

吸附剂吸附试样的能力，主要取决于吸附剂的比表面积和理化性质、试样的组成和结构以及洗脱液的性质等。组分与吸附剂的性质相似时，易被吸附，呈现高的保留值；当组分分子结构与吸附剂表面活性中心的刚性几何结构相适应时，易于吸附，从而使吸附色谱成为分离几何异构体的有效手段。不同的官能团具有不同的吸附能，因此，吸附色谱可按族分离化合物。吸附色谱对同系物没有选择性(即对相对分子质量的选择性小)，不能用该法分离相对分子质量不同的同系物。

液-固色谱的固定相(吸附剂)按其性质可分为极性和非极性两种类型。极性吸附剂包括硅胶、氧化铝、氧化镁、硅酸镁、分子筛及聚酰胺等，非极性吸附剂最常见的是活性炭。极性吸附剂可进一步分为酸性吸附剂和碱性吸附剂。酸性吸附剂(适于分离碱，如脂肪胺和芳香胺)包括硅胶和硅酸镁等，碱性吸附剂(适于分离酸性溶质，如酚、羧和吡咯衍生物等)有氧化铝、氧化镁和聚酰胺等。各种吸附剂中，最常用的吸附剂是硅胶，其次是氧化铝。在现代液相色谱中，硅胶不仅作为液-固吸附色谱固定相，还可作为液液分配色谱的载体和键合相色谱填料的基体。

液-固色谱法适用于分离相对分子质量中等的油溶性试样，对具有不同官能团的化合物和异构体有较高的选择性。凡能用薄层色谱成功分离的化合物，也可用液-固色谱法进行分离；缺点是非线性等温吸附常引起峰的拖尾。

②液-液色谱(又称液-液分配色谱 liquid-liquid partition chromatography)。在液-液色谱中，一种液相作为流动相，而另一种液相则涂渍在很细惰性载体或硅胶上作为固定相。流动相与固定相应互不相溶，两者之间应有一明显的分界面。分配色谱过程与两种互不相溶的液体在一个分液漏斗中进行的溶剂萃取相类似。与气-液分配色谱法一样，这种分配平衡的总结果导致各组分的差速迁移，从而实现分离。分配系数(K)或分配比(k)小的组分，保留值小，先流出柱。与气相色谱不同，流动相的种类对分配系数有较大影响。

液-液色谱的固定相由载体和固定液组成。常用的载体有表面多孔型载体(薄壳型微珠载体，由直径30~40μm的实心玻璃球和厚度为1~2μm的多孔性外层所组成)、全多孔型载体(由硅胶、硅藻土等材料制成，直径30~50μm的多孔型颗粒)和全多孔型微粒载体(由nm级的硅胶微粒堆积而成，又称堆积硅珠)，全多孔型微粒载体的粒度为5~10μm。由于颗粒小，所以柱效高，是目前使用最广泛的一种载体。

由于液相色谱中，流动相参与选择分配作用，流动相极性的微小变化，都会使组分的保留值出现较大的差异。因此，液-液色谱中，只需几种不同极性的固定液，如β，β'-氧二丙腈(ODPN)、聚乙二醇(PEG)、十八烷(ODS)和角鲨烷固定液等。

在液-液色谱中，除一般要求外，还要求流动相对固定相的溶解度尽可能小，因此固定液和流动相的性质往往处于两个极端，例如当选择固定液是极性物质时，所选用的流动相通常是极性很小的溶剂或非极性溶剂。以极性物质作为固定相，非极性溶剂作流动相的液-液色谱，称为正相液-液分配色谱，适合于分离极性化合物；反之，用非极性物质为固定相，极性溶剂为流动相的液-液色谱称为反相液-液分配色谱，反相液-液分配色谱法适合于分离芳烃、稠环芳烃及烷烃等非极性化合物。

③化学键合相色谱。采用化学键合固定相，这种固定相是通过化学反应把各种不同的有机基团键合到硅胶(载体)表面的游离羟基上，代替机械涂渍的液体固定相，不仅避免了液体固定相流失的困扰，还大大改善了固定相的功能，提高了分离的选择性。化学键合相色谱适用于分离几乎所有类型的化合物。

根据键合相与流动相之间相对极性的强弱，可将键合相色谱分为极性键合相色谱和非极性键合相色谱。在极性键合相色谱中，由于流动相的极性比固定相极性要小，所以极性键合相色谱属于正相色谱。弱极性键合相既可作为正相色谱，也可作为反相色谱使用，但通常所说的反相色谱是指非极性键合色谱。反相键合色谱在现代液相色谱中应用最为广泛。

在反相键合色谱中，一般采用非极性键合固定相，如硅胶-$C_{18}H_{37}$(简称ODS或C18)、硅胶-苯基等，用强极性的溶剂为流动相，如甲醇/水、乙腈/水、水和无机盐的缓冲液等。

目前，对于反相色谱的保留机制大致有两种观点：一种认为属于分配色谱，另一种认为属于吸附色谱。分配色谱的作用机制是假设混合溶剂(水+有机溶剂)中极性弱的有机溶剂吸附于非极性烷基配合基表面，组分分子在流动相中与被非极性烷基配合基所吸附的液相中进行分配。吸附色谱的作用机制是把非极性的烷基键合相，看作是在硅胶表面上覆盖了一层键合的十八烷基的“分子毛”，这种“分子毛”有强的疏水特性。当用水与有机溶剂所组成的极性溶剂为流动相来分离有机化合物时，一方面，非极性组分分子或组分分子的非极性部分，由于疏溶剂的作用，将会从水中被“挤”出来，与固定相上的疏水烷基之间产生缔合作用；另一方面，被分离物的极性部分受到极性流动相的作用，使它离开固定相，减少保留值，此即解缔过程。显然，这两种作用力之差，决定了分子在色谱中的保留行为。

一般地，固定相的烷基配合基或分离分子中非极性部分的表面积越大，或者流动相表面张力及介电常数越大，则缔合作用越强，分配比也越大，保留值越大。在反相键合相色谱中，极性大的组分先流出，极性小的组分后流出。

在正相键合色谱中，一般采用极性键合固定相，硅胶表面键合的是极性的有机基团，键合相的名称由键合上去的基团而定。最常用的有氰基(—CN)、氨基(—NH_2)、二醇基(DIOL)键合相。流动相一般用比键合相极性小的非极性或弱极性有机溶剂，如烃类溶剂，或其中加入一定量的极性溶剂(如氯仿、醇、乙腈等)，以调节流动相的洗脱强度。通常用于分离极性化合物。

一般认为正相键合色谱的分离机制属于分配色谱。组分的分配比 k 值，随其极性的增加而增大，但随流动相中极性调节剂的极性增大(或浓度增大)而降低。同时，极性键合相的极性越大，组分的保留值越大。该法主要用于分离异构体、极性不同的化合物，特别是用来分离不同类型的化合物。

化学键合固定相一般都采用硅胶(薄壳型或全多孔微粒型)为基体。在键合反应之前，要对硅胶进行酸洗、中和、干燥、活化等处理，然后再使硅胶表面上的硅羟基与各种有机物或有机硅化合物起反应，制备化学键合固定相。硅氧烷型键合相是将硅胶与有机氯硅烷或烷氧基硅烷进行反应而制得，具有耐热性和化学稳定性，是目前应用最为广泛的键合相。

化学键合相色谱特点：适用于分离几乎所有类型的化合物。一方面通过控制化学键合反应，可以把不同的有机基团键合到硅胶表面上，从而大大提高分离的选择性；另一方面可以通过改变流动相的组成和种类来有效地分离非极性、极性和离子型化合物。由于键合到载体上的基团不易被剪切而流失，这不仅解决了由于固定液流失所带来的困扰，还特别适合于梯度洗脱，为复杂体系的分离创造了条件。键合固定相对不太强的酸及各种极性的溶剂都有很好的化学稳定性和热稳定性。化学键合固定相柱效高，使用寿命长，分析重现性好。

④离子交换色谱(ion-exchange chromatography)。离子交换色谱法是利用离子交换原理和液相色谱技术相结合，测定各类阴、阳离子的分离分析方法，主要适用于离子及可离解的化合物，如无机离子、有机可离解化合物的分离，如氨基酸、核酸等。固定相是阴离子或阳离子离子交换树脂，流动相分别是酸性或碱性水溶液。

⑤离子色谱(ion chromatography)。采用交换容量非常低的特制离子交换树脂为固定相，并采用淋洗液抑制技术和电导检测器，是测定混合阴离子的最有效方法。离子色谱仪的结构流程见图 2-37，常见的阴离子混合物分离色谱图见图 2-38。

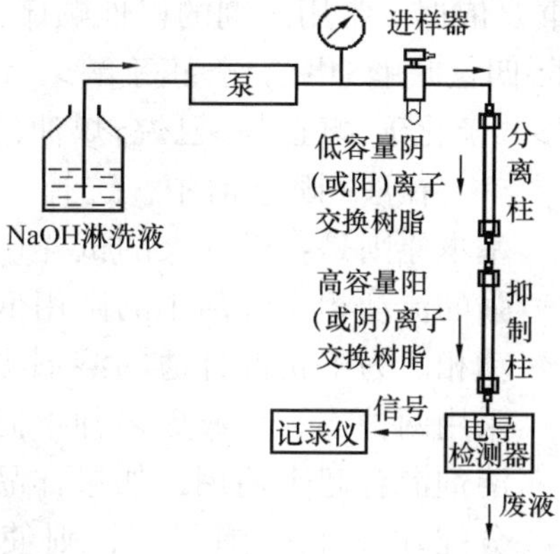

图 2-37　离子色谱仪的结构流程

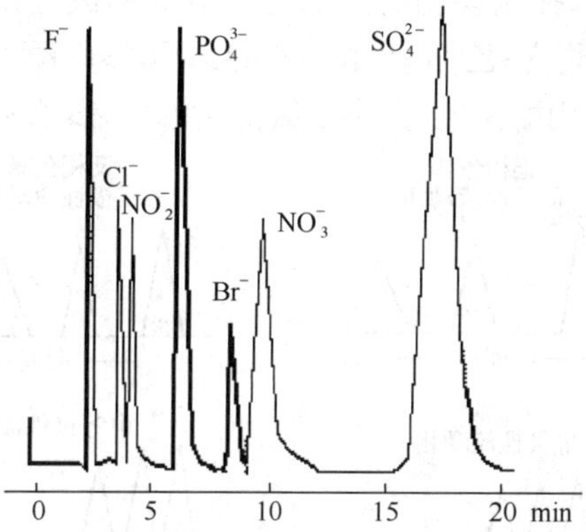

图 2-38　常见阴离子的离子色谱分离

⑥离子对色谱(ionpairchromatography)。主要用来分离强极性有机酸和有机碱。

原理：将与待测物离子 A 电荷相反的离子 B(称为对离子或反离子)加入到流动相中，使待测离子与对离子形成离子对 AB，该 AB 离子对的性质与 A 离子或 B 离子的性质不同，即间接改变了待测离子的保留特性。阴离子分离常采用烷基铵类，如氢氧化四丁基铵或氢氧化十六烷基三甲铵作为对离子；阳离子分离常采用烷基磺酸类，如已烷磺酸钠作为对离子；

反相离子对色谱：非极性的疏水固定相(C-18 柱)，含有对离子 B^+ 的甲醇-水或乙腈-水作为流动相，试样离子 A^- 进入流动相后，生成疏水性离子对 B^+A^- 后，在两相间分配。

4. 高效液相色谱的流动相及其选择

(1) 流动相溶剂的要求

由于高效液相色谱中流动相是液体，它对组分有亲合力，并参与固定相对组分的竞争，因此，正确选择流动相直接影响组分的分离度。对流动相溶剂的要求是：

①溶剂对于待测样品，必须具有合适的极性和良好的选择性。

②溶剂与检测器匹配。对于紫外吸收检测器，应注意选用检测器波长比溶剂的紫外截止波长要长。所谓溶剂的紫外截止波长指当小于截止波长的辐射通过溶剂时，溶剂对此辐射产生强烈吸收，此时溶剂被看作是光学不透明的，它严重干扰组分的吸收测量。对于折光率检测器，要求选择与组分折光率有较大差别的溶剂作流动相，以达到最高灵敏度。

③高纯度：由于高效液相色谱灵敏度高，对流动相溶剂的纯度要求也高。不纯的溶剂会引起基线不稳，或产生“伪峰”。

④化学稳定性好，否则造成固定相的保留特性发生变化。

⑤低黏度(黏度适中)：常用的低黏度溶剂有丙酮、甲醇和乙腈等，但黏度过低的溶剂也不宜采用，例如戊烷和乙醚等，它们容易在色谱柱或检测器内形成气泡，影响分离。

(2) 流动相的分类

流动相按组成分为单组分和多组分；按极性分为极性、弱极性、非极性；按使用方式分为固定组成淋洗和梯度淋洗；按所起作用分为底剂(决定基本的色谱分离情况)和洗脱剂(起调节试样组分的滞留并对某几个组分具有选择性的分离作用)。常用溶剂有己烷、四氯化碳、甲苯、乙酸乙酯、乙醇、乙腈、水。采用二元或多元组合溶剂作为流动相可以灵活调节流动相的极性或增加选择性，以改进分离或调整出峰时间。

(3) 流动相的选择

在选择流动相的溶剂时，溶剂的极性是选择的重要依据。常用溶剂的极性顺序：水(最大)>甲酰胺>乙腈>甲醇>乙醇>丙醇>丙酮>二氧六环>四氢呋喃>甲乙酮>正丁醇>乙酸乙酯>乙醚>异丙醚>二氯甲烷>氯仿>溴乙烷>苯>四氯化碳>二硫化碳>环己烷>己烷>煤油(最小)。

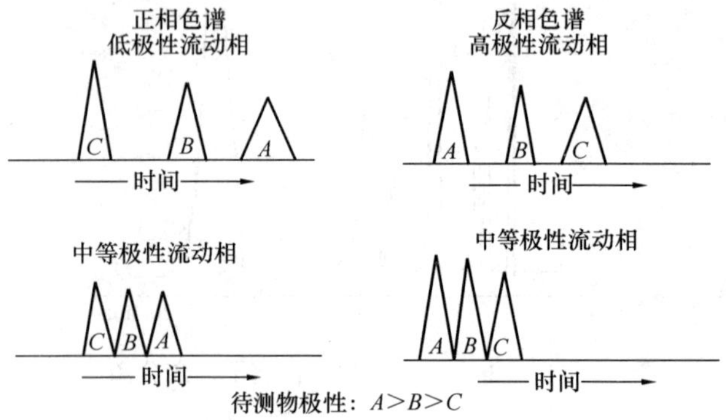

图 2-39 流动相极性对正相色谱和反相色谱分离的影响

在液-固色谱中，选择流动相的基本原则是：极性大的试样用极性较强的流动相，极性小的则用低极性流动相。为了获得合适的溶剂极性，常采用两种、三种或更多种不同极性的溶剂混合起来使用，如果样品组分的分配比 k 值范围很广，则使用梯度洗脱。

流动相极性在正相色谱和反相色谱中对分离的影响如图 2-39 所示。

采用正相色谱(液液色谱中或化学键合色谱中)时，首先选择中等极性溶剂，若组分的保留时间太短，则降低溶剂极性；反之增加。也可在低极性溶剂中，逐渐增加其中的极性溶剂，使保留时间缩短。正相色谱中，底剂常用低极性的正己烷、苯、氯仿等，洗脱剂根据试样性质选取极性较强的针对性醚、酯、酮、醇或酸等溶剂。

在反相色谱中，常以水为流动相的主体，以加入不同比例的甲醇、乙腈、四氢呋喃或二氧六环等有机溶剂作调节剂。

离子交换色谱分析主要在含水介质中进行，所以流动相为无机酸或无机碱的盐类缓冲溶液(有一定 pH 值和离子强度)，通过改变 pH 值、缓冲剂类型、离子强度、加入有机试剂和配位剂等条件来控制分配比 k，改变交换剂的选择性，进而影响样品待测物的分离。

5. 液相制备色谱(preparative liquid chromatography)

虽然各种色谱技术都可作为样品制备手段，但采用液相色谱因其分离条件温和、分离检测不破坏样品、易于回收原物等优势，进行样品的制备更有利，液相制备色谱是获得高纯物质(色谱纯)的有效方法。当前从直径约为 10mm 的实验室半制备柱到直径为 500mm 的工业制备柱及相应的设备相继商品化，可解决多方面的分离纯化问题。用液相色谱技术分离纯物质的量取决于分离的目的，对于复杂混合物的组分分离及结构鉴定分析，常用仪器分析方法所需的试样量约为 mg 级(见表 2-9)。

然而在现代科学研究工作中，经常期望采用最有效的方法以获得需要的较高纯度(色谱纯)的标准物，为深入的鉴定和研究工作提供 10mg 以上乃至克级规模的纯组分等，这时则需要考虑选择适合的制备色谱实验条件。

表 2-9　结构分析常用仪器分析方法所需样品质量

仪器分析方法		所需样品质量/mg
质谱		0.001
红外光谱		0.01~0.1
核磁共振波谱	傅立叶变换型	0.1~1
	普通型	1~10
元素分析		1~10

通常半制备柱(内径 8mm，长度 15~30cm)，一次制备量为 0.1~1mg；制备柱(内径 20~50mm，柱长 50cm)的制备量为 10mg 以上(数十毫克级)。

液相制备色谱仪的结构与分析型高效液相色谱仪类似，但泵流量大、进样量大、采用制备柱，柱后的检测器有自动馏分收集器，可将试样组分按固定体积顺序收集在玻璃管内。

(1) 色谱柱的柱容量(柱负荷)

色谱柱的柱容量对分析柱而言为不影响柱效时的最大进样量；对制备柱则指不影响收集物纯度时的最大进样量。如果超载(进样量超过柱容量)则柱效迅速下降，峰变宽，但超载可提高制备效率，超载以柱效下降一半或容量因子 k 降低 10%为宜。

(2) 液相制备色谱的方法

收集组分时，对可获得良好分离的主峰进行制备时，使用制备柱，为获得最大制备量使柱超载运行产生峰重叠，然后按中心切割法收集较少量馏分，以薄层色谱或分析型 HPLC 检验其纯度，最后将多次重复制备得到的足够纯度的馏分合并以得到所需量的纯组分。

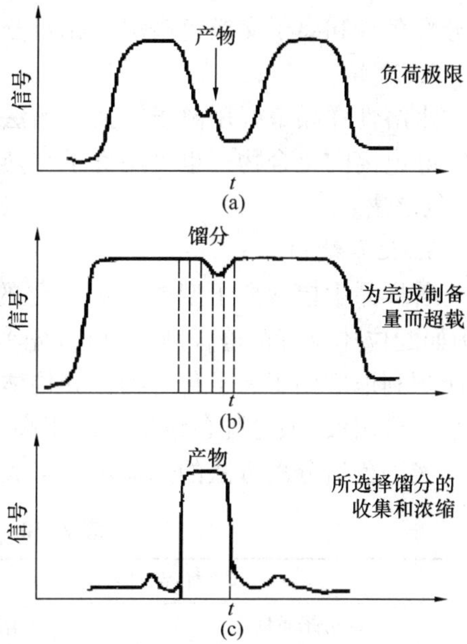

图 2-40　微量或痕量组分的分离制备

当需要分离纯化的组分是微量或痕量组分时，即主成分之间的小组分，这时需在达到最佳分离度后，利用柱超载进行富集，图 2-40(b)表示在所期望的洗脱区收集要求分离的组分，分离切分使待分离组分成为主成分(富集)后，如图 2-40(c)所示，再按前述主峰组分的纯化方法进行制备。

6. 高效液相色谱在精细化工配方剖析中的应用

(1) 检验化合物的纯度

应用两种不同的固定相(或两种不同的检测器)对分离所得的样品进行高效液相色谱分析，如果所得的色谱图中均显示单一对称的尖峰，即证明该化合物为纯化合物。

(2) 定性鉴定

在色谱柱、柱温、流动相和流速不变的条件下，应用相对保留值法，对被剖析样品中的组分进行定性鉴定。或者在剖析样品中加入标准化合物，比较加入前后的液相色谱图，对同一检测器，若某一吸收峰值增高，则该峰与标准品为同一化合物。

(3) 制备纯品及定量测定

利用高效液相色谱可作制备分离，收集各出峰处的馏分，去除溶剂后，即可得纯化合物。

2.3.6 色谱分离方法的选择

要正确地选择色谱分离方法，首先必须尽可能多地了解样品的有关性质，其次必须熟悉各种色谱方法的主要特点及其应用范围。选择色谱分离方法的主要根据是样品的相对分子质量的大小、在水中和有机溶剂中的溶解度、极性和稳定程度以及化学结构等物理、化学性质。易于汽化且热稳定性好的样品可选择气相色谱，样品量较少时可选择薄层色谱。

1. 相对分子质量

对于相对分子质量较低(一般在 200 以下)、挥发性比较好、加热又不易分解的样品，可以选择气相色谱法进行分析。相对分子质量在 200~2000 的化合物，可用液–固吸附、液–液分配色谱和离子交换色谱法。相对分子质量高于 2000，则可用空间排阻色谱法。

2. 溶解度

水溶性样品最好用离子交换色谱法和液–液分配色谱法；微溶于水，但在酸或碱存在下能很好电离的化合物，也可用离子交换色谱法；油溶性样品或相对非极性的混合物，可用液–固色谱法。

3. 化学结构

若样品中包含离子型或可离子化的化合物，或者能与离子型化合物相互作用的化合物(例如配位体及有机螯合剂)，可首先考虑用离子交换色谱，但空间排阻和液–液分配色谱也都能顺利地应用于离子化合物；异构体的分离可用液固色谱法；具有不同官能团的化合物、同系物可用液–液分配色谱法；对于高分子聚合物，可用空间排阻色谱法。

液相色谱分离方法的选择可参考表 2–10。

表 2–10　液相色谱分离方法的选择

样品性质		色谱方法
相对分子质量	水溶性及电离性	
<2000	溶于水，不离解	反相液–液色谱或反相键合色谱 排阻色谱(水介质性流动相)
	溶于水，可离解	阳离子交换色谱(碱) 阴离子交换色谱(酸)
	溶于水，离子或非离子	离子色谱(无机阴离子) 离子对色谱(强极性有机酸或碱)
	不溶于水	分配色谱(同系物) 吸附色谱(异构物) 排阻色谱(相对分子质量分布分析)
>2000	溶于水 不溶于水	排阻色谱(水介质性流动相) 排阻色谱(非水性流动相)

2.4 微量组分的分离与富集技术

将复杂样品中各组分逐一分开，是剖析研究中的关键环节，而将样品中的微量组分进行富集、分离与纯化，又是分离技术中最困难的课题之一。它需要把各种经典的分离方法与现代分离法，如色谱色谱分离法、膜分离法和生化分离法结合起来，作综合分离，才能完成一项复杂的分离课题。不同的样品体系对分离工作有不同的要求，可能采用不同的分离方法和分离程序。本节从样品不同的形态和相态入手，分别讨论微量组分的富集与分离方法。

2.4.1 气体样品采样法

气体样品中除了气体成分外，还可能有固体粉尘、液体细雾，即气溶胶存在。采样方法有直接采样、溶剂吸收、深冷捕集、吸附和过滤等。

(1) 直接采样法

此法是将气体样品直接导入适当的容器内，如注射器、玻璃容器、各种塑料、橡胶袋等。为减少样品在气袋中的吸附，可用内衬铝膜、聚四氟薄膜、聚乙烯、聚酯薄膜等气袋。导入气体的方法有真空法、排水取气法等。长时间放置可能使样品在容器壁上的吸附损失增加。样品气中微量气体成分(含量在万分之一以下的组分)的分析，通常采用气相色谱法和气相色谱/质谱联用法，可测到μg/L~ng/L级的浓度，虽然定量分析的误差较大，但方法的灵敏度能够满足气体检测的要求。

(2) 过滤法

这是捕集气体中悬浮固体和液体的常用方法，过滤材料有滤纸、棉布、玻璃纤维及合成纤维、聚氨酯泡沫等，孔径0.1~0.5μm，气体体积用泵和流量计进行计量和控制。对一般粉尘、烟雾(颗粒直径0.1~100μm)捕集效率达90%以上。小于0.1μm的气溶胶，捕集效率低。将滤材上捕集的固体粉尘或液体雾滴选用适当的溶剂洗脱下来，作为待测样品。

(3) 溶剂吸收法

一定体积的气体样品定量通过溶剂吸收瓶，使气体中的某些组分定量地转移到吸收液中去。吸收液可用水和丙酮、乙醇、乙醚、苯、己烷、二氯甲烷等有机溶剂，控制气体流速在1L/min左右，气体进入溶剂的管口常采用烧结玻璃砂，使气泡分散均匀，改进吸收效率。吸收溶液浓缩后再进一步分离与纯化。溶剂吸收法同时加上低温冷阱冷凝，吸收效果会更好，低温可由冰盐水、干冰等提供。

(4) 吸附法

溶剂吸收法由于溶剂与玻璃容器携带不便、气体流速不能太快等缺点，目前使用较多的是采用吸附剂的吸附法。

当流体(气体或液体)与多孔性的固体接触时，由于流体分子与固体表面分子之间的相互作用，流体分子会停留在固体表面上。这种流体分子在固体表面上浓度增大的现象称为固体表面的吸附。吸附操作就是利用多孔性固体对流体混合物中各组分的选择性吸附。当流体与固体表面接触时，流体中一种或几种组分被选择性地吸附在固体表面上，这样就达到了被吸附组分与流体中其他组分分离的目的。

常用的吸附剂(多孔性固体)有活性炭、硅胶、氧化铝、大孔网状树脂(如XAD、Chromosorb、Porapaks、GDX)、硅镁吸附剂等。吸附效率比液体吸收法高，可允许比较高的气体流速，如2L/min以上。富集在吸附剂上的样品，可以用加热并通入氮气脱附后直接通入气相色谱仪，或用溶剂洗脱，进一步 HPLC、TLC 纯化后再作成分与结构分析。活性炭吸附剂的吸附效率高，但解吸不完全，回收率较低；大孔网状树脂吸附与解吸均较好，但树脂价格较贵；硅胶、氧化铝等价格便宜，吸附效果好，解吸容易，是最常用的吸附剂。

吸附作用是色谱技术的基础，在剖析过程中也经常应用吸附分离，如重结晶时应用活性炭吸附作用，除去微量杂质；从液体化合物中除去微量水分也是应用分子筛的吸附作用。

2.4.2 液体样品中微量有机组分的富集与分离

液体样品中微量组分的富集与分离特别是水样品的处理是三废排放中的重要研究课题。常用的富集与分离方法有气提与顶空取样法、蒸馏与水蒸气蒸馏法、溶剂萃取、吸附等方法。

(1) 气提与顶空取样法

利用水溶液中某些组分有较大的挥发性，在样品的水溶液中通入氮气或水蒸气，可使水相中易挥发的有机组分富集到气相中，然后用自动顶空采样或用注射器取容器中液体上空的气体，进入 GC 或 GC/MS 中作定性与定量分析。如将气体通入小的吸附柱，富集气相中的有机物，洗脱后作 GC 分析，可提高微量组分的检测灵敏度。这种方法对水中易挥发、溶解度小的烃类组分和挥发油等有较好的效果，对极性组分的应用有很大的局限性。

(2) 蒸馏法

蒸馏可除去大量低沸点的溶剂，使样品得到浓缩。微量组分由于形成共沸体系而很难与主成分完全分离开，高沸点的组分因加热温度高可能引起某些组分的热分解，减压蒸馏又会使某些组分被真空抽走而损失。

(3) 溶剂萃取

溶剂萃取是分离水中有机物，包括强极性离子型有机物的有效和简便分离方法，常用的有机溶剂有乙酸乙酯、乙醚、丁醇等，经数次萃取可使有机物的提取效率达 90%以上。如感光材料剖析中，将明胶的酶解产物与多种有机物和无机盐水溶液用丁醇萃取三次，可把除了氨基酸外的全部有机物转移到丁醇层。水层剩下无机盐和氨基酸。稍加热有利于两相的分层分离。微量样品在 1~2mL 范围时的萃取可在 10mL 试管内进行。振摇后静置分层，用滴管取出上层或下层液体，必要时重复几次。

(4) 吸附分离法

这是富集水中微量有机物的简便和有效方法。常用的吸附剂有 XAD 树脂(XAD-2、XAD-4、XAD-7 应用最多)、C-18 键合硅胶和聚酰胺等，它们可以选择性地保留弱极性和强极性的有机化合物，而强电离的无机盐在这些吸附剂中不保留。相对分子质量较大的化合物和热不稳定的化合物，一般用有机溶剂洗脱回收样品。应注意 XAD 树脂中萘、苯甲酸、乙苯等杂质和溶剂中的杂质对样品的污染，应在使用前用溶剂充分洗脱净化。C-18 键合硅胶吸附剂，特别适用于吸附分离水中强极性和水溶性组分，此时含微量有机物的水溶液通过装有该吸附剂的小柱时，强极性有机化合物被吸附剂保留，而水溶性无机盐则随水通过柱子不被保留，再用甲醇可将柱中吸附的有机物洗脱下来，浓缩倍数可达几万倍。聚酰胺柱填料价格便宜，使用方便，可成功地用于水溶性有机物如染料、表面活性剂等的吸附、富集与分离。如 10L 1μg/L 的酸性紫水溶液可浓集在 3~5mL 溶液中，回收率达 85%以上。这种吸附分离法通常在小型色谱柱中进行，柱子尺寸在 1.0cm×(5~10)cm，可允许 1~50L 水溶液通过柱子，吸附容量在 1~20mg/g 吸附剂，洗脱液可用碱性甲醇溶液，洗脱回收样品，浓缩定容到 1mL，作 IR、MS 和 NMR 结构分析。

(5) 离子交换树脂

离子交换树脂可用于水中有机和无机离子型化合物的富集与分离，有很好效果，但易受水中无机和有机离子的干扰。

2.4.3 固体样品中微量组分的富集与分离

复合材料和石油制品中的微量添加剂、植物中的有效成分、农作物表面的农药成分等通常是含量甚微，但又是十分关键的组分，在成分与结构分析前必须进行富集与分离。常用的富集方法有溶剂提取、溶解沉降和柱色谱分离等。

(1) 溶剂提取

将固体样品充分粉碎，然后选取对微量成分溶解度较好、但对基体成分不溶的溶剂，在脂肪提取器回流提取，必要时可选取极性不同的溶剂作梯度多次提取。常用的溶剂有己烷、苯、氯仿、乙醚、乙酸乙酯、丙酮、乙醇和水，依次可得到极性不同的组分。除去溶剂后得到含某些微量组分的混合样品，再作进一步的色谱纯化分离。一般塑料中的助剂剖析和植物中药物成分分离皆可采用此法进行富集。

(2) 溶解沉降法：见2.2.6节。

(3) 柱色谱分离

将固体样品溶解成液体样品，再选用不同的吸附剂，用经典的柱色谱法(见2.3.2节)作富集分离，用对基体组分溶解性能好的溶剂充分淋洗色谱柱，尽量除去大量的基体组分，微量成分或在基体组分之前或之后用适当的溶剂洗脱下来，可达到很好的富集分离目的。许多复合材料中的添加剂及天然药物中有效成分皆可采用此法作富集与预分离。

溶剂提取法操作简便，提取效率高，但对易挥发物应用有困难；溶解沉降法，分离效率不高，微量组分可能有损失或基体材料除去不完全；柱色谱法对每个馏分需选用适当的结构与成分分析方法作监测，才能判断分离效果的好坏，通常用红外光谱法作监测分析。

固体中微量气体的分析可采用前面介绍的顶空进样，用GC、GC/MS、GC/IR进行分析。

2.5 分离技术的最新进展

2.5.1 膜分离技术

在一定推动力下，应用天然或人工合成高分子薄膜(半透膜)对不同分子大小物质进行分离的过程称为膜分离。由于生命科学的发展，膜分离技术备受关注，许多复杂生物化学过程是通过特殊的“单分子层平衡膜”(langmuir blogett film，LB膜)发生交换进行的，因此一门新的仿生学“LB膜研究”成为分离科学中的一个热点，目前仍处于研究与探索阶段，离实际应用尚有一段距离。在膜分离技术中比较成熟的是高分子膜和乳状液膜分离方法。

(1) 高分子分离膜

以高分子膜材料是否带电荷可分为两类，一类是带电荷的离子交换膜，在电场作用下使带电荷的离子发生电迁移通过膜，又称为电渗析法；另一种是不带电荷的高分子膜，在压力驱动下实现过滤，又称反渗析法。

(2) 液膜分离法

液膜分离法是近年来发展很快的一种膜分离方法。其分离原理主要是依据组分在两个互不相容的两相间选择性地渗透、萃取、吸附而进行分离。待分离组分从膜的外相透过液膜，在膜内被富集起来。它把液-液萃取中的萃取与反萃取两个步骤结合一起，由于液膜薄、传质速度快，所以其分离效率比溶剂萃取高。各种乳化膜液滴的直径为0.1~0.3mm，膜厚5~100μm，其形状示意如图2-41。由图可见，所谓液膜是悬浮在液体(外相)中的一些直径在约0.1mm大小的微小乳滴，这种乳滴主要由表面活性剂、膜溶剂、流动载体及膜的稳定剂组成。

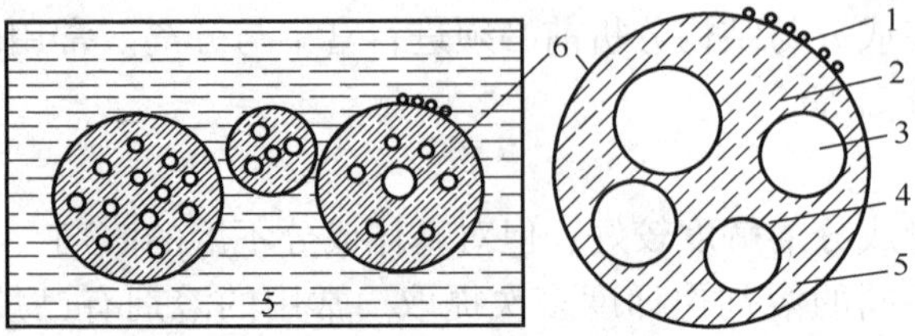

图2-41　液膜的结构与分离原理示意图
1—表面活性剂；2—膜相(油相)；3—内相(接受相)；4—膜相与内相界面；5—外相(连续相；如废水)；6—乳滴

表面活性剂是调节膜稳定性的主要成分。根据不同的膜体系，如油包水型(W/O，又称油膜)和水包油型(O/W，又称水膜)，可选用不同类型的表面活性剂。油膜常用的是斯盘80(失水山梨醇单油酸酯)，水膜常用的是皂角苷。

膜溶剂是膜的基体。选择膜溶剂的依据主要是考虑液膜对溶质溶解度和液膜的稳定性，对于无流动载体的液膜，溶剂应对需要分离的组分有比较高的选择溶解。在有流动载体的液膜体系中，溶剂应易于溶解载体，而不溶解溶质。此外，溶剂应不溶于膜的内相与外相。常用的油膜溶剂有S100N中性油和Isopar M多侧链烷烃。几种主要膜分离过程列于表2-11。

膜分离过程在室温下进行，不发生相变，但需要一定压力作推动力。它的应用面广，不仅可分离液体溶液(如海水淡化、废水处理)，还可用于气体分离(富氧膜)。此外，膜蒸馏、渗透蒸发、液膜技术等一类新型的膜分离技术也已得到广泛应用。有人预言，膜分离技术可代替蒸馏、萃取、蒸发、吸附、盐析等分离操作，特别适用于物化性质相似的同分异构体或生物活性的天然高分子化合物的分离。

表2-11　几种主要膜分离过程

膜分离过程名称	适用的相对分子质量范围	推动力/MPa
微孔过滤(Microfiltration，简称MF)	$>3\times10^6$	0.01~0.2
超滤(Ultrafiltration，简称UF)	$300\sim3.0\times10^5$	0.1~1.0
反渗透(Reverse Osmosis，简称RO)	<300	1~10

2.5.2　超临界流体萃取技术

超临界流体萃取技术(Supercritical Fluid Extraction，简称SCFE)是利用超临界状态(超临界压力p_c和超临界温度T_c)下的流体作为萃取剂，从液体或固体混合物中萃取出特定组分，以达到某种分离目的。由于超临界流体既具有与气体相似的低黏度、高渗透、高扩散能力，又具有与液体相近的密度和对物质良好的溶解能力，而且流体的这种溶解能力随体系的温度、压力变化十分敏感，从而可以通过改变体系的温度和压力来调节组分的溶解度。特别是在临界点附近，温度和压力的微小变化往往会导致溶质的溶解度发生几个数量级的变化，利用这一特性进行分离操作，效果极佳；而且整个萃取过程无相变，能耗较低。

超临界流体萃取技术兼具萃取和蒸馏两种功能和特点，又具有高萃取效率及选择专一性的特点，在一些发达国家中如雨后春笋地发展起来，并广泛应用于食品、医药、化妆品、香料、石油化工等领域。如，从红辣椒中提取辣椒素，从天然香料中提取品质优良的香精等。

超临界流体萃取技术还常用于环境分析样品剖析时的前处理。这是因为超临界流体通常对相对分子质量较大的有毒有机物具有很强的溶解能力，过程迅速，可避免有毒溶剂的使用。例如，用该法萃取多氯联苯污染的土壤，在10MPa、306.5K条件下，经过1～3.5min萃取，可使土壤中多氯联苯含量从247mg/mL降到2～3mg/mL，萃取物立即可进行结构测定。

常见的超临界流体有二氧化碳、氮、乙烯、丙烷、丙烯、水等。由于二氧化碳的临界温度（$T_c=31℃$）、临界压力（$P_c=7.38MPa$）较易得到，而且化学性质稳定、无毒、无臭、无色、无腐蚀性，容易从溶质中分离，因此是常用的超临界流体。

超临界流体萃取过程已与气相色谱、薄层色谱、高效液相色谱、超临界流体色谱和质谱联用。

2.5.3 超临界流体色谱技术

超临界流体色谱（Supercritical Fluid Chromatography，SFC），具有液相、气相色谱不具有的优点：可处理高沸点、不挥发试样；比LC有更高的柱效和分离效率；可通过改变超临界流体的密度（程序升压）调节组分分离（类似于气相色谱的程序升温，液相色谱中的梯度淋洗）。

SFC的流动相：超临界流体的CO_2、N_2O或NH_3；固定相：固体吸附剂（硅胶）或键合到载体（或毛细管壁）上的高聚物；可使用液相色谱的柱填料，分为填充柱SFC和毛细管柱SFC；采用GC或HPLC检测器。

分离机理：通过调节流动相的压力（调节流动相的密度），改变组分在两相间的分配系数、调整组分保留值而进行分离。压力效应：在SFC中，压力变化对容量因子产生显著影响，超流体的密度随压力增加而增加，密度增加提高溶剂效率，淋洗时间缩短。程序升压对六种胆甾酸酯分离影响见图2-42。

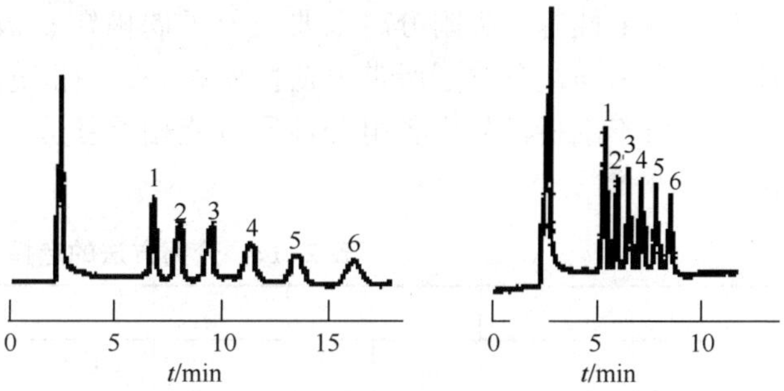

图2-42 程序升压对胆甾酸酯分离的影响

实验条件：柱DB-1；流动相：CO_2；

温度：90℃；检测器：FID

1—胆甾辛酸酯；2—胆甾癸酸酯；3—胆甾月桂酸酯；

4—胆甾十四碳烷酸酯；5—胆甾十六碳烷酸酯；

6—胆甾十八碳烷酸酯

2.6 分离方法与分离程序的选择

前面介绍了各种分离方法的基本原理、特点、应用及主要的实验技术，但是遇到实际样品时，如何选择最适合的分离方法、最佳的分离程序和得到纯度最好的样品，是剖析工作中要首先考虑的问题。选择分离方法需考虑的因素有分离对象的体系和性质、样品的规模与组分的含量范围、分离后的纯度、数量及结构分析要求等。

许多复杂体系样品的分离并没有严格不变的分离程序，根据实际样品情况不同，经常需调节不同的程序和选用不同的分离方法。分离研究有很大的经验性和灵活性。Miller对分离的方法和样品的相关性作了简要的概括与分类，提出10项选择准则。表2-12中摘录其中八项，前四项属样品本身的特性，后四项是对分析的要求。表中每一项又分为A、B两类，并注明每种方法的适用类型，两类方法差别不大的用 X 表示。

2.6.1 样品的体系、组成、性质与分离方法的关系

表 2-12 中前两项是分离对象的性质，即亲水与疏水、离子与非离子两类。通常疏水化合物为非离子型，而亲水的为离子型或强极性的化合物。两类化合物的分离方法一般不同，比较困难的分离课题是亲水的和极性大、离子型化合物，一般选用萃取、离子交换、电泳和渗析以及平面色谱法(薄层色谱和纸色谱)分离。第三项属性是与热性质相关的特性，如挥发性、热稳定性，首选的分离方法是蒸馏与 GC 法。

样品组成简单或复杂是选择分离方法另一个需要考虑的重要因素。剖析的样品大多数是组成复杂的体系，必须选用多种分离方法。色谱法是分离多组分样品的首选方法，而色谱法又有众多分支，可按样品性质及分析要求作出合理的选择。

总之，分离方法的选择通常与被分离样品和各组分的宏观物理、化学性质相关，如组分蒸气压、溶解度、相对分子质量、分子形状与体积、偶极矩与极化率、分子电荷、热稳定性、化学稳定性等。吸附分离主要与分子偶极矩、极化率、溶解度相关；离子交换、电泳、电渗析分离则与组分分子所带电荷性质相关；凝胶色谱法与分子体积、形状、相对分子质量相关等。由于剖析样品中各组分性质可能相差甚远，因此必须选用不同类分离方法实行综合分离。

表 2-12 分离方法的选择与分离方法

样品		分离方法									
A	B	LE	DT	GC	LC	PC	IE	GPC	ZE	DL	DP
亲水	疏水	X	X	B	X	X	A	X	A	A	X
离子	非离子	X	B	B	X	X	A	B	A	X	X
挥发	不挥发	B	A	A	B	B	B	B	B	B	B
简单	复杂(组成)	X	X	X	X	X	X	A	A	X	X
大量	微量(取样)	X	A	B	B	B	B	B	B	X	X
常量	痕量(含量)	A	A	X	X	X	X	A	X	A	A
定量	定性	B	B	X	X	X	X	B	B	B	B
分析	制备	B	B	A	X	X	A	A	A	A	B

注：LE—萃取；DT—蒸馏；GC—气相色谱；LC—液相色谱；PC—平面色谱；IE—离子交换；GPC—凝胶渗透；ZE—电泳；DL—渗析；DP—溶解沉降；X—不确定。

2.6.2 分离的目的、要求与分离方法的关系

分离的目的与要求见表 2-12 中后四项。首先要考虑的是定性还是定量。定性分离的目的并不要求分离的高效率和方法的准确性，而主要目的是为了得到纯度足够结构分析用的样品。定量分析则要考虑分离方法的精密度和准确性。样品的数量和某些组分的含量是决定选择分离方法的规模和技术的另一准则。微量样品要求采用微量实验技术，而大量样品中微量和痕量成分的分离则要求首先进行富集，如萃取、吸附等，再进行纯化分离。

有时并不要求得到纯组分，而只对某一类物质进行定性与定量分析，如表面活性剂品种鉴定，只要求给出某类化合物的平均相对分子质量。分离达到的纯度要求，以不干扰定量分析的精度为准。

2.6.3 样品分离的一般程序与方法

对于体系复杂、非均相的气-液-固混合样品，首先应采用简单的物理、化学分离方

法，如蒸馏、过滤、离心、吸收等将样品分离成气、液、固三种均相样品。气体成分可以通过吸收、吸附浓缩或直接采用 GC、GC/MS、GC/IR 进行结构与成分分析；经过蒸馏、过滤、离心或提取得到的液相样品，可用萃取或吸附浓集后按极性大小分组，再选用相应色谱方法作进一步分离、纯化，得到纯组分样品后，再选用 IR、MS、NMR 等方法作结构与成分分析；固体样品按相对分子质量大于或小于 2000 进行分组，小相对分子质量的组分，可按液体样品处理方法，用提取、吸附等方法按极性大小分组，再选用相应的色谱方法进行分离和波谱法作结构与成分分析；大相对分子质量的组分可用适当的溶剂-沉降分组，可溶性组分为线性、可塑性高聚物，可用 GPC(凝胶渗透色谱)作相对分子质量分级分组，再用 IR、NMR 作结构分析；不溶性组分除了无机添料外，多为网状、交联热固性高聚物，可用 IR 技术中 ATR(衰减全反射法)或采用降解，如热解、化学降解等，使之变成小分子单体和可溶性小分子，再用 GC、GC/MS、GC/IR 等作结构分析。

在安排分离程序和选用分离方法时，除了考虑样品的性质、规模、分离目的要求外，还要考虑实验室条件，如设备、试剂、费用，分析速度、精度，以及实验者的个人因素，如熟练程度、经验等，总之分离技术是一个复杂的多因素系统工程，不是简单的一个模式可以概括的。图 2-43 是以气-液-固混合多相样品分离的简单程序与方法的示意图，可作为一般分离工作的参考。

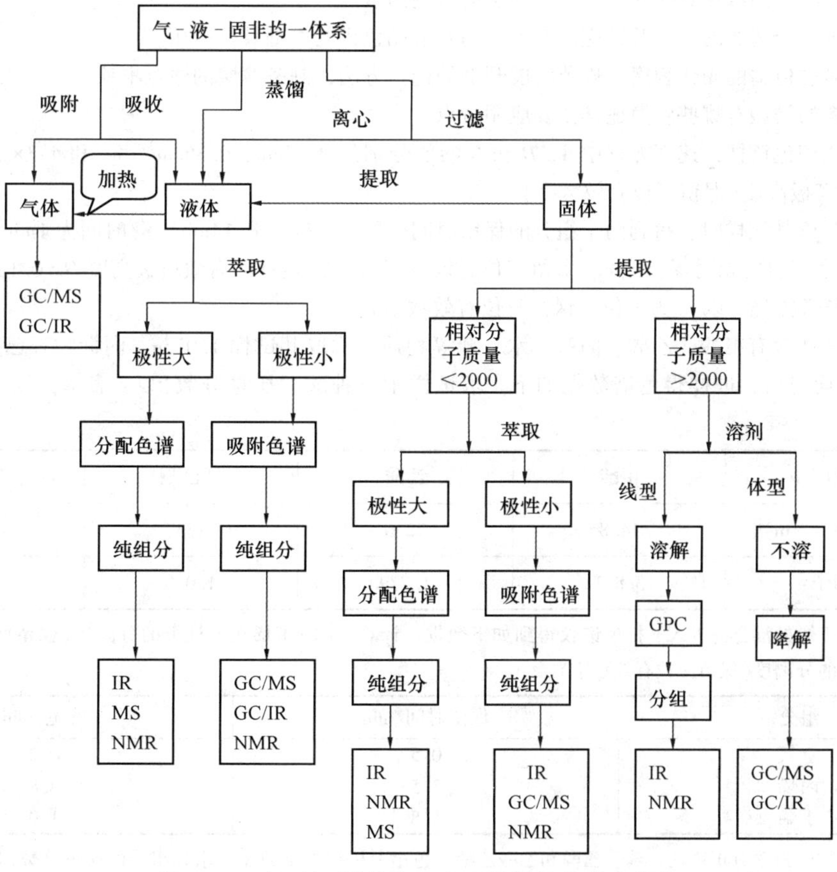

图 2-43　气-液-固非均一态有机样品的分离程序

思 考 题

1. 何谓分离、分离剂、分离技术？

2. 常用的分离剂有哪些？

3. 实现混合物顺利分离的内，外两个因素分别有哪些？二者关系如何？

4. 写出分离过程的分类及其相应的过程名称、分离原理和主要的分离剂。

5. 如何根据分离目的选择过滤介质？对过滤后的沉淀物如何选择洗涤液？

6. 叙述重结晶法的原理、应用特点、主要操作步骤及操作要点和注意事项。

7. 理想的重结晶溶剂必须具备哪些条件？

8. 采用混合溶剂进行重结晶时，如何进行溶解？

9. 升华分离法的应用特点有哪些？升华装置有哪两种？

10. 蒸馏操作中为何控制蒸馏速度？

11. 蒸馏低沸点、易燃、易吸潮液体时，如何安装接收装置？

12. 蒸馏过程中如何确定热浴温度和选择冷凝管类型？

13. 减压蒸馏中三个吸收塔的填充物和作用分别是什么？

14. 减压蒸馏前为什么要先进行常压蒸馏？调节系统压力时为什么不能彻底关闭螺旋夹？

15. 精密的分馏设备能将沸点相差多少的混合物分离开？

16. 分馏过程中如何得到好的分馏效果？

17. 采用水蒸气蒸馏进行提纯，被提纯的物质应具备哪些条件？

18. 萃取法的应用特点有哪些？简述浸提法的影响因素。

19. 简述色谱分离法的分类及其应用特点，高效液相色谱的类型及其应用。

20. 简述薄层色谱的操作程序、规范、展开剂的选择方法，制备薄层的注意事项。

21. 柱填料的类型有哪些？简述其主要应用特点。

22. 某一气相色谱柱，速率方程中 A、B 和 C 的值分别是 0.15cm、0.36$cm^2\cdot s^{-1}$ 和 4.3×10^{-2}s，计算最佳流速和最小塔板高度(保留三位有效数字)

23. 色谱分析某试样时，得到两个组分的保留时间分别为 17min 和 14min，死时间为 1min，

(1) 求两个组分的相对保留值 r_{21}(保留三位有效数字)；(2)若柱的有效塔板高度 $H=0.1$cm，需要多长的色谱柱才能分离完全(以 m 为单位，保留三位有效数字)？

24. 有一试样含有甲酸、乙酸、丙酸、水、苯等物质，称取此试样 1.055g，内标物环己酮 0.1907g 加到试样中混合均匀后，进样得色谱数据如下。求试样中三种酸的质量分数(以%表示，保留三位有效数字)。

出峰顺序	甲酸	乙酸	环己酮	丙酸
峰面积/(mV·min)	14.8	72.6	133	42.4
校正因子	3.831	1.779	1.000	1.066

25. 丙烯和丁烯的混合物进入气相色谱仪得到如下数据。计算：(1)丁烯在该柱上的分配比(保留两位有效数字)；(2)丙烯和丁烯的分离度(保留三位有效数字)。

组分	保留时间/min	峰宽/min
空气	0.5	0.2
丙烯	3.5	0.8
丁烯	4.8	1.0

26. 某混合物中只含有正庚烷、苯、乙醇和乙酸乙酯，色谱分析得如下数据，求各组分的质量分数(以%表示，保留三位有效数字)。

化合物名称	色谱峰面积/cm^2	相对校正因子
乙醇	5.0	0.64
正庚烷	9.0	0.70
苯	4.0	0.78
乙酸乙酯	7.0	0.79

27. 化合物 A 与二十四烷及二十六烷相混合注入色谱柱进行试验，得到调整保留时间为：

A，10.20min；n-$C_{24}H_{50}$，9.81min；n-$C_{26}H_{54}$，11.56min。计算化合物 A 的保留指数(中间过程保留至小数点后第四位，最后结果保留整数)。

28. 画出气相色谱流程图，指出其组成及各部分的作用，简述毛细管气相色谱仪的显著特点。

29. 画出高效液相色谱流程图，指出梯度淋洗的方式及作用，色谱类型及其应用特点。

30. 简述正相色谱与反相色谱的区别及组分的流出顺序。

第3章　样品物性测试与纯度检验

样品物性测试包括常见物理常数的测试和溶解性能的测试。物理常数指的是用数字表示的物质的物理性质，是有机化合物的特征常数，因而常作为鉴定有机物和确定其纯度的依据。

用于检验样品组成及纯度的常用物理常数有：熔点与凝固点、密度、沸点与沸程、折射率、闪点与燃点等。此外，样品的溶解性能也与样品组成及分子结构有关。因此，本章从样品纯度及组成的角度阐述这些物理常数及样品溶解性能。

3.1　常见物性测试项目及其与样品组成和纯度的关系

3.1.1　熔点及其与纯度的关系

1. 熔点与熔点范围

物质的熔点是其纯度的重要标志之一，熔点数据常作为鉴定物质或判断其纯度的依据。物质的熔点(melting poit)是物质的固体态与其熔融态处于平衡状态时的温度，常记作 t_{mp}，指标准大气压(1.01×10^5Pa)压力下，固态物质受热熔化为液态时的温度，见图3-1。

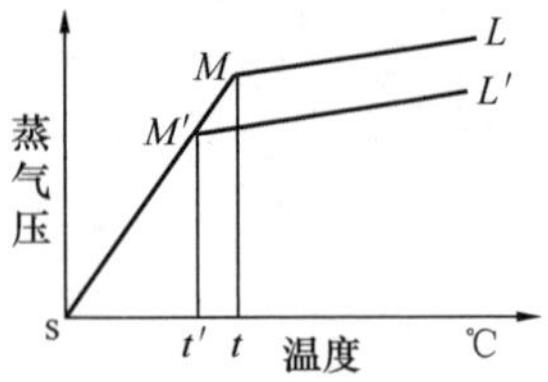

图3-1　有机物的蒸气压力与温度的关系

熔点范围(melting range)是指从物质开始液化至全部变为液体时的温度范围，也叫熔程或熔距。

2. 熔点与纯度的关系

如图3-1所示，*SM* 是固态时温度与蒸气压力的关系，*M* 点固态与液态并存，即为熔点。有杂质时，根据拉乌尔定律(Raoult's law)，一定温度和压力下，杂质所形成的溶液将使蒸气压力降低(曲线 *M'L'*)，而固态的温度与蒸气压力的关系不变，因此熔点由 t 下降至 t'。或者说，含杂质的固态体系蒸气压力必然低于纯净物固态体系的蒸气压，所以固态与液态到达平衡时的温度随之降低，即达到比纯物质熔点低的温度时，液态就开始出现。液态出现后，固态体系中杂质的浓度相对增大，要使液态蒸气压与固态蒸气压再次达到平衡，温度必须进一步升高。

所以物质含有杂质时，熔点降低且熔距增大。所以测定熔点是检验固态物质纯度的重要标志，纯物质的熔点范围不超过0.5~1℃。

大多数有机物熔点为350℃以下。但有些物质在测熔点过程中会分解；低共熔混合物和同成分物，是熔点范围很窄的混合物。所以熔点范围很窄的物质不一定都是单一组分的纯物质，这是熔点测定中要注意的。

3. 熔点与分子结构的关系

固体的有机物有其独特的晶体结构，分子借引力形成晶格，固体的熔化实际上是分子受热后动能增加，晶体被破坏的结果，但难易不同。分子晶格间引力的大小主要受下述三种因素的影响：分子间引力的本性，分子的结构与形状以及晶格的类型。

因此分子间引力大小与熔点的高低有密切的关系，引力大的从固态转变为液态需要吸收较多的能量才能克服晶格之间的引力，因而熔点高。反之，引力小的熔点就低。分子间的引力有多种，与熔点有关的有：静电吸引力，偶极作用力，氢键的形成和范德华力(色散力，即伦敦力，是一种非极性分子间的引力，它是由同种分子间产生的极化所引起。一般可以认为：原子和分子内核和电子不是静止而是运动的，能周期性地瞬变两者的相对位置，从而造成非极性分子也有周期性的瞬间偶极矩，随这种偶极矩会产生一种同频率的电场，于是诱导邻近分子极化。邻近分子的极化反过来会促进瞬变偶极矩的变化幅度增大，增大了的分子偶极矩，会再较强地诱导邻近分子，这样相互反复作用，诱导了分子极化，于是便产生非极性分子间的引力，即色散力。色散力随分子中原子数目的增多或分子表面积的加大而加大，随分子间距离的增长而减小)等。其中静电吸引力最大，偶极作用力及氢键吸引力次之，而非极性分子间的色散力最小。因此，有下列规律。

① 以离子晶格为单位的无机盐类、有机盐类(如胺盐、羧酸盐)或能形成内盐的氨基酸等都有特别高的熔点。

② 在分子中引入极性基团或能形成偶极作用力的熔点高。所以极性分子都比相近相对分子质量的非极性分子有较高的熔点，相近相对分子质量的极性及非极性化合物的熔点实例见表 3-1。

表 3-1 相近相对分子质量的极性及非极性化合物的熔点实例

极性化合物	相对分子质量	熔点/℃	非极性化合物	相对分子质量	熔点/℃
$(CH_3)_2C{=}O$	58	-95	正-C_4H_{10}	58	-135
$CH_3C{\equiv}N$	41	-41	C_3H_8	44	-187
$C_6H_5NO_2$	123	6	正-$C_3H_7C_6H_5$	120	-99
$(CH_3)_3NO$	75	96	$(C_2H_5)_3N$	101	-115

能形成偶极作用力的熔点高。如二甲砜$(CH_3)_2SO_2$，因硫氧间的共价键能形成偶极作用力，熔点为 109℃，比不存在这种共价键的$(CH_3)_2S$(二甲硫醚，其熔点为-83℃)高。

熔点与分子偶极矩有关。如在苯的二元取代异构体中，如果一个取代基是邻对位定位基，一个是间位定位基，那么各异构体的偶极矩大小次序是对位>间位>邻位，它们的熔点大小也往往是该次序。

如果两个取代基是同一类取代基，或者是完全相同的取代基，则邻位异构体的偶极矩最大，而对位异构体的偶极矩最小。但是，由于像对位异构体这样的对称偶极分子仍能借分子间的极性键来部分地产生偶极-偶极相互作用，从而使得它的分子有规律地排列起来。例如，邻二氯苯和对二氯苯的偶极矩分别是 2.3D(德拜)和 0D，但对位可通过极性键排成如图 3-2 所示形式。

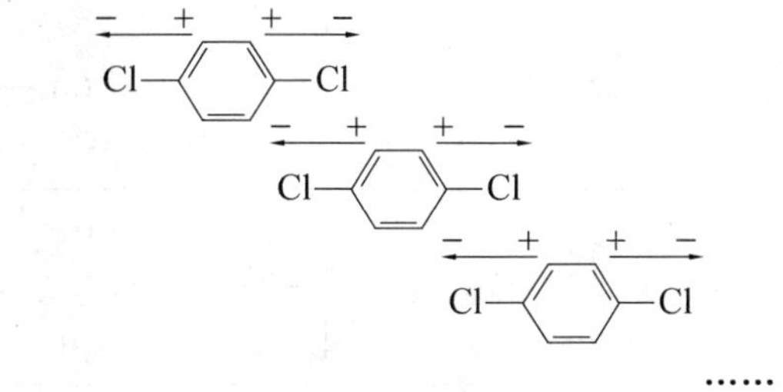

图 3-2 对二氯苯的极性键排列形式

这种排列，在液相时，意味着强的分子间引力的存在，它和邻异构物一样，都不易汽化，沸点相近并且很高。但在结晶的固体中，这种排列使分子排列更整齐，造成更大的晶格力，所以对位有更高的熔点。在这样的二元取代苯的异构体中，其熔点规律是对位>邻位>间位。

③ 化合物分子中引入能形成氢键的官能团后，其熔点升高；形成氢键的机会越多，熔点越高。所以分子中引入羰基、羟基、羧基或氨基等极性官能团后，产物的熔点总是比原来母体化合物的熔点高，如酸、醇、胺等含极性官能团的化合物，比其母体烃的熔点高（偶极间相互作用力强），实例见表 3-2。

表 3-2　极性官能团的化合物与其母体烃的熔点

化合物	正十六烷	正十六醇	正十六酸
分子式	$C_{16}H_{34}$	$C_{16}H_{33}OH$	$CH_3(CH_2)_{14}COOH$
熔点/℃	18.1	49	62.9

如果将羟基或氨基中的氢原子用烃基取代，则产物的熔点又会比没有被取代时的熔点要低，由表 3-3 可见，由化合物（Ⅰ）至化合物（Ⅳ）形成氢键机会减少，熔点降低。

表 3-3　活性氢原子被取代后的熔点变化

化合物	Ⅰ	Ⅱ	Ⅲ	Ⅳ
分子式	$CONH_2$ | $CONH_2$	$CONHCH_3$ | $CONHCH_3$	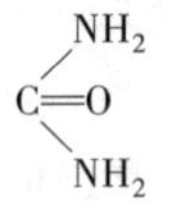	$CON(CH_3)_2$ | $CON(CH_3)_2$
熔点/℃	420	217	132	80

④ 分子对称性强，有利于排列成正规晶格，则熔点高；同分异构体中，对称性强的熔点高；顺反异构体中，反式大于顺式。见表 3-4。

表 3-4　分子对称性与熔点关系

化合物名称	分子式或结构式	熔点/℃
正戊烷	$CH_3(CH_2)_3CH_3$	-129.8
新戊烷	CH_3 | CH_3—C—CH_3 | CH_3	-16.8
正丁醇	$CH_3(CH_2)_2CH_2OH$	-89.2
叔丁醇	CH_3 | CH_3—C—OH | CH_3	25.5
顺式丁二烯	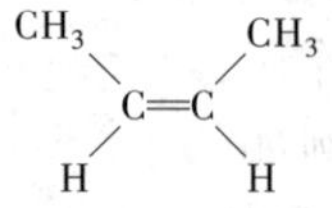	-138.9
反式丁二烯	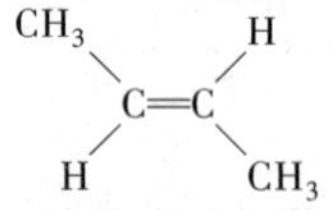	-106.5

⑤ 同系物中，熔点随相对分子质量的增大而升高（线型高分子化合物除外）。

但在同系物中值得注意的有三种情况。

a. 对于极性官能团的同系列化合物，对于前面几个成员中引入 CH_2 基团，则熔点往往会降低，这是因为 CH_2 基团所引起的羧基、羟基等极性基团之间的干扰效果，比增强分子间拉力的效果还大之故。有时，在某些极性官能团间具有强作用力的化合物中(例如，二元酸中)，这种相对分子质量增加熔点反而降低的现象甚至成为整个系列的一种普遍趋向，如图 3-3 所示，随碳数增加，分子极性基比例下降，分子间作用力减小，熔点降低。

由图 3-3 可知，含 $2n$ 个偶数碳原子的二元羧酸比 $2n+1$ 个奇数碳原子的熔点高(对于直链烷烃：一般偶数碳链具有较高的对称性，因此，含偶数碳原子的烷烃的熔点通常比含奇数碳原子烷烃的熔点升高较多，构成两条熔点曲线，偶数居上，奇数在下)。偶数碳二元酸比奇数碳二元酸对称性好，熔点高。

b. 随着链的增长，各种官能团对于分子本性的影响效果逐渐相对地降低，所以各种同系物高级成员的熔点均趋近于同一极限。

c. 在同一系列，如脂肪醇、酮、脂肪酰胺中，熔点随着同系列成员上升而连续性地上升；但在另一类同系物，如脂肪羧酸、正构烷烃、二元酰胺、二元醇、烃基代丙二酸及其酯等化合物中，熔点则发生交替上升的现象，如图 3-4 所示。

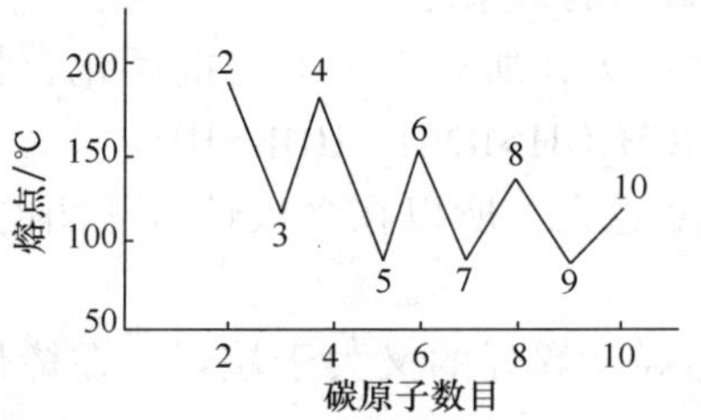

图 3-3　二元酸同系物的熔点

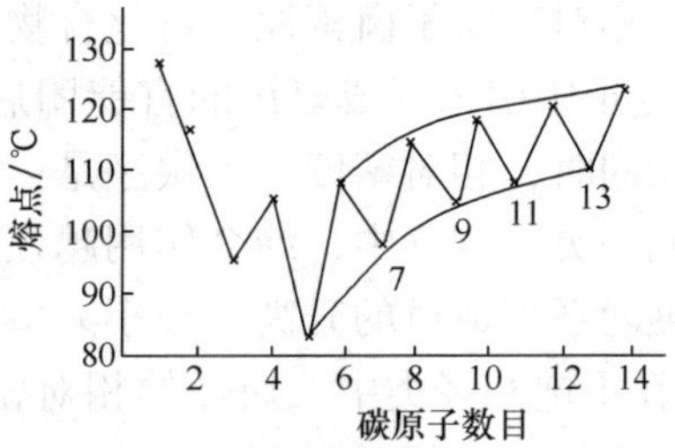

图 3-4　丙二酸酯 $C_nH_{2n+1}CH(COOR)_2$ 同系物的熔点

产生这种现象的原因被解释为是由于碳链呈 Z 字折线形(这一点已由 X 射线结构分析所证实)，使得较对称的成员有正性增量，而较不对称的成员有负性增量。这种解释符合以下事实：在烷烃两末端取代的二元卤化物、二元醇及二元胺、二元酸及其衍生物等同系列中，当由偶数碳原子的成员上升到邻近次一个奇数碳原子的成员时，熔点数值的降低或升高都较小(这种现象称为“偶数递变”)；而在烃基一元卤代物、硫醇等同系列中，则由奇数碳原子的成员上升到邻近次一个偶数碳原子的成员时发生这种现象(“奇数递变”)。

3.1.2　凝固点及其与纯度的关系

在标准大气压力下，熔化的样品如油脂或脂肪酸，缓缓冷却逐渐凝固时，由于凝固放出的潜热而使温度略有回升，回升的最高温度，即是该物质的凝固点。熔化和凝固是可逆的平衡现象。纯物质的熔点和凝固点应相同，但通常熔点要比凝固点略低 1~2℃。

每种纯物质都有其固定的凝固点，如含有杂质则凝固点降低，因此通过测定凝固点可判断物质的纯度。凝固点是油脂和脂肪酸的重要质量指标之一，在制皂工业中，对油脂的配方有重要指导作用，天然油脂无明显的凝固点。

3.1.3　密度与分子结构的关系

密度是物质的一个重要物理常数，尤其是对有机化合物而言，根据其密度值，可以区分化学组成类似的化合物、鉴定液态化合物的纯度，定量分析单一溶质溶液的浓度等。

测定密度可用于鉴定那些不能形成良好固体衍生物的化合物，大致估计试样分子结构的复杂性，如表 3-5 所示。

凡相对密度小于1的化合物，通常不会含有一个以上的官能团(烷烃的相对密度都小于1.0，如三十烷的相对密度0.810)；而多官能团的化合物，相对密度总是大于1.0。

表3-5 常见化合物的相对密度

化合物名称	相对密度	化合物名称	相对密度
正戊烷	0.6240	二氯甲烷	1.3168
正辛烷	0.6985	溴乙烷	1.4505
环己烷	0.7739	四氯化碳	1.5844

相对密度与分子结构关系的一般规律如下。

① 物质的相对分子质量越大，相对密度也越大，所以当碳原子数目相同时，下列化合物相对密度次序是：RI>RBr>RCl>RF>RH。

在烃类同系物中，相对密度随着系列成员的升高而增大。但是每个CH_2所引起的增量则逐渐减小。在一元卤代物中，相对密度随着系列成员的升高而减小，这是由于引入了CH_2基团后，相对冲淡了卤素原子对化合物相对密度影响的效果之故。

② 分子中引入形成氢键的官能团后相对密度增大，所以在一元官能团化合物中，碳原子数目相同时，相对密度大小次序是：$RCOOH>RCH_2OH>RNH_2>ROR>RH$。

在同一类化合物中，缔合作用越强，相对密度越大，所以在含极性官能团的同系列中，相对密度随系列成员的升高而减小。

③ 在不饱和烃类中，炔烃的相对密度大于烯烃，烯烃的又大于烷烃。在烯烃中，双键越向链中央集中，相对密度越大。

3.1.4 沸点与样品纯度及分子结构的关系

1. 沸点与样品纯度

沸点定义为：在标准状态下液体的沸腾温度，常记作t_{bp}，是液体有机物的一个重要物理常数，是检验液体有机物纯度的一项重要指标。

液体的分子由于运动有从液体表面逸出的倾向，这种倾向随着温度升高而增大。在密闭的真空系统中，当液体分子逸出的速度与分子由蒸气中回到液体中的速度相等时，液面上的蒸气保持一定的压力，称为饱和蒸气压。液体的饱和蒸气压随温度的升高而增大。当液体的蒸气压增大到与外界施于液面上的总压力(常压为1.01×10^5Pa)相等时，就有大量气泡从液体内部逸出，称为沸腾，此时的温度就是该液体的沸点。

纯物质有固定的沸点，沸点范围在1~3℃。若含有杂质则沸点上升，沸点范围会超过3~5℃；不纯的液态有机化合物没有恒定的沸点。因此，通过沸点的测定，可以定性地鉴定液态有机化合物的纯度，沸点是衡量物质纯度的标准之一。

2. 沸点与分子结构的关系

沸点是液体分子受热、动能增加、足以克服液态时分子之间的引力，从而逸出液体表面产生相当于外界压力的蒸气压时的温度。所以，沸点的高低在一定程度上反映了物质在液态时分子间引力的大小。关于沸点与决定分子间引力的诸因素，如偶极矩、极化度以及氢键等之间的关系，休克尔(Hückel)曾在《Theoretical Principles of Organic Chemistry》一书中作了详细论述，下面是一些实验性规律。

① 直链烷烃的沸点一般随相对分子质量的增加而升高，且在同系列中，随CH_2基团的增多，低级烷烃的沸点差值较大(甲烷与乙烷的沸点相差72.9℃)，高级烷烃的沸点差值较

小(十一烷与十二烷的沸点相差 20.4℃)。

这是因为烷烃是非极性分子，van der Waals 力主要产生于色散力，色散力的大小与分子中原子的数目和大小有关，烷烃分子中碳原子数目增多，则色散力增大，因此分子间的 van der Waals 力的增大，沸点随之升高。一般在常温下，四个碳以下的直链烷烃是气体，由戊烷开始是液体，大于十七个碳的烷烃是固体。

② 在异构的直链化合物中，链分支愈多，沸点愈低(这是因为支链增多时，分子之间彼此靠近的空间阻碍增大，使得分子之间相距较远，而色散力只有在很近的距离范围内才能有效地作用，随着距离的增加而很快地减弱，从而分子间 van der Waals 力的减小，沸点必然相应降低。

③ 在异构的醇类、卤化物、硝基化合物等中，伯异构体沸点最高，仲异构体次之，而叔异构体沸点最低(由于极性基团受屏蔽效应的影响)。

④ 在异构的双环化合物中，凡其中环用桥键相联的化合物(桥使得分子具有柔曲性)均比稠环化合物具有较低的沸点。

⑤ 在顺反异构体中，顺式化合物具有较大的偶极矩、较高的沸点。

⑥ 在羰基化合物中，取代基愈大，愈密集，距离羰基愈近，则沸点愈低。

⑦ 在含有不止一个双键的异构体中，凡是有共轭双键的化合物有较高的沸点(因为共轭体系比孤立体系有较高的极化度)。

3.1.5 折射率与样品纯度及组成的关系

1. 折射率与样品纯度

折射率(refractive index)定义为：真空中电磁波传播的速度与非吸收介质中特定频率的电磁波传播速度之比，量的符号为 n。

折射率的大小与有机化合物的结构有关。在一定波长的光源和一定温度下测得的折射率，对确定的化合物是一个常数。折射率是有机化合物的重要物理常数之一，是化合物所固有的特性，因此，折射率的数值可作为液体纯度的标志。作为液体化合物纯度的标志，它比沸点更可靠。通过测定溶液的折射率，还可定量分析溶液的浓度。折射率的测定在中间产品的质量控制和成品分析中有重要作用。

2. 折射率与样品组成

由于光波在物质中的行进速度，因物质分子中电场和磁场对光波的相互作用而减小，所以折射率决定于分子的极化率(可极化性大小)，而后者与分子的结构有关，即与分子中原子的极化率及原子的排列有关。折射率具有加和性，摩尔折射度等于原子折射度的总和。折射又与容积有关，分子的容积可近似于各原子的容积之和，但容积又受到结构的影响。所以分子折射度又具有结构性，它也等于各种键结构的折射度之和。罗兰斯-罗兰慈(Lorenz-Lorentz)公式指出了摩尔折射度与相对分子质量及其密度的关系，见式(3-1)。

$$MR = \frac{M}{d} \cdot \frac{n^2 - 1}{n^2 + 2} \tag{3-1}$$

式中：MR——摩尔折射度；

n——折射率；

M——相对分子质量；

d——同温度时物质的密度。

一般规律如下：

① 分子极性越强，折射率 n 越大。

② 不饱和化合物>饱和化合物；共轭>非共轭。

③ 核对电子引力越小越易极化，折射率 n 越大。

几种有机化合物的折射率见表 3-6，不同物质的折射率见表 3-7。

表 3-6　几种有机化合物的折射率

化合物	甲苯	苯	氯苯	碘甲烷	二硫化碳
折射率 n	1.4960	1.5010	1.5250	1.5310	1.6260

表 3-7　不同物质的折射率

物质名称	折射率 n	物质名称	折射率 n
空气	1.00027	晶体石英	1.5440
玻璃	1.5~1.9	甘油	1.4729
金刚石	2.4173	乙醇	1.3585(24℃)
熔凝石英	1.4584	水	1.3326(24℃)

3.1.6　闪点或燃点与样品组成的关系

闪点(flash point)是指在规定的条件下，石油产品、有机溶剂及其制品被加热到它们的蒸气与空气的混合气发生闪火的最低温度，用符号 t_{flp} 表示。

当上述混合气能被火焰点火器点燃、并至少能持续燃烧 5s 时的最低温度，则称为燃点(fire point)，用符号 t_{fip} 表示。

从闪点可判断样品馏分组成的轻重，一般规律是：馏分组成越轻，样品蒸气压越高，则样品的闪点越低。

从闪点可鉴定样品发生火灾的危险性。因为闪点是有火灾危险的最低温度，闪点越低，样品越易燃，火灾危险性越大。所以易燃液体根据闪点进行分类，闪点在 45℃ 以上的液体叫可燃液体，闪点在 45℃ 以下的液体叫易燃液体。易燃液体又分为一级易燃液体和二级易燃液体：一级易燃液体的闪点小于 28℃；二级易燃液体的闪点在 29~45℃。

闪点或燃点是石油产品、有机溶剂及其制品(如油漆)的重要特性指标，不仅关系到产品的质量，也影响到产品的储存、运输的安全性能。

3.1.7　溶解性与样品分子结构的关系

1. 在水中的溶解行为与分子结构的关系

(1) 水溶剂的特性

水作溶剂有下列特性：

①由偶极矩看来，水的极性大，因此一般极性化合物易溶于水。

②水的介电常数大(81)，具有离子键的化合物在水中电离后，正负离子被水隔开，彼此之间的引力被减弱，因此促进了这种电离，并且一般离子在水中往往形成水合离子，从而更增加了它们在水中的溶解度，一般来说，离子型的有机化合物易溶于水。

③水能形成氢键，它既含有氢键的给与者，即活泼氢原子，又含有氢键的接受者，即氧原子，所以一般凡是能形成氢键的化合物都易溶于水。

(2) 样品极性与水中溶解性的规律

含有极性官能团的有机化合物，随着分子中烃基部分的增大，它的极性相应地减小，从而在水中的溶解度也减小。所以在一般极性化合物的同系列中，往往碳数低的成员在水中有较大的溶解度，而高级成员在水中的溶解度越来越小。大致的实验性规则：如果以在室温下能溶解 3% 作为溶与不溶的分界标准，那么在含一元极性官能团的化合物中，直链型烃基的碳原子数不超过 4，支链型烃基的碳原子数不超过 5 的化合物一般能溶于水；在含多元极性官能团的化合物中，如果每一个官能团平均搭配 3 至 4 个碳原子的烃基者均能溶于水。一个苯基大致相当于一个丁基的效应。

能形成氢键的有机化合物一般是含有羟基(—OH)或氨基(—NH—)的化合物。氢不能在氧与碳之间(除非在很特殊的情况下)、氧与硫之间、或氧与卤素之间(氟化氢除外)形成氢键，所以碳氢化合物及其卤素衍生物，以及硫醇类都难溶于水。

(3) 氢键效应对水溶度的影响

氢键效应对于化合物溶解度的影响，往往比分子的极性对溶解度的影响更为显著。例如，硝基苯的极性虽然比苯酚或苯胺的大，但是硝基苯在水中的溶解度(以下简称水溶度)却比苯酚或苯胺的小。因为苯酚或苯胺分子能与水形成氢键的缘故。化合物分子中其余部分的结构如果能加强它的极性官能团与水分子形成氢键的能力，那么该化合物在水中的溶解度将增加，反之则减小。例如，叔醇在水中的溶解度大于仲醇，后者又大于伯醇。这可能是由于 α 碳原子上所受到烃基排斥电子的诱导效应的程度不同，使得羟基与水分子形成氢键的能力有所差别所致。一般来说，含有支链的化合物的水溶度总是比碳原子数目相同的正构物的水溶度大，由表 3-8 中所列戊醇的各种异构体的水溶度差别就可以看出这一事实。

表 3-8　各种戊醇在水中的溶解度

醇		分子式	沸点/ ℃	20℃时在水中的溶解度/(g/100g)
伯醇	1-戊醇	$CH_3CH_2CH_2CH_2CH_2OH$	138	2.36
	3-甲基 1-丁醇	$CH_3—CHCH_2CH_2OH$ | CH_3	131	2.85
	2-甲基 1-丁醇	$CH_3CH_2CHCH_2OH$ | CH_3	129	3.12
	2,2-二甲基 1-丙醇	CH_3 | $CH_3—C—CH_2OH$ | CH_3	114	3.74
仲醇	2-戊醇	$CH_3CH_2CH_2CHCH_3$ | OH	119	4.86
	3-戊醇	$CH_3CH_2CHCH_2CH_3$ | OH	115	5.61
	3-甲基 2-丁醇	$CH_3CH—CHCH_3$ |　| CH_3　OH	111	6.07
叔醇	2-甲基 2-丁醇	CH_3 | $CH_CH_2C—CH_3$ | OH	102	12.15

溶解过程中，溶质分子向溶剂中扩散的现象与液体的蒸发现象相似。以表 3-8 所列各醇为例，用其沸点与对应水溶度作对比，可以看出具有较低沸点的醇，其水溶度较大。

有些化合物分子能在本身分子内形成氢键螯合，从而削弱了极性基团与水分子形成氢键缔合的能力，以致减低了它在水中的溶解度。所以在苯酚的羟基的邻位引入硝基或羰基时，虽然增加了极性官能团，但是邻硝基苯酚或水杨醛在水中的溶解度却比苯酚的小，就是因为邻硝基苯酚或水杨醛的分子中的硝基或羰基上的氧原子与羟基上的氢原子形成氢键，成为螯形结构，从而减弱了与水形成氢键的能力的缘故。

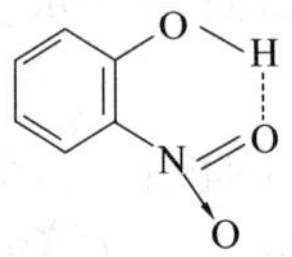

邻硝基苯酚的螯形结构

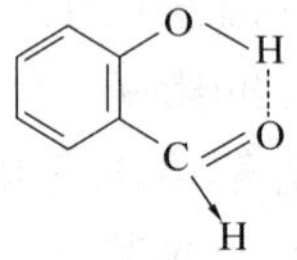

水杨醛的螯形结构

必须指出，螯合环必须有一个平面构型。就上面两例而言，如果硝基、羟基或醛基的邻位引入 CH_3—、Br 等取代基时，这些取代基会把可能发生螯合的基团挤出苯环平面，其结果使得分子内的螯合减弱而有利于分子间的缔合，于是化合物在水中的溶解度比没有这些取代基存在时要大。这些取代基居于螯合基的间位或对位时却不发生这种空间障碍效应。

(4) 样品沸点(熔点)与水溶度的关系

根据分子中烃基部分碳原子数目来预测化合物在水中的溶解度时，对液体样品而言，具有较低沸点的，其水溶度较大；上述实验性规则运用于液体样品比运用于固体样品更为可靠一些。因为固体样品在形成液体以前，必须克服更大的分子内聚力。如果两个固体化合物有着相近的熔解热，那么其中有着较低熔点的那个样品，在任一给定溶剂中都将有较大的溶解度。同理，熔点相近的固体样品中，熔解热较小的样品，在给定溶剂中将有较大的溶解度。表 3-9 示出了一些二元酸的熔点与水溶度的关系。

表 3-9　二元酸的熔点及其在水中的溶解度

碳原子数目	二元酸的名称	熔点/ ℃	20℃时在水中的溶解度/(g/100g)
2	草酸	189	9. 5
3	丙二酸	135	73. 5
4	琥珀酸	188	6. 8
5	戊二酸	97	64
6	己二酸	153	2
7	庚二酸	105	5
8	辛二酸	144	0. 16
9	壬二酸	107	0. 24
10	癸二酸	133	0. 10
4	反丁烯二酸	300	0. 7
4	顺丁烯二酸	130	75

由表 3-9 所列数据可以看出，有着偶数碳原子的二元羧酸具有较高的熔点及较低的水溶度。在顺反异构体中，顺式异构体通常有着较低的熔点及较大的水溶度。

有些本身不溶于水的化合物遇水后发生化学反应生成水溶性的产物。例如，低相对分子质量的酰卤本身都不溶于水，但是它们极易水解，遇水后生成水溶性的酸，仍将它们列为水溶性一组，所以它们仍属于水溶组。

2. 在乙醚中的溶解行为与分子结构的关系

（1）乙醚溶剂与水溶剂的特性差异

乙醚作为溶剂，有两个重要方面与水不同：乙醚的介电常数是4.3，而水的是81；乙醚不发生缔合，即其分子彼此不会以氢键相联系，同时它也不会与一般有机化合物形成氢键。

（2）样品极性与乙醚中溶解性

极性强的化合物不溶于乙醚中，而易溶于乙醚的化合物通常是非极性的或中等极性的化合物。一般来说，一个有机分子中只含有一个极性官能团的化合物往往能溶于乙醚，但当这个官能团极性很强时则例外，如磺酸类。

（3）水溶性化合物的乙醚溶解规律

大多数有机化合物能溶于乙醚，如果与水联合使用，可以将水溶性的化合物分为强极性的和中等极性的两类。

① 强极性的。溶于水不溶于乙醚的化合物，可能是离子型的(盐类)，或者含有两个或两个以上的极性官能团，每一官能团平均搭配的碳原子数目不超过四个。

② 中等极性的。既溶于水又溶于乙醚的化合物，具有以下特点：是非离子型的；含有五个或五个以下的碳原子；有一个官能团，具有极性且能形成氢键；每个分子不含有多于一个的强极性官能团。但这些一般性的规律也有例外。

商品乙醚中往往含有醇及水分，这些杂质严重地影响乙醚的溶解能力，例如柠檬酸按上述规律本不应该溶于乙醚，但是在商品乙醚中却能溶解；而苯中一般不含有这些杂质，所以不致混淆试验的结果。

在半微量分析中，用苯代替乙醚作溶剂有如下优点：苯的沸点(80℃)比乙醚的沸点(35℃)高得多，苯的相对挥发度(33.3)比乙醚的相对挥发度(100)低得多。所以用苯作溶剂，当加热试样以促进溶解时，不致如乙醚那样容易逸失以致造成操作上的麻烦。

3. 在碱性溶剂中的溶解行为与分子结构的关系

在溶解度试验中使用5%氢氧化钠溶液与5%碳酸氢钠溶液是为了区分酸性较强和酸性较弱的有机物。前者在这两种溶液中都能溶解，后者只能溶解在5%氢氧化钠溶液中。

（1）强酸性化合物

有机磺酸(RSO_3H)、亚磺酸(RSO_2H)、砷酸($RAsO_3H$)、亚砷酸($RAsO_2H$)以及羧酸在室温下的电离常数一般都大于10^{-6}，酸性比碳酸强(碳酸的$K_1=4\times10^{-7}$)，所以它们都能溶解于5%碳酸氢钠溶液中，属于强酸性化合物。

必须指出，某些吸电子基团取代的酚类酸性增强，多元卤代或多元硝基代苯酚的电离常数已大于碳酸的电离常数，它们能溶解于5%碳酸氢钠溶液中，所以属于强酸性化合物。另一方面，能形成分子内螯形结构的酚类，如前面提到的邻硝基苯酚及水杨醛，在稀氢氧化钠溶液中，比它们的间位或对位异构体溶解得慢，溶解度也小得多。

（2）弱酸性化合物

能溶解于5%氢氧化钠溶液而不能溶解于5%碳酸氢钠溶液中的典型有机化合物有：酚类，烯醇(含 —C(OH)═C— 结构)，肟($\mathrm{R(H)C{=}N{-}OH}$)，羟肟酸(RCONHOH)，伯及仲脂肪族硝基化合物，硫醇及硫酚，磺酰伯胺(RSO_2NHR)及亚酰胺[$(RCO)_2NH$]等。

β-二酮或β-羰基羧酸酯类虽然有着与酚类相近的电离常数，但是由于它们必须先经过烯醇化以后才能显出酸性，而烯醇化作用可能进行很慢，以致看不出它们能溶解于氢氧化钠溶液(能溶解于水的除外)。

脂肪族伯硝基及仲硝基化合物因能形成酸式的互变异构物而可溶解于稀氢氧化钠中：

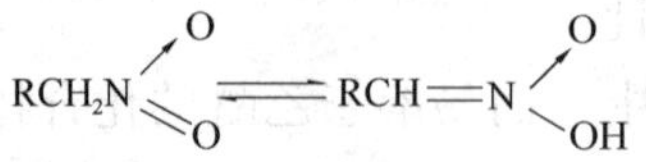

酸式

除了上述一些酸性化合物能溶解于稀氢氧化钠中外，一些不溶于水而能与氢氧化钠发生反应的酸酐及酰卤也被归入弱酸性化合物组中。

4. 在5%盐酸中的溶解行为与分子结构的关系

根据现代酸碱理论的观点，凡是分子中具有非共用的电子对而能与质子相结合者都是碱。所以凡含有 $-\ddot{N}-$ 、 $-\ddot{S}-$ 、 $-\ddot{O}-$ 结构的有机化合物，都应该或多或少地具有碱性。含硫、含氧的化合物碱性太弱，只有在较强的酸中形成𬭩盐，在稀酸中不能形成稳定的盐，所以也不会溶解于稀盐酸中，因此属于碱组的化合物通常只包括含 $-\ddot{N}-$ 的碱性化合物，即胺类及其某些衍生物。

胺类可以看做氨的有机基团取代物。胺的碱性强弱取决于氮原子上一对未共用电子对与氢离子结合的难易。这种难易的程度往往受着胺分子中有机基团结构的影响。当氨中的一个或几个氢原子被电负性大于氢的有机基团所取代时，整个分子的电子云分布即发生改变，使得氮原子上的电子云密度减小，因而它上面的一对未共用的电子对与氢离子结合的能力将会削弱，即这种胺的碱性比氨弱。如果所取代的有机基团的电负性小于氢，则效果相反，即这种胺的碱性比氨强。脂肪烃基具有排斥电子的诱导效应，低相对分子质量的脂肪胺是比氨略强的碱，RNH_2、R_2NH 及 R_3N 型分子在水中的电离常数在 $10^{-3}\sim10^{-5}$数量级。例如甲胺的 $K_b=4.1\times10^{-4}$(而氨的 $K_b=2\times10^{-5}$)。

在芳胺中氨基上孤立电子对所占的p-电子轨道可以和芳环中的π-电子轨道重叠，形成包括氨基和芳环在内的分子轨道，使得氮原子周围的电子云密度减小，接受一个氢离子的能力也随之减小，因而碱性减弱。

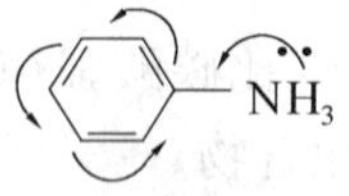

所以 $ArNH_2$ 型胺类的碱性比氨本身及脂肪胺都要弱得多，它们的电离常数都在 10^{-10}数量级。例如，苯胺的 $K_b=3.8\times10^{-10}$。$ArNHR$ 及 $ArNR_2$ 型胺类的碱性与 $ArNH_2$ 型胺类差不多。但是，$ArCH_2NH_2$ 型的苄胺类的碱性却与脂肪胺相仿，氮原子上取代芳烃基越多则碱性越弱。胺的氮原子上连有两个芳香基时，将使胺的碱性减弱到不溶于稀盐酸的程度，而变成属于中性组的化合物。因此 Ar_2NH 和 Ar_2NR 就属于中性化合物组。

$ArNH_2$ 型胺类中，在芳香核上引入卤素和硝基等吸电子基团时，这些基团能使得氨基氮原子上的电子云密度减小，使芳胺碱性减弱。各种常见的吸电子基团的吸电子效应大小次序是：$-NO_2->-NO->F>Cl>Br>I>-CN-$。

如果芳核上同时连有两个或两个以上的这类吸电子基团，那么胺的碱性也会减弱到不溶于5%盐酸中的程度，而成为几乎是中性的化合物。所以如2,4-二硝基苯胺或2,4,6-三溴苯胺均属于中性化合物组。

除了芳基取代作用能使氨的碱性减弱外，酰基或磺酰基取代作用也能使氨基的碱性减弱。这些基团使氨基碱性减弱的影响次序是：磺酰基>芳酰基>脂肪酰基>芳烃基，所以，胺类碱性依下列次序递减：$RNH_2>ArNH_2>RCONH_2>ArCONH_2>R'SO_2NHR$。

大致来说，在减弱氨基的碱性方面，一个脂肪酰基的效果约相当于三个芳烃基。因此 $RCONH_2$ 型脂肪酸酰胺类是中性化合物。但是 $RCONR'_2$ 型酰胺，由于氮原子上连接的两个脂肪烃基的排斥电子的诱导效应，加强了氨基的碱性，而在某些情况下这种加强碱性的效果超过酰基减弱碱性的效果，从而使得这类化合物仍具有碱性，能溶解于5%盐酸中。一个磺酸基减弱碱性的效果相当于两个酰基，所以 $R'SO_2NHR$ 型磺酰伯胺及 $(RCO)_2NH$ 型亚酰胺都不仅不具有碱性，而且具有弱酸性，属于弱酸性化合物组。

除了氨基上取代基的极性因素能影响氨基的碱性外，这些取代基的空间障碍对于氨基碱性的影响，在某些情况下也需注意。例如，2,4,6-三叔丁基苯胺是极弱的碱。另外，缔合作用也能使胺的碱性减弱。例如，对位或间位的氨基苯酚及硝基苯胺能发生分子间的缔合，这些化合物的邻位异构体能发生分子内的螯合，所以这些胺类的碱性都比苯胺为弱。

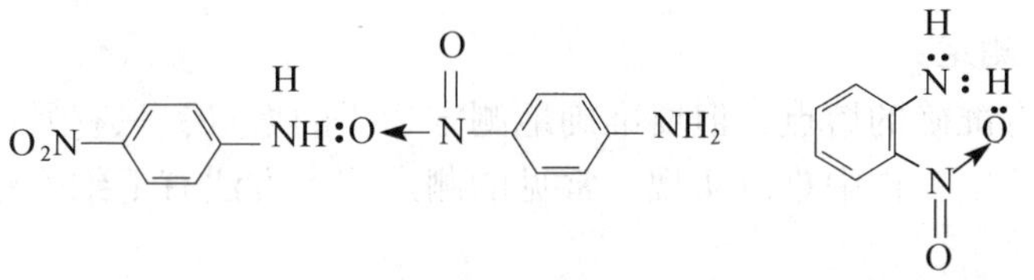

除上述胺类属于碱性化合物外，一些含氮碱性化合物，如肼类、胍类及一些两性化合物都能溶解于稀酸中。氨基取代的羧酸、氨基酚类、氨基硫酚类、碳原子数少于8个的酮肟类，氨基磺酰胺类都是两性化合物，如果不溶于水，则会溶解于稀盐酸及稀氢氧化钠中。一般，这些两性物以偶极离子形式存在于水中，其溶解度在偏离等电点任何一边都将增加。

总结以上所述，碱性物质可归纳为下列几类。

① 中等碱性物质：RNH_2、R_2NH、R_3N、$ArCH_2NH_2$。仅具有一个氨基的低相对分子质量化合物能溶于水及乙醚中。如果不溶于水，便会溶于5%盐酸中。

② 弱碱性物质：$ArNH_2$、$ArNHR$、$ArNR_2$、$RCONR_2$、$ArNHNH_2$ 及两性化合物。一般不溶于水，能溶于5%盐酸中。

③ 几乎中性的物质：$(Ar)_2NH$、$(Ar)_2NR$、$(Ar)_3N$、$RCONH_2$、$RCONHR$、$ArCONH_2$，一般不溶于水及5%盐酸中。此外，多硝基及多卤代芳胺碱性太弱，以致它们在5%盐酸中的溶解度，已在分类原则中被认为可溶的水平以下。

5. 在浓硫酸中的溶解行为与分子结构的关系

凡不溶于水、稀盐酸及稀氢氧化钠溶液中的化合物，同时其中又不含氮、硫等元素的有机化合物，可再用浓硫酸作溶剂，试验其溶解度而进行分类。能溶解于浓硫酸的化合物主要有三类：不饱和烃，易磺化的芳烃，能在浓硫酸中形成鎓盐的含氮化合物。不溶于浓硫酸的化合物包括烷烃、环烷烃、大部分芳烃，以及这些烃类的卤素衍生物、二芳基醚类。

不饱和烃一般与浓硫酸发生加成反应形成烃基酸性硫酸酯，这些酯借形成氢键而溶于过量硫酸中，例如：

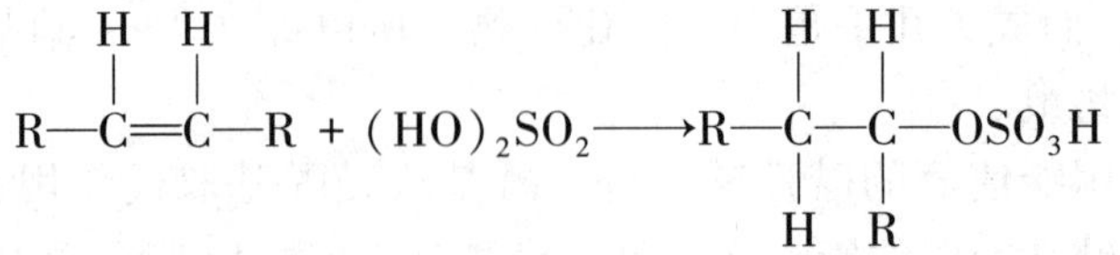

不过，在某些情况下，不饱和烃在浓硫酸中发生聚合，所产生的高聚物并不溶于硫酸中。但在进行溶解度分组时，这些不饱和化合物仍被认为“能溶于”该反应溶剂中。

某些芳烃，特别是二元或多元烃基苯的间位异构体，很容易被磺化，形成的磺酸能够溶解于硫酸中。含氧的有机化合物，如醇类、醚类、酯类、醛类、酮类等都是弱碱，能与浓硫酸反应形成䎈盐，这些盐能溶于过量的硫酸中。在这些化合物中，有一类化合物，即二芳基醚类，由于它们的碱性太弱，不能溶于浓硫酸中。低相对分子质量的伯醇及仲醇类与硫酸作用形成酸性硫酸酯；叔醇与硫酸反应时往往失水成烯；某些羰基化合物则在硫酸作用下聚合成为不溶性的产物(苄醇也发生聚合)，为了分类的目的，所有与硫酸发生反应的化合物均被当作“能溶于”硫酸中。

3.2 测试项目及方法

3.2.1 熔点的测定

纯净物质都具有准确的熔点，但要准确地测定物质的熔点，只有通过绘制熔点曲线才能做到，这在通常的测定工作中难以实现。常见的测定熔点方法有毛细管法和显微熔点法等。

1. 毛细管法

熔点的测定常用毛细管法。该法仪器设备简单、容易操作，文献中记载的大量有机化合物的熔点都是用毛细管法测定的，目前实验室中仍广泛应用，仅对加热的装置与自动化方面不断有所改进。

(1) 测定装置与热浴介质

毛细管法测定熔点时的浴热方式有多种，常用的有高型烧杯式、提勒管式和双浴式等，其装置见图 3-5。

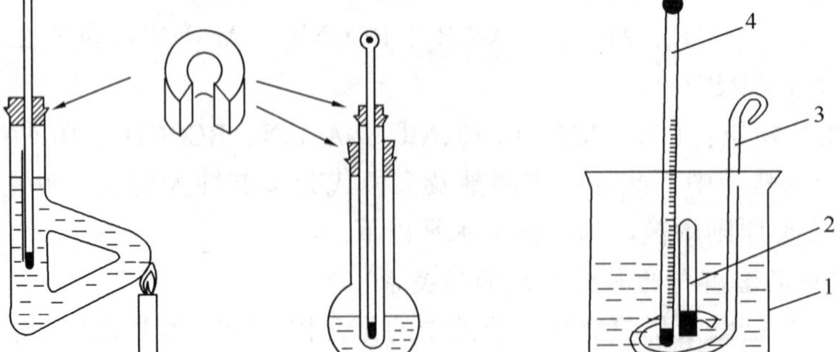

(a) 提勒管式　(b) 双浴式　(c) 高型烧杯式

1—烧杯；2—毛细管；3—搅拌器；4—温度计

图 3-5　熔点测定常用装置图

浴液介质应根据所测样品熔点温度范围不同来选择，见表 3-10。

表 3-10 熔点测定常用浴液介质

浴液介质	石蜡油	浓硫酸	固体石蜡	磷酸	聚有机硅油	熔融氧化锌
适用温度范围/℃	<200	<220（敞开器皿中）	<280	<300	<350	360~600

或简单采用下列浴液介质：测熔点<200℃试样，采用无色的石蜡油作热浴介质；熔点>200℃试样，采用70%浓硫酸和30%K_2SO_4或55%的浓硫酸和45%的$KHSO_4$作热浴介质。

放在蒸发勺内，在通风橱中加热到液体沸腾后，不停地搅拌，使K_2SO_4或$KHSO_4$完全溶解，稍冷就可使用。该溶液可测定200~300℃的样品熔点，很安全，无发烟弊病，黏度与甘油相似；有机硅油作溶液，温度也可达300℃。

（2）测定方法与步骤

将样品研成细末，除另有规定外，应参照各样品干燥失重的温度干燥。如样品不检查干燥失重，熔点范围低限在135 ℃以上，受热不分解的样品，可采用105 ℃干燥；熔点在135 ℃以下或受热分解的样品，可在五氧化二磷干燥器中干燥过夜，或用其他适宜的干燥方法干燥。

把干燥后的试样用玛瑙研钵研细，装入熔点管中，按要求反复几次把试样打实，熔点管中的试样高约2~3mm；能升华的、易分解或易脱水的样品要熔封管口。

提勒管式或双浴式熔点测定仪垂直固定在铁架台上，按前述方法装配完毕并加入合适浴液后，小心地将粘附有或系有熔点管的温度计插入浴液（或试管）中。

① 一般样品的测定。

方法：受热后不分解的试样，测定时先用小火慢慢地加热浴液，开始升温速率可以稍快一些（如2~3℃/min升温），到距熔点约10~15℃时，调整火焰使升温速率减到1~2℃/min或更低些，越接近熔点，升温速率应越慢，这不仅是为了保证有充分的时间让热量由管外传入管内，也是为了不断地观察温度计和样品变化情况，以免造成读数误差。记录样品开始塌落并有液相产生时（初熔）和固体完全消失、液体刚好全部澄清时（全熔）的温度计读数，即为该化合物的熔程（或熔距）。这样测出的熔点称为毛细管熔点，该点比真正熔点略高。

真正熔点是样品的固相与液相刚好处于平衡时的温度，可以由冷却曲线求得，该法需要较多的样品，但对样品的纯度能给出更恰当的判断。

步骤：将少量干燥研细的样品放入清洁干燥、一端封口的毛细管中。取一高约800mm的干燥玻璃管，直立于瓷板或玻璃板上，将装有样品的毛细管投落5~6次，直至毛细管内样品紧缩至2~3mm高。将熔点测定装置安装好，装入适量相宜的浴液后，小心加热，使温度缓缓上升到熔点前10℃时，将装有样品的毛细管附着于测量温度计上，使样品层面与温度计的水银球的中部在同一高度（即毛细管的内容物部分应在温度计水银球中部），放入浴液中。继续加热，调节加热器使温度上升速率保持在（1.0±0.1）℃/min。

当样品出现局部液化（出现明显液滴）时的温度即为初熔温度；样品完全熔化时的温度作为终熔温度。

② 易分解或易脱水样品的测定。受热分解的试样必须很快地加热，等到将近熔点时，关小灯焰，使温度以大约5℃/min速率上升。重复测定时如上所述，先加热溶液，到比分解点低10℃时，再放入熔点管，以1℃/min继续加热，记下熔距。

测定方法除每分钟升温为2.5~3℃及毛细管装入样品后另一端亦应熔封外，其余与一般样品的测定方法相同。

③ 不易粉碎的样品(如蜡状样品)的测定。无水洁净的样品熔化后，将毛细管一端插入，使样品上升至约 10 mm，冷却凝固，封闭毛细管一端，将毛细管附着在温度计上，试样与温度计水银球平齐。按一般样品的测定方法，将附着毛细管的温度计放入浴液中，加热至温度上升到熔点前 5 ℃时，调节热源，使温度上升速度保持 0.5 ℃/min，同时注意观察毛细管内的样品，当样品在毛细管内刚上升时，表示样品在熔化，此时温度计的读数即是样品的熔点。

测定时要注意样品在初熔前是否有收缩、软化、放出气体以及其他分解现象。如有一化合物在 122℃时开始收缩，在 123℃时有液滴出现，在 124℃时全部液化，应记为：熔点 123~124℃，122℃时收缩。

2. 显微熔点测定法

用显微熔点测定仪测定熔点的方法称为显微熔点测定法。

显微熔点测定仪外形尽管有多种，但其核心组件都包括放大 50~100 倍的显微镜和载物台(由电加热，有侧孔且已插入校正过的温度计)两部分。

熔点测定仪是根据固体与液体对光线的透射或反射的不同研制出的利用光电效应与电子技术相结合的能自动记录的仪器。关于仪器的调试、使用方法和注意事项见说明书。

国产 WRS-1 型数字熔点仪，光电检测，数字显示；自动显示初熔与终熔温度；自动记录熔化曲线，自动控制升温速率；以及具有输录储存和自动报警功能。然而这类仪器对试样熔化时的情况缺乏直观性，因此对于有色试样或受热后分解变色的试样，有时测定结果不如目视式仪器准确。

3. 熔点测定的注意事项

① 测定有机物的熔点，至少要有两次或两次以上的重复数据。每次测定都必须用新的熔点管另装样品，不能将已测过熔点的熔点管冷却固化后再第二次使用。因为有些有机物会产生部分分解，有些会转变成具有不同熔点的其他晶型。测定易升华、易分解或易脱水物质的熔点时，应将熔点管的开口端熔烧封闭，并且要等温度上升到熔点以下 10℃ 时再将装有样品的毛细管放入，然后以 3~5℃/min 的升温速率加热测定。

② 测定未知物的熔点，应先对样品进行一次粗测，加热速率可以稍快一些。测得大致熔点范围后，将浴液冷却至熔点以下 30℃左右，另取一根新的样品管作精密测定。

③ 用测熔点的方法来定性分析有机化合物时，首先应精确地测定出未知物的熔点。然后将此未知物和具有相同熔点的标准品混合，测定此混合物的熔点。若熔点无变化，则可认为这两种物质相同(至少要测定三种不同混合比例，例如 1∶9、1∶1 和 9∶1)。

④ 熔点测定完毕，温度计的读数必须对照温度计校正曲线进行校正，以确保所测熔点的准确性。

⑤ 温度上升过快，测得熔点一般偏高，熔点高于 100 ℃样品应用甘油浴等代替水浴。

⑥ 例外

a. 某些有机化合物在测定熔点过程中会出现萎缩、变色、焦化、炭化或放出气体等分解现象，例如糖、糖脎、氨基酸、多种季铵盐和具有部分离子键的化合物，分解点往往不固定，随加热的速率而变，见表 3-11。

表 3-11　具有可变熔点的化合物

化合物	升温速率/(℃/min)	分解点/℃
d-谷氨酸	—	198~225

续表

化合物	升温速率/(℃/min)	分解点/℃
d-葡萄糖脎	8~10；40~60	194~198；210
酪氨酸	缓慢加热；快速加热	280；318
硫脲	缓慢加热；快速加热	167~172；180

注：单糖和苯肼作用时，开链结构的羰基发生反应，生成腙。单糖苯腙能继续再与两分子苯肼反应，生成含有两个苯腙基团的化合物。糖与过量苯肼作用生成的这种衍生物叫糖脎。

由表3-11的数据可知，熔点浴升温快则分解点偏高，升温慢则偏低。可见延长加热时间使分解物增多，因而降低了分解点。

b. 有些化合物物虽有敏锐的熔点，但熔化时伴随分解现象，如某些取代丙二酸熔化时起脱羧反应，放出二氧化碳气体。为测出可靠的分解点，应该先把温度升到比分解点低10℃以内，再放入装有试样的毛细管，以尽量快的速率升温。然后记下预热温度、升温速率和测得的分解点。

3.2.2 凝固点的测定

凝固点测定仪器是茹可夫瓶(一双壁的玻璃试管，双壁间的空气抽出，以减少与周围介质的热交换)，此瓶适用于测定凝固点比室温高约10~15℃的物质；如凝固点低于室温，可在茹可夫瓶外加一高约160mm、内径120mm的冷剂槽。冷剂：测定温度在0℃以上，可用水和冰；0~-20℃，可用食盐和冰；-20℃以下，可用酒精和干冰(或干冰和丙酮)。

凝固点测定方法：在100mL干燥烧杯中，放约40g研细的样品，在烘箱中加热至超过熔点10~15℃，使之熔融，立即倒入预先预热至同一温度的茹可夫瓶，至容积的2/3，用带有温度计和搅拌器的软木塞塞紧瓶口。使用分度为0.1℃的短温度计，其下端应距管底15mm，并与四周管壁等距。样品进行冷却时，以60次/min以上的速度上下移动搅拌器，当样品液体开始不透明时，停止搅动，注意观察温度计，可看到温度上升，当达到一定数值时，在短时间内维持不变，然后开始下降，读取此上升稳定的温度，即为凝固点。平行测定允许误差为±0.3℃。

注意事项：温度计插入样品之前，用滤纸包着水银球，以手温热，避免玻璃表面温度较低而结一层薄膜，影响观察读数。

3.2.3 密度的测定

液体、固体和气体物料都要测定密度，在此只介绍液体密度的测定，其测定方法有密度瓶法、密度计法、韦氏天平法。

1. *密度瓶法*

密度瓶法测定液体的密度原理是：在同一温度下，用蒸馏水标定密度瓶的体积，然后用同体积待测样品的质量，计算其密度。密度瓶法测定相对密度是较精确的方法之一。

测定时的温度通常规定为20℃，有时由于某种原因，也可能采用其他温度值。若如此，则测定结果应标明所测定时的温度。

(1) 主要仪器

密度瓶。常用密度瓶的规格有50mL、25mL、10mL、5mL、1mL，形状一般为球形。比较标准的是附有特制温度计、带磨口帽的小支管密度瓶，其他辅助设备有：烘箱式恒温箱，恒温水浴：温度控制在(20.0±0.1)℃；温度计：分度值0.1℃。

(2) 测定步骤

精确称取清洁、干燥的密度瓶质量 m_0，然后装满新煮沸并冷却至 15 ℃左右的蒸馏水，插入温度计(瓶内应无气泡)，浸于(20.0±0.1)℃恒温水浴中，保持 30min 后，取出，用滤纸擦干溢出支管外的水，盖上小帽，擦干密度瓶外的水，称其质量 m_1。

倒出蒸馏水，用乙醇、乙醚洗涤密度瓶，干燥后，按上法装入样品，称其质量为 m_2。

$$d_{20}^{20}=\frac{m_2-m_0}{m_1-m_0} \tag{3-2}$$

$$\rho_{20}=d_{20}^{20}\cdot\rho_{20}(H_2O) \tag{3-3}$$

式中　m_0——密度瓶质量，g；

m_1——密度瓶及水质量，g；

m_2——密度瓶及样品质量 g。

为了便于比较样品的相对密度，必须按式(3-4)将测得的 d_{20}^{20} 换算为 d_4^{20}。

$$d_4^{20}=d_{20}^{20}\times 0.99823 \tag{3-4}$$

(3) 注意事项

向密度瓶内注入水时不得带起气泡。装水与装试样前，空密度瓶的质量一般应相等，如有差别，则应采用相应的 m_0 值。

2. *密度计法*

密度计法是测定液体相对密度最便捷而又实用的方法，只是准确度不如密度瓶法。密度计的结构如图 3-6 所示，常用玻璃制成，上部较细，管内有刻度标尺，可以直接读出相对密度值；下端粗管内装有金属丸。有的密度计刻度标尺上同时有以波美度(°Bé)为计量单位的刻度，有的则以特殊计量单位(如糖度、酒度)为刻度。

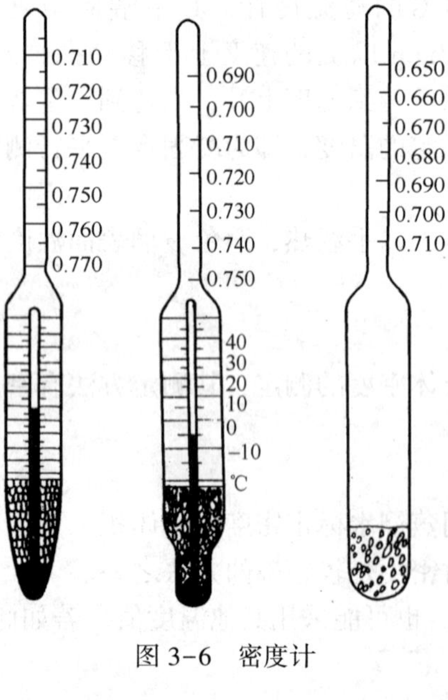

图 3-6　密度计

密度计放入被测液体中，因密度计下端较重，故能自行保持垂直。密度计粗管部分浸入液面下，细管的一部分留在液面上，当浮力等于密度计自身质量时，密度计处于平衡状态。密度计在平衡状态时浸没于液体的深度取决于液体的密度。因密度计的质量为定值，所以被测液体的密度越大，则密度计浸没的深度愈小；反之，液体密度愈小，则密度计浸没的深度愈深。

因此，按照密度计浮在液体中的位置高低，可求得液体密度的大小。在密度计上管直接刻上密度或读数，并由几支规格不同的密度计组成套，每支有一定测定范围。

使用密度计测定液体密度，是由密度计在被测液体中达到平衡状态时所浸没的深度读出该液体的密度。主要步骤如下：

(1) 在恒温(20 ℃)下测定

取 200 mL 待测定相对密度的液体样品，沿 250mL 清洁、干燥的玻璃量筒壁小心倾入筒中(量筒应较密度计高大些)，将量筒置于 20℃的恒温水浴中。待温度恒定后，将量程合适的密度计轻轻插入量筒内的液体中心，使密度计慢慢下沉，注意勿使密度计与量筒壁相撞，静置 1~2 min，待密度计停止摆动，用一只眼睛沿液面水平方向直接读出密度计细管上的刻度值，即为 20 ℃下试样的密度。

透明液体，按弯月面下缘读数；不透明液体，按月面上缘读数。

(2) 在常温(t)下测定

按上述操作，在常温下进行。

常温 t 时测定试样的密度 ρ_t 按式(3-5)计算。

$$\rho_t = \rho'_t + \rho'_t \cdot \alpha(20 - t) \tag{3-5}$$

式中 ρ_t——常温 t 时，试样的密度；

ρ'_t——温度为 t 时，密度计的读数值；

α——密度计的玻璃体胀系数，一般为 0.000025/℃；

t——测定时的温度值。

如果将 t 时测定试样的密度 ρ_t 换算为 20℃时的密度 ρ_{20}，可按式(3-6)计算。

$$\rho_{20} = \rho_t + k(t - 20) \tag{3-6}$$

式中，k 为试样密度的温度校正系数，可根据查表或由不同液态化工产品实测求得。

(3) 注意事项

① 向量筒中注入待测液体时应小心地沿筒壁缓慢注入，切忌冲起气泡。

② 如不知待测液体的密度范围，应先用精度较差的密度计试测。测得近似值后再选择相应量程范围的密度计。

③ 如密度计本身不带温度计，则恒温时需另用温度计测量液体的温度。

④ 放入密度计时应缓慢、轻放，切记勿使密度计碰及量筒底，也不要让密度计因下沉过快而将上部沾湿太多，密度计的上端露在液面外的部分所沾液体不得超过 2~3 分度。

同时，用温度计测量液体温度，并校正为 20℃时的读数。

3. 韦氏天平法

韦氏天平法准确度较密度瓶法差，其读数精度能达到小数点后第四位，但需要特定天平。

3.2.4 沸点的测定

沸点测定的方法有常量法(即蒸馏法)和微量法(即毛细管法)。

3.2.5 折射率的测定

通常用阿贝折射仪测定液体有机物的折射率，该仪器仅需几滴液体样品，测量速度快、准确度高(能测出五位有效数字)，可测定浅色、透明、折射率在 1.3000~1.7000 范围内的化合物。

1. 折射仪的使用

① 测定液体时，滴 1 滴待测试液于下面棱镜上，将上、下棱镜合上，调整反射镜，使光线射入棱镜中。

② 由目镜观察，转动棱镜旋钮，使视野分为明暗两部分。

③ 旋动补偿旋钮，使视野中除黑白两色外，无其他颜色。

④ 转动棱镜旋钮，使明暗分界线在十字交叉点。

⑤ 通过放大镜在刻度尺上进行读数。三次读数间的极差不得大于 0.0003。三次读数的平均值即为测定结果。

⑥ 测定完毕，必须拭净镜身各机件、棱镜表面并使之光洁，在测定水溶性样品后，用脱脂棉吸水洗净；若为油类样品，须用乙醇或乙醚、苯等拭净。

2. 注意事项

① 折射率受温度的影响，许多有机化合物，当温度升高 1℃时，折射率下降 4×10^{-4}，所以在测定折射率时，温度一定要恒定，并标明恒定的温度，以备查用。

② 在测定样品折射率之前，通常用蒸馏水校正仪器(20℃时，蒸馏水的折射率 n_D^{20} = 1.3330)，也可以用已知折射率的标准玻璃校正。

③ 折射仪应放置在阴凉干燥处，不用时用套罩好放在特制木箱内，以防灰尘落入。

④ 折射仪的直角棱镜绝对禁止与玻璃管尖端或其他硬物相碰，以防镜面出现条痕。擦拭时必须用镜头纸轻轻擦拭。

⑤ 用毕一定要用乙醇、乙醚或丙酮将样品自直角棱镜上擦去。

⑥ 不要用折射仪测定有腐蚀性的液体。

3.2.6 闪点或燃点的测定

测定闪点的方法有开口杯法和闭口杯法，这主要决定于样品的性质和使用条件。

闭口杯法适于测定闪点在 100 ℃以下的流动液体，即蒸发性较大的产品采用闭口杯法测定。测定油漆用溶剂油的闪点应使用闭口杯法；农药乳化剂闪点测定方法：GB 3776.5—83 农药乳化剂闪点测定方法（闭口杯法）。

开口杯法，适于测定闪点在 100~300℃之间的润滑油和深色石油产品。

因为用开口杯法测定时，产品受热后形成的蒸气不断向周围空气扩散，使测得的闪点偏高。多数润滑油及重质油，尤其是在非密闭机件或温度不高的条件下使用，即使有少量轻质掺合物，也将在使用过程中蒸发掉，不致构成着火或爆炸危险，对这种产品采用开口杯法。

3.2.7 溶解性的测试

溶解度试验中所说的溶解，是指在室温下 1mL 溶剂能溶解 30mg 有机样品。在可疑情况下，可将混合物振荡 2min 后再作决定。溶解度试验一般在小型试管中进行。

如果试样数量很少，溶解度试验可以在毛细管中进行。操作程序如下：仔细在分析天平上称量一支洁净、干燥的毛细管(口径 3~4mm，长 75~100mm，一端封闭)，装入 2~4mg 试样，再称量毛细管，两次质量之差即样品重。用一支毛细吸液管吸取 0.1mL 溶剂(每 3mg 样品)注入毛细管中，仔细将附在管壁上的试样冲洗入管底。用一支 1mm 粗细的玻棒进行搅拌，然后观察结果。溶解性能试验也可在不同试管中加入相同量 5~10mL 溶剂，然后分别加入 0.5~1g 待剖析样品，观察其溶解情况。

在进行溶解度试验时，应注意下列几点。

① 依次用水、乙醚、5%氢氧化钠、5%碳酸氢钠、5%盐酸及浓硫酸进行试验。凡溶于水的试样，就只需进行乙醚中溶解度的试验而无须进行其他溶剂中溶解度的试验；不溶于水的试样就不必进行乙醚中的试验。不溶于水而能溶于 5%氢氧化钠溶液的试样，还必须进行在 5%碳酸氢钠溶液中是否溶解的试验，借以确定它属于强酸性组抑或弱酸性组，有时还必须进行盐酸中溶解度的试验，借以判断它是否是两性化合物。

② 在进行溶解度试验时，应该记住试样中所含的元素。例如，一个含有硫或氮的不溶于水的中性化合物，就不必进行浓硫酸中溶解度的试验；不含氮的不溶于水的化合物，一般不必进行稀盐酸中溶解度的试验。

③ 凡水溶性化合物，应该用石蕊试纸检验其水溶液，借以判断化合物的酸碱性。

④ 一般有机化合物在溶剂中溶解速度较慢，必要时可在水浴中温热促进溶解。但必须

待混合物冷至室温，再观察结果作判断。

在所谓的反应溶剂，即氢氧化钠溶液、碳酸氢钠溶液及稀盐酸等中，试样加热后往往容易发生水解、缩合或其他化学反应，所以用这类溶剂进行试验时，要仔细审察所发生现象，尽可能避免加热。至于用浓硫酸试验时，则绝对禁止加热。

⑤ 有的试样与溶剂发生化学反应，甚至反应后产生不溶性的沉淀，但为了分组的目的，仍将这种现象当作“溶解”。例如 α-萘胺与稀盐酸作用形成水溶性不大的氢氯酸盐沉淀，但仍将 α-萘胺归入碱性组中。为了判断析出的沉淀是否是原来的试样还是反应产物，可以将沉淀用吸滤法加以收集，干燥后测定它的熔点或与原来试样的混合熔点。一些易发生聚合的烯类，在浓硫酸中于室温下逐渐聚合，成为不溶性的高聚物。依同理，仍将这些烯归入可溶浓硫酸组中。

⑥ 当样品数量很少时，为了节约样品用量，在进行乙醚中溶解度的试验后，应蒸去溶剂回收样品。当进行了在水中的溶解度试验，且样品不溶时，可加入较浓的氢氧化钠溶液使最后浓度近于5%氢氧化钠，来观察它在稀碱溶液中的溶解度，这样消耗一次样品可进行两次试验。开始试验时，可取数毫克样品，加入2~3滴溶剂，若能溶解，那么即可得出结论；如果不溶解，再逐渐增加溶剂，再观察结果。若遇临界化合物，在该溶剂中溶解度在可溶与不可溶的怀疑情况下，则必须依前所述，准确称量配成3%浓度溶液进行观察后，再下判断。

3.3 纯度检验方法及判别依据

3.3.1 溶度试验法

固体试样通常可以通过溶度试验来检验它的纯度，该方法对不均匀的混合物尤其适用。

3.3.2 熔点、沸点测定

熔点测定法：熔点范围不超过1℃(固体试样)；

沸点测定法：沸点范围不超过3℃(恒沸物、低共熔混合物除外)。

3.3.3 薄层色谱鉴定

如果被分离的化合物在薄层色谱上用至少两种不同的溶剂体系展开，而仅显示一个均一圆斑，即说明该化合物为纯品。

3.3.4 气相色谱或高效液相色谱测定

应用至少两种极性不同的固定液进行气相色谱分离，或应用两种不同固定相(或两种不同检测器)对分离所得的样品进行高效液相色谱分析，在分离条件最佳化后，若每次分析所得的色谱图中均显示单一对称的尖峰，即证明该化合物为纯化合物。

3.3.5 红外光谱鉴定

用红外线光谱跟踪观察分离纯化过程。如果纯化产品在红外光谱测定过程中已无异常峰存在，图谱也不再变化，则说明样品已纯化，达到“光谱纯”。

以上任何一种方法均可进行样品纯度的鉴定。在应用色谱法鉴定时，仅显示单一峰或单一斑点的样品，应认为是达到了“色谱纯”的样品。达到“色谱纯”或“光谱纯”的样品，就可满足有机结构分析中各种波谱法的要求，给出的各项分析数据是可靠的。

种波谱数据，以检验结论的正确性。

此外，在进行结构分析之前，首先要了解样品的来源，这样可以很快地将分析范围缩小。还必须了解样品是否为纯品，如果是混合物，需要通过各种分离技术，如柱层析、纸层析、薄层层析、制备色谱等，有时还辅以蒸馏、重结晶等处理方法分离出待测物的纯样品。只有用纯样品做出的各种谱图，才能用于推断未知物结构。另外应当尽量多了解一些试样的理化性质，这对结构分析很有帮助。

在推测结构时，波谱法虽是重要手段，但如果配合以化学方法(如溶解性试验、显色反应、衍生物制备和降解反应等)将使结论更加可靠。

本章的主要内容是在介绍四大波谱法原理基础上，通过具体实例说明这些方法在结构式推测中的运用和作用。读者可以在学习四谱基本知识基础上，系统总结各类有机化合物的四谱特征，并做一些综合运用四谱知识剖析结构的习题。

4.1 电磁波谱与光谱类型

根据量子理论，电磁辐射是在空间高速运动的光量子(或称光子)流。可用每个光子所具有的能量(E)来表征，单位为 eV 或 J，$1eV=1.60\times10^{-19}J$。普朗克方程将电磁辐射的波动性和微粒性联系在一起：

$$E=h\nu=hc/\lambda$$

式中 h 为普朗克常量，其量值为 $6.63\times10^{-34}J\cdot s$。

可见，辐射的频率越高(波长越小)，光子的能量就越高。

电磁波谱是电磁辐射按照波长(或频率、波数、能量)大小顺序的排列。根据能量的高低，电磁波谱又可分为三个区域。

①高能辐射区：包括(射线区和X射线区，其粒子性比较突出；

②中能辐射区：包括紫外区、可见光区和红外区，该区辐射研究和应用要使用一些共同的光学试验技术，例如，用透镜聚焦、用棱镜或光栅分光等，故又称为光学光谱区；

③低能辐射区：包括微波区和射频区，通常称波谱区。

可用于光谱分析的波谱名称、波长范围、光谱分析方法及对应能级跃迁见表4-1。

表4-1 光谱分析方法及对应波长和能级跃迁类型

波谱名秒	波长范围	分析方法	跃迁能级类型
γ射线	0.005~0.17nm	中子活化分析等	核能级
X射线	0.1~10nm	X射线光谱分析	内层电子能级
远紫外	10~200nm	真空紫外光谱法	
近紫外	200~400nm	紫外光谱法	原子及分子价电子或成键电子能级
可见光	400~750nm	比色、可见吸光光谱法(光度法)	
近红外	0.75~2.5μm	红外光谱法	分子振动能级
中红外	2.5~50μm	红外光谱法	
远红外	50~1000μm	红外光谱法	分子转动能级
微波	1~1000mm	微波光谱法	
射频	1~1000m	核磁共振光谱法	电子、核自旋

分子吸收光谱的产生：分子总能量E，包括平动能$E_{平动能}$、电子运动能$E_{电}$、分子振动能量$E_{振}$和分子转动能量$E_{转}$。电磁波(光波)照射物质时，分子要吸收一部分辐射，但是，吸收是量子化的，即只有当电磁辐射的能量恰好等于某个能级差时，分子才能吸收，只吸收某些特定频率的辐射，吸收的能量可以激发电子到较高的能级或增加分子振动能级和转动能级，其中电子能级差最大，振动能级差次之，转动能级差最小；在微观上出现分子由较低的能级跃迁到较高的能级，在宏观上则表现为透射光的强度变小，从而产生特征的分子吸收光谱。

分子吸收光谱分为远红外光谱(分子转动光谱)、红外光谱(振-转光谱)及紫外-可见光谱(电子光谱)三类。

若用一连续辐射的电磁波照射分子，将照射前后光强度的变化转变为电信号，并记录下来，然后以波长为横坐标，以电信号(吸光度 A)为纵坐标，就可以得到一张光强度变化对波长的关系曲线图——分子吸收光谱图。

不同物质结构不同，其分子能级的能量各异，因此根据分子吸收光谱图即可进行定性分析。根据吸收定律：吸光度$A=-\lg T=\varepsilon bc$(L-B 定律)，进行定量分析。

4.2 紫外-可见光谱及其在结构推测中的应用

4.2.1 紫外-可见光谱的基本术语及原理

1. 基本术语及其含义

①吸收光谱曲线：物质对光的吸收程度(吸光度)随波长变化的曲线，描述了该化合物对不同波长光的吸收能力。

②特征吸收曲线：吸收光谱曲线上有起伏的峰谷时称为特征吸收曲线。最大吸收峰所对应的波长称为最大吸收波长，用λ_{max}表示；峰谷所对应的波长，称为最低吸收波长，用λ_{min}表示。

③末端吸收：吸收光谱曲线上波长最短的一端，吸收强而未形成峰形的部分。

④摩尔吸光系数(molar absorptiety)ε：纯物质的浓度为 1mol/L、液层厚度为 1cm 时，一定波长下的吸光度。

⑤红移(red shift)或深色位移(bathochromic shift)：由于基团取代、溶剂效应或受到其他外界因素影响，吸收波长向长波方向移动的现象。

⑥蓝移(blue shift)或浅色位移(hypsochromic shift)：由于基团取代、溶剂效应或受到其他外界因素影响，吸收波长向短波方向移动的现象。

⑦生色团(chromophore 或 chromogenesis group)：分子中含有非键或π键的电子体系，能吸收外来辐射时并引起$\pi-\pi^*$和$n-\pi^*$跃迁，可产生此类跃迁或吸收的结构单元，称为生色团。有机化合物中的生色团多是不饱和基团，如羰基、硝基、苯环、双键等。

⑧助色团(auxochrome 或 auxochromous group)：含有孤对电子，可使生色团吸收峰向长波方向移动并提高吸收强度的一些官能团，称之为助色团。助色团多是含有杂原子的饱和基团，如羟基、氨基、卤素等原子或基团，当它们连到生色团上时，可使后者吸收波长变长或吸收强度增加(或同时两者兼有)。

⑨等吸收点(isosbestic point)：两个或两个以上化合物吸光度相同时所对应的波长。

⑩增色效应(hyperchromic effect)或减色效应(hypochromic effect)：使吸收强度增加或减小的效应。

4.2.2 紫外-可见光谱与分子结构

紫外光谱在结构鉴定中重要作用是提供未知物分子中发色系统和估计共轭程度的信息。为充分利用紫外吸收测定有机分子结构，必须了解紫外特征吸收与分子结构的关系。

1. 芳香族化合物

最简单的芳香族化合物是苯。苯在紫外区有三个吸收峰，分别为 E_1 带（$\lambda_{max}=180\sim184nm$，$\varepsilon=47000$），$E_2$ 带（$\lambda_{max}=200\sim203.5nm$，$\varepsilon=7400$）和 B 带（$\lambda_{max}=254nm$，$\varepsilon=230$）。这三个吸收带都是由 $\pi-\pi^*$ 跃迁引起的。其中 B 带在近紫外区中部，又有精细结构，ε 也不太小，因此 B 带很重要，通过 B 带可以较容易识别苯环及其衍生物。

当苯环上引入取代基时，会因取代基性质和位置的不同而产生不同的影响。

（1）生色团对苯吸收的影响

生色团在苯环上取代后，苯环的大 π 键和生色团的 π 键相连产生更大的共轭系统，这使 B 带产生强烈的红移，且在 200~250nm 之间出现一个 K 带（$\varepsilon>10000$），有时 B 带淹没在 K 带之中。按对 E_2 带红移的大小，生色团的排列顺序为：$NO_2>Ph>CHO>COCH_3>COOH>COO^{2-}>CN>SO_2NH_2>NH_3^+$。上述取代基都是苯环的间位定位基。生色团对苯环的影响见表 4-3。

表 4-3 发色基团对苯环紫外吸收带的影响

化合物	K 吸收带		B 吸收带		R 吸收带		溶剂
	λ_{max}/nm	ε_{max}	λ_{max}/nm	ε_{max}	λ_{max}/nm	ε_{max}	
苯			255	215			乙醇
苯乙烯	244	12000	2872	450			乙醇
苯乙炔	236	12500	278	650			正己烷
苯甲醛	244	15000	280	1500	328	20	乙醇
乙酰苯	240	13000	278	1100	319	50	乙醇
硝基苯	252	10000	280	1000	330	125	正己烷
安息香酸	230	10000	270	800			水
苯基氰	224	13000	271	1000			乙醇
二苯亚砜	232	14000	262	2400			乙醇
苯基甲基砜	217	6700	264	977			乙醇
苯酰苯	252	20000			325	180	乙醇
联苯	246	20000	（被掩盖）				乙醇
顺式-均二苯代乙烯	283	12300	（被掩盖）				乙醇
反式-均二苯代乙烯	295	25000	（被掩盖）				乙醇

（2）助色团对苯吸收的影响

按 E_2 带红移的大小，助色团（苯环的邻、对位定位基）的排列顺序为：

$N(CH_3)_2>NHCOCH_3>O^->NH_2>OCH_3>OH>Br>Cl>CH_3$

（3）隔离效应

苯环上连有—CH_2OH，—$(CH_2)_nOH$，—CH_2NH_2 等取代基时，助色团被一个或多个 CH_2 与苯环隔离开，此时取代后的紫外吸收光谱与甲苯相似。苯环上连有—$CH_2C_6H_5$，—CH_2CHO，—CH_2—$CH{=}CH_2$ 等取代基时，生色团被 CH_2 隔开而不能与苯环形成共轭体系，因此紫外吸收不能长移，此时取代后的紫外吸收光谱是苯环与另外生色团吸收的叠加，即紫外吸收具有加和性。CH_2 的这种作用叫隔离效应。

2. 脂肪族化合物与伍德沃德-菲泽规则

（1）计算 α，β-不饱和羰基化合物 λ_{max} 的伍德沃德-菲泽（Woodward-Fieser）规则

取代基和溶剂对 α，β-不饱和羰基化合物（包括不饱和酸酯）$\pi\to\pi^*$ 跃迁 λ_{max} 的影响可由经验公式伍德沃德-菲泽规则（式 4-1）估算，有关基准值和校正值见表 4-4。

$$\lambda_{max} = \lambda_{基} + \Sigma n_i \lambda_i \tag{4-1}$$

式中　$\lambda_{基}$——由非环和六元环共轭二烯母体结构决定的基准值；

n_i 和 λ_i——由双键上取代基种类和个数决定的校正项。

表 4-4　计算 α，β-不饱和羰基化合物 λ_{max} 的伍德沃德-菲泽规则（乙醇中）

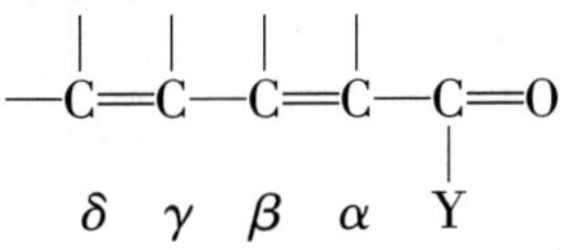

母　体	结　构	基准值 $\lambda_{基}$/nm
α，β-烯酮母体（Y=R）（无环或六元环以上）	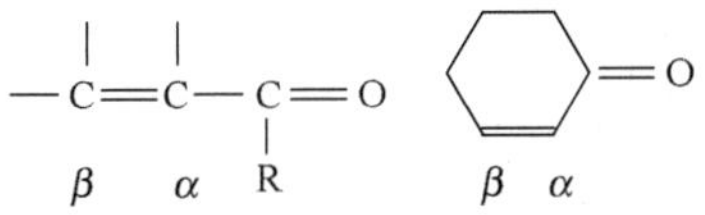	215
α，β-五元环烯酮母体（Y=R）	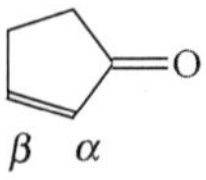	202
α，β-烯醛母体（Y=H）	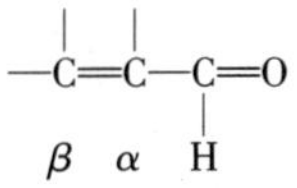	210
α，β-烯酸及酯母体（Y=OH、OR）	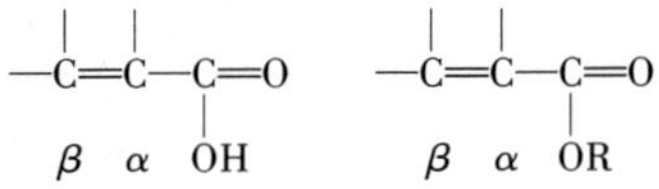	193

校正项	校正值 λ_i/nm
每增加一个共轭双键（对烯基而言）	+30
环外双键（只算环外碳碳双键）	+5
烯酸及酯五元及七元环中的环内双键（共轭体系中）	+5
同环二烯	+39

烯基上取代基	α	β	γ	δ	δ 以上
烷基—R 或将环切开剩下烷基	+10	+12	+18	+18	+18
酰基—OC(O)OR	+6	+6	+6	+6	
羟基—OH	+35	+30	+30	+50	
烷氧基—OR	+35	+30	+17	+31	
氯—Cl	+15	+12	+12	+12	
溴—Br	+25	+30	+25	+25	
硫烷基—SR		+85			
氮二烷基—NR_2		+95			

溶剂校正	水	乙醇	甲醇	氯仿	乙醚	己烷	环己烷
	+8	0	0	−1	−7	−11	−11

注意表 4-4 只适用于乙醇作溶剂时，这是由于羰基化合物的吸收带不仅受取代基的影

4.2.4 紫外-可见光谱的谱图解析

1. 紫外-可见光谱的谱图解析方法

光谱谱图的三大要素是峰位、峰强和峰形，三者常是紫外光谱的定性指标，峰强还是化合物的定量指标。紫外-可见光谱解析，基本参数是最大吸收峰的位置 λ_{max} 和相应吸收带的强度 ε_{max}，通过谱峰位置可判断产生该吸收带化合物的类型和骨架结构；谱峰强度 ε_{max} 大小有助于 K 带、B 带和 R 带等吸收带类型的识别；通过峰形判断化合物类型主要适用于芳烃和杂环芳烃的衍生物(其吸收带都有一定程度的精细结构)。

解析紫外-可见光谱，首先确认 λ_{max} 和 ε_{max} 或 $\lg\varepsilon_{max}$ 值，据此初步估计吸收带类型和对应的共轭体系。ε_{max} 在 10000～200000L·mol^{-1}·cm^{-1} 通常是 α，β-不饱和醛酮或共轭二烯骨架；ε_{max} 在 1000～10000L·mol^{-1}·cm^{-1} 一般含有芳环骨架结构；ε_{max} 小于 100l·mol^{-1}·cm^{-1} 一般含有非共轭的醛酮羰基。

2. 紫外-可见光谱的谱图解析过程与应用

(1) 定性分析

制作试样的吸收曲线并与标准紫外光谱对照，比较峰形、峰数目及对应的 λ_{max} 和 ε_{max} 这两个化合物的特性参数进行定性，只有 ε_{max}、λ_{max} 都相同时，才可能是一个化合物。当通过某些方法获得一系列可能分子结构式后，也可利用 Woodward-Fieser 经验规则求最大吸收波长，通过此类规则估算最大吸收波长并与实测值对比，推测其结构，然后再查阅有关图谱，予以确认。结构确定的辅助工具是标准谱图库，其中有 46000 种化合物紫外光谱的标准谱图《The sadtler standard spectra , Ultraviolet》。

①鉴定发色官能团与推测有机化合物骨架。如果一个未知化合物在紫外光区没有吸收带($\varepsilon<10$)，说明该化合物不存在共轭系统、芳香结构或 $n\to\pi^*$、$\pi\to\pi^*$ 等易于跃迁的基团。如果在紫外光区有吸收谱带，就需弄清其吸收谱带的位置和摩尔吸收度 ε，以便大致判断该化合物类型，吸收谱带与对应的化学结构信息见表 4-7；如果未知化合物与已知化合物紫外光谱一致，则可以认为两者具有同样的骨架和发色基团。但要注意：有机化合物紫外吸收光谱仅仅反映物质结构中生色团和助色团的特性，不完全反映分子特性；如甲苯与乙苯谱图基本相同。

表 4-7 紫外吸收谱带与化学结构信息

吸收谱带 λ_{max}/nm	摩尔吸收度 ε_{max}	可能的化学结构
200～400	无吸收	饱和化合物(脂肪烃、脂环烃或其衍生物：氯化物、醇、醚、羧酸等)，或单烯或孤立多烯，含有一个共轭体系(K)带
200～250	≥10^4	共轭二烯：K 带(～230nm)；-α，β 不饱和醛酮：K 带～230nm，R 带～310～330nm
260、300、330	>10^4	含 3，4，5 个双键的共轭体系
250～300	200～2000	芳环特征吸收(具有 B 带精细结构)
270～350	10～100	醛或酮（$n\to\pi^*$ 跃迁产生的 R 带）
400～700 (样品有颜色)	>10^3	含较大共轭体系，或为含 N 化合物

【例 4-3】 维生素 K_1 有 3 个紫外吸收谱带，其紫外吸收数据 $\lambda_{max}(\lg\varepsilon)$ 分别为 249(2.48)、260(4.26)、325(3.38)，与1，4-萘醌的250(4.6)、330(3.8)相似。由此查阅各种1，4-萘醌衍生物的紫外吸收数据，并与维生素 K_1 的紫外吸收光谱很接近。因此，判断维生素 K_1 具有与2，3-二烷基-1，4-萘醌相似的骨架，如图 4-3。

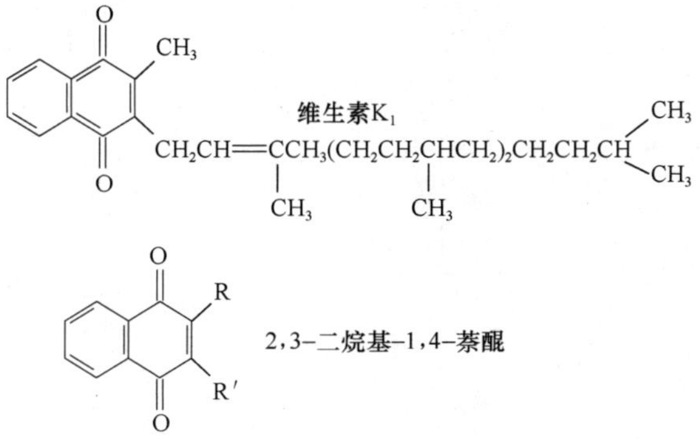

图 4-3　维生素 K_1 和萘醌衍生物的化学结构式

【例 4-4】 松香酸和左旋海松酸的分子式都是 $C_{20}H_{30}O_2$，经测定它们的化学结构如图4-4中 A 和 B 所示。经 UV 测定松香酸的 $\lambda_{max}=237.5nm(\varepsilon=16000)$，左旋海松酸的 $\lambda_{max}=272.5nm(\varepsilon=7000)$，试依据 Woodward-Fieser 规则计算化学结构 A 和化学结构 B 的 λ_{max}，并确定松香酸和左旋海松酸的化学结构。

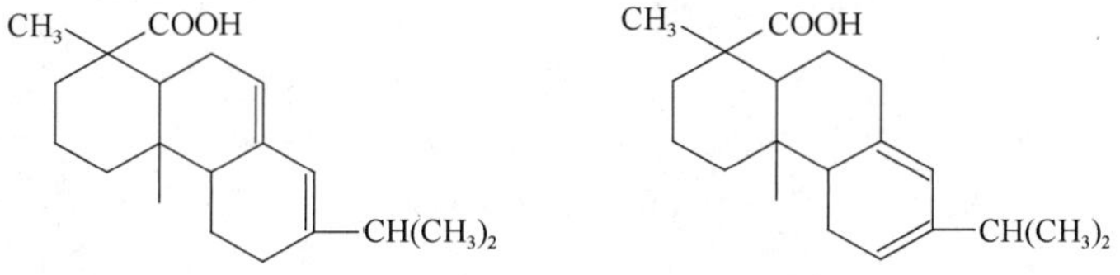

A　　　　B

图 4-4　松香酸和左旋海松酸的化学结构式

解： 依据 Woodward-Fieser 规则：

A 的 $\lambda_{max}=214+4\times5+5=239nm$(与松香酸的 $\lambda_{max}=237.5nm$ 接近)

B 的 $\lambda_{max}=253+4\times5=273nm$(与左旋海松酸的 $\lambda_{max}=272.5nm$ 接近)

所以结构式 A 代表松香酸，结构式 B 代表左旋海松酸。

②测定构象或构型。紫外光谱可以测定一些有机化合物的构象和构型。例如，α-卤代环己酮有两种构象，构象 A 的紫外吸收波长 λ_{max} 比环己酮大(竖键取代基容易与羰基发生 n-π 共轭，λ_{max} 红移)，构象 B 的紫外吸收波长比环己酮小(横键取代基不易与羰基发生共轭，因此 λ_{max} 较短)，如果同时测定卤代环己酮及环己酮在某种溶液中的紫外光谱，比较两者 λ_{max} 的大小，就可以确定实验条件下卤代环己酮的构象。

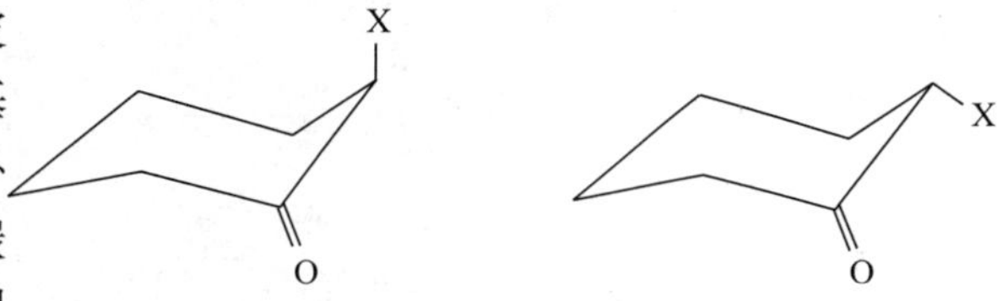

构象A　　　　构象B

α-卤代环己酮的两种构象

构型：在几何异构体中，顺式异构体的 λ_{max} 一般比反式的对应值小，并且 ε_{max} 也较小(立体障碍所致)。如反式肉桂酸分子为平面型，因此双键与同一平面上的苯环容易产生共轭，但顺式肉桂酸的苯环由于立体阻碍，不可能与侧链双键在同一平面上，因此不容易产生共轭。

续表

化合物	吸收带	举　例	
芳香族醛、酮	K 带、R 带和 B 带	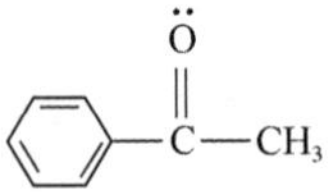	K 带：λ_{max}240nm(ε13000) B 带：λ_{max}278nm(ε1100) R 带：λ_{max}319nm(ε50)
α，β 不饱和羰基化合物	K 带和 R 带	$\mathrm{CH_2{=}CH\overset{\ddot{O}}{\overset{\Vert}{C}}H}$	K 带：λ_{max}207nm(ε10000) R 带：λ_{max}315nm(ε14)
烃基取代苯	K 带和 B 带	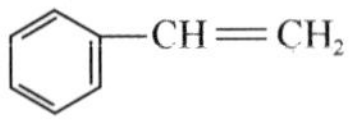	K 带：λ_{max}244nm(ε12000) B 带：λ_{max}282nm(ε450)

(2) 定量分析

一般具有紫外吸收的化合物 ε 值很高，而且重复性好，因此紫外光谱作定量分析具有灵敏和准确的优点。紫外光谱是常用的定量分析方法之一。

定量分析的常用方法有标准曲线法(工作曲线法：A-C 关系曲线)和标准对照法(该法需要纯度较高的标准样品)，它们适合于样品溶液中单组分的定量测定；多组分定量方法：加合法，等吸收点法，系数倍率法；多组分同时测定有双波长分光光度法和导数分光光度法。

①单组分定量方法。

标准曲线法：即制备标准品的不同浓度系列标准品溶液，在该标准品最大吸收波长下，分别测定其吸光度。然后以吸光度(作纵坐标)与浓度(作横坐标)的关系作图，制作工作曲线。再在同样条件下测定未知样品溶液的吸光度，对照工作曲线，即可求出该样品的浓度。

标准对照法：是标准曲线法的简化，即只配制一个浓度为 C_s 的标准溶液，并测量其吸光度，求出吸收系数 k，然后由 $A_x=kC_x$ 求出 C_x。该法只有在测定浓度范围内遵守 L-B(朗伯-比尔)定律，且 C_x 与 C_s 大致相当时，才可得到准确结果。

示差分光光度法：当试样中组分的浓度过大时，则吸光度 A 值很大，会产生读数误差。此时以一浓度略小于试样组分浓度作参比而进行测定。

②分析条件的选择。

仪器测量条件：通常可通过调节溶液浓度或改变光程来控制吸光度 A 读数在 0.15~1.00 范围内；当 $A=0.434$ 时，吸光度读数误差最小。

反应条件选择：显色剂(配合物吸收系数最大、选择性好、组成恒定、配合物稳定、显色剂吸收波长与配合物吸收波长相差大等)及其用量。

参比液选择：溶剂参比(试样组成简单、基体干扰少、显色剂不吸收时，多用蒸馏水)；试剂参比(当显色剂或其他试剂在测定波长处有吸收时，采用试剂作参比，即不加待测物)；试样参比(如试样基体在测定波长处有吸收，但不与显色剂反应时，采用试样作参比即加显色剂)。

干扰消除：控制酸度(配合物稳定性与 pH 值有关)；选择适宜的掩蔽剂、合适测量波长；进行干扰物的分离等。

③应用示例。

【例 4-8】 标准维生素 A 的紫外光谱数据是：$\lambda_{max}^{(CH_3)_2COOH}=325nm$，$E_{1cm}^{1\%}=1530$。某维生素 A 粗产品在 325nm 的吸光系数 $E_{1cm}^{1\%}=1208$。计算该维生素 A 粗产品纯度。

解：该维生素 A 粗产品纯度为

$$\frac{E_{粗产品}}{E_{标准品}}=\frac{1208}{1530}\times100\%=78.95\%$$

3. 紫外-可见光谱(UV-vis)的应用特点

紫外-可见光谱主要适用于含共轭双键的分子，尤其是芳环、稠环和杂环化合物的分析。紫外-可见光谱图所提供的信息量较少，峰很宽，数目少，不能对分子结构给予准确表征。

紫外-可见光谱的突出特点是灵敏度高，常作为定量分析工具，对大多数芳烃化合物的检出极限可达 $10^{-9}\sim10^{-12}$g，也是高效液相色谱中最常用的检测方法。

一般情况下，用紫外-可见光谱作定量分析的样品应该是纯样，有混合组分共存时，由于吸收的加合性可能导致错误的结论。

紫外光谱定性鉴定的主要依据是 λ_{max} 和相应的 ε_{max} 以及吸收曲线的形状、吸收峰的数目。不同结构的化合物具有不同的吸收特性，相同结构的化合物紫外吸收光谱应完全相同；但是，具有相同吸收曲线，并不一定是结构相同的化合物。紫外光谱进行化合物结构定性的缺陷是不能鉴定饱和物质及结构相似的化合物。因此，为鉴定某一化合物的结构，紫外吸收光谱还应与化学分析法、红外、质谱、核磁等方法配合使用。

总之，紫外吸收光谱在有机结构分析中的作用远不如质谱、核磁共振和红外光谱，因为它只是化合物中生色团和助色团的特征，而不是整个分子结构的特征，单靠它提供的信息无法确定未知物的结构。但在一些特定情况下，例如确定双键的位置、确定共轭体系大小等方面，它比其他方法更为简便有效，因此结论也更为可靠。

4.3 红外吸收光谱与谱图解析

4.3.1 红外光谱的基本原理及术语

红外光谱(Infrared Spectroscopy，简称 IR)是指有机化合物分子在吸收红外光能后，使分子的振动能级由基态跃迁到高能态时所产生的吸收谱带。常用的红外光谱区域频率范围是 $4000\sim650cm^{-1}$(波数)，或用波长表示为 2.5~15μm。红外光谱区域在电磁波谱中的位置见图 4-7，该区域所对应的能量为 41.86~4.186kJ/mol，相当于分子振动能级所需要的能量，因此红外光谱是一种分子振动光谱。

1. 红外光谱的产生条件

如果用频率连续改变的红外光照射分子，分子中某个化学键的振动频率与红外光的振动频率相同，并引起分子偶极矩大小和方向的变化，此时就产生红外吸收。即产生红外吸收必须满足两个条件：

①辐射具有能满足物质产生振动跃迁所需的能量；

②辐射与物质间有相互偶合作用。

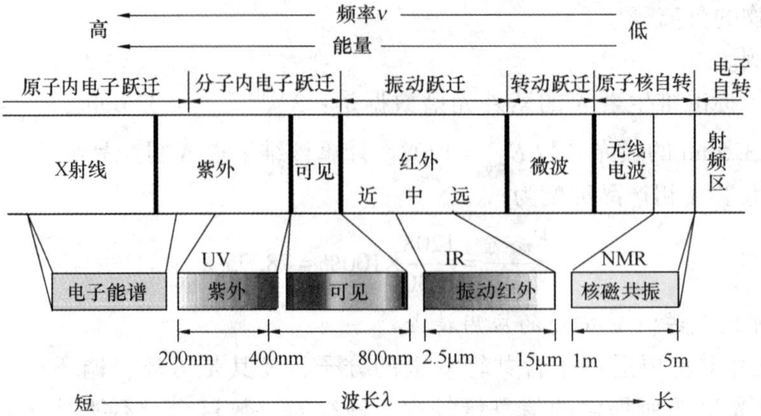

图 4-7　红外光谱区域与电磁波谱

对称分子：没有偶极矩，辐射不能引起共振，无红外活性。如：N_2、O_2、Cl_2等。非对称分子：有偶极矩，红外活性。

2. 分子振动模型与振动频率

化合物的分子是由化学键连结的原子所组成。分子并不是坚硬的刚体，分子如同由弹簧连接起来的一组球的集合体。弹簧的强度相当于各种强度不同的化学键，大小不等的球相当于各种质量不等的原子，这些原子不断振动，形成各种振动形式。其中最简单的是双原子分子的振动，其化学键振动类似于连接两个小球的弹簧，视为理想的简谐振动时，其频率可由虎克定律计算得到。

分子的振动能级是量子化的，$E_{振}=(V+1/2)h\nu$

$$\Delta E = h\nu = \frac{h}{2\pi}\sqrt{\frac{K}{\mu}}$$

$$\bar{\nu} = \frac{1}{\lambda} = \frac{1}{2\pi c}\sqrt{\frac{K}{\mu}} = 1307\sqrt{\frac{K}{\mu}} \qquad (4-3)$$

式中　K——化学键的力常数，与键能和键长有关；

μ——双原子的折合质量，$\mu=m_1m_2/(m_1+m_2)$。

由此可知，化学键键强越强(即键的力常数 K 越大)，原子折合质量越小，化学键的振动频率越大，吸收峰将出现在高频率区(即高波数区)。

所以发生振动能级跃迁需要能量的大小取决于键两端原子的折合质量和键的力常数，即取决于分子的结构特征。

3. 分子振动的基本形式

分子中存在着两种基本振动形式，即伸缩振动(对称伸缩振动 ν_s 和反对称伸缩振动 ν_{as})和弯曲振动(面内剪式振动 δ_s、面内摇摆振动 γ 或 ρ、面外摇摆振动 ω 和扭曲振动 τ)。伸缩振动伴随着键长的伸长和缩短，需要较高的能量，往往在高频区(即高波数区，低波长区)产生吸收；弯曲振动(或变角振动)伴随着键角的扩大或缩小，需要较低的能量，通常在低频区(即低波数区，高波长区)产生吸收。亚甲基的基本振动形式见图 4-8。

4. 基团特征频率及其影响因素

物质的红外光谱反映了其分子结构的信息，谱图中的吸收峰与分子中各基团的振动形式相对应。通常把能代表基团存在，并有较高强度的吸收谱带称为基团特征频率，其所在的位

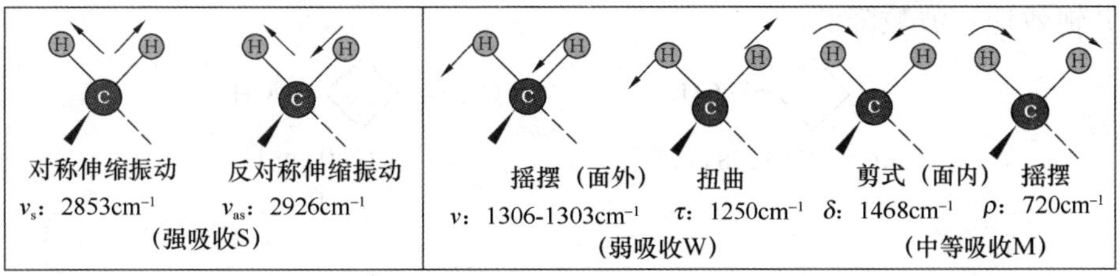

图 4-8 亚甲基的基本振动形式及其吸收频率

置一般又称为特征吸收峰。基团特征频率（红外吸收谱峰值）不仅取决于化学键本身，而且还受到整个分子和环境的影响。基团所处化学环境不同，特征峰出现位置不同：酮羰基（—CH_2—CO—CH_2—）1715cm^{-1}，酯羰基（—CH_2—CO—O—）1735cm^{-1}，酰胺羰基（—CH_2—CO—NH—）1680cm^{-1}。因此，从红外吸收谱峰的峰位值（振动频率/cm^{-1}）可以推断被测样品分子中化学键类型，官能团连接方式及其他部分结构信息。掌握各种基团的特征频率及其位移规律，就可应用红外光谱来确定化合物中各类官能团的存在及其在化合物中的位置。

产生频率位移的因素可分为内部因素（与分子结构有关）和外部因素（测定条件）。外部因素包括样品所处物态、制备样品的方法、溶剂的性质、结晶条件、吸收池厚度、色散系统以及测试温度等。内部因素包括电子效应（诱导、共轭和偶极场效应）、空间效应、环张力效应、氢键效应和偶合效应等。

①诱导效应（I 效应）：诱导效应引起分子中电子分布发生改变，导致化学键的力常数改变，使基团特征频率发生位移。取代原子电负性增大或数目增多，I 效应增强，基团特征频率向高波数移动的程度显著。如 RCOR 中极性基团的取代（诱导效应）使 $\nu_{C=O}$ 移向高波数。

化合物	RCHO	RCOR	RCOCl	RCOF	ClCOCl	FCOF
$\nu_{C=O}$/cm^{-1}	1713	1715	1800	1920	1828	1928

共轭效应（C 效应）：共轭效应使共轭体系中电子云密度趋于平均化，双键略有伸长（电子云密度降低），力常数减小，导致不饱和键的波数显著降低（见表 4-9）。

表 4-9 共轭效应对不饱和键振动波数的影响（纯物质）

组别	化合物	$\bar{\nu}$(C=C)/cm^{-1}	$\bar{\nu}$(C=O)/cm^{-1}	$\bar{\nu}$(C≡N)/cm^{-1}
Ⅰ	$CH_3CH{=}CH_2$ $CH_2{=}CH{-}CH{=}CH_2$ $CH_2{=}C(CH_3){-}CH{=}CH_2$	1648 1597(as) 1640(s) 1598(as)		
Ⅱ	$CH_3CH_2COCH_3$ CH_2—CH—$COCH_3$ 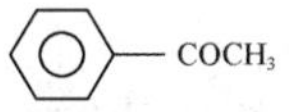 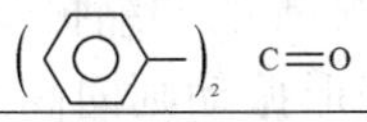		1715 1687 1683 1660	
Ⅲ	$CH_3{-}C{\equiv}N$ $(CH_3)_2C{=}CH{-}C{\equiv}N$ 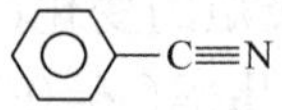			2247 2221 2229

跨环共轭效应：波数降低。

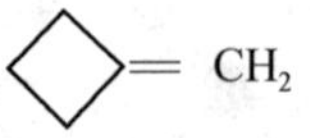

$\bar{\nu}$(C═C):1678 cm^{-1}

A

1660 cm^{-1}

B

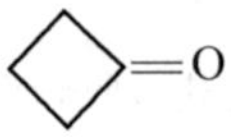

$\bar{\nu}$(C═O):1775 cm^{-1}

A

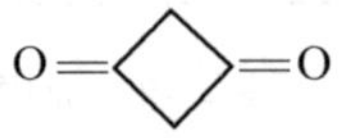

1754 cm^{-1}

B

③偶极场效应：

例如

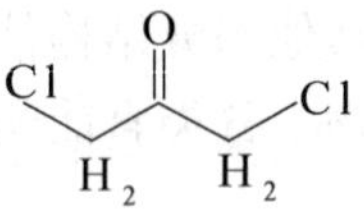

1775 cm^{-1}

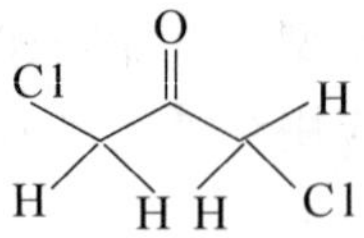

1742 cm^{-1}

④空间位阻：空间位阻的存在使共轭不完全，顺式异构体空间位阻大，妨碍共轭，均使吸收向高波数位移。

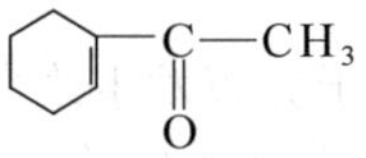

1663 cm^{-1}

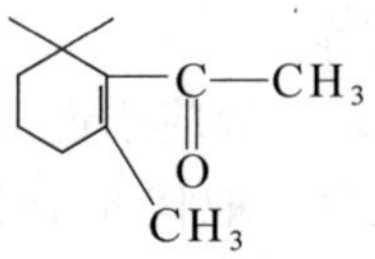

1683 cm^{-1}

⑤环张力效应：环数减小，环的张力增大，环外键加强，吸收频率增大；环内双键减弱，吸收频率减小。

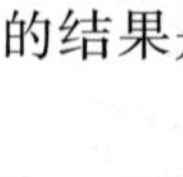

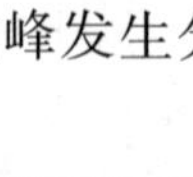

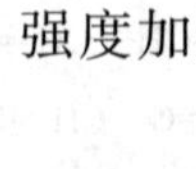

ν(C═C) 1645 cm^{-1}	1610 cm^{-1}	1565 cm^{-1}
ν(C—H) 3017 cm^{-1}	3040 cm^{-1}	3060 cm^{-1}

⑥振动偶合效应：当一个化学键的伸缩振动与另一个化学键的振动吸收频率很接近时，就会发生振动偶合。振动偶合的结果是吸收峰发生分裂，强度加强。如羧酸酐分裂为 $\nu_{C=O}$（ν_{as} 1820 cm^{-1}、ν_s 1760 cm^{-1}）。

费米共振：一个化学键的某一种振动的基频和它自己或另一个连在一起的化学键的某一种振动的倍频或组频很接近时，可以发生偶合，这种偶合称为费米共振。如：—CHO 的 C—H 伸缩振动（2830~2695）cm^{-1} 与 C—H 弯曲振动 1390 cm^{-1} 的倍频 2780 cm^{-1} 发生费米共振，结果产生 2820 cm^{-1} 和 2720 cm^{-1} 两个吸收峰。

⑦溶剂效应：极性基团如—OH、—NH、C═O、CN 等的伸缩振动频率随溶剂极性的增大（相互作用增强）而向低波数移动，且强度增强；而变形振动则向高波数移动。

5. 红外光谱吸收强度及其影响因素

红外光谱（IR）吸收的谱带强度取决于分子振动时偶极矩的变化（吸收峰强度$\propto$偶极矩的平方，而偶极矩又与分子结构对称性有关）和能级跃迁的几率（$\nu=0 \rightarrow \nu=2$ 比 $\nu=0 \rightarrow \nu=1$ 能阶大，几率小，强度弱)。

分子对称性越高，振动中偶极矩变化越小，谱带强度就越弱。如 C ═C，C—C 因对称度高，振动峰强度小；而 C ═X，C—X，因对称性低，其振动峰强度就大。

振动中偶极矩的变化幅度越大，吸收强度越大；极性大的基团，吸收强度大：C═O 比 C═C 强，C≡N 比 C≡C 强；使基团极性降低的诱导效应使吸收强度减小，使基团极性增大的诱导效应使吸收强度增加；共轭效应使 π 电子离域程度增大，极化程度增大，吸收强度增加。振动偶合使吸收增大，费米振动使倍频或组频的吸收强度显著增加。形成氢键使振动吸收峰变强变宽。按照摩尔吸收系数 ε 的大小，红外吸收谱带强度分级见表 4-10。

表 4-10　红外吸收谱带强度分级

红外吸收谱带强度分级	表示符号	摩尔吸收系数 ε/($L\cdot mol^{-1}\cdot cm^{-1}$)
很强峰	vs	>100
强峰	s	$20<\varepsilon<100$
中强峰	m	$10<\varepsilon<20$
弱峰	w	$1<\varepsilon<10$
很弱峰	vw	$\varepsilon<1$

6. 基本术语

①波数 σ：是波长的倒数，表示每厘米长光波中波的数目，单位为 cm^{-1}。

②基频峰：分子吸收光子后从振动基态跃迁到相邻的高一能级产生的吸收谱峰。

③倍频峰(2ν)：是基态向第二、三……振动激发态的跃迁所产生的谱峰，为弱吸收。

④合频峰：分子吸收光子同时发生频率为 ν_1，ν_2 跃迁产生的跃迁为 $\nu_1+\nu_2$ 的谱峰。

⑤差频峰：当吸收峰与发射峰相重叠时产生的峰。

倍频峰、合频峰和差频峰统称为泛频峰，可观察到，但很弱，提供分子“指纹“信息。

4.3.2　红外光谱图与有机分子结构

红外光谱图(IR)的横坐标为吸收波长(μm)，或吸收频率(波数/cm^{-1})，纵坐标常用百分透过率 $T\%$表示。从谱图可得到收峰的位置(吸收频率：波数)、吸收峰的强度 和吸收峰的形状等信息。

红外光谱(中红外区域)的工作频率范围是 4000~400cm^{-1}(波数)，或用波长表示为 2.5~25μm,常用官能团都在此区域产生吸收带。

依据基团的振动形式，红外光谱图分为四个区：

4000~ 2500cm^{-1}，为第一特征区，是含氢键 X-H 伸缩振动区，通常又称为氢键区。

2500~1900cm^{-1}，为第二特征区，是三键，累积双键伸缩振动区，如炔键，腈键等。

1900~ 1300cm^{-1}，为第三特征区，是双键伸缩振动区，主要包括 C ═C，C ═O，C ═N，—NO_2，芳环的骨架振动等。

1300~400cm^{-1}，为指纹区，是 X—Y 伸缩(X 或 Y ═C，N，O，S，卤素等)和 X—H 变形振动区。

IR 光谱得到的结构信息：按照红外光谱与分子结构的关系可将整个红外光谱区域划分为基团频率区(4000~1300cm^{-1})和指纹区(1300~400cm^{-1})两个区域。其中在 4000~1300cm^{-1}区域内，峰的数目少，特征性强，基团的特征吸收大多集中在此，因此这一段频率范围称为特征频率区(简称特征区)；在 1300~400cm^{-1}区域内，不但吸收峰数目多，而且吸收峰形密集，峰位、峰强度及形状对分子结构变化十分敏感，是整个分子的特征。化学结构相近，但又存在细小差别的两个化合物，其特征频率可能大同小异，而指纹区一般却有明显差别，因此，指纹区对于鉴定化合物的结构有相当重要的作用。

1. 基团频率区（4000～1300cm^{-1}）（特征区）

（1）X—H 伸缩振动区（X=O，N，C，S，4000～2500cm^{-1}）

此区域主要是含氢键的伸缩振动产生，通常又称为氢键区。

①O—H 伸缩在 3650～3200cm^{-1}，谱带较强，是判断有无醇类、酚类或有机酸类的主要依据。在非极性溶剂中，浓度较小（稀溶液）时，峰形尖锐，强吸收；当浓度较大时，发生缔合作用，峰形较宽。O—H 伸缩和 N—H 伸缩振动受氢键影响较大，氢键效应增强使其吸收峰向低波数移动；羧酸内由于羟基与羰基的强烈缔合，吸收峰的底部可延伸到 2500cm^{-1} 左右，形成一个很宽的吸收带，如图 4-9 中 3300～2500cm^{-1} 和图 4-10 中 1 号吸收峰所示。

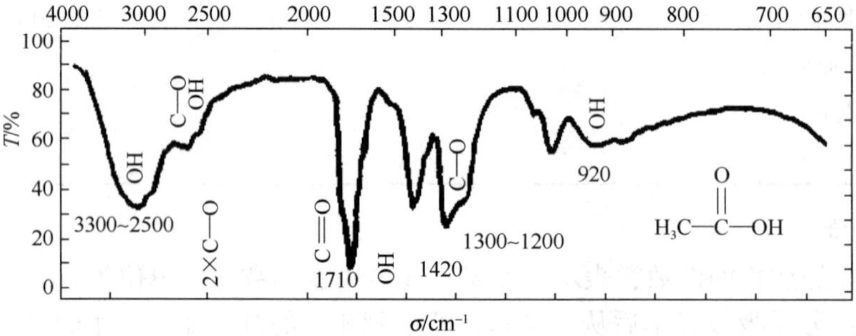

图 4-9　乙酸的红外光谱图

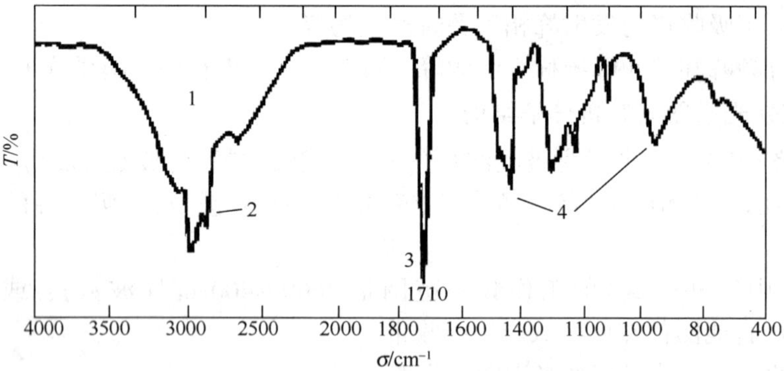

图 4-10　正己酸的红外光谱图

1. O—H 伸缩振动；2. C—H 伸缩振动；3. C=O 伸缩振动；4. O—H 弯曲振动

醇和酚类的羟基吸收带在高波数处，约 3640～3200cm^{-1}，峰形尖锐。当羟基在分子间缔合时，形成以氢键相连的多聚体，键的力常数降低，从而吸收带移向低波数，在 3300cm^{-1} 附近，峰形宽而钝（如图 4-11 中 1 号峰所示）。当羟基在分子内形成氢键时，也使羟基吸收带向低波数移动，位移的程度大于分子间形成氢键的位移。

脂肪胺和酰胺的 N—H 伸缩振动在 3500～3100cm^{-1} 范围内产生吸收峰，但其强度较O-H 伸缩振动弱、峰形尖锐。游离胺基吸收带在 3500～3300cm^{-1}，缔合后向低波数移动约 100cm^{-1}。

伯胺有对称和不对称两个伸缩振动吸收带，因此与羟基有明显的区别；仲胺只有一个吸

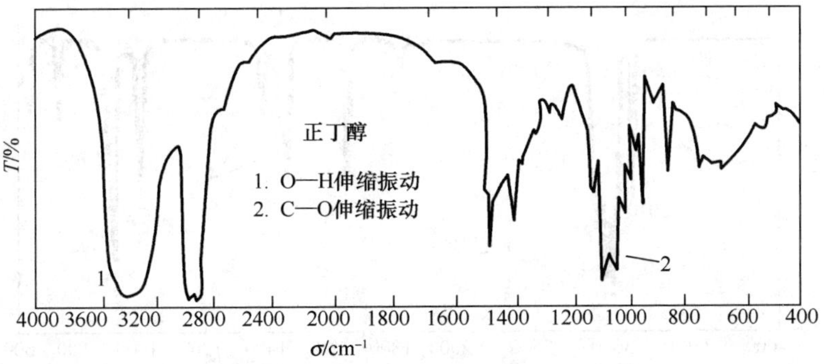

图 4-11　正丁醇的红外光谱图

收带，带形比羟基的要尖锐些。叔胺因氮上无氢，所以在这个区域没有吸收。芳香族胺的吸收峰比相应的脂肪族胺波数要高，强度要大，苯酰胺的红外光谱图见图 4-12。

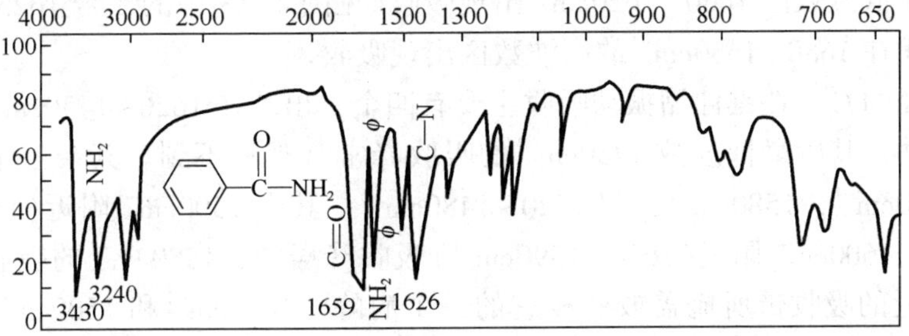

图 4-12　苯酰胺的红外光谱图

②C—H 伸缩振动峰频率以 $3000cm^{-1}$ 为界，除三元环外，饱和碳的 C—H 键伸缩振动频率在 $3000cm^{-1}$ 以下；双键及苯环的不饱和碳的 C—H 键伸缩振动频率在 $3000cm^{-1}$ 以上。后者吸收峰强度较弱，因此常在大于 $3000cm^{-1}$ 处以饱和碳的碳氢吸收峰的小肩峰形式出现。

饱和碳氢(C—H)伸缩振动频率约在 $2800\sim3000cm^{-1}$ 范围内，呈现强吸收峰，取代基对其影响较小，其中—CH_3 对称伸缩振动在 $2870cm^{-1}$、反对称伸缩振动在 $2960cm^{-1}$，—CH_2—反对称伸缩振动在 $2930cm^{-1}$、对称伸缩振动在 $2850cm^{-1}$，—C—H 在 $2890cm^{-1}$ 出现弱吸收，CH_3 或 CH_2 与氧原子相连时，其吸收峰都向低波数移动；不饱和碳原子上的 ═C—H(或(C—H)伸缩振动均在 $3000cm^{-1}$ 以上，苯环上的 C—H 伸缩振动在 $3030cm^{-1}$，烯烃上的 ═C—H 在 $3010\sim3080cm^{-1}$(如图 4-13 中所示的 1 号峰)，炔烃的 ≡C—H 在 $3300cm^{-1}$。

(2)三键和累积双键伸缩振动区($2500\sim1900cm^{-1}$)

此区域主要是炔键 C≡C（RC≡CH：$2100\sim2140cm^{-1}$，RC≡CR′：$2190\sim2260cm^{-1}$)和氰键 C≡N（$2240\sim2260cm^{-1}$，当与不饱和键或芳香环共轭时，该峰位移到 $2220\sim2230cm^{-1}$ 附近；仅含 C、H、N 时：峰较强、尖锐；有 O 原子存在时，O 越靠近 C≡N，峰越弱)以及 C═C═C、C═C═O 等累积双键的不对称伸缩振动产生。在该区域出现的峰较少，易于识别。

(3)双键伸缩振动区($1900\sim1300cm^{-1}$)，

此区域主要包括 C═C，C═O，C═N，═NO_2，芳环的骨架振动等。

① 烯烃 RC=CR′的 $1620\sim1680cm^{-1}$ 峰强度弱，R=R′(对称)时，无红外活性。端烯烃或

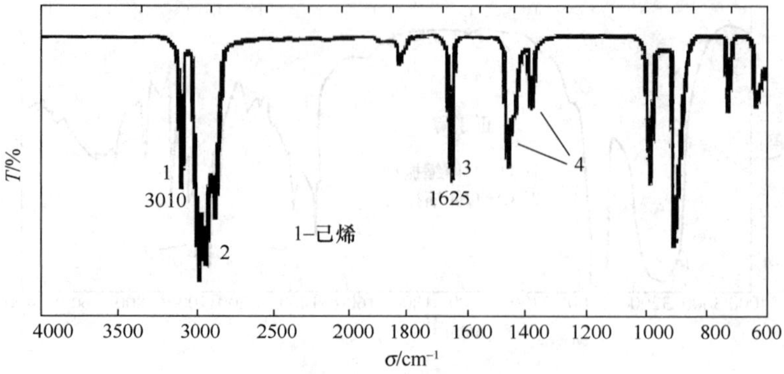

图 4-13　1-己烯的红外光谱图

1. ═C—H 伸缩振动；2. —C—H 伸缩振动；3. C═C 伸缩振动；4. C—H 弯曲振动

顺式双取代时在低波数区 1660～1620cm^{-1}出现吸收（见图 4-13 中的 3 号 1625cm^{-1}峰）；反式双取代或多取代在 1680～1660cm^{-1}的高波数区出现吸收。

②单核芳烃的 C ═C 键伸缩振动吸收主要有四个，出现在 1626～1450cm^{-1}范围内，这是芳环的骨架振动，其中最低波数 1450cm^{-1}的吸收峰常常观察不到。其余三个吸收峰分别出现在 1620～1590cm^{-1}，1580cm^{-1}，和 1520～1480cm^{-1}。其中 1500cm^{-1}附近（1520～1480cm^{-1}）的吸收峰最强，1600cm^{-1}附近（1620～1590cm^{-1}）吸收峰居中，1580cm^{-1}的吸收峰最弱，常常被 1600cm^{-1}附近的吸收带所掩盖或变成它的一个肩峰。1600cm^{-1}和 1500cm^{-1}附近的这两个吸收峰对鉴定芳核结构很有价值，常用于确认有无芳环存在。

苯衍生物在 1650～2000cm^{-1}出现 C—H 和 C═C 键的面内变形振动的泛频吸收（强度弱）和在 900～600cm^{-1}出现的 C—H 面外弯曲振动可用来判断苯环取代类型。其中 900～600cm^{-1}的 C—H 面外弯曲振动峰波数与取代类型的关系见表 4-11。

③ C═O （1850～1600cm^{-1}）：碳氧双键的特征峰，强度大，峰尖锐，特征性强。不同类型羰基化合物的 C═O 伸缩振动频率见表 4-12。

酯类 C═O 在 1750～1725cm^{-1}吸收很强，不受氢键影响。在不同极性溶剂中测定，谱带位置无明显移动。当羰基与不饱和键共轭时吸收向低波数移动而吸收强度几乎不受影响。

表 4-11　苯环的 C═H 面外弯曲振动峰波数与取代类型

取代类型		C—H 面外弯曲振动吸收峰的波数 σ/cm^{-1}
苯		670
单取代		770～730，710～690
二取代	1,2-	770～735
	1,3-	810～750,710～690
	1,4-	833～810
三取代	1,2,3-	780～760,745～705
	1,2,4-	885～870,825～805
	1,2,5-	865～810,730～675
四取代	1,2,3,4-	810～800
	1,2,3,5-	850～840
	1,2,4,5-	870～855
五取代		870

表 4-12　羰基化合物的 C═O 伸缩振动吸收峰位置

化合物类型	吸收峰位置 σ/cm^{-1}
醛	1740~1720
酮	1720~1710（1715）
酸	1770~1750（缔合二聚体：1725~1700）
酯	1750~1725（1735）
酰胺	1700~1680（酰胺“Ⅰ”峰）
酸酐	1820 和 1760

饱和醛类的羰基吸收出现在 1740~1720cm^{-1}；不饱和醛，则羰基吸收向低波数位移。醛比酮的羰基 C═O 伸缩振动吸收位置稍高 10~15cm^{-1}（酮的 C═O 伸缩振动吸收在 1715cm^{-1}），二者比较接近，不易根据这一差别来区分这两类化合物。但醛在 2820cm^{-1}和 2720cm^{-1}附近出现两个中等强度的 C—H 伸缩振动峰，后者较尖锐，和其他 C—H 伸缩振动峰不相混淆，极易识别。因此根据 C═O 伸缩振动吸收和 2720cm^{-1}附近的峰就可判断有无醛基存在，即醛类化合物在 2800~2820cm^{-1}及 2715~2720cm^{-1}附近有两个吸收带，如图 4-14所示。

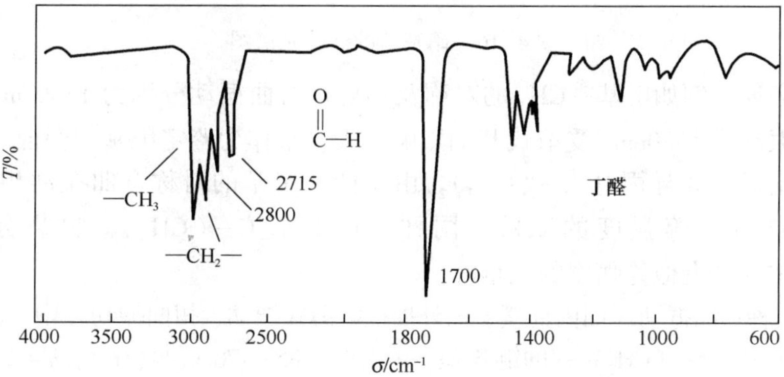

图 4-14　丁醛的红外光谱图

羧酸的 C═O 在 1725~1700cm^{-1}（由于氢键作用，以二分子缔合体存在时），单体吸收峰通常出现在 1760cm^{-1}。羧酸在四氯化碳稀溶液中，单体和二分子缔合体同时存在。

酸酐的两个羰基 C═O 振动偶合裂分为双吸收峰：1820cm^{-1}及 1760cm^{-1}；线性酸酐的两吸收峰高度接近，高波数峰 1820cm^{-1}稍强；环状酸酐的低波数峰 1760cm^{-1}强，丙酸酐的红外光谱图见图 4-15。

④硝基化合物的 ν_{as}（N═O）在 1550~1500cm^{-1}，ν_{s}（N═O）在 1365~1290cm^{-1}，如图4-16中 1526cm^{-1}和 1348cm^{-1}峰所示。

2. 指纹区（1300~400cm^{-1}）

该区是 X-Y 伸缩（X 或 Y=C，N，O，S，卤素等）和 X—H 变形振动区，峰多，较复杂。

①1300~900cm^{-1}区域主要是含氢单键（C—H，N—H 等）的变形振动；不含氢单键（C—O，C—N，C—C，C—F，C—P，C—S，P—O，Si—O 等）的伸缩振动；C—C 骨架振动等，及 C═S、S═O、P═O 等双键伸缩振动吸收频率以及这些振动之间的相互偶合。

该区除用于化合物的鉴定外，由于许多峰都是特征区吸收峰的相关峰，还可以作为官能

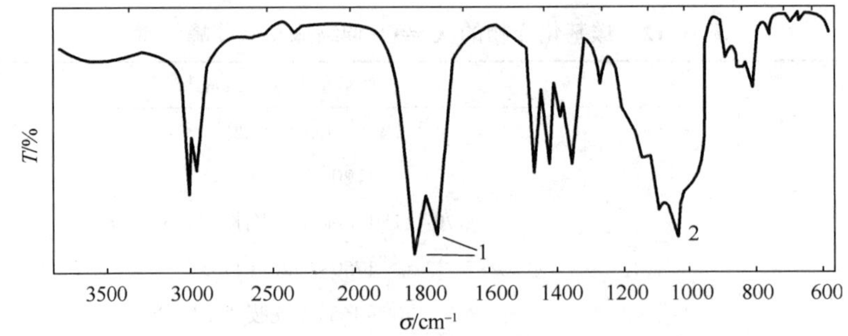

图 4-15　丙酸酐的红外光谱图

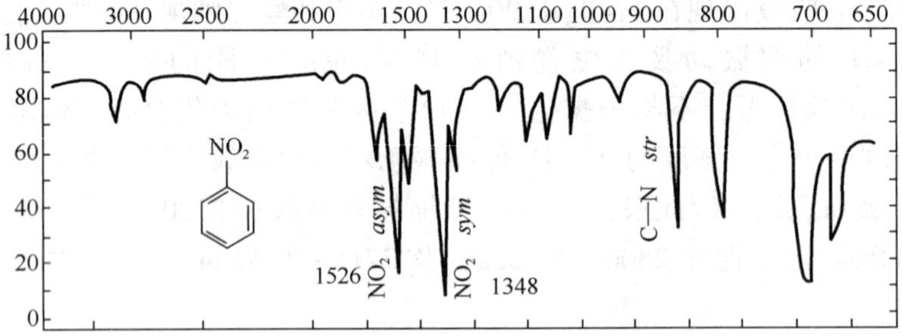

图 4-16　硝基苯的红外光谱图

团定性分析的旁证，例如甲基—CH_3 的对称及不对称弯曲振动分别为 1380cm^{-1} 及 1470cm^{-1}，其中对称弯曲振动峰 1380cm^{-1}受取代基的影响不大，常作为鉴定甲基的旁证。当一个碳原子上连有两个甲基时，如异丙基 C—$(CH_3)_2$，由于两个甲基的对称弯曲振动相互偶合而出现 1385cm^{-1} 和 1375cm^{-1} 等强度的双峰。同样，叔丁基 C—$(CH_3)_3$，也裂分为 1395cm^{-1}、1385cm^{-1}及 1365cm^{-1}近似等强度的三重峰。

亚甲基的四种弯曲振动（面内摇摆、面外摇摆、剪式振动、扭曲振动）中，面内摇摆振动最重要，由其峰位可判断—$(CH_2)_n$—的链长短，$n=1$ 在 785~770cm^{-1}（中）、$n=2$ 在 750~740cm^{-1}（中）、$n=3$ 在 740~730cm^{-1}（中），$n\geqslant$（则稳定在 720cm^{-1}附近（722cm^{-1}中强）。

C—O 伸缩振动在 1300~1000cm^{-1}范围内产生很强的吸收峰，可用于判断 C—O 键的存在，以鉴别醇、醚、酯及酚。醇的 C—O 伸缩出现在 1160~1040cm^{-1}，其中酚在 1200cm^{-1}，叔醇在 1150cm^{-1}，仲醇在 1100cm^{-1}，伯醇在 1050cm^{-1}，伯、仲、叔三种醇的 C—O 伸缩振动峰比较见图 4-17 中 2 号吸收峰。

有机卤代物的红外光谱中，C—X 伸缩振动吸收带是其特征吸收带。由于卤素原子量差别很大，所以这一光谱带在不同卤素的卤代物中差别很大。因卤代物存在着顺反异构体，所以液态或溶液中的卤代烷均为多重峰。

有机卤代物的 C—F 伸缩振动频率在 1400~1000cm^{-1}，为强谱带。含一个氟原子的有机物，C—F 伸缩振动频率在 1100~1000cm^{-1}。随着同一碳原子上含氟原子个数的增加，C—F 键的伸缩振动频率增高。例如，CF_2 和 CF_3 基的这一频率分别在 1280~1120cm^{-1}和 1350~1120cm^{-1}处，并呈现多重峰，谱带极强，容易识别。

②900~400cm^{-1}区域是一些重原子伸缩振动和一些变形振动的吸收频率区。

如有机氯代物中的 C—Cl 键的 ν_{C-Cl} 在 800~600cm^{-1}。CH_2—Cl 基的 ν_{C-Cl} 在 760~700cm^{-1}，CH—Cl 基的 ν_{C-Cl}在 640~610cm^{-1}。在 CCl_4 中，ν_{C-Cl}在 797cm^{-1}。此外，C—Cl 键

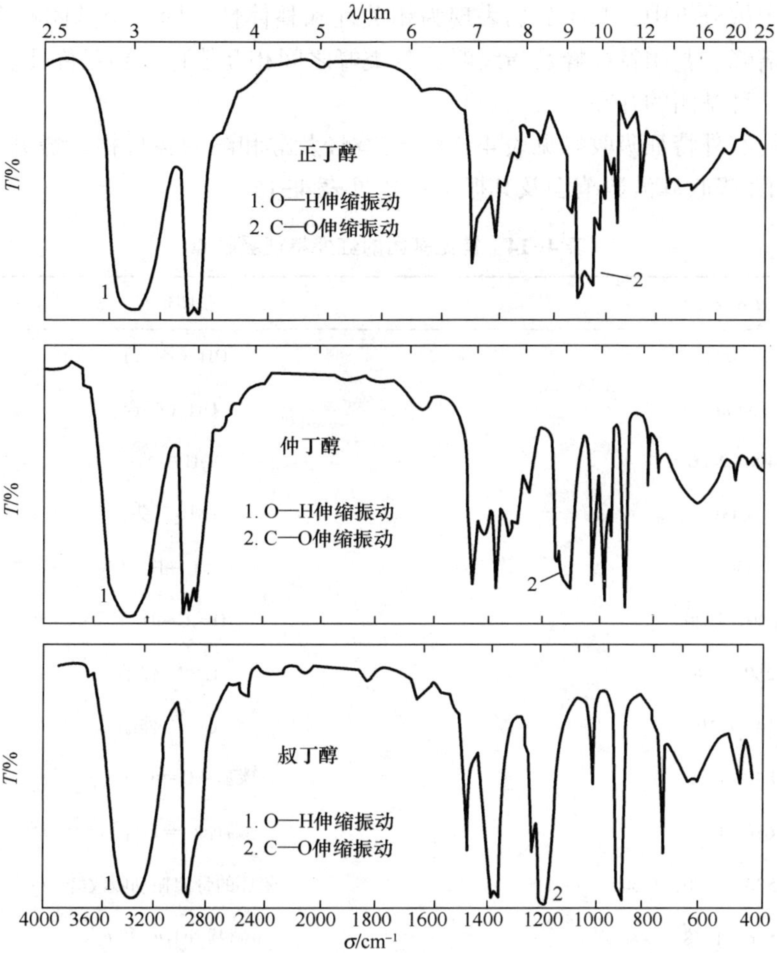

图 4-17 伯醇、仲醇和叔醇红外光谱图

的伸缩振动吸收谱带位置还与分子构象有关。例如，1-氯代-2-甲基丙烷的反式构象的 $\nu_{C—Cl}$ 在 730cm^{-1}附近，顺式构象的 $\nu_{C—Cl}$ 在 650cm^{-1}附近。

利用这一区域的═C—H 面外变形振动吸收峰和在 2000~1650cm^{-1}区域苯环的═C—H面外变形振动的倍频或组合频吸收峰，可以共同配合确定苯环取代类型（如前述表 4-11 所示）。

在此区域中以 C—H 键弯曲振动最重要，如═C—H 键的面外弯曲振动对判断双键的取代类型特别有用，见表 4-13。

表 4-13 双键的取代与═C—H 键面外弯曲振动

烯烃类型	CH 面外弯曲 σ/cm^{-1}
$R_1CH=CH_2$	995~985，910~905
$R_1R_2C=CH_2$	895~885
$R_1CH=CHR_2$（顺）	730~650
$R_1CH=CHR_2$（反）	980~965
$R_1R_2C=CHR_3$	840~790

在红外谱图解分析中，基团数据表现为相关性和整体性，即一个基团有多个振动形式，同时产生多个谱峰，基团特征峰及指纹峰，各类峰之间相互依存、相互佐证。通过一系列的峰才能准确定一种基团的存在。

常见基团的红外特征吸收峰见表 4-14，芳香烃及醇和酚的各自相关峰见表 4-15，主要有机化合物的 IR 吸收峰波数范围及其振动形式见表 4-16。

表 4-14　常见基团的红外特征吸收峰

波数 σ/cm^{-1}	基团信息
3600	OH（游离）
3400	—OH（缔合）
3400~2400	—COOH 中的—OH
3500	$—NH_2$（尖）
3300	—C≡C—H （尖）
2820，2720	O═C—H 醛
2260~2240	C≡N 伸缩
2140~2100	C≡C 伸缩
1850~1650	羰基—C ═O（ν_s）
1680~1620	烯烃 C ═C 伸缩
1600，1580，1500，1450	苯环的骨架振动吸收峰
1526，1348	硝基 $NO_2\nu_{as}$ 和 ν_s
2900~3000，1380	饱碳上的 C—H 伸缩振动和弯曲振动（$—CH_3$）

表 4-15　芳香烃及醇和酚的相关峰

化合物	波数 σ/cm^{-1}	基团信息		说明
芳香烃	3050±50 1600，1500， 1580（共轭）	芳环 C—H 伸缩振动 骨架振动		强度不定 峰形尖锐，通常为 4 个峰， 但不一定同时出现
	910~650	C—H 弯曲振动（面外）		随取代情况改变
醇和酚	3650~3580 3550~3450 3400~3200 3600−2500	O—H 伸缩 振动 $\nu_{O—H}$	游离 二聚体 多聚体 分子内缔合	尖 中强，较尖 强，宽 宽，散
	1050 1100 1150 1200	C—O 伸缩 振动 $\nu_{C—O}$	伯醇 仲醇 叔醇 酚	强，酚的吸收峰 发生裂分，峰形特别
	1500~1250 650	H—O 弯曲振动		面内弯曲，强，宽 面外弯曲，宽

表 4-16　主要有机化合物的 IR 吸收峰波数范围及其振动形式

化合物	波数范围 σ/cm^{-1}	振动形式
烷烃	2975~2800	C—H 伸缩
	~1465	CH_2 变形
	1385~1370	CH_3 变形
	~720	长链 CH_2 变形
芳烃	3020~3000	═C—H 伸缩
	~1600、~1500	C═C 骨架伸缩
	770~730 和 715~685	C—H 变形（单取代）
	770~735	C—H 变形（邻二取代）
	~800，~780 和~690	C—H 变形（间二取代）
	850~800	C—H 变形（对二取代）
醚	1300~1000	C—O—C 伸缩（脂肪）
	~1250 和 1120	C—O—C 伸缩（芳香）
醛	~2820 和~2720	O═C—H 伸缩
	~1725	C═O 伸缩
酸	3400~2400	O—H 伸缩
	1760 或 1710（氢键）	C═O 伸缩
	1320~1210	C—O 伸缩
	1440~1400	O—H 变形
	950~900	O—H 面外变形
酸酐	1830~1800 和 1775~1740	C═O 伸缩
	1300~900	C—O 伸缩
酰胺	3500~3180	N—H 伸缩
	1680~1630	C═O 伸缩
	1640~1550	N—H 变形（伯酰胺）
	1570~1515	N—H 变形（仲酰胺）
	~700	N—H 面外变形
腈	~2250	C≡N 伸缩
硝基 化合物	1600~1530 和 1390~1300	—NO_2（脂肪族）
	1550~1490 和 1355~1315	—NO_2（芳香族）

化合物	波数范围 σ/cm^{-1}	振动形式
烯烃	3100~3010	═C—H 伸缩
	1690~1630	C═C 伸缩（孤立）
	1640~1610	C═C 伸缩（共轭）
	1430~1290	C—H 变形（面内）
	~990 和~910	C—H 变形（单取代端烯）
	~970	C—H 变形（反式）
	~890	C—H 变形（双取代端烯）
	~700	C—H 变形（顺式）
	~815	C—H 变形（三取代）
炔烃	~3300	≡C—H 伸缩
	~2150	C≡C 伸缩
	650~600	≡C—H 变形
酮	1300~1100	C—C 伸缩
	~1715	C═O 伸缩
醇	1260~1000 ~3650 或 3400~3300	C—O 伸缩 O—H 伸缩 （氢键）
酯	1750~1735 1260~1230 1210~1160	C═O 伸缩 C—O—C 伸缩（乙酸酯） C—O—C 伸缩
酰卤	1810~1775 730~550	C═O 伸缩 C—Cl 伸缩
胺	3500~3300	N—H 伸缩
	1640~1500	N—H 变形
	1200~1025	C—N 伸缩（烷基碳）
	1360~1250	C—N 伸缩（芳基碳）
	~800	N—H 面外变形
卤代烃	1400~1000 785~540 650~510 600~485	C—F 伸缩 C—Cl 伸缩 C—Br 伸缩 C—I 伸缩

4.3.3 红外分光光度计

目前有两类红外光分光光度计：色散型和傅立叶变换型（Fourier Transfer，FT）。

色散型：与双光束 UV-Vis 仪器类似，但部件材料和顺序不同，其单色器置于吸收池之后以避免杂散光的干扰；单色器由色散元件、准直镜和狭缝构成；红外吸收池使用可透过红外的材料制成窗片（常用 KBr 晶体）；不同的样品状态（固、液、气态）使用不同的样品池，固态样品可与晶体混合压片制成。

常用红外光源有 Nernst 灯和硅碳棒；红外光能量低，不能用 UV-Vis 分光光度计中所使用的光电倍增管检测，常用热电偶、测热辐射计、热释电检测器（适于 FT-IR）等。

傅里叶变换红外光谱仪是利用光的相干性原理而设计的干涉型红外分光光度计，仪器的核心部分是 Michelsen 干涉仪，干涉仪的作用是将光源发出的光分为两束后，再以不同的光程差重新组合，发生干涉现象，得到光信号的干涉图，最后计算机进行 Fourier 变换的数学处理，将干涉图还原成光谱图。

4.3.4 红外光谱分析

1. 试样要求

红外光谱分析对试样的要求有：

①试样应为“纯物质”（>98%），通常在分析前，样品需要纯化；

②试样不含有水（水可产生红外吸收且可侵蚀盐窗）；

③试样浓度或厚度应适当，以使百分透过率 T%在合适范围：15%~75%。

2. 制样方法

（1）气体

使用气体池，两端粘有透红外光的窗片，窗片材质一般是 NaCl 或 KBr，再用金属池架将其固定。气槽的厚度常为 100mm。分析前，先抽真空，然后通入经过干燥的气体样品。

（2）液体或溶液试样

液体池法（沸点低易挥发的样品）和液膜法（高沸点的样品）。

（3）固体试样

①压片法：1~2mg 样+200mg KBr→干燥处理→研细：粒度小于 2μm（散射小）→混合压成透明薄片→直接测定；

②石蜡糊法：试样→磨细→与液体石蜡混合→夹于盐片间（注：石蜡为高碳数饱和烷烃，因此该法不适于研究饱和烷烃）。

③薄膜法：高分子试样→加热熔融→涂制或压制成膜；高分子试样→溶于低沸点溶剂→涂渍于盐片→挥发除溶剂。

3. 绘制与解析红外谱图的说明及注意

（1）仪器条件与测定条件

绘制样品红外谱图的仪器条件和测定条件要与绘制标准谱图的条件一致或相近。仪器条件包括所用仪器的分辨率和精密度，测定条件包括样品状态、制样方法、溶剂种类、样品浓度（含有易形成氢键基团样品，浓度不同，缔合程度不同），气体样品的压力等。

（2）识别杂质峰

水峰：水分来源于样品或来源于溴化钾，因为溴化钾容易吸水，在用溴化钾压片制样时，谱图中可能出现水吸收峰（3756cm^{-1} H_2O 中 O—H 的不对称伸缩；3650cm^{-1} O—H 的对称伸缩；1595cm^{-1} O—H 的弯曲振动）。

溶剂峰：洗涤吸收池残留的溶剂或溶液中溶剂产生；—COO^-的不对称伸缩振动吸收峰：一些酸性样品会与溴化钾反应生成盐，于是在1610～1550cm^{-1}区间产生该吸收峰。其他：研钵、试剂瓶等器皿可能会引入杂质。

（3）吸收峰的位置、峰形和强度

①谱带位置。谱带位置即谱带的特征振动频率，是对官能团进行定性分析的基础，依据特征峰的位置可确定化合物的类型。

②谱带形状。谱带形状包括谱带是否分裂。

③谱带强度。谱带强度与分子振动时偶极矩的变化率有关，同时又与分子的含量成正比，因此可作为定量分析的基础。在获得谱带的位置、形状和强度三要素后，应当与已知标准物的红外吸收谱图比较，才能综合得出比较可靠的结论。同时也要考虑测定时外部条件的变化对红外吸收光谱的峰位和峰形状的影响。

（4）特征峰与相关峰

要牢记与同一种官能团的振动形式对应的相关峰是与特征峰同时存在的。因此单凭一个特征峰就下结论是不充分的，要尽可能把一个基团的每个相关峰都找到再做出结论。例如对甲基基团，其不仅在2870cm^{-1}、2960cm^{-1}存在对称和不对称的伸缩振动，还在1380cm^{-1}存在面内弯曲振动。当多个甲基共存时还会在1385cm^{-1}和1370cm^{-1}产生异丙基分裂的双峰，或在1397cm^{-1}和1367cm^{-1}出现异丁基分裂的双峰。

（5）数据引用

化合物中各官能团的振动频率可采用文献中引证波数的中间值。若存在邻近取代基团的振动或电子效应的影响，就不必为官能团的某些吸收峰位置的差别而困惑，此时振动吸收峰会向高波数或低波数移动。

（6）注意事项

①谱图上某吸收峰不存在，可以确信相对应的官能团不存在（但要注意处于对称位置的双键或叁键的伸缩振动，由于振动过程中偶极距无变化，不显示吸收峰）。相反，吸收带存在时并不是该官能团存在的确证，应考虑杂质的干扰。

②如果在4000～400cm^{-1}间只显示少数几个宽吸收峰的谱图，可能是无机化合物的谱图。

③解析谱图时，首先要注意强吸收峰，但有些弱峰、肩峰的存在不可忽视，这些峰往往对研究提供线索。

④解析谱图时，辨认吸收峰的位置无疑是重要的，但吸收峰的强度以及峰形也是红外吸收的重要特点，对确定结构也是很有用的信息。例如，缔合羟基、缔合伯胺以及炔基，它们在3000cm^{-1}附近的吸收峰位置只是略有差别，不易区分。但吸收峰形很不一样，缔合羟基的吸收峰圆而钝，缔合伯胺基的吸收峰有一个小的分岔，炔基则呈现尖锐的峰形。

⑤在一张红外谱图上，并不是所有的吸收带都能指出其归属。因为有些谱带是组合频、偶合共振等引起，有些则是多个基团振动吸收的叠加。

4.3.5 红外光谱的谱图解析与应用

1. 红外光谱图解析原则

用红外光谱图确定化合物结构时，要求使用纯化合物的正确谱图，一般原则是：

①解析前应了解尽可能多的信息，如试样来源、熔点、沸点、折光率、旋光率等。

②根据元素分析结果或质谱确定分子式，由分子式计算不饱和度。

③先观察特征区，找出存在的官能团，再看指纹区；先否定，再肯定；先看强峰，再看

弱峰；芳香化合物或取代烯烃需确定取代类型。

④根据频率位移规律考虑邻接基团及其连接方式，根据官能团及化学合理性，拼凑可能的结构。

⑤与标准谱图对照，并配合其他分析方法综合解析。

2. 红外光谱图解析程序

谱图解析没有固定的程序，一般是先特征区后指纹区，先强峰后弱峰，先否定后肯定。先特征区后指纹区是指先从特征频率区入手，推测未知物可能含有的基团，然后根据指纹区的吸收峰，再加以验证。先强峰后弱峰（含肩峰）是指先从特征区的强峰开始解析，因为由第一强峰往往可以推断未知物所含的官能团，估计化合物的类型，但对有些弱峰和肩峰也不可忽视，它们对结构分析常常给予重要启示。先否定后肯定，这是因为谱图中某些特征峰不存在即可确信该峰对应的基团不存在，相反某吸收峰存在，并不是某基团存在的确证，应考虑杂质及其他基团的干扰。

谱图解析并无统一的程序，通常可按两种方式进行，即可以按照波数由大到小逐一分析，找出化合物可能存在官能团的各相关峰；也可以首先从羰基伸缩振动频率区 1870～1650cm^{-1}查看有无中等宽度的强吸收带。如有，进一步在其他区域查找为哪一类羰基化合物；如没有，则排除化合物中存在羰基，查找其他类化合物存在的官能团。

对接近 3000cm^{-1}的ν_{C-H}吸收峰，不要急于分析，因几乎所有的有机物都有此吸收带。对在某特殊区域获得吸收峰不存在的信息，有时会比吸收峰存在的信息更有价值，这样就取得可靠的否定证据。

谱图解析的可靠性，要通过自身实践经验的累积，才能日趋完善。总之，解析谱图没有一个一成不变的解析步骤，只有反复多次解析各类有机物的红外谱图，不断积累经验，才能熟练地进行谱图解析。

无论用哪种方法解析谱图，在确定了化合物类型和可能含有的官能团后，都可以按类查图表，并遵照前面讨论的影响基团频率移动的各种因素，进一步分析结构细节。例如，查图表确定苯环、双键的取代类型；由羰基伸缩振动吸收频率的位移来推测共轭系统、环张力、或 α-碳上电负性取代基情况等。

当确定了可能的结构后，应对照有关有机化合物的红外标准谱图或用与已知结构相似化合物在同样条件下绘制红外光谱进行对照，并结合核磁共振、质谱及紫外光谱等来确证未知化合物的结构。

（1）按照峰强度顺序

按照 IR 谱图中吸收峰强度的强、弱顺序进行解析，首先从特征区识别最强峰、次强峰或较弱峰，确定它们分别属于何种官能团，然后再查指纹区找出相关峰并加以验证，从而初步推断样品属于何类化合物。最后详细查阅标准谱图资料，来确证样品的结构。

（2）按照官能团吸收峰位波数顺序

以化合物中特征官能团吸收峰的峰位顺序进行解析，官能团的排布可按羰基（C═O）、羟基（—OH）、醚基（—O—）、双键（C═C，包括芳烃）、三键（—C≡C—、或—C≡N）、硝基（$—NO_2$）顺序进行，采用肯定与否定的方法，判断样品中某官能团的特征吸收峰是否存在，以获得分子结构的概况。然后再查阅标准谱图，确定其结构。

在谱图解析过程，要特别关注吸收峰强度大的主要官能团的特征峰和相关峰，它们易于识别，无论肯定或否定其存在，都可缩小进一步查找范围。

通常把红外光谱分成两个区域，即官能团区（波数 4000～1400cm^{-1}或 4000～1300cm^{-1}）和指纹区（波数低于 1400cm^{-1}或 1300cm^{-1}的区域）以便于解析。

3. 红外光谱图的解析方法

按官能团吸收峰的峰位顺序解析红外吸收谱图的一般方法如下：

（1）查找羰基吸收峰 $\nu_{C=O}$1990～1650cm^{-1}是否存在，若存在，再查找下列羰基化合物。

①羧酸：查找 $\nu_{O—H}$3300～2500cm^{-1}宽吸收峰是否存在。

②酸酐：查找 $\nu_{C=O}$1820～1750cm^{-1}的羰基振动偶合双峰是否存在。

③酯：查找 $\nu_{C—O}$1300～1100cm^{-1}的特征吸收峰是否存在。

④酰胺：查找 $\nu_{N—H}$3500～1100cm^{-1}的中等强度的双峰是否存在。

⑤醛：查找官能团 $\nu_{C—H}$和 $\delta_{C—H}$倍频共振产生的 2820cm^{-1}和 2720cm^{-1}双峰是否存在。

⑥酮：如查找以上官能团的吸收峰都不存在，则此羰基化合物可能为酮，应再查找 $\nu_{as,C—C—C}$在 1300～1000cm^{-1}存在的一个弱吸收峰，以便确认。

（2）若无羰基吸收峰，可查找是否存在醇、酚、胺、醚类化合物。

①醇或酚：查找 $\nu_{O—H}$3700～3000cm^{-1}宽吸收峰和 $\nu_{C—O}$和 $\delta_{O—H}$相互作用在 1410～1050cm^{-1}的强特征吸收峰，以及酚类因缔合产生的 $\gamma_{O—H}$720～600cm^{-1}宽谱带吸收峰是否存在。

②胺：查找 $\nu_{N—H}$3500～3100cm^{-1}的两个中等强度吸收峰和 $\delta_{N—H}$1650～1580cm^{-1}的特征吸收峰是否存在。

③醚：查找 $\nu_{C—O}$ 1250～1100cm^{-1} 特征吸收峰是否存在，且没有醇、酚 $\nu_{O—H}$ 3700～3000cm^{-1}的特征吸收峰。

（3）查找烯烃和芳烃化合物

①烯烃：查找 $\nu_{C=C}$1680～1620cm^{-1}强度较弱的特征吸收峰及 $\nu_{C=C—H}$在 3000cm^{-1}以上的小肩峰是否存在。

②芳烃：查找 $\nu_{C=C}$在 1620～1540cm^{-1}出现的 4 个吸收峰，其中 1540cm^{-1}为最弱吸收峰；其余 3 个吸收峰分别为 1600cm^{-1}、1580cm^{-1}和 1500cm^{-1}。以 1500cm^{-1}吸收峰最强，1600cm^{-1}吸收峰居中，1580cm^{-1} 吸收峰最弱，并常被 1600cm^{-1} 处吸收峰掩盖而成肩峰。因此 1500cm^{-1}和 1600cm^{-1}双峰是判定芳烃是否存在的依据。此外还可查找 $\nu_{C=C—H}$在 3000cm^{-1}以上低吸收强度的小肩峰是否存在。

（4）查找炔烃、氰基和共轭双键化合物

①炔烃：查找 $\nu_{C\equiv C}$2200～2100cm^{-1}的尖锐特征吸收峰和 $\nu_{C\equiv C—H}$3300～3100cm^{-1}的尖锐特征吸收峰是否存在。此吸收峰易与其他不饱和烃区分开。

②氰基：查找 $\nu_{C\equiv N}$2260～2200cm^{-1}特征吸收峰是否存在。

③共轭双键：查找 $\nu_{C=C=C}$1950cm^{-1}特征吸收峰是否存在。

查找烃类化合物：查找甲基—CH_3，$\nu_{C—H}$在 2960cm^{-1}（ν_{as}）和 2870cm^{-1}（ν_s）2 个吸收峰；亚甲基—CH_2—，$\nu_{C—H}$在 2925cm^{-1}（ν_{as}）和 2850cm^{-1}（ν_s）2 个吸收峰；甲基和亚甲基的 $\delta_{C—H}$（as）在 1460cm^{-1}的吸收峰；甲基的 $\delta_{C—H}$（s）在 1380cm^{-1}的吸收峰；4 个以上亚甲基的φ-CH_2—在 722cm^{-1}吸收峰（它随 CH_2个数减少，吸收峰向高波数方向移动）；亚甲基—CH_2—，$\gamma_{C—H}$在 910cm^{-1}的强吸收峰；次甲基═CH—，$\gamma_{C—H}$在 995cm^{-1}的强吸收峰。上述诸多吸收峰的是否存在，可作判定烃类存在与否的依据。

对一般有机化合物，通过以上解析过程，再查阅谱图中其他光谱信息，与文献中提供的官能团特征吸收频率相比较，就能比较满意地确定被测样品的分子结构。

4. 红外光谱的定性鉴定

利用红外吸收光谱进行有机化合物定性分析可分为两个方面：一是化合物的鉴定（即官能团定性分析），主要依据红外吸收光谱的特征频率来鉴别含有哪些官能团，以确定未知化合物的类别；二是结构分析，即利用红外吸收光谱提供的信息，结合未知物的各种性质和其他结构分析手段（如紫外吸收光谱、核磁共振波谱、质谱）提供的信息，来确定未知化合物的化学结构式或立体结构。

化合物的鉴定：利用红外光谱进行化合物的鉴定，就是在相同条件下，分别测绘纯化合物与样品的红外吸收光谱，对照两谱图；或在与标准谱图的测定条件完全相同的条件下，绘制出样品的红外吸收光谱后，将样品谱图与标准谱图相比较。

比较谱图时，先检查最强峰，再依次检查中强峰和弱峰。

若两谱图中各峰的峰位和相对强度完全一致，则可肯定二者为同一化合物；样品谱图的峰数目少于标准谱图或纯化合物谱图中的峰数目，则可断定二者不是同一化合物。

若样品谱图的峰数目比标准谱图或纯化合物谱图中的峰数目多，则可能不是同一化合物，也可能是同一化合物，只是因样品纯度不够，导致杂质峰出现，此时需经分离提纯后再进行光谱鉴定。

5. 红外光谱图的解析与结构分析程序

利用红外光谱图进行结构分析就是解析谱图，确定化合物结构。结构分析一般程序：

①了解样品来源及性质：了解样品的来源，观察样品的颜色、嗅味、物理状态等外观信息，尽可能多地了解样品的熔点、沸点、溶解度、折射率、旋光度等物理性质，弄清样品组成、纯度等，利用适当分离手段获得纯度达98%以上的纯品。这样不仅有利于选择最适当的制样方法，还可缩小欲鉴定物质的范围，并可作为化合物结构的旁证。

②计算不饱和度：由于红外吸收光谱不能得到样品的总体信息（如相对分子质量、分子式等），如果不能获得与样品有关的其他方面的信息，仅利用红外吸收光谱进行样品剖析，在多数情况下是困难的。为此应尽可能获取样品的有机元素分析结果以确定分子式，并收集有关的物理化学常数（如熔点等），计算化合物的不饱和度。不饱和度表示有机分子中碳原子的不饱和程度，可以推测分子结构中是否有双键、三键或芳香环等，能初步确定化合物类型。

③确定特征官能团：由绘制的红外吸收谱图来确定样品含有的官能团，并推测其可能的分子结构。

④谱图解析结果的确证：当谱图解析确定了样品组成之后，还要查阅标准红外吸收光谱图，进行对比，以确证解析结果的正确性。

6. 标准红外吸收光谱图及其检索

现有3种标准红外吸收谱图，即萨特勒红外标准谱图集（Sadtler，Catalog of Infrared Standard Spectra）、分子光谱文献（Documentation of Molecular Spectroscopy，DMS）穿孔卡片和ALDRICH红外光谱库（The Aldrich Litrary of Infrared Spectra）。

现在最常用和收集谱图最多的是萨特勒红外标准谱图集，它由萨特勒研究实验室绘制，从1974年开始出版，每年增加谱图2000~4000张，至1995年已收集谱图15万张以上，它分为标准谱图、商品谱图和专用谱图三类。

标准谱图是用纯度在98%以上的化合物绘制的，分为棱镜光谱、光栅光谱和傅立叶变换光谱，约达6.5万张以上。

商品谱图是指工业产品谱图，按美国材料检验协会（ASTM）分类法，分为23类：①农业化学品；②多元醇；③表面活性剂；④单体和聚合物；⑤增塑剂；⑥香料和风味剂；⑦脂肪、石蜡及其衍生物；⑧润滑剂；⑨橡胶化学品；⑩化学纤维；⑪溶剂；⑫中间体；⑬石油化学品；⑭药物；⑮甾体；⑯纺织化学品；⑰食品添加剂；⑱颜料、染料和着色剂；⑲松脂、天然树脂和树脂；⑳涂料化学品；㉑水处理剂；㉒常用麻醉剂；㉓无机物。

上述谱图代表的化合物不一定是纯物质，而是典型牌号的商品物质。它不提供商品物质的化合物名称和结构，仅提供商品牌号，此类谱图约达7万张以上。

在萨特勒谱图上大多数都列出了化合物的化学命名、分子式、结构式、相对分子质量、熔点、沸点、折光指数、相对密度、样品来源、制样和测绘方法以及所用仪器等信息。为便于查阅，萨特勒谱图配有4种索引：

①分子式索引（Molecular Formular Index）：了解化合物的分子式，就可利用此索引。它是最常用、也是使用最方便的索引，它按分子式中元素符号C、H、Br、Cl、F、I、N、O、P、S、Si、M（表示金属元素）的顺序排列。

②化合物名称索引（Alphabetical Index）：按化合物名称的字母顺序排列，索引中所有化合物都按先母体、后衍生物、取代基的顺序排列。如化合物二氯乙醛的英文名称为 dichloracetaldehyde，而在字顺索引中写成 acetaldehyde dichloro，即母体在前、取代基在后。

③化学分类索引（Functional Group Alphabetical Index）：按化合物官能团类别排列的一种索引，利用它可方便查出一组同系物的谱图。

④波长索引（Wave Length Index）：按照最强峰位分组的索引。根据未知物红外光谱中的几个强吸收峰的波长，利用此索引可以查出可能的化合物的标准谱图。是一种专门设计的索引，棱镜和光栅的标准谱图都各自编有波长索引。

常见的红外标准谱图还有DMS（Documentation of Molecular Spectroscopy）穿孔卡片，由英国和西德编制。共分为三种类型：有机化合物卡片（桃红色）、无机物卡片（淡蓝色）和文摘卡片（淡黄色）。

此外有一些红外光谱索引书可以为查找红外标准谱图提供线索，还有一些文献手册等可以查阅有关化合物的红外标准谱图。也可以由自己合成的样品来获得标准品谱图。

从上述各种索引中可查到化合物的谱图号码，然后可从谱图集中查出对应的谱图。

现在商品的新型红外吸收光谱仪都配有计算机系统，可将标准红外吸收谱图储存在硬盘中，使用时可自动对照检索，并可将未知谱图和标准谱图进行加和、差减、比较、从而可节约解析时间，并直接获得准确的解析结果。

7. 红外光谱图解析示例

以下以5个示例说明IR谱图解析方法。

【例4-9】 某未知物的分子式为$C_{12}H_{24}$，试从其红外吸收光谱（图4-18）推测其结构。

解：

（1）由分子式计算其不饱和度：$u=1+12+\frac{1}{2}(0-24)=1$

不饱和度是1，说明该化合物具有一个双键或一个环。

（2）谱图解析

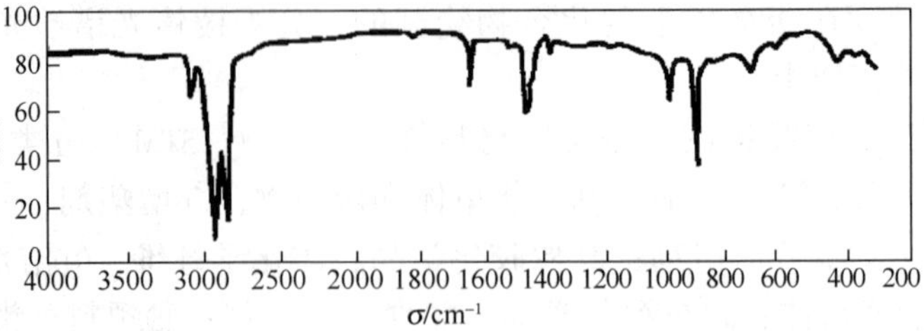

图 4-18　例 4-9 中 $C_{12}H_{24}$的红外光谱图

①由谱图可看到在 1900~1650cm^{-1}无 $\nu_{C=O}$ 的强吸收峰，在 1300~1000cm^{-1}也无一个 $\nu_{as,C-O-C}$的弱吸收峰，分子式中无氧，可初步判定此化合物不是羧酸、酸酐、酯、酰胺、醛和酮。

②在 3700~3000cm^{-1} 无 ν_{O-H} 或 ν_{N-H} 峰，表明不是醇、酚、胺类化合物；在 1250~1100cm^{-1}无 ν_{C-O}吸收峰，分子中无氧，表明其也不是醚类化合物。

③按波数由高至低的顺序，对吸收峰进行解析。首先由 3075cm^{-1}出现小的肩峰说明存在烯烃 ν_{C-H}伸缩振动，在 1640cm^{-1}还出现强度较弱的 $\nu_{C=C}$伸缩振动，由以上两点表明此化合物为一烯烃。

④在 3000~2800cm^{-1}的吸收峰表明有 CH_3、CH_2存在，在 2960、2920、2870、2850cm^{-1}的强吸收峰表明存在—CH_3和—CH_2—的 $\nu_{C-H(as)}$、$\nu_{C-H(s)}$，且 CH_2的数目大于 CH_3的数目，从而推断此化合物为一直链烯烃。在 715cm^{-1}出现的小峰，显示 CH_2的面内摇摆振动 φ-CH_2—，也表明长碳链的存在。

⑤在 980、915cm^{-1}的稍弱吸收峰为次甲基和亚甲基产生的面外弯曲振动 γ_{C-H}。

⑥在 1460cm^{-1}吸收峰为—CH_3、—CH_2—的不对称剪式振动 $\delta_{C-H(as)}$；1375cm^{-1}为—CH_3的对称剪式振动 $\delta_{C-H(s)}$，其强度很弱，表明 CH_3的数目很少。

（3）推测结构

由以上解析可确定此化合物为 1-十二烯，分子式为 CH_2═CH—（CH_2）$_9$—CH_3。

（4）结构验证

该结构式不饱和度与计算结果一致，并与标准谱图对照证明结构正确。

【例 4-10】　某未知物分子式为 $C_4H_{10}O$，试从其红外光谱（图 4-19）推断其分子结构。

解：

（1）由分子式计算它的不饱和度：$u=1+4+\frac{1}{2}(0-10)=0$

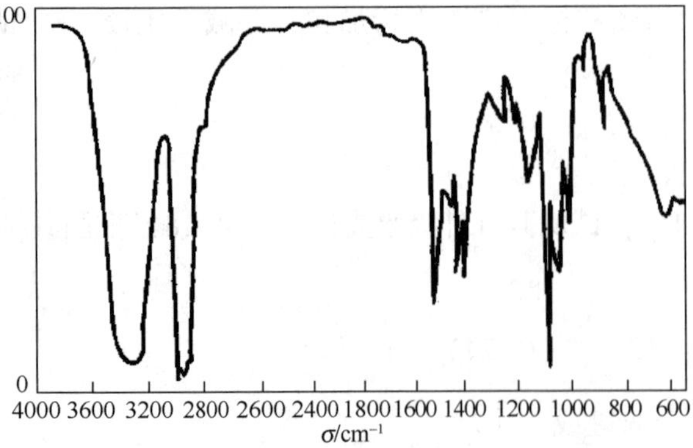

图 4-19　例 4-10 中 $C_4H_{10}O$ 的红外光谱图

不饱和度是 0，表明其为饱和化合物。

（2）谱图解析

①由谱图可看到 1900~1650cm^{-1}无 $\nu_{C=O}$ 的强吸收峰，在 1300~1000cm^{-1}无 $\nu_{as,C-O-C}$ 的吸收峰，但有强吸收峰，可初步判定此化合物不是羧酸、酸酐、酯、酰胺、醛和酮。

②在 3500~3100cm^{-1}未出现 ν_{N-H}的中强度双峰，表明无胺存在；但在

3350cm^{-1}出现强吸收的宽峰表明存在 ν_{O-H}伸缩振动，其已移向低波数表明存在醇的分子缔合现象。

③在 2960、2920、2870cm^{-1}吸收峰，表明存在—CH_3、—CH_2—的伸缩振动 ν_{C-H}。

④1460cm^{-1}吸收峰，表明存在—CH_3、—CH_2—的不对称剪式振动 $\delta_{C-H(as)}$。

⑤1380、1370cm^{-1}等强度双峰，表明存在 C—H 面内弯曲振动 δ_{C-H}，其为异丙基分裂现象。

⑥1300~1000cm^{-1}系列吸收峰表明存在 C—O 的伸缩振动 ν_{C-O}，即有一级醇—OH 存在。

(3) 推测结构

由以上解析可确定此化合物为饱和一级醇，又存在异丙基分裂。所以确定其为异丁醇，分子式为：$(CH_3)_2CH—CH_2—OH$。

(4) 结构验证：该结构式不饱和度与计算结果一致，并与标准谱图对照证明结构正确。

【例 4-11】 分子式为 C_8H_8O 的未知物，沸点为 220℃，图 4-20 为其 IR 谱，判断其结构。

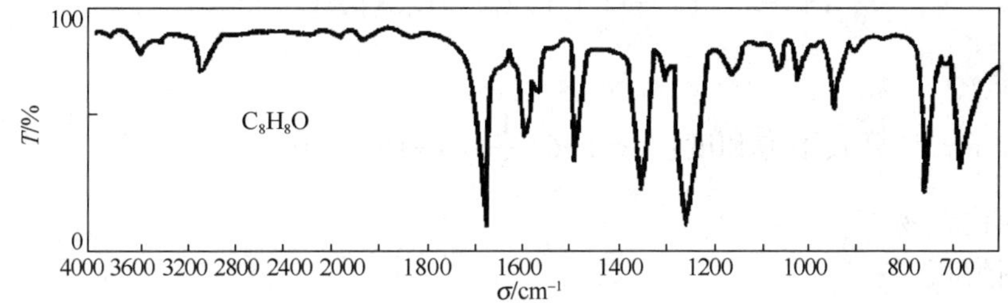

图 4-20 例 4-11 中 C_8H_8O 的红外光谱图

解：

(1) 从分子式计算不饱和度：

$$u=1+8+\frac{1}{2}(0-8)=5$$

不饱和度是 5，估计其含有苯环和双键（或环烷烃）。

(2) 谱图解析

①在 1680cm^{-1}呈现 $\nu_{C=O}$的强吸收峰，可能为羧酸、酸酐、酯、酰胺、醛、酮等化合物。因分子式中无氮，可排除酰胺；在 3300~2500cm^{-1}处无 ν_{O-H}的宽吸收峰，可排除羧酸；在 2820cm^{-1}和 2720cm^{-1}无 ν_{C-H}和 δ_{C-H}倍频共振的双峰，可排除醛；在 1830cm^{-1}和 1750cm^{-1}无 $\nu_{C=O}$的羰基振动偶合双峰，可排除酸酐。

②1600、1580、1500cm^{-1}处的 3 个峰是苯环骨架振动 $\nu_{C=C}$的特征，表明分子中有苯环。

③在 1265cm^{-1}呈现强的吸收峰为芳酮特征，其为羰基和芳环的偶合吸收峰。

④在 3000cm^{-1}以上有微弱的吸收峰，表明分子中仅含少量的 CH_3或 CH_2。

⑤在 2000~1700cm^{-1}仅有微弱的吸收峰，其为面外伸缩振动 γ_{C-H}，是苯衍生物的特征峰。

⑥1380cm^{-1}吸收峰，表明有—CH_3的面内弯曲振动（对称剪式振动）$\delta_{C-H(s)}$。

⑦900~650cm^{-1}的吸收峰，为苯环 C—H 面外弯曲振动 γ_{C-H}，750、690cm^{-1}的 2 个强吸收峰，表明化合物为单取代苯。

（3）推测结构

由以上解析可知，此化合物为苯乙酮，分子式为 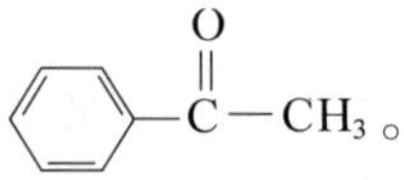。

（4）结构验证

该结构式不饱和度与计算结果一致，并与标准谱图对照证明结构正确。

【例 4-12】 某未知物的分子式为 $C_6H_{15}N$，试从其红外吸收光谱（图 4-21）推断其结构。

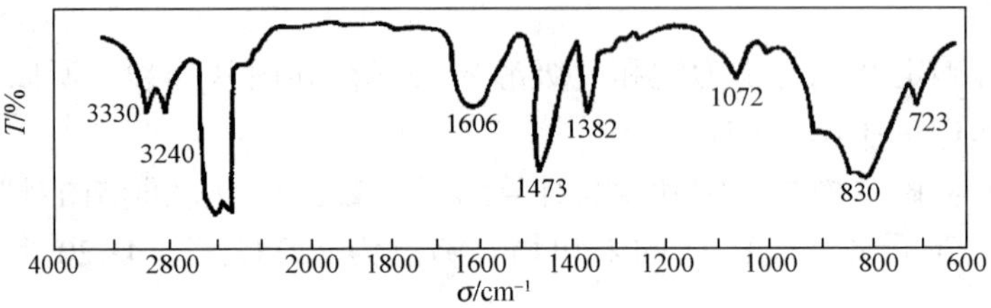

图 4-21　例 4-12 中未知物 $C_6H_{15}N$ 的红外光谱图

解：

（1）由分子式计算其不饱和度：$u=1+6+\frac{1}{2}（1-15）=0$

其为饱和化合物。

（2）谱图解析

①谱图中在 1900~1650cm^{-1}无 $\gamma_{C=O}$的强吸收峰，且分子式中无氧，可判定此化合物不是羧酸、酸酐、酯、酰胺、醛和酮。

②由 3330cm^{-1}和 3240cm^{-1}出现 $\nu_{N—H}$的 2 个中等强度吸收峰，可初步判断它可能为胺类。在 1606cm^{-1}呈现中等强度宽峰是 $\delta_{N—H}$的特征，在 1072cm^{-1}呈现 $\nu_{C—N}$弱吸收峰和在 830cm^{-1}呈现的 $\gamma_{N—H}$宽吸收峰，都进一步确证此化合物为胺类。

③在 3000~2800cm^{-1}出现的分裂强吸收峰，表明存在 CH_3、CH_2的伸缩振动 $\nu_{as,C—H}$和 $\nu_{s,C—H}$；在 1473cm^{-1}出现强峰为 CH_3、CH_2、面内弯曲振动 $\delta_{as,C—H}$；在 1382cm^{-1}处出现中等强度的单峰为 CH_3面内弯曲振动 $\delta_{s,C—H}$；在 723cm^{-1}出现的中等强度吸收峰，为 4 个以上 CH_2直接连接时的平面摇摆振动 φ_{CH_2}。

（3）推测结构

由以上解析，可确定此化合物为正己胺，分子式为 $CH_3（CH_2）_5NH_2$。

（4）结构验证：该结构式不饱和度与计算结果一致，并与标准谱图对照证明结构正确。

【例 4-13】 某未知物的分子式为 $C_6H_{10}O_2$，其 IR 谱见图 4-22 试从推断其结构。

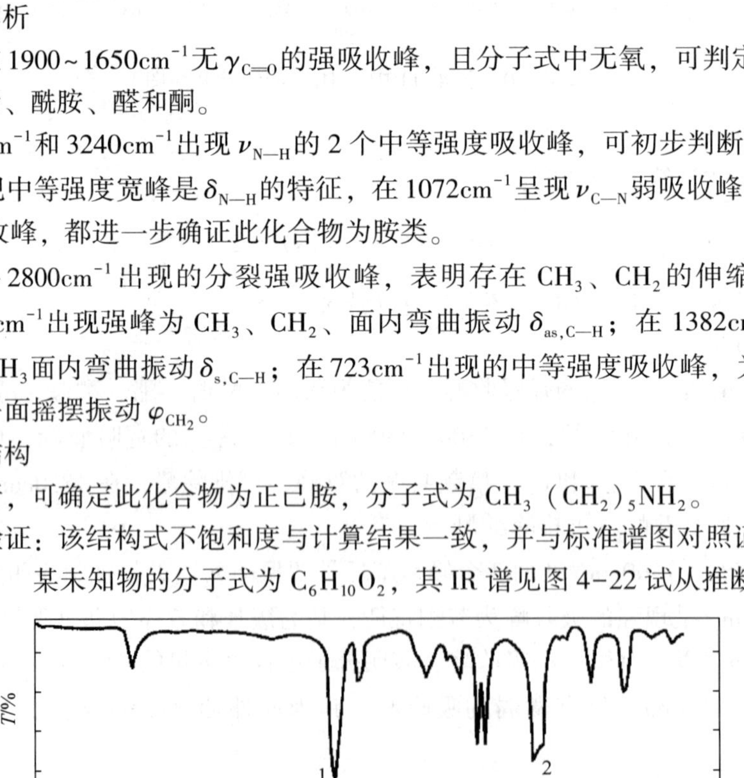

图 4-22　例 4-13 中未知物 $C_6H_{10}O_2$的红外光谱图

解：

（1）由分子式计算其不饱和度：$u=1+6+\frac{1}{2}（0-10）=2$

其可能含有 1 个叁键或 2 个双键。

（2）谱图解析

①谱图在 1900～1650cm^{-1}有 $\nu_{C=O}$强吸收峰，且分子有 2 个氧原子，并在 1300～1100cm^{-1}有一个 $\nu_{C—O}$强吸收峰，表明其为典型的羧酸酯类化合物。

②在 2200～2100cm^{-1}无 $\nu_{C\equiv C}$的尖锐吸收峰，在 3300～3100cm^{-1}无 $\nu_{C\equiv C—H}$的尖锐吸收峰，表明其不是炔类化合物。

③在 1620～1680cm^{-1}有强度较弱的肩峰，表明其为 $\nu_{C=C}$的较弱吸收峰，此化合物可能为不饱和脂肪酸酯。

④在 2800～2900cm^{-1}有一弱的吸收峰，其为甲基 $\nu_{C—H(s)}$吸收峰和亚甲基 $\nu_{C—H(s)}$吸收峰，表明分子中含有 CH_3和 CH_2。

⑤在 1460cm^{-1}有弱吸收峰，为甲基和亚甲基的 $\delta_{C—H(as)}$吸收峰；在 1380cm^{-1}吸收峰为甲基 $\delta_{C—H(s)}$吸收峰；在 910cm^{-1}吸收峰为亚甲基 $\gamma_{C—H}$吸收峰。

（3）推测结构

由以上解析、分子式及不饱和度，可推断此化合物为分子式为 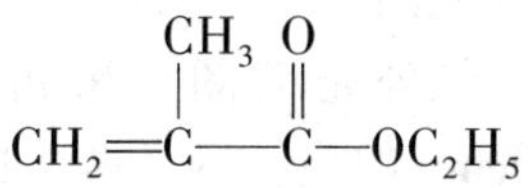

即：2-甲基丙烯酸乙酯。

（4）结构验证

该结构式不饱和度与计算结果一致，并与标准谱图对照证明结构正确。

由上述可见，红外光谱的解析没有固定的方法，很大程度上依靠经验的积累。解析红外光谱图的一般顺序是：先否定，后肯定；先强峰，后弱峰；先特征区，后指纹区。有时也可应用裂解、水解等化学反应，将复杂的分子分解为几个小的碎片，再分别用红外光谱测定。

8. 红外光谱在剖析中的应用

红外光谱的应用可贯穿于剖析工作的全过程。剖析工作开始时，对原始样品可先做出一张红外总图，如同各组分红外光谱图的“集体合影”；在分离纯化过程中，可以检测各组分的去向，防止有效组分的丢失，并检查各组分是否达到结构分析所需要的纯度；得到纯组分的红外光谱图后，又可推测未知组分含有的官能团，分子骨架等信息；在剖析最后阶段的合成验证过程中，又可以判断所推测结构是否正确，是最后的“终裁”手段。

在剖析中的具体应用有以下几方面：

（1）确定化合物所含的官能团

确定化合物所含官能团的方法一般有三种。

①否定法：如果在红外光谱图某个波数区域没有特性吸收峰，就可断定样品中不存在该基团。如 3700～3100cm^{-1}区域没有红外吸收带，就可以排除 N—H 和 O—H 基团的存在；又如在 2260～2200cm^{-1}区域没有吸收带，就可以排除氰基和炔基的存在。

②肯定法：解析红外光谱时，一般从谱图中由强到弱对各组进行分析。强吸收峰往往对应与化合物的主要官能团，如某一化合物的红外谱图在 1100cm^{-1}处有很强的对称吸收峰，就可以断定该化合物中有醚基（C—O—C）；若在 1308cm^{-1}有强吸收的双峰，则可断定该化

合物含有异丙基 $CH(CH_3)_2$。

③衍生物法：制备一定的衍生物，利用衍生物的红外谱图与母体化合物谱图对照，可进一步判断官能团的存在。例如，羧基（—COOH）可通过与三乙胺成盐，此时有关羧基的伸缩振动吸收峰消失，取而代之为两个盐的吸收峰（1610~1550cm^{-1}，1420~1300cm^{-1}）。

（2）辨认未知化合物结构

使用红外光谱辨认（证实）有机化合物结构是一项行之有效的简便方法，辨认未知化合物结构，就是红外光谱定性分析中的化合物鉴定，采用与标准物或标准谱图对照的方法。

（3）分析和鉴定未知化合物结构

如果找不到相同结构的标准化合物或标准图谱，则样品可能是一种新结构的化合物，需要进行结构鉴定。此时，应该运用四大波谱（紫外光谱，红外光谱，核磁共振波谱和质谱）进行综合分析。

9. 红外光谱提供的结构信息及特点

（1）结构信息

红外吸收光谱通过吸收峰的位置（基团振动频率）、强度及形状提供有关化合物的结构信息。由于红外吸收光谱是分子振动光谱，基团振动频率与组成基团的原子质量（即原子种类）和化学键力常数（即化学键类型）有关，因此它提供的最主要结构信息是化合物所含官能团。

红外光谱图一般可分为两大区域，基团特征频率区（4000~1300cm^{-1}）和1300~400cm^{-1}的指纹区。两个区域的不同特点决定了它们在有机物结构分析中的不同地位和作用。基团特征频率区中的吸收峰数量不多，但特征性强，某一吸收峰的出现能够明确指示某种官能团的存在。如1700cm^{-1}附近出现的吸收峰指示了羰基的存在。基团特征频率区的主要用途是确定官能团，进而确定化合物的类型。这是红外吸收光谱在有机化合物分子结构测定中的最主要用途。指纹区的吸收峰多而复杂，大部分难以归属，但对分子整体结构却很敏感，分子结构的细微变化都能导致谱图的变化，除了少数同系物之外，每一个有机物都有其独特的指纹谱图，因此指纹区适合于用来与标准谱图对照，以确定被测物与某一已知物是否相同。基团特征频率区的解析和指纹区与标准谱图对照相结合，使红外吸收光谱能独立用于有机物结构分析。但对于复杂分子来说，单凭这一技术难以确定未知物结构，对红外光谱的解释，主要依靠标准物质、标准谱图和经验来判断。

与^{1}HNRM 及 UV 不同，IR 不能对吸收谱带作定量测定，这是由于通过样品的光不是单色光，测量的光密度受到单色器狭缝宽度的影响很强烈。同时，谱带的形状还与扫描速度有关。故 IR 中的吸收强度通常用主观的分类，即很强（vs）、强（s）、中等（m）和弱（w）来表示。

还要注意的是样品或溶剂（常用 CCl_4 或 $CHCl_3$）中微量的水分也引起在3600cm^{-1}附近的吸收，有的还会观察到溶解的 CO_2（2320cm^{-1}）及硅油（1625cm^{-1}）等杂质峰的存在。

（2）特点

①特征性高。每一种化合物都具有固有特征的红外光谱图，其谱峰数、频率、强度和形状均随化合物及其状态的不同而异，特别在指纹区（1350cm^{-1}以下）特征更加明显。就像辨认人的指纹一样，可以确认化合物的化学结构。

②分析时间短。一般十余分钟就可完成一个样品的测试工作。如用计算机检索，1~2min 就可完成谱图检索。红外光谱已积累有十余万张标准谱图供解析谱图中参看使用。

③所用试样少。一般应用数毫克的样品就可完成测试傅立叶变换红外光谱仪甚至可以检测 10^{-9}g 的样品。

④不破坏试样，样品可以回收。

⑤测定方便，制样技术简单，仪器价格适中。

4.4　核磁共振波谱及其在结构推测中的应用

核磁共振波谱（Nuclear Magnetic Resonance Spectrosopy，简称 NMR）是近 30 年中发展起来的一种波谱技术，它又分氢谱（^{1}H-NMR）和碳谱（^{13}C-NMR）两种。氢谱可以准确地测定有机化合物分子中各种不同氢质子的类型；碳谱可以确定每个碳原子的归属。两者结合起来，在测定有机化合物结构方面起了决定性的作用。

4.4.1　氢核磁共振波谱（^{1}H-NMR）的基本原理

1. *磁性核的共振及产生条件*

原子核为带正电粒子，原子核的自旋产生小磁场，以核磁矩 μ 表征，这样的核叫作磁性原子核。一个自旋的电荷（只要原子核质量数和原子序数有一个为奇数）即可形成循环电流，循环电流就会产生磁场与之联系，因此氢核（即质子）可视为一个小的磁偶极子（或比作小磁棒）。不存在外部磁场时，氢核的取向是随机的，只有一个能级（平均能量）；如把氢核置于外加磁场（B_0）中时，它的磁矩相对于外加磁场有两种排列：与外加磁场同向的是稳定的低能态（$m_s=+1/2$），反向的是高能态（$m_s=-1/2$），这两种取向不同的能级称为磁能级或自旋能级。当外来射频辐射能量（$h\nu_0$）等于两个自旋能级的能量差 $\Delta E=2\mu B_0$ 时，则原子核吸收电磁辐射能量，发生核能级的跃迁，即发生“共振”，此时核磁共振仪中产生吸收信号。这种由于氢核吸收能量而引起的共振现象称为氢核磁共振。对于给定的核来说，磁距 μ 是一个常数，氢核的 $\mu=\gamma h/4\pi$，所以

$$h\nu=\Delta E=\frac{\gamma h}{2\pi}B_0=h\nu_0$$

$$\nu_0=\frac{\gamma}{2\pi}B_0 \tag{4-3}$$

式中　γ——氢核的磁旋比（或旋磁比），特征常数；

B_0——外加磁场强度，T；

h——普朗克常量；

ν_0——射频辐射的频率。

也就是说，当外来射频辐射的频率 ν_0 满足式（4-3）时就会引起能级跃迁并产生吸收。所以核磁共振产生条件为：有自旋的核（自旋量子数 $I\neq0$）位于外磁场（B_0）中，外来射频辐射能量（$h\nu_0$）等于两个自旋能级的能量差 ΔE。

从共振公式（4-3）知，有两种方式可实现共振，即固定 ν_0，作 B_0 扫描（扫场）；或固定 B_0，作 ν_0 扫描（扫频），但实际上最方便的实现共振方法是扫场法。

2. *电子的屏蔽效应与化学位移（峰的位置）*

理想化的裸露氢核（质子）的共振条件：$\nu_0=\gamma B_0/(2\pi)$，产生单一的吸收峰。

实际上，氢核受周围不断运动着的电子影响，在外磁场作用下，运动着的电子产生相对于外磁场方向的感应磁场，起到屏蔽作用（如图 4-23 所示），使氢核实际受到外磁场作用

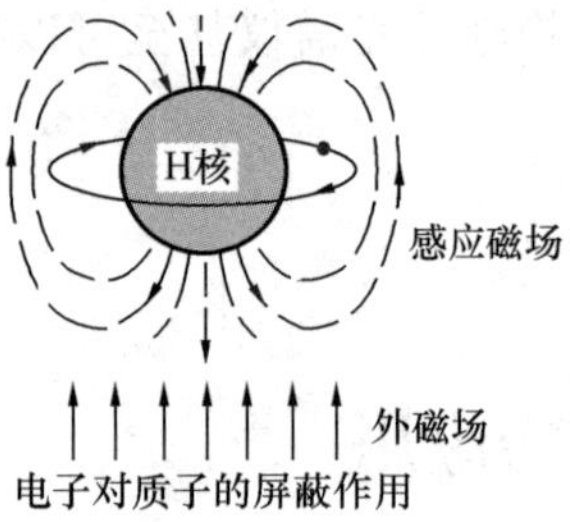

图 4-23　电子对质子的屏蔽效应

减小，使 $B=(1-\sigma)B_0$。σ 为屏蔽常数（由电子云密度决定，与化学结构密切相关），σ 越大，屏蔽效应越大。

此时的共振条件为：

$$\nu_0 = [\gamma/(2\pi)](1-\sigma)B_0 \qquad (4-4)$$

由于屏蔽作用的存在，氢核产生共振需要更大的外磁场强度（相对于裸露的氢核），来抵消屏蔽影响。这种效应，即电子对外加磁场的屏蔽作用，称为抗磁屏蔽效应。这时，氢核并不发生共振，只有外加磁场的强度在略微增加以补偿感应磁场，才能使分子中氢核发生能级跃迁产生共振），使其吸收信号（共振峰的位置）出现在较高磁场强度处（高场），如 CH_4、HC≡CH 上的氢核。

与抗磁屏蔽效应相反，假如氢处于核外电子产生的感应磁场的方向与外加磁场的方向一致之处，就等于在外加磁场中又加一个小磁场（只有 B_0的百万之几）。此时，氢核“感觉”到的磁场增加了，这个氢核就可在较低的磁场发生共振吸收。这种氢核受到的屏蔽作用称为顺磁去屏蔽效应。

由此可见，由于各个氢核在分子中的位置不同，或所处的化学环境不同，其受到的屏蔽作用也不同：处于感应磁场与外磁场方向相反的位置时受到抗磁屏蔽效应，在高场处产生吸收峰；处于感应磁场与外磁场方向相同的位置时受到顺磁去屏蔽效应，在低场处产生吸收峰。这种在一定的辐射频率（或外加磁场强度条件）下，处于不同化学环境的有机化合物中的质子，产生核磁共振的磁场强度（或共振吸收频率）发生移动的现象，称为化学位移。

（1）化学位移的表达

由于大多数情况下，化合物中的氢核，往往周围环境不同，它们感受到抗屏蔽效应或顺磁去屏效应，而且程度不同。所以它们的共振吸收出现在不同的外加磁场强度，这一化学位移的差异很小，难以精确地测出其绝对值，因而采用一个标准物质作对比，常用的标准物质是四甲基硅烷（TMS）。化学位移表达为：

$$\delta = \frac{\nu_{样} - \nu_{TMS}}{\nu_{仪}} \times 10^6 \qquad (4-5)$$

式中　$\nu_{样}$——样品中氢核的共振频率；

ν_{TMS}——四甲基硅烷（TMS）中氢核的共振频率（其与样品混合后测定）；

$\nu_{仪}$——仪器所采用的固定照射频率。

（2）化学位移表达式的形成原因

之所以将化学位移表达为式（4-5），原因如下：

①氢核屏蔽效应（不论抗磁，还是顺磁）只有 B_0的百万分之几（10^6能量级），即不同氢核的屏蔽效应之间的差别大约只有几赫兹到几十赫兹（换言之，各类氢核取得共振的磁场强度相差很小），但通常应用的照射频率（无线电波）为 60MHz 或 100MHz，这样测得的共振位置的绝对值是不能精确的。

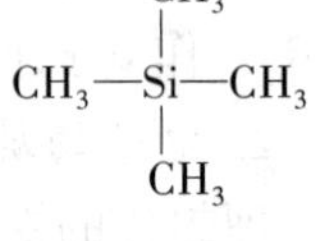

②在样品中加 TMS，是为化学位移的大小提供一个参比标准，正像物理学上衡量位移的大小选择一个参照物一样。TMS 之所以作为一个标准物质，就是因为 Si 的电负性小，体积大，四个甲基上的氢周围的电子云密度大，屏蔽效应很大，一般常见有机物都比它小，TMS 的共振吸收出现在很高的高场，且在它附近无吸收，其他化合物的共振吸收大多在远离它的低场出现。

另外，TMS 的同类氢核有 12 个之多，共振吸收给出一个强信号，且只有一个锐利的单峰。以 TMS 的氢核峰作为零点，其他化合物的氢核峰与其距离 $\nu_{样}-\nu_{TMS}$就可以测准。TMS 之所以可与其他化合物混合在一起测定，是因为其性质稳定，不易与样品发生反应，且能溶于有机物中；TMS 的沸点较低，比较容易除去。

③由于 $\nu_{样}-\nu_{TMS}$的绝对值与仪器实用的 $\nu_{照}$成正比。$\nu_{照}$大，$\nu_{样}-\nu_{TMS}$也会大，于是不同仪器对同种氢核所测得的 $\nu_{样}-\nu_{TMS}$大小无法比较，而取其相对比值（$\nu_{样}-\nu_{TMS}$）/ $\nu_{照}$则变为一个常数，使化学位移的大小与所用仪器无关。这样，每种氢核的化学位移基本上是一个特征常数。

④由于 $\nu_{样}$、ν_{TMS}的绝对值极大，且和仪器固有电磁振荡频率 $\nu_{照}$相差不大，所以上述比值很小（10^{-6}数量级）；为方便使用，乘上 10^6，使氢核的化学位移值 δ 一般在 0~10 之间。

⑤因为通常 $\nu_{样}<\nu_{TMS}$，所以 $\nu_{样}-\nu_{TMS}$为负值，人为加一个负号，使 δ 成为正值。

（3）化学位移与屏蔽效应和磁场强度的关系

化学位移与磁场强度和屏蔽效应的关系见图 4-24。

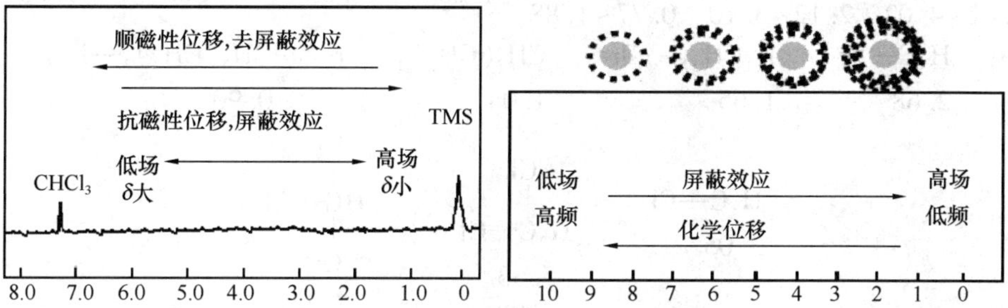

图 4-24　化学位移与磁场强度和屏蔽效应的关系

由于采用式（4-5）表达化学位移，可使氢核磁共振谱图自左往右，磁场由低场到高场，频率由高频到低频，而化学位移 δ 则由大到小，即 δ 的变化方向与一般习惯不同。

也有采用 τ 值的，规定 $\tau=10.0-\delta$。τ 值与场强 B 的变化方向均与一般习惯相同。

虽然 TMS 是一个比较合适的参比化合物，但是有些化合物的氢核信号发生在 $\delta<0$，这表示抗磁屏蔽效应很强；$\delta>10$，表明去屏蔽效应很强。

至此可知，化学位移就是某一氢核吸收峰离开参比物氢核吸收峰的距离，但该距离的大小却决定于氢核所处的化学环境或空间位置。

3. 化学位移的影响因素

化学位移是由核外电子云密度决定的，因此影响电子云密度的各种因素都将影响化学位移。其中包括与氢核相邻近元素或基团的电负性，磁各向异性效应，溶剂效应及氢键作用等。与氢核连结的原子的电负性强，氢核周围的电子云密度就减弱，使氢核外围的电子云的屏蔽效应减小，在低场出峰，化学位移 δ 相应增大。

（1）电负性（产生去屏蔽效应，向低场移动，化学位移 δ 增大）

与质子相连元素的电负性越强，吸电子作用越强，价电子偏离质子，屏蔽作用减弱，信号峰在低场出现。

在 CH_3CH_2I 中的—CH_3 质子 $\delta=1.6\sim2.0$，高场；—CH_2I $\delta=3.0\sim3.5$，低场（图 4-25）；

在 CH_3OH 中的—O—H 质子，$\delta=4.2$，δ 大；CH_3的 $\delta=3.0\sim3.5$（图 4-26）。

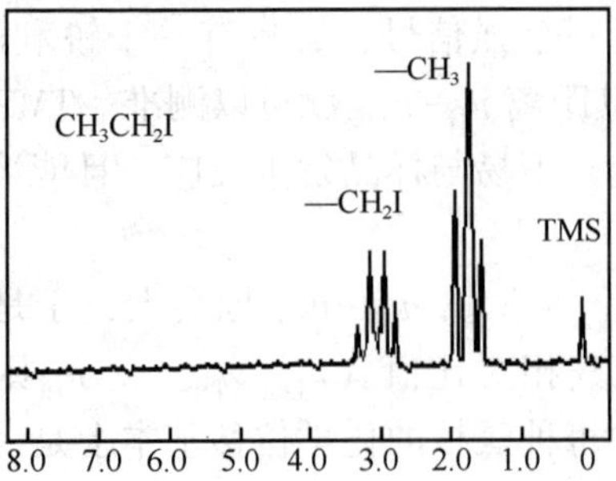

图 4-25　CH_3CH_2I 的 ^1H-NMR 图

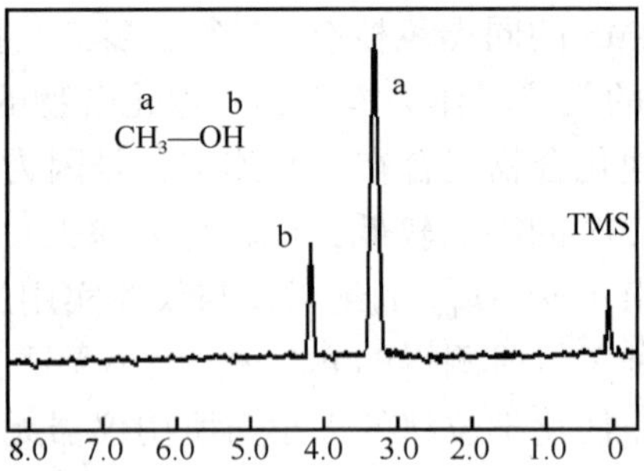

图 4-26　CH_3CH 的 ^1H-NMR 图

①电负性元素对化学位移的影响。

电负性越大，与其相连碳上氢的化学位移越大；

3.5	3.0	2.5
O—CH_3	N—CH_3	C—CH_3
3.42~4.02	2.12~3.10	0.77~1.88

F—CH_3	Cl—CH_3	Br—CH_3	I—CH_3
4.26	3.05	2.68	2.60

H_3C—Br	H_3CH_2C—Br	$CH_3(CH_2)_2$—Br	$CH_3(CH_2)_3$—Br
2.68	1.65	1.04	0.90

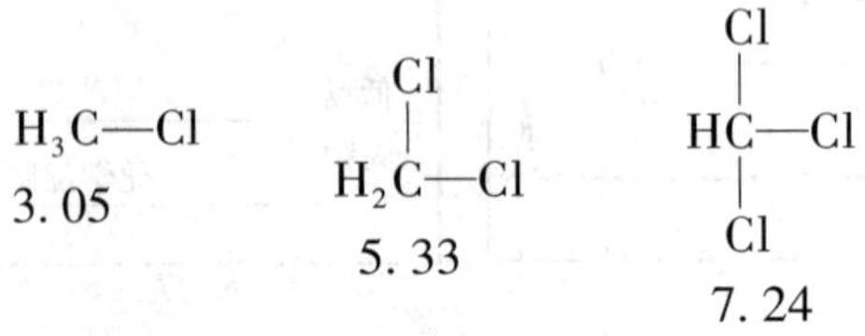

离电负性元素越近，化学位移越大。

②碳杂化轨道电负性：SP>SP^2>SP^3

伯碳 1^0，仲碳 2^0，叔碳 3^0 上的氢核共振吸收由高场向低场移动，化学位移增大。

（2）磁各向异性效应

①双键上价电子产生的诱导磁场使双键(羰基和烯基)上的质子位于与外磁场方向一致的磁力线上，受到顺磁去屏蔽作用，化学位移增大，如图 4-27 所示。

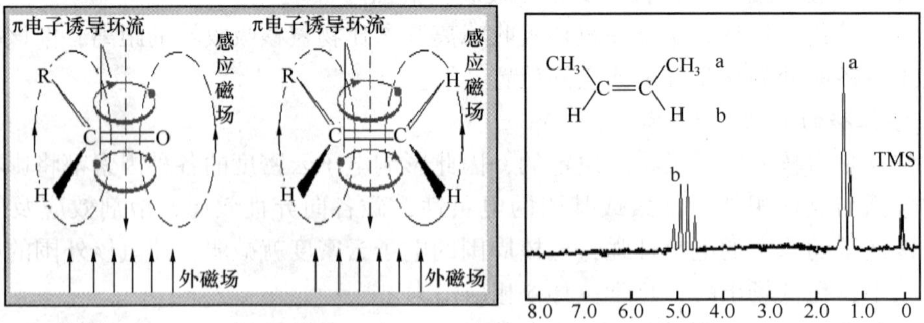

图 4-27　双键的磁各向异性效应及 2-丁烯的 ^1H-NMR 图

②炔烃价电子产生的诱导磁场使炔烃质子位于与外磁场方向相反的磁力线上，受到抗磁而屏蔽，移向高场，使其化学位移 δ 变小，如图 4-28 所示。

③苯环上的 6 个 π 电子产生较强的诱导磁场，当质子位于与外磁场方向一致的磁力线上时，受到顺磁去屏蔽，吸收峰出现在低场，化学位移 δ 增大，如图 4-29 所示。

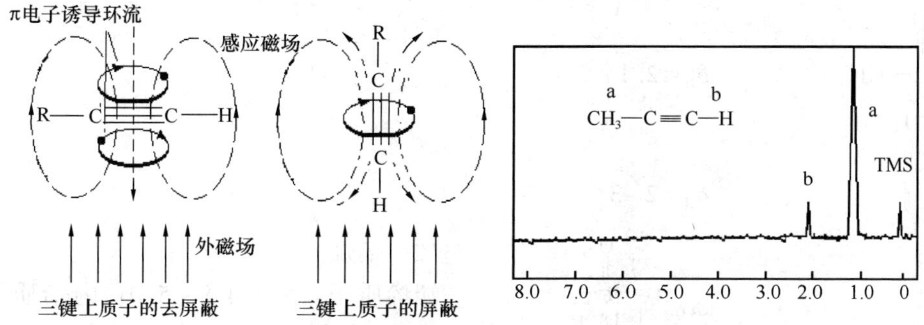

图 4-28　三键的磁各向异性效应及 1-丙炔的^{1}H-NMR 图

（3）氢键效应

氢键属于顺磁性去屏蔽效应，形成氢键后可使^{1}H 核屏蔽作用减少，化学位移δ大；在非极性溶剂（CCl_4）中氢键作用消失，化学位移δ变小，如图 4-30 所示。

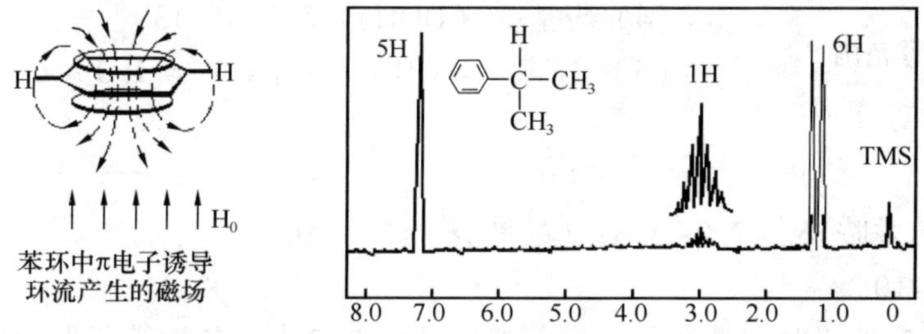

图 4-29　苯环 π 键的磁各向异性效应及异丙苯的^{1}H-NMR 图

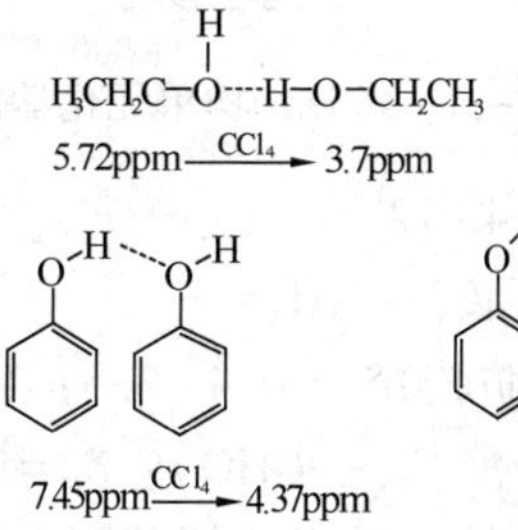

图 4-30　氢键效应示例

（4）空间效应

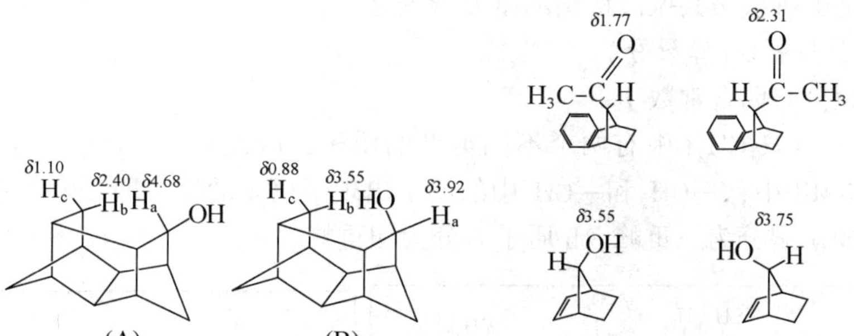

(A)　(B)

4. 常见有机基团的化学位移（峰位）

常见结构单元的化学位移范围见图 4-31。

（1）饱和烃

—CH_3：$\delta_{CH_3}=0.79\sim1.10$

—CH_2：$\delta_{CH_2}=0.98\sim1.54$

—CH：$\delta_{CH}=\delta_{CH_3}+(0.5\sim0.6)$

—O—CH_3　　$\delta_H=3.2\sim4.0$

—N—CH_3　　$\delta_H=2.2\sim3.2$

>C=C(—)—CH_3　　$\delta_H=1.8$

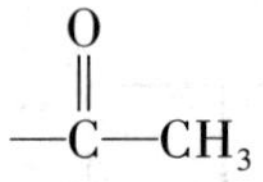

$\delta_H = 2.1$

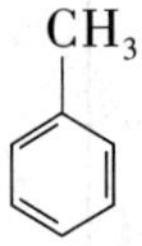

$\delta_H = 2\sim3$

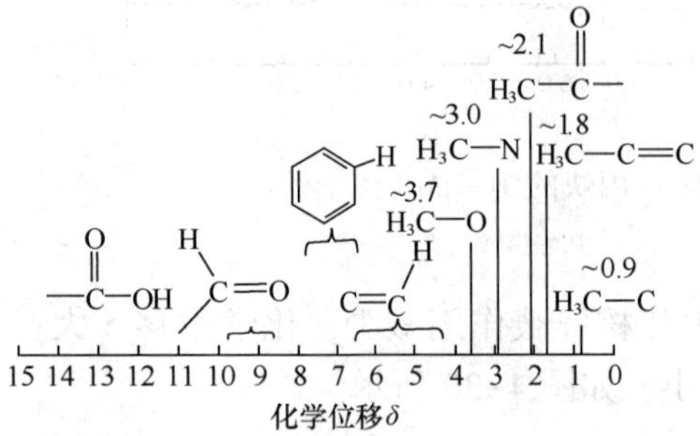

图 4-31　常见结构单元化学位移范围

（2）烯烃

端烯质子：$\delta_H = 4.8\sim5.0$；内烯质子：$\delta_H = 5.1\sim5.7$；与烯基、芳基共轭：$\delta_H = 4\sim7$。

（3）芳香烃

芳烃质子：$\delta_H = 6.5\sim8.0$；供电子基团取代—OR，—NR_2时：$\delta_H = 6.5\sim7.0$；吸电子基团取代—$COCH_3$，—CN，—NO_2时：$\delta_H = 7.2\sim8.0$。

（4）羧基(—COOH)：$\delta_H = 10\sim13$

（5）羟基(—OH)：(醇)$\delta_H = 1.0\sim6.0$；(酚)$\delta_H = 4\sim12$。

（6）胺(—NH_2)

(脂肪胺)$\delta_H = 0.4\sim3.5$；(芳香胺)$\delta_H = 2.9\sim4.8$；(酰胺)$\delta_H = 5.0\sim9.4$。

（7）醛基(—CHO)：$\delta_H = 9\sim10$。

与红外光谱中特征基团有一定的吸收位置相似，在氢核磁共振波谱中，各种基团上的质子也有一定的区域范围，常见结构单元化学位移范围如图 4-31 所示。各化学位移代表处于不同化学环境中各种类型的氢核。因此，根据 NMR 峰位置可推断分子中有无某些基团的存在。化学位移是解析核磁共振波谱图的重要依据之一。

5. 自旋偶合与裂分(峰裂分)

（1）偶合裂分与偶合常数 *J*

①偶合裂分。CH_3CH_2I 中有两个不同类型的质子，因此有两个不同位置的吸收峰。然而，在高分辨 NMR 中，—CH_2和—CH_3中的质子出现了更多的峰，即发生了峰的分裂，如图 4-32 所示：a 质子裂分为三重峰，b 质子裂分为四重峰。

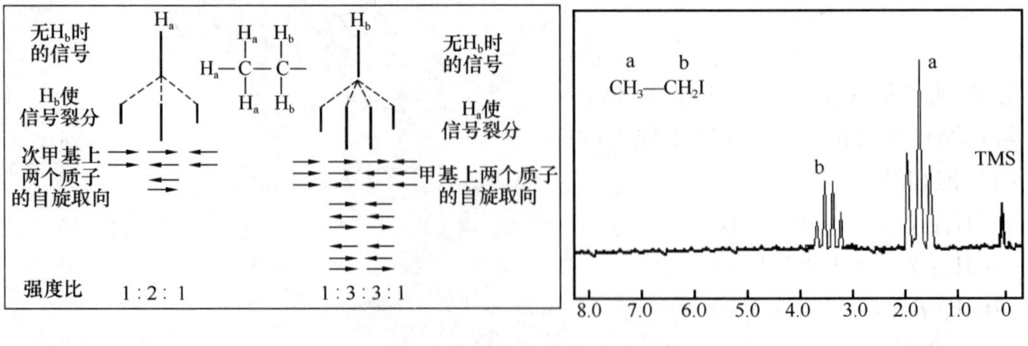

图 4-32　CH_3CH_2I 的质子峰裂分及其^1H-NMR

各峰产生分裂的原因是由于其相邻碳上质子自旋产生的局部磁场，可通过成键的价电子传递，使该氢核受到的磁场强度发生变化（质子自旋产生的局部磁场与外磁场方向相同时，实受磁场强度增强，使其吸收稍向低场处移动；质子自旋产生的局部磁场与外磁场方向相反时，实受磁场强度减弱，这时其吸收则需在稍高的场处才能产生)。即在外磁场中，因质子有两种不同的自旋取向，与外磁场方向相同的取向起加强磁场的作用，反之，则具有减弱磁场的作用，从而使相邻碳上氢的谱线发生了“分裂”。这种相邻的质子之间相互干扰的现象称之为自旋-自旋偶合。该种偶合使原有的谱线发生分裂的现象称之为自旋-自旋分裂。

裂分是偶合的结果，偶合是裂分的原因。偶合实质上表示了相邻氢核之间的自旋相互干扰作用，这种作用是通过成键电子传递的。

②偶合常数 J。裂分后各个多重峰的谱线间距离，称为偶合常数 J。偶合常数是度量偶合作用大小的参数，因偶合裂分是质子间相互作用所引起，因此相互偶合的两组质子，其偶合常数 J 值相等。

J 值大小反应相邻质子间相互作用大小，与外加磁场强度无关，但受核间距、取代基团、分子结构和电子云密度等因素影响。这种相互作用力是通过成键的价电子进行传递，质子间相隔三个键时，J 值在 1~20Hz 之间。相隔四个或四个以上单键，J 值减小至 1Hz 或等于零。

(2) 偶合限度

根据相互偶合的氢核之间相隔键数，偶合作用分为同碳偶合(相隔二个键，用 ^2J 表示：H—C—H，不表现裂分)、邻碳偶合(相隔三个键，用 ^3J 表示：H—C—C—H，常见)和远程偶合(相隔三个键以上，H—C—C—C—H：很弱)。等价质子或磁全同核之间也有偶合，但不裂分，谱线仍是单一尖峰。

①等性氢核之间不偶合，不等性氢核才可能偶合。

②在饱和化合物中，自旋偶合效应一般只能传递三个单键，相隔四个(或 4 个以上)单键的烃基本不偶合，例如 $ClCH_2CCl_2CH_3$ 中 CH_2 和 CH_3 不偶合。所以，它的 NMR 谱图上没有分裂现象。

③在共轭体系中，自旋偶合沿共轭键传递形成远程偶合，即在烯烃(烯丙基氢)、烯烃、芳香族、芳杂环和张力环体系(小环或桥环)中可以有超出三个键的氢核-氢核偶合。

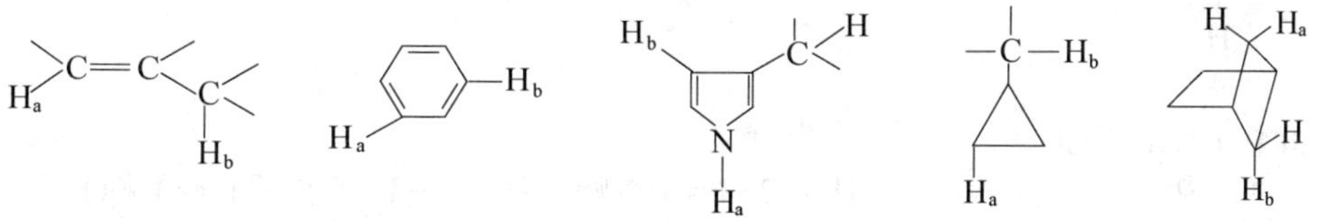

上述化合物 H_a 和 H_b 均有偶合。

④同一碳上的不等性氢核也有偶合

例如

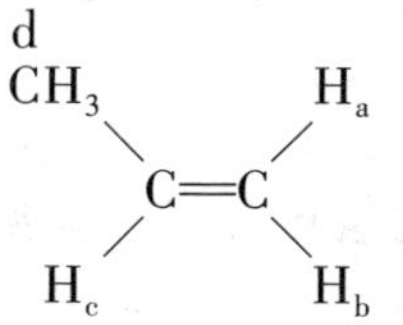

其中的 H_a 和 H_b 偶合，所以 H_a 可与 5 个氢核偶合 $(3+1)(1+1)(1+1)=16$；H_c、H_b 可与 5 个氢核偶合(重峰)，H_d 与 3 个氢核偶合。

(3) 裂分规律

相等偶合：每组裂分峰的个数符合 $(n+1)$ 规律：一个(组)质子与相邻碳上的 n 个质子偶合，将产生 $n+1$ 重峰；裂分峰的面积比(峰强)比，符合二项式 $(a+b)^n$ 的展开式系数之比。即：$n=0$ 单峰(s)；$n=1$ 二重峰(d)(1∶1)；$n=2$ 三重峰(t)(1∶2∶1)；$n=3$ 四重峰(q)(1∶3∶3

：1)；$n=4$ 五重峰(p)(1：4：6：4：1)；$n=5$ 六重峰(m)(1：5：10：10：5：1)等。

不相等偶合：$(n+1)(n'+1)(n''+1)$……规律，n，n'，n''分别代表能偶合不等性氢核的个数(不相等偶合的相邻氢核的个数)。

偶合裂分规律示例见图 4-33。

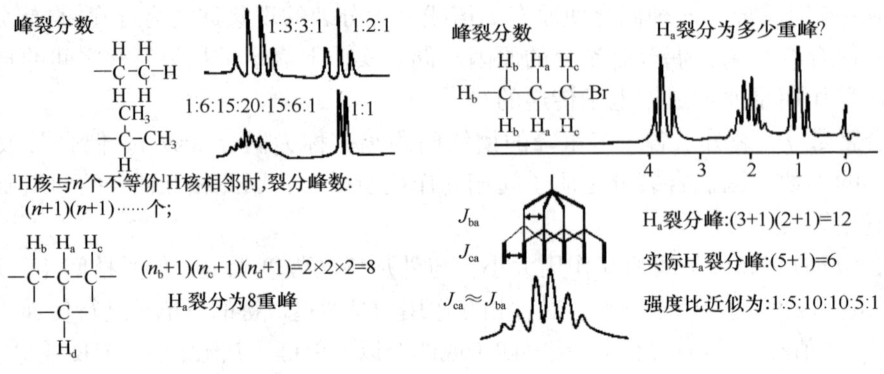

图 4-33　偶合裂分规律示例

(4) 典型化合物的裂分峰

$(n+1)$规律　　二组峰

① CH_3CH_2Cl（b　a）　　H_a：$3+1=4$ 重峰；H_b：$2+1=3$ 重峰

②

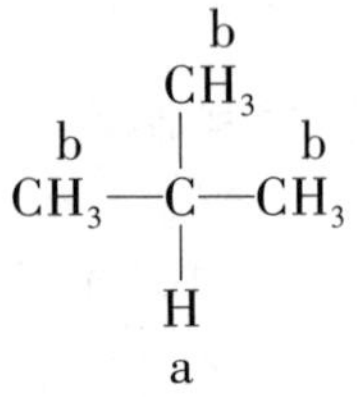

二组峰

H_a：$9+1=10$ 重峰(多重峰，重叠)；

H_b：$1+1=2$ 重峰

③ $ClCH_2CH_2CH_2Cl$（a　b　a）　　二组峰

H_a：$2+1=3$ 重峰；H_b：$5+1=5$ 重峰(多重峰)

$(n+1)(n'+1)(n''+1)$……规律：

① $CH_3CH_2CH_2Cl$（c　b　a）　　H_b：$(3+1)(2+1)=12$ 重峰(多重峰，重叠)

② $Cl_2CHCH_2CHBr_2$（c　b　a）　　H_b：$(1+1)(1+1)=4$ 重峰

由此可知，根据偶合规律即可从 NMR 谱判断相互偶合的氢核数目、类型和相对位置等化学结构信息。

6. 信号积分曲线高度(峰面积)

在 NMR 谱中，吸收峰的组数代表了氢核的类数，各组峰的面积正好与各类氢核的数目成正比，即积分曲线高度之比等于相应峰面积之比，等于不同种类氢核数之比。例如乙醚中，$H_a：H_b=3：2$，两峰面积之比也是 3：2。

因此，利用 NMR 谱，根据各组峰面积即可求出各类氢核的数目之比。倘若知道氢核总数或化合物分子式，即可求出各类氢核的绝对数目，这为确定结构又提供一个重要信息。例

如，某烃分子式为C_4H_{10}，其 NMR 谱图只有两组峰，峰面积之比为 1∶9，所以其氢核数之比也为 1∶9；由分子式知分子中含 10 个氢，所以一类氢核为 10×1/(1+9)= 1(个)，另一类氢核为 10×9/(1+9)= 9(个)。因此，该烃的结构式为 $CH_3\underset{\underset{CH_3}{|}}{C}HCH_3$。

7. 核的等价性

(1) 化学等价(化学位移相同)

若分子中两个相同原子(或两个相同基团)处于相同的化学环境，其化学位移相同，它们是化学等价的。化学不等价例子如下：

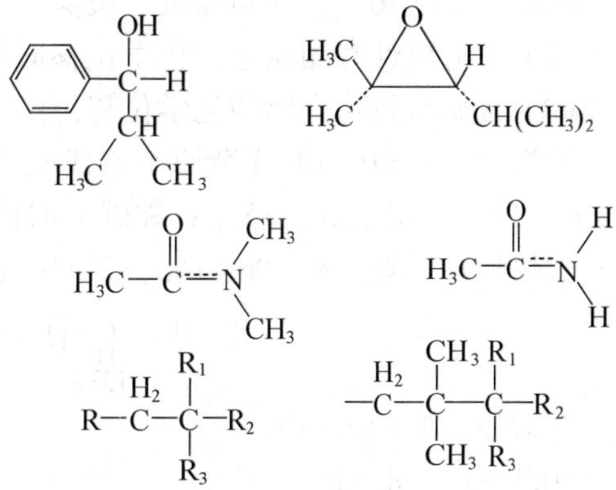

①手性碳上的基团在手性溶剂中两个CH_3化学不等价；在非手性溶剂中两个CH_3化学等价。

②固定在环上CH_2的两个氢化学不等价。

③单键不能快速旋转或具有双键性质时，连于同一原子上的两个相同基化学不等价。

④与手性碳相连的CH_2的两个氢化学不等价。

(2) 磁等价(磁全同)

分子中相同种类的核(或相同基团)，不仅化学位移相同，而且还以相同的偶合常数与分子中其他的核相偶合，只表现一个偶合常数，这类核称为磁等价的核。

8. ^{1}H-NMR 提供的结构信息及特点

通过谱图中峰组个数、峰位(化学位移)、偶合常数 J 和自旋裂分情况以及积分曲线高度比等四种不同的信息，可直接提供化合物中含氢基团的情况，并间接涉及其他基团。氢谱中的峰组个数指示了化合物中不同种类的含氢基团的个数；依据化学位移可以确定含氢基团的类型；从积分曲线高度比可以找出相应基团中氢原子数目的比例。

综合考虑化学位移、自旋偶合和积分曲线高度比，^{1}H-NRM 可以明确鉴定乙基、异丙基、叔丁基、甲氧基、醛基、烯烃和苯环等基团，其中饱和碳氢基团的类型、个数和连接方式正是紫外、红外和质谱难以解决的问题。氢谱同时还能提供基团之间连接顺序的信息以便描述整个分子结构。

在各类波谱分析方法中，核磁共振谱提供的信息最为严格和准确，如分子中烷基基团的类别、异构体的区分等都可以找到对应的吸收峰，进行归属和解释。对于结构比较简单、相对分子质量不大的化合物，根据核磁共振谱的信息，并结合其他波谱的信息，基本可以推测出化合物的结构，必要时可采用与已知标准样进行对比的方法进行确定。该谱的不足是样品必须溶解在价格昂贵的氘代试剂中，并需要有足够的浓度才能进行测试(即核磁共振谱的灵敏度较低，一般为 μg 级)；仪器价格及日常的运转费用都比较高。

4.4.2 碳核磁共振波谱(^{13}C-NMR)简介

大多数有机化合物分子的骨架是由碳原子组成，^{13}C-NMR 是研究有机分子结构，尤其是天然产物分子结构的重要手段。但核磁矩：$\mu_{^1H}=2.79270$；$\mu_{^{13}C}=0.70216$；碳^{13}C 的磁旋比为质子的 1/4，其相对灵敏度为质子的 1/5600，由于^{13}C 的天然丰度只占 1.108%，所以含碳化合物的^{13}C-NMR 信号很弱，测定中样品用量大、费时、费钱，致使其应用受到一定限制。

1. ^{13}C-NMR 谱特点

^{13}C-NMR 谱图中的化学位移范围：0~250(^{1}H-NMR：0~12)；核对周围化学环境敏感，重叠少；碳谱与氢谱有较多共同点。通过^{13}C-NMR 谱图可研究 C 骨架，结构信息丰富；^{13}C—^{13}C 偶合的几率很小；^{13}C—H 偶合可消除，谱图简化。

2. 碳谱化学位移规律

(1) 有机基团出峰顺序

由高场(低化学位移)到低场(高化学位移)有机基团出峰顺序如下。

碳谱(^{13}C-NMR)：饱和烃碳原子、炔烃碳原子、烯烃碳原子、羧基碳原子。

氢谱(^{1}H-NMR)：饱和烃氢、炔氢、烯氢、醛基氢、羧基氢。

(2) 与电负性基团相连，化学位移向低场移动。

(3) 常见有机化合物的化学位移范围

①烷烃：$\delta_C = 0 \sim 40$(无杂原子取代)；$\delta_C = 40 \sim 90$(有 N、O 等取代)；碳数 $n>4$，端甲基 $\delta_C = 13 \sim 14$；$\delta_C > \delta_{CH} > \delta_{CH_2} > \delta_{CH_3}$；邻碳上取代基增多 δ_C 增大。

②烯烃及芳烃：$\delta_C = 90 \sim 160$(成对出现)；端烯碳 $\delta_{=CH_2} \approx 110$；邻碳取代基增多 δ_C 增大。

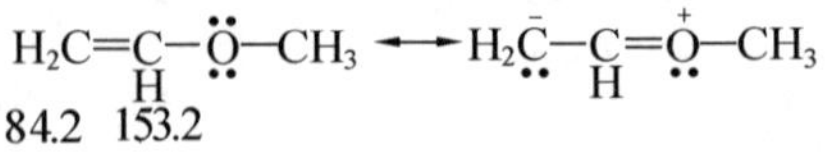

③炔烃：$\delta_C = 65 \sim 90$。

④羰基碳：$\delta_C > 160$。

⑤sp、sp^2、sp^3 杂化碳的化学位移范围：见图 4-34。

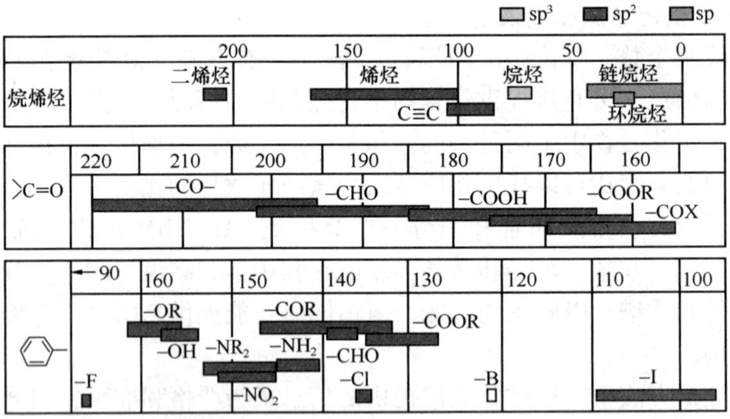

图 4-34 不同杂化碳在^{13}C-NMR 谱中的化学位移范围

3. 偶合与去偶

^{13}C—^{13}C 偶合的几率很小(^{13}C 天然丰度 1.108%)；^{13}C—^{1}H 偶合，偶合常数$^{1}J_{CH}$：100~250Hz，峰裂分，谱图复杂；去偶方法如下。

(1) 质子噪声去偶或宽带去偶(proton noise decoupling or boradband decoupling)

采用宽频带照射，使氢质子饱和；去偶使峰合并，强度增加。

(2) 质子偏共振去偶

通过质子偏共振去偶可识别碳原子类型。

4. 碳谱与氢谱的对比及谱图去偶作用对比

（1）碳谱与氢谱对比

碳谱与氢谱对比见图 4-35。

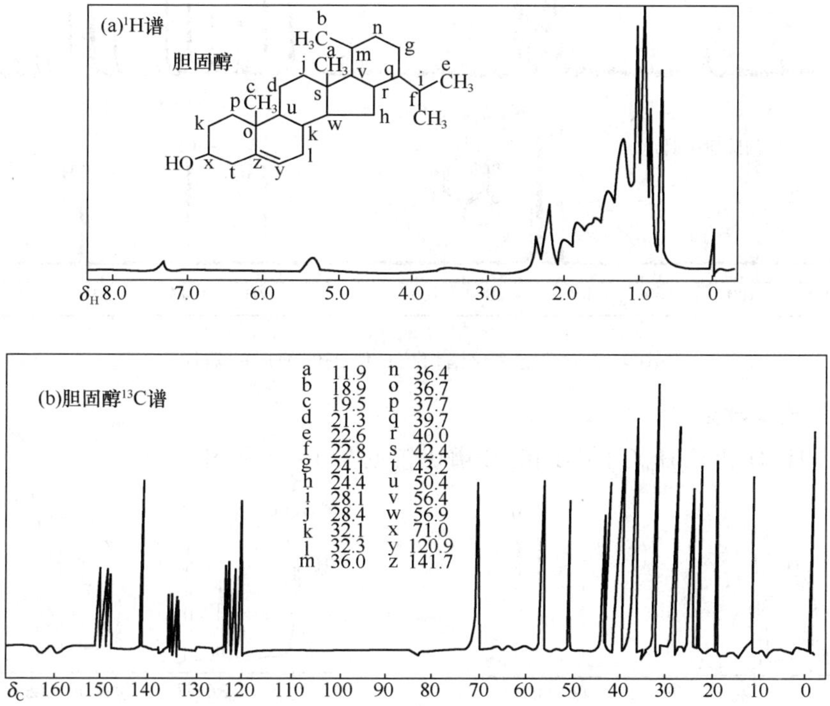

图 4-35 胆固醇的¹H 谱和¹³C 谱

（2）谱图去偶作用对比

正丁基乙烯醚的¹³C 谱去偶前后的对比见图 4-36，苯乙酸乙酯的¹³C 谱去偶前后对比见图 4-37。

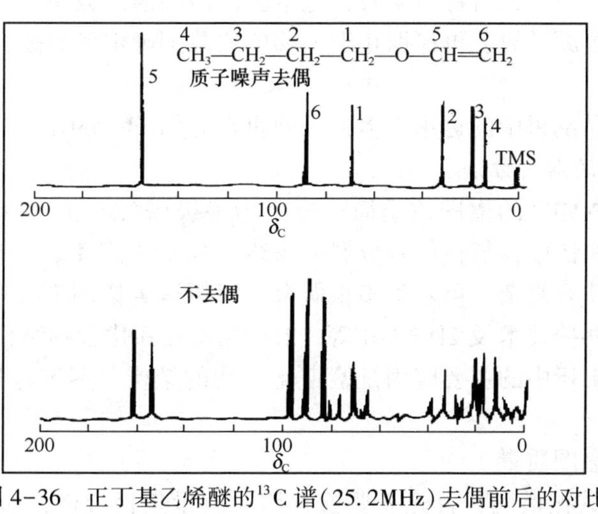

图 4-36 正丁基乙烯醚的¹³C 谱(25.2MHz)去偶前后的对比

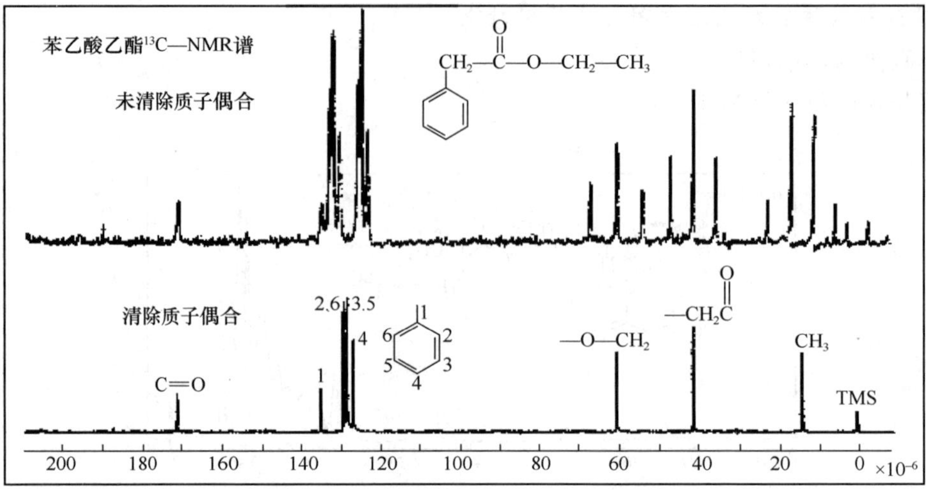

图 4-37　苯乙酸乙酯的^{13}C 谱去偶前后的对比

5. 化合物碳谱与氢谱的对比

化合物 $C_7H_{14}O$ 和 $C_9H_{10}O$ 的^{1}H 和^{13}C 谱比较见图 4-38 和图 4-39。

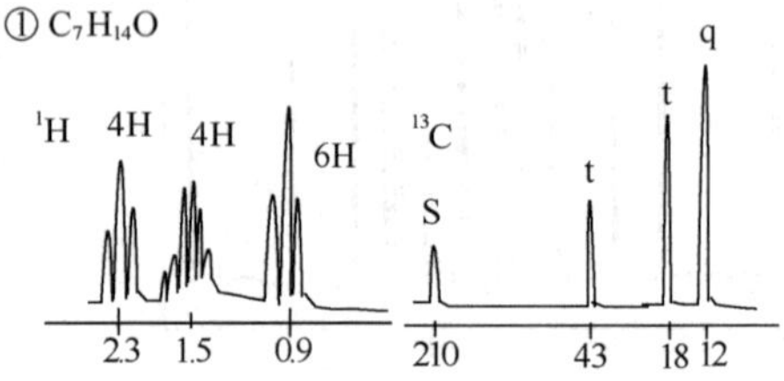

图 4-38　化合物 $C_7H_{14}O$ 的 ^{1}H 和^{13}C 谱对比

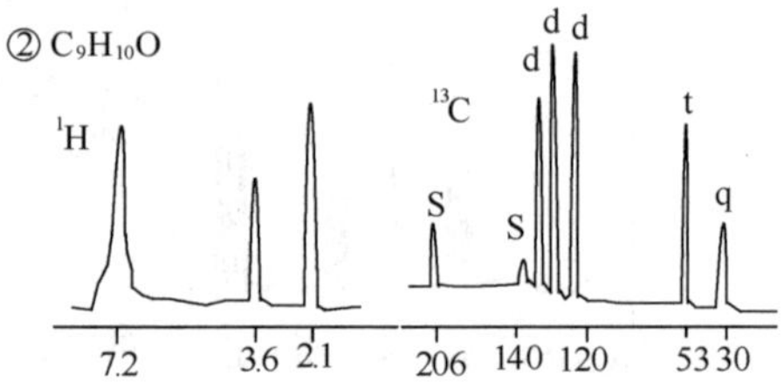

图 4-39　化合物 $C_9H_{10}O$ 的 ^{1}H 和^{13}C 谱对比

4.4.3　核磁共振波谱的解析及其在剖析中的应用

^{13}C-NMR 谱的解析通常是在了解基本信息(相对分子质量、分子式、元素分析数据和其他波谱数据等)基础上，确保谱图质量合格前提下，首先找出溶剂峰和杂质峰。然后根据谱线数目推断碳原子数：分子无对称因素时，宽带去偶谱的谱线数等于碳原子数；分子有对称因素时，谱线数少于碳原子数，再根据化学位移值的范围确定各类碳，进行结构推测并与标准谱图进行对照。

^{1}H-NMR 谱在产品剖析中的运用更多，下面重点介绍^{1}H-NMR 谱的解析方法及示例。

1. ^{1}H-NMR 图谱的解析方法

核磁共振谱(^{1}H-NMR)的谱图按繁简程度分为一级谱($\Delta\nu/J>6$)和高级谱($\Delta\nu/J<6$)两类，在一级核磁共振波谱中，氢核信号分裂的谱线符合 $n+1$ 规律。

高级谱中氢核间偶合复杂，可发生多重偶合，解析这类谱图需有一些特殊方法(如重氢交换确认活泼氢，双共振技术及 2D NMR 等，2D NMR 在新化合物结构解析中非常有用)。

核磁共振波谱在剖析中的主要应用是鉴定化合物的结构，鉴定过程就是谱图解析过程。谱图的解析步骤如下。

(1) 检查并确认谱图质量

对任何一张核磁共振谱图，首先需要检查谱图质量是否合格，如检查整个^{1}H-NMR 图谱的峰形是否清楚、尖锐、对称，基线是否平坦等。内标 TMS 的信号若不在 $\delta=0$ 处，则应该重新摄谱或做平移校正。

（2）识别溶液中已知杂质和溶剂的共振峰

如果试样或溶剂含水分，或溶剂中含有某种杂质，如使用氘代溶剂时少量未氘代溶剂 $CHCl_3$ 的质子会出现 ^1H 的小峰；普通溶剂可能出现旋转边峰和卫星峰；不同溶剂中的水峰位置也不同，均需剔除、识别，防止以假乱真。常用溶剂的化学位移值见表 4-17。

表 4-17　核磁共振常用溶剂的化学位移值

溶　剂	^1H，$\delta_H(\times10^{-6})$	溶　剂	^1H，$\delta_H(\times10^{-6})$
氯仿-d①	7.27	重水	4.70
丙酮-d_6	2.05	二甲基亚砜	2.50
丙酮	2.07	二甲基亚砜-$d_6$①	2.50
乙腈	1.96	二甲基甲酰胺-$d_7$①	2.74，2.90
苯-$d_6$①	7.20	甲醇-$d_4$①	3.35，4.8
吡啶-$d_5$①	6.98，7.35，8.50	三氟乙酸	11.6

注：①表示氘代溶剂，即溶剂中的 H 原子用 D 原子取代

（3）计算不饱和度（已知分子式时）

（4）计算各组峰所代表的氢核数

若已知化合物中的氢原子总数，则总积分面积应与此相适应。在此基础上，根据谱图上的积分曲线按比例求出各组峰所代表的氢核数；若分子的氢原子总数是未知的，则以可靠的甲基信号或孤立的次甲基信号为标准，按比例推算各峰的相应氢核数。

（5）确定分子中氢核的类型

根据核磁共振波谱谱图中各峰的化学位移值，确定氢核的类型。

根据已知的化学位移 δ 值和偶合常数 J 值与化合物结构的一般关系，识别出一些强度高的单峰和特征峰，如 CH_3O—、CH_3N—、CH_3Ph、CH_3—C≡ 、—O ═C—CH_3 等孤立的甲基峰，这些甲基均为单峰，以及典型的 CH_3CH_2—峰；再解析低场处信号，如羧基的化学位移值一般在 $\delta=10\sim12$，醛基的化学位移值一般在 $\delta=9\sim10$ 等，识别羧基、醛基及分子内氢键；最后解析芳烃氢核和其他氢核，如 δ 在 6.5～8.5 范围内有信号，则表示芳香族氢核存在；如出现 AA/BB/系统的谱形说明有芳香邻位或对位二取代。

（6）检出活泼氢

如果试样中含有 OH、NH、COOH 及其他活泼氢，可在试样中加入几滴重水（D_2O），观察核磁共振谱的变化。如果谱图上有些谱消失，即试样分子中有活泼氢；反之，没有峰消失则试样中无活泼氢。

（7）确定偶合常数

首先要分清谱图的类型。对于一级谱，即可读出偶合常数 J 值。然后运用一级谱的 $(n+1)$ 规律，获知邻近的氢原子数。再查对文献中的 J 值，进行比较，验证读出的 J 值的合理性。对较难解析的复杂谱图，可采用双共振法、位移试剂法等特殊技术、或应用更高工作射频频率的核磁共振仪测试。

（8）确定结构

根据以上结果，列出可能的一些结构碎片。配合其他波谱信息，参考 IR、UV、MS 和

其他数据推断的结构，特别是^{13}C-NMR 的解析结果，综合分析，确定结构。

（9）验证结构，得出结论

为确定有机化合物结构，还需查对核磁共振波谱谱图集，尤其是查对萨特勒核磁共振标准谱图集，对照标准谱图进行对照比较、验证结构，最后得出结论。

2. 解析示例

（1）简单^1H 谱的对比及谱图解析（见图 4-40）

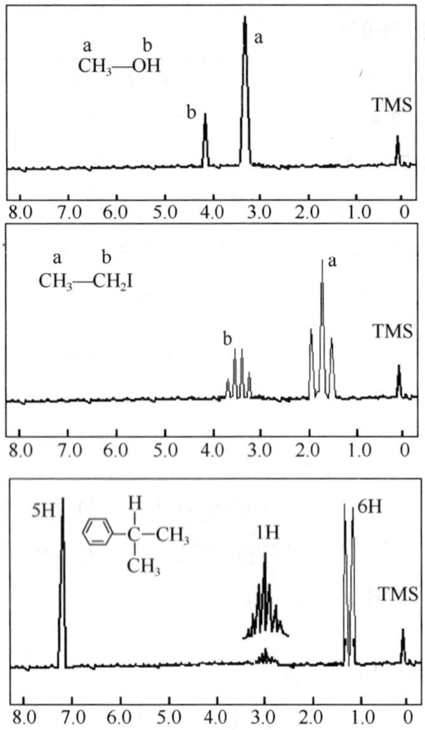

图 4-40 甲醇、碘乙烷和异丙基苯的^1H 谱对比

①甲醇 CH_3OH 的氢核 a 与氢核 b 所处的化学环境不同，两个单峰。

氢核 a 没有相邻碳原子（或相邻碳原子无氢核），又与吸电子元素氧相邻，在低场呈单峰；氢核 b 直接与吸电子元素氧相连，产生去屏蔽效应，峰在更低场（相对与氢核 a）出现。

②碘乙烷 CH_3CH_2I 的氢核 a 与氢核 b 所处的化学环境不同，且相邻碳原子上分别有 2 个氢核（CH_2 的 b 氢核）、3 个氢核（CH_3 的 a 氢核），所以出现裂分，呈现两组多重峰。

按 $n+1$ 规则，氢核 a 相邻碳上有 2 个氢核而裂分为 3 重峰，氢核 b 相邻碳上有 3 个氢核而裂分为 4 重峰；氢核 b 与吸电子元素碘相邻较氢核 a 近，所以氢核 b 位移到低场出峰。

③异丙基苯中有三类氢核而出现三组峰。两个甲基的化学环境相同，且相邻碳上有 1 个氢核 $n=1$，按 $n+1$ 规则，这 6 个氢裂分为两重峰；次甲基相邻碳上有 6 个氢核，所以裂分为七重峰；一取代苯环上的 5 个氢核在低场 $\delta=7.27$ 处出现单峰。

（2）结构推测

【例 4-14】 已知某化合物分子式为 $C_3H_7NO_2$，测试其^1H-NMR 图谱如图 4-41 所示，积分曲线高度比为 2∶2∶3；各裂分峰的裂距（J），低场三重峰为 7Hz、高场三重峰为 8Hz，推定其结构。

解：

①计算不饱和度 $u=1$，可能存在双键；化学移位值 1.5 和 1.59 处有小峰，峰高不大于 1 个氢核，故为杂质峰。

②由图谱可知有三种氢核，总积分值扣除杂质峰按 7 个氢核分配。从低场向高场各峰群的积分强度为 2∶2∶3，可能有—CH_2—、—CH_2—、—CH_3基团。

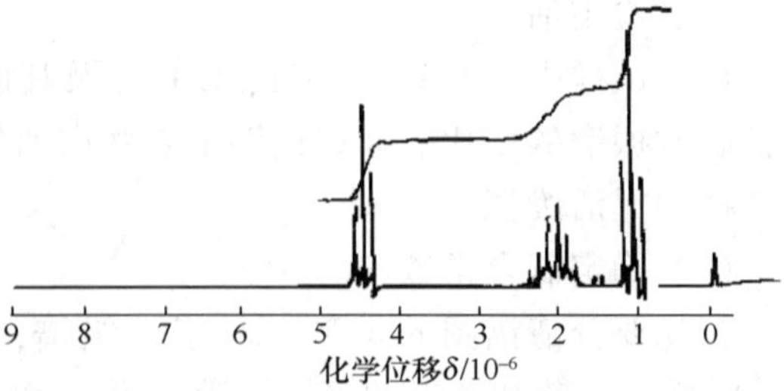

图 4-41 未知物 $C_3H_7NO_2$ 的^1H-NMR 谱

③裂距（J），低场三重峰为 7Hz、高场三重峰为 8Hz，所以这两个三重峰没有偶合关系，但它们与中间六重峰有相互作用。这六重峰的氢核为 2 个，所以使两边信号各裂分为三重峰，因此该化合物具有 CH_3—CH_2—CH_2—结构。

④参考所给定的分子式 $C_3H_7NO_2$，推测该化合物为 $CH_3—CH_2—CH_2—NO_2$，即 1-硝基丙烷。

⑤对照已知数据化学移位值相符。

在 $CH_3—CH_2—CH_2—NO_2$ 中，中间亚甲基信号预计为 $(3+1)\times(2+1)=12$，即 12 重峰。但实际上，$J_{CH_3—CH_2}$ 和 $J_{CH_2—CH_2}$ 几乎相等，故作一级近似，认为是 5 个等价氢核，符合 $n+1$ 规律，表现为六重峰，其强度比为 1∶5∶10∶10∶5∶1。

【例 4-15】 已知某化合物分子式为 $C_7H_{16}O_3$，其 ^1H-NMR 图谱如图 4-42 所示，积分曲线高度比为 1∶6∶9，试推测其结构。

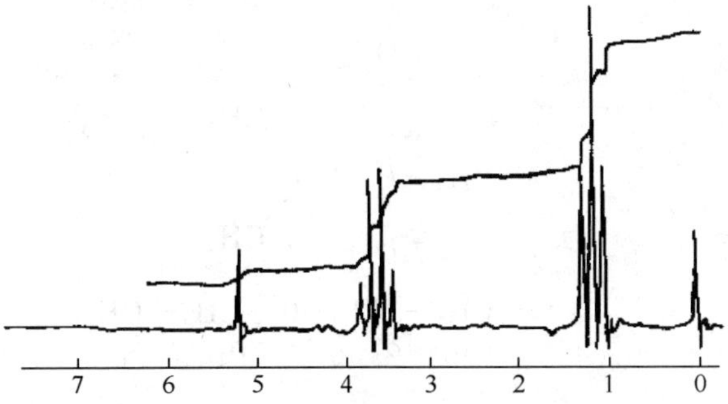

图 4-42 未知物 $C_7H_{16}O_3$ 的 ^1H-NMR 谱

解：

①计算不饱和度 $u=0$，为饱和化合物。

②从谱图看出有三种氢核，积分曲线高度比为 1∶6∶9，故其氢核数比为 1∶6∶9。

③δ 为 1～4 之间有明显 $CH_3—CH_2—$ 的峰形，$\delta=1.2$ 为 $CH_3—CH_2—$ 中甲基峰，三个等价甲基（共 9 个氢核），被邻接—CH_2—分裂为三重峰。

$\delta=3.6$ 处应为—CH_2—，三个等价亚甲基（共 6 个氢核）可能连接氧原子，所以在较低场共振出峰，同时被邻接甲基分裂为四重峰。

更低场 $\delta=5.2$ 处为单峰，含有 1 个氢核，说明无氢核邻接，是与氧相连的一个次甲基峰。

④连接各部分结构应为 $(CH_3—CH_2—O)_3CH$，与标准谱对照相吻合。

【例 4-16】 已知某化合物分子式 C_8H_9Br，其 ^1H-NMR 谱如图 4-43 所示，试求其结构。

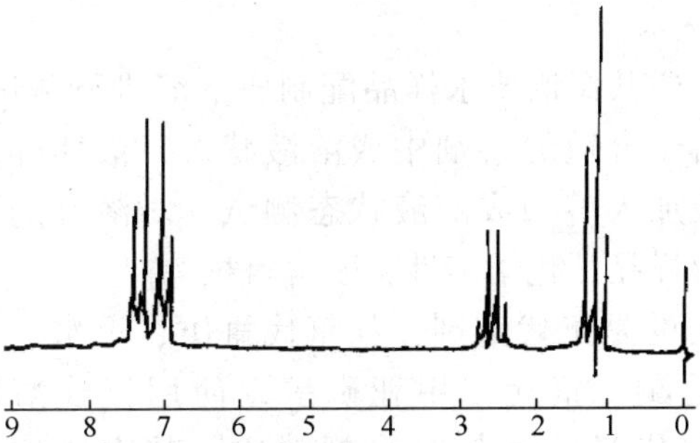

图 4-43 未知物 C_8H_9Br 的 ^1H-NMR 谱

解：

①由分子式可知不饱和度 $u=4$，有苯环。

②在图谱上 $\delta=7.3$ 左右有弱强强弱四条谱线属于 AA/BB/系统，这是对二取代苯中氢核的吸收峰形。$\delta=1.3$ 为甲基的吸收峰，受相邻碳上二氢核的偶合裂分为三重峰。$\delta=2.6$ 为—CH_2—的吸收峰，受相邻甲基偶合而裂分为四重峰，所以存在 $CH_3—CH_2—$，根据分子式可知还有溴，所以化合物结构式为：

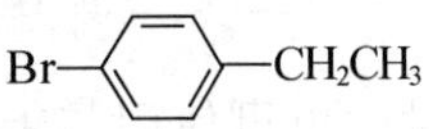

（3）联合谱图解析

【例 4-17】 分子式为 $C_5H_{10}O$，IR 在 1690～1705cm^{-1} 处有强吸收峰；^1H-NMR 谱数据如下：$\delta_1=1.0$（t，6H），$\delta_2=2.5$（m，4H），写出其结构式。

解：

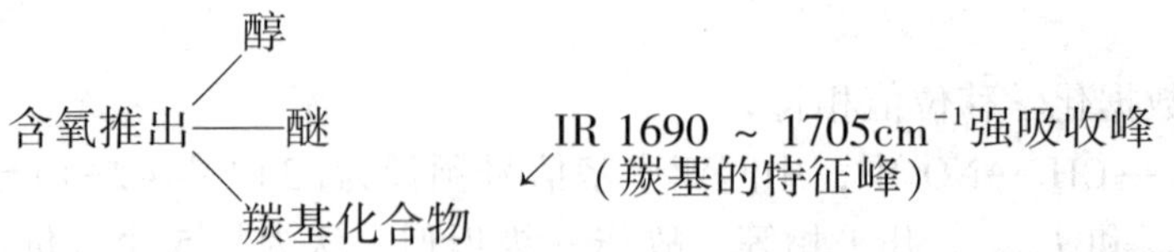

即可能的结构为醛或酮；因 IR 中 2820cm^{-1}和 2720cm^{-1}未见有吸收峰，^{1}H-NMR 中无 δ =9~10 处信号，所以该化合物不是醛。写出酮的异构体，并与^{1}H-NMR 谱数据对照：

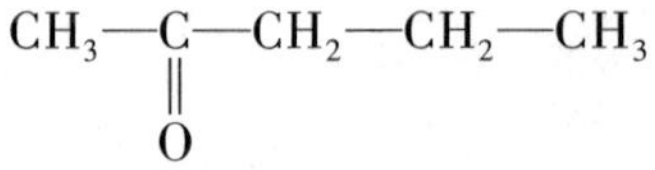

4 种质子 ×

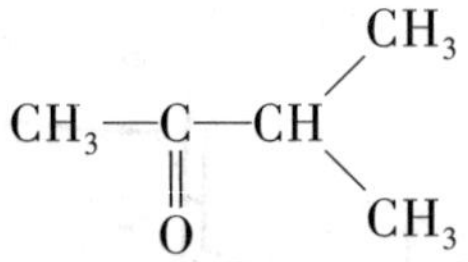

3 种质子 ×

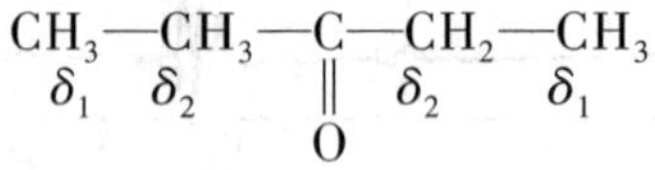

2 种质子 ✓

所以该化合物为 3-戊酮。

4.4.4 核磁共振波谱的实验技术

1. ^{1}H-NMR 谱测试仪器

当前测定^{1}HNMR 谱的仪器有两类：一类是连续波(CW)核磁共振仪；另一类是脉冲傅立叶变换(FT)核磁共振仪。连续波核磁共振仪由磁体、射频振荡器、接受器记录仪以及探头与样品管座组成，如图 4-44 所示。测试样品时，将样品插入电磁铁的探头中适当位置。在探头内样品管的轴向上缠有接受线圈，样品管的垂直方向缠有射频振荡线圈，电磁铁的轴向缠有扫描线圈，三者相互垂直。高频振荡器通过振荡线圈以射频波照射样品，在扫描线圈中通以微小变化的电流，微小改变外磁场的强度，对样品进行扫描。当满足共振条件时，则接受线圈就会感应出电流。经过放大，在记录仪上记录^{1}HNMR 谱。

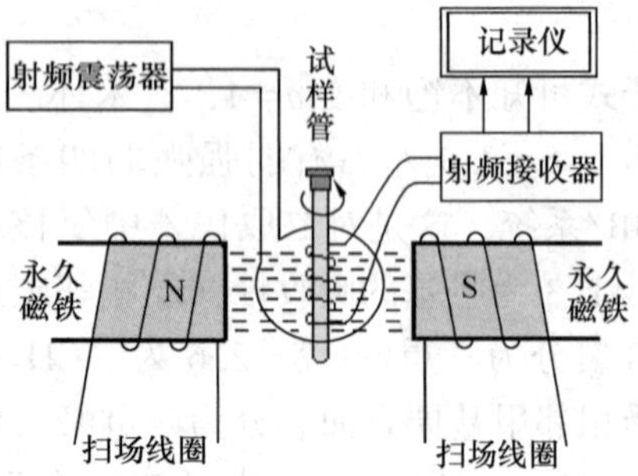

图 4-44 连续波核磁共振仪示意图

2. 测试技术

高分辨核磁共振谱要求样品配制成溶液进行测试。固体样品可溶于合适的溶剂中成溶液状态，液体样品可直接测试或加入溶剂成溶液状态测试。对溶剂的要求是：易溶解样品，化学惰性，不含氢核等。

经常使用的是氘代溶剂，如氘代氯仿、重水、氘代苯、氘代丙酮、氘代二甲亚砜等。使用氘代溶剂要注意，除氘代氯仿外都有溶剂效应，其次要注意氘代溶剂中残留的氢核信号。有时使用不含氢核的四氯化碳和二硫化碳溶剂，但溶解性能不好。不影响样品的信号时，也可使用与上述氘代溶剂相对应的普通溶剂，此外三氟化乙酸也可用作溶剂。

高浓度的样品可得到优异的^{1}HNMR 谱，在使用 φ5 的样品管时，一般用 10~50mg 的样品，溶解于 0.5mL 左右的溶剂中测试。

4.5 质谱法基本原理与应用

4.5.1 质谱原理与特点

质谱法(Mass Spectroscopy，简称 MS)是惟一能给出准确相对分子质量和元素组成的分析方法。质谱法，红外光谱法和核磁共振波谱法已并列成为鉴定有机化合物结构的最重要手段。近年来，质谱技术的发展主要体现在两个方面：一是发展了不同的电离源，可使性质不同的各类化合物均可在质谱仪中电离成碎片，并给出清晰的分子离子峰。这些电离源有电子轰击源(EI：Election Impact Source)、化学电离源(CI：Chemical Ionization)、直接化学电离源(DCI)、场致电离源(FI：Field Ionization)和场解吸电离源(FD：Field Desorption)，快原子轰击源(FAB：Fast Atom Bombardmemt)、激光电离源(LD：Laser Desorption Ionization)、热喷雾电离源(TS：Thermal Spray)和电喷雾电离源(ESI：Electrospray)等；二是将质谱与各种分离方法直接联用，如气相色谱/质谱(GC/MS)、液相色谱/质谱(LC/MS)等，可对一些多组分的混合物同时进行分离和质谱鉴定。

高分辨质谱技术可以测出准确的相对分子质量、元素组成和分子式，以及各种结构特征的元素组成，为未知化合物的结构鉴定提供了丰富的信息。质谱法的灵敏度极高，鉴定的最小量可达 10^{-10}g，检出限可达 10^{-14}g。质谱仪的类型有：有机质谱仪(气-质、液-质质谱仪)，无机质谱仪(ICP-MS)和同位素质谱仪。

1. 仪器组成

MS 仪器一般由进样系统、电离源、质量分析器、真空系统和检测系统构成。为了避免离子损失，凡有样品分子及离子存在和通过的地方，必须处于真空状态。

按质量分析器(或者磁场种类)可分为静态仪器和动态仪器，即稳定磁场(单聚焦及双聚焦质谱仪)和变化磁场(飞行时间和四极杆质谱仪)。

(1) 真空系统

质谱仪中所有部分均要处于高度真空的条件下(10^{-3} ~ 10^{-6}Pa)，其作用是减少离子碰撞损失。真空度过低，将会导致：大量氧会烧坏离子源灯丝；引起其他分子离子反应，使质谱图复杂化；干扰离子源正常调节；用作加速离子的几千伏高压会引起放电等。采用机械泵预抽真空后，再用扩散泵连续地抽气以保持真空。

(2) 进样系统

对进样系统的要求：重复性好、不引起真空度降低。目前常用的进样装置有三种类型：间歇式进样系统(适于气体、沸点低且易挥发的液体、中等蒸汽压固体)、直接探针进样(高沸点液体及固体)及色谱进样系统(利用气相和液相色谱的分离能力，与质谱仪联用，进行多组分复杂混合物分析)。

(3) 离子源

离子源的作用是将进样系统引入的气态样品分子转化成离子。对于不同的分子应选择不同的离解方法，通常称能给样品较大能量的电离方法为硬电离方法，而给样品较小能量的电离方法为软电离方法，后一种方法适用于易破裂或易电离的样品。

离子源是质谱仪的心脏，可以将离子源看作是比较高级的反应器，其中样品发生一系列的特征降解反应，分解作用在很短时间(~1μs)内发生，所以可以快速获得质谱。

①电子轰击源。采用高能电子束(70V 电压的高速高能电子)冲击样品，从而产生电子

和分子离子 M^+，M^+继续受到电子轰击而引起化学键的断裂或分子重排，瞬间产生多种碎片离子。

EI 使用最广泛，谱库最完整；电离效率高；结构简单，操作方便；但分子离子峰 M^+强度较弱或不出现(因电离能量最高)。

由于经电子轰击产生的 M^+峰，往往不存在或其强度很低，为在质谱中可以获得样品的相对分子质量。必须采用比较温和的(软)电离方法，其中之一就是化学电离法。

②化学电离源。化学电离法是通过离子-分子反应来进行，而不是用强电子束进行电离；电离能小，质谱峰数少，图谱简单；准分子离子$(M+1)^+$峰大，可提供相对分子质量这一重要信息；但该法不适用于难挥发、热不稳定或极性较大的有机物分析。

③场致电离源。场致电离是应用强电场诱发样品电离。场离子化是一种温和的技术，碎片通常是电极附近的分子-离子碰撞反应产生的，电离温和，碎片少，主要产生分子离子 M^+和$(M+1)^+$峰。

④场解吸源。场解吸源(FD)类似于场电离源(FI)，它有一个表面长满"胡须"（长0.01mm)(微针型碳刷)的阳极发射器，样品溶液涂于发射器表面经蒸发除溶剂(即解析)后进入高压静电场，在此使样品电离形成分子电离后奔向阴极，再引入磁场。该法特别适于非挥发性且相对分子质量高的样品，谱图最为简单。

⑤快原子轰击。采用高速中性原子束撞击涂有样品的金属板使能量转移给样品分子而使样品电离后引入磁场进行分离。

（4）质量分析器

质量分析器的作用是将不同碎片按质荷比 m/z 分开。质量分析器类型：磁分析器、飞行时间、四极杆、离子捕获、离子回旋等。单聚焦型磁分析器是用一个扇形磁场进行质量分析。

（5）检测器

质谱仪常用的检测器有法拉第杯(Faraday Cup)、电子倍增器及闪烁计数器、照相底片等，实现高灵敏度、快速测定。

（6）质谱联用技术

GC 具有分离复杂混合物的能力，定量易定性难；而 MS 多用于纯物质定性分析。二者有机结合，可提供复杂混合物定性定量极为有效的工具。将两种或以上的方法结合起来的技术称之为联用技术。如 GC-MS、LC-MS、GC-FTIR、MS-MS 等。由于 MS 要求高真空，因此与 MS 联用，必须解决真空连结或"接口"问题。

①GC-MS 联用。采用喷射式分子分离器。填充柱：载气+样品经喷射式分子分离器后(He 被抽走，样品借惯性前进；真空度大大下降)进入 MS 离子室。毛细管柱：载气+样品直接进入电离室。

②LC-MS 联用。LC 对分离热不稳定物质较 GC 好，LC-MS 联用最主要的是要解决如何有效除去大量流动相液体。早期使用"传动带技术"，现多采用"离子喷雾"" 或"电喷雾"技术。

2. 基本原理

质谱分析是将样品转化为运动的带电气态离子碎片，于磁场中按质荷比(m/z)大小分离并记录的分析方法。

电子轰击源(EI)是质谱仪最通用的离子化源。化合物分子在质谱仪中，经电子流冲击或其他手段打掉一个电子形成分子离子。同时分子离子又可碎裂成多种碎片离子。这些分子离子和碎片离子在电场和磁场作用下，按质量大小排列成的图谱称为质谱。其过程可以下面的式子表示。ABCD 代表试样分子，e^-为冲击电子，

$$ABCD \xrightarrow{-e^-} ABCD^+ \rightarrow A^+BCD$$

$$\text{分子离子} \quad \rightarrow A^+ + BCD^+ (BCD^+ \rightarrow BC^+ + D)$$

$$\rightarrow D^+ + ABC^+ (ABC^+ \rightarrow A + BC^+)\text{碎片离子}$$

$$\xrightarrow{r} AD^+ + BC\ \text{重排离子}$$

这些带正电荷的离子束，经过质谱仪的电场 U_0加速和聚焦，并为磁分析器的磁场所偏转，行走的轨道半径 r 由下式决定。

$$r = \frac{mv}{eH} \tag{4-6}$$

式中 m——离子的质量；

v——离子束的速度；

e——电荷；

H——磁场强度。

离子束的速度又可用下式决定：

$$\frac{1}{2}mv^2 = eU_0 \tag{4-7}$$

式中 U_0——加速电压。

将式(4-6)和式(4-7)合并，整理后得：$\frac{m}{e} = \frac{H^2r^2}{2U_0}$ （4-8）

式(4-7)为磁分析器质谱分析方程。由此式可知，某一质荷比(m/z 或 m/e)的离子，其行走轨道半径 r 与 U_0和 H 相关。通常质谱仪记谱时，固定 U_0，逐渐改变 H(称为扫场)，将使不同 m/z 的离子依次进入检测器的狭缝，由电子倍增器接受和放大，信号进入紫外示波记录仪，记录下来，形成谱带，得到质谱图。

质谱图的横坐标是质荷比(m/z)，若 $z=1$，m/z 值即为质量数；纵坐标表示离子峰的强度(丰度)。丰度或峰的强度表示该离子出现的几率，丰度大，表示该离子出现的几率大，离子稳定。各峰之间的强度比常以相对丰度来衡量。

相对丰度的计算是以质谱图中最强峰(称为基峰)的丰度为 100，其他各峰按其峰高比，算出其相对百分丰度，如图 4-45 所示。

质谱仪的分辨率表示两个相邻峰分辨的能力，以 R 表示。

$$R = \frac{m}{\Delta m} \tag{4-9}$$

式中 m——给定离子的质量；

Δm——m 与已被分辨出的相邻峰质量之间的差值。

根据仪器可能达到的分辨率程度，可分为低分辨质谱仪($R<1000$)和高分辨率质谱仪($R>1000$)两种。

3. 离子类型

从质谱图上可获得被测试化合物的分子离子、碎片离子、亚稳离子、同位素离子等分析数据，并有相对应的峰型，由此可获得有关试样的大量信息。区别各种类型的质量

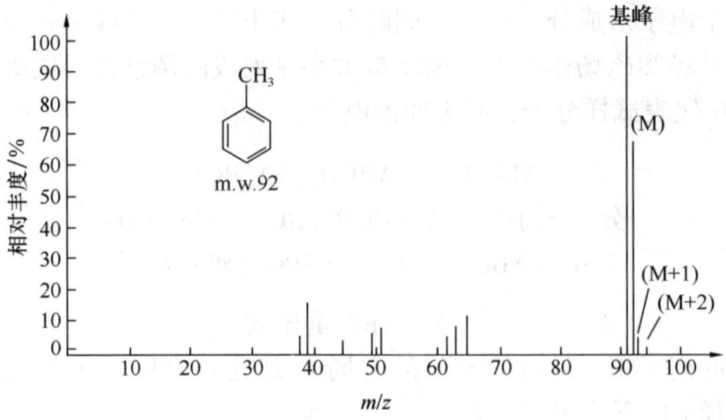

图 4-45　甲苯质谱图

峰，弄清其形成过程和规律，以及质谱峰与分子结构之间的关系，对于鉴定化合物的结构十分重要。

质谱图上的主要质谱峰如下。

（1）分子离子峰

分子以某种电离方式失去一个电子，变成分子离子。所形成的质谱峰称为分子离子峰，常用 M^+ 表示。分子离子峰一般是质谱图上质量数最大的那个峰，它代表该化合物的相对分子质量。但用电子轰击得到的质谱图，有时分子离子峰的强度较低，不易辨认。因此，掌握分子离子峰的形成规律，对正确判断分子离子峰十分重要，否则相对分子质量判断错误，将会导致结构剖析全部推论的错误。判断分子离子峰的规律如下：

①分子离子峰的强度取决于分子的结构和稳定性。在质谱中有机化合物分子离子峰的强度按以下顺序减弱：芳香族化合物>共轭烯烃>烯烃>环烷烃>酮>直链烷烃>硫醇>醚>胺>酯>酸>支链烃>醇。

为了得到一些极性大、热稳定性差、难以气化的化合物分子离子峰，可以通过制备各种衍生物，改变离子源（如应用化学电离源 CI，快原子轰击源 FAB）等方法达到。

②N 律：只有 C、H、O 组成的有机化合物，其分子离子峰一定是偶数；含氮化合物的氮原子有奇数或偶数，则其分子离子峰也相应地为奇数或偶数。

③利用同位素离子峰（M+1 峰等）进行辨认。

由于同位素的存在，可以看到比分子离子峰大一个质量单位的同位素离子峰（M+1 峰），有时还可以观察到 M+2、M+3 峰等。

例如：CH_4（M=16）有 M（$^{12}C+^{1}H\times4=16$），M+1（$^{13}C+^{1}H\times4=17$，或$^{12}C+^{2}H+^{1}H\times3=17$），M+2（$^{13}C+^{2}H+^{1}H\times3=18$）等同位素离子峰。

若分子中含有 Cl、Br、S 等元素，其相应同位素^{37}Cl、^{81}Br、^{34}S 的相对丰度较大，分别是 32.5%、98%和 4.4%，则就可以通过 M^+、$(M+2)^+$和$(M+4)^+$等质谱峰的相对丰度来辨认分子离子峰。

④注意分子离子峰与相邻峰的质量差必须合理，即该峰与紧邻的最大质量的碎片离子峰之间的质量数的合理性。因为分子离子 M^+开裂时，失去的中性分子或结构碎片均应是 CH_2 或比其多的基团，其质量数是 14 以上的整数倍，即在分子离子峰左侧 3～14 之间不应有其他碎片离子峰出现。

（2）碎片离子峰

分子离子碎裂后产生的离子形成的峰称为碎片离子峰。碎片离子峰的丰度与分子结构有密切关系。高丰度的碎片离子峰，代表分子中易开裂的部分。因此，研究开裂的类型与规律对确定分子结构十分重要，通过各种碎片离子的分析，有可能获得整个分子结构的信息。

常见的碎片离子质荷比和可能的结构，以及从分子离子脱去的常见碎片质量数和可能结构见图4-46，这些信息对确定化合物结构式非常有用。

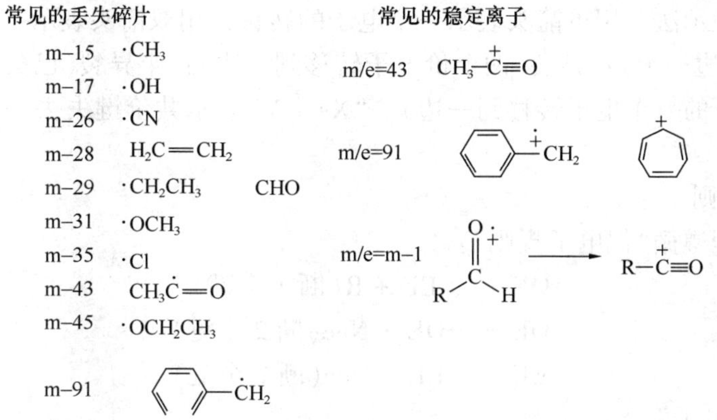

图4-46 常见的丢失碎片和稳定离子

（3）亚稳态离子峰

如果在质谱图上出现比较宽的峰(一般跨2～5个质量单位)，强度又较弱(1%～3%)，质荷比不是整数，那么这种峰就称为亚稳态离子峰。它是由质荷比m_1的离子在离开电离室飞往质量分析器间发生断裂所形成的碎片。碎片分成两类，一类是质荷比为m_2的离子；另一类是质荷比为(m_1-m_2)的中性碎片。亚稳态离子峰的质荷比为

$$m^* = \frac{m_2^2}{m_1} \tag{4-10}$$

式中 m^*——亚稳态离子的质量；

m_1——亚稳态离子断裂前离子的质量；

m_2——亚稳态离子断裂后离子的质量。

（4）同位素离子峰

有机化合物中的许多常见元素C、H、O、N、Cl等都是同位素的混合物。因此，有机化合物的质谱图给出的是同位素混合物的质谱图。除分子离子峰M^+外，还有$(M+1)^+$、$(M+2)^+$等丰度较小的同位素峰。

同位素离子峰的丰度与分子离子中存在该元素的原子数目和同位素的天然丰度有关。

4. 裂解方式及规律

质谱在多数情况下检测的是正离子。由于离子源中的样品蒸气压通常低到足以忽略双分子(离子-分子)或其他碰撞反应的程度，所以认为质谱中富于能量的离子的裂解反应与一般热能单分子分解的化学反应类似，因此可应用解释分子活性的有机结构理论来阐明质谱裂解方式及规律。

(1)质谱裂解表示法

①正电荷表示法。表示正电荷用“+”(表示含有偶数个电子的离子，ion of even electrons，EE)或“+·”(表示含有奇数个电子的离子，ion of odd electrons，OE)。正电荷一般写在分子中杂原子、不饱和键π电子体系或苯环上。如果碎片离子结构复杂，可以在式子右上角标

出正电荷。

判断电子奇偶的规律：偶质量数的离子含奇数个电子，奇质量数的离子含偶数个电子(针对无氮元素或氮元素为偶数时的离子而言)；偶质量数的离子含偶数个电子，奇质量数的离子含奇数个电子(针对氮元素为奇数时的离子而言)。

②电子转移表示法。用单箭头表示一个电子的转移，用双箭头表示一对电子的转移。均裂(两个价电子一边一个)；异裂(两个价电子转移到一边)；半异裂(已失去一个价电子的离子再裂解时，剩下的一个电子转移到一边)。“X+ · Y”表示共价键失去一个电子，留下一个电子在 σ 轨道。

(2)偶电子规则

离子裂解过程遵循“偶电子规则”：

$$\begin{aligned} &\text{OE} \longrightarrow \text{EE} + \text{R}(\text{断 1 个键}) \\ &\text{OE} \longrightarrow \text{OE} + \text{Nee}(\text{断 2 个键}) \\ &\text{EE} \longrightarrow \text{EE} + \text{Nee}(\text{断 2 个键}) \end{aligned} \tag{4-11}$$

式中 OE——奇电子离子；

EE——偶电子离子；

R——游离自由基(radical)；

Nee——偶电子的中性分子(neutral even electrons)。

(3) 影响离子丰度的因素

①键的相对强度。分子裂解时首先从分子中键强度最弱处断裂，最弱的是 C—X 型单键(X：Br、I、O 或 S 等杂原子)，其次是其他单键；双键和三键较强。

②产物离子的稳定性。产物离子的稳定性是影响离子丰度的最重要因素，主要考虑正离子，还要考虑脱去的中性分子和自由基的稳定性。共轭效应、诱导效应和共享邻近杂原子上电子可使正离子得以稳定。

③空间效应。原子或基团的空间排列以多种方式影响产物离子的稳定性，如经过某种过渡态的重排裂解，若空间效应不利于过渡态的形成，则重排裂解不易进行。

④ Stevenson 规则。奇电子离子裂解产生游离基和偶电子离子过程中，电离电势高的碎片趋向保留孤电子，而将正电荷留在电离电势低的碎片上。

⑤ 最大烷基游离基优先失去原则。当可能丢失的基团具有类似结构时，总是优先丢失较大基团而得到较小的正离子碎片。

(4) 质谱裂解方式

在质谱裂解反应中，根据有机分子键的断裂特点，开裂方式可分为简单开裂、重排开裂、多中心开裂和随机开裂等四类。按照分子气相裂解反应引发机制的不同，质谱裂解方式分为自由基中心引发的裂解和电荷中心引发的裂解两类。

① 简单开裂。简单开裂是一个共价键发生断裂的裂解，包括 σ 裂解，α 裂解和 i 裂解。

σ 裂解多发生在 C—C 之间的 σ 键处，第 3 周期以后的杂原子与碳之间的 C—Y 键也可发生 σ 断裂；如饱和烃中只有 σ 键，只发生 σ 裂解，得到一个偶电子离子碎片和一个自由基。

α 裂解是自由基引发的裂解，发生的是均裂，反应的动力是自由基强烈的配对倾向。由自由基中心提供一个奇电子与邻近原子形成一个新键，与此同时邻近的 α 原子的另一个键断裂，故名 α 裂解。

含有杂原子 Z(Z 为 O、N、S 等)的饱和化合物中 α 裂解如下：

$$[B—A—\dot{Z}]^+ \longrightarrow [A=Z]^+ + \cdot B$$

$$R—CH_2—\overset{+\cdot}{\ddot{O}}H \longrightarrow CH_2=\overset{+}{\ddot{O}}H + \cdot R$$

$$R—CH_2—\overset{+\cdot}{\ddot{O}}R' \longrightarrow CH_2=\overset{+}{\ddot{O}}R' + \cdot R$$

$$R—CH_2—\overset{+\cdot}{N}R'_2 \longrightarrow CH_2=\overset{+}{N}R'_2 + \cdot R$$

$$R—CH_2—\overset{+\cdot}{\ddot{S}}R' \longrightarrow CH_2=\overset{+}{\ddot{S}}R' + \cdot R$$

含杂原子 Z 的不饱和化合物(如双键化合物或含侧链的芳烃)中也会发生 α 裂解。

i 裂解是电荷引发的裂解，称诱导(inductive)裂解。

② 重排开裂。重排开裂在共价键断裂的同时，有氢原子的转移，一般有两个键发生断裂，少数情况下有碳骨架重排发生，这类裂解的典型代表是麦氏重排(Mclafferty rearrangement)。

发生麦氏重排的条件是：含有不饱和键(如 C=O，C=N，C=S 及碳碳双键)、苯环或三元环，与双键相连的链上有 γ 碳，并在 γ 碳有 H 原子(γ 氢)。

开裂过程是通过六元环过度，γH 转移到杂原子上，同时 β 键发生断裂，生成一个烯烃或中性分子和一个电子奇偶性未发生变化的离子。

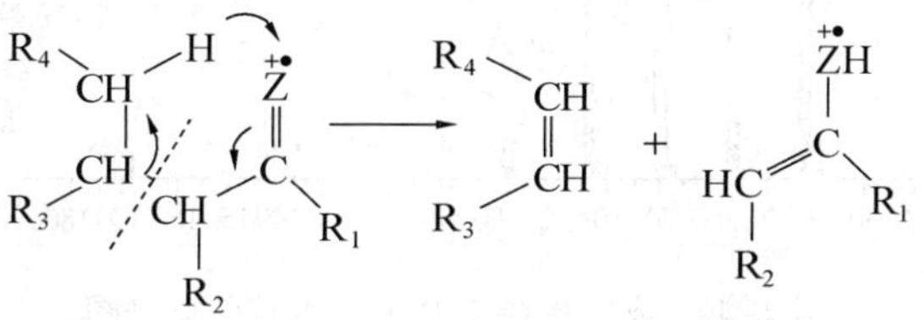

断两个键、脱去一个中性小分子且无氮原子变化的重排开裂前后，离子的电子奇偶性及质量奇偶性不发生变化。这样就可以依据质谱中母离子与子离子的质荷比和奇偶性的变化得知该裂解是简单开裂还是重排开裂。

5. 常见有机物的质谱图及其特征

(1)饱合烃(alkanes)的质谱图及特征

① 链烷烃：有 m/z：29，43，57，71，……C_nH_{2n+1}系列峰(σ 断裂)。

分子离子(丰度)：C_1(100%)，C_{10}(6%)，C_{16}(小)，C_{45}(0)。

直链烷烃的分子离子峰常可观察到，不过其强度随相对分子质量增大而减少，甲烷和正癸烷的质谱见图 4-47，正十六烷的质谱如图 4-48 所示。支链烷烃分子离子峰较小，典型支链烷烃 5-甲基十五烷的质谱见图 4-49。

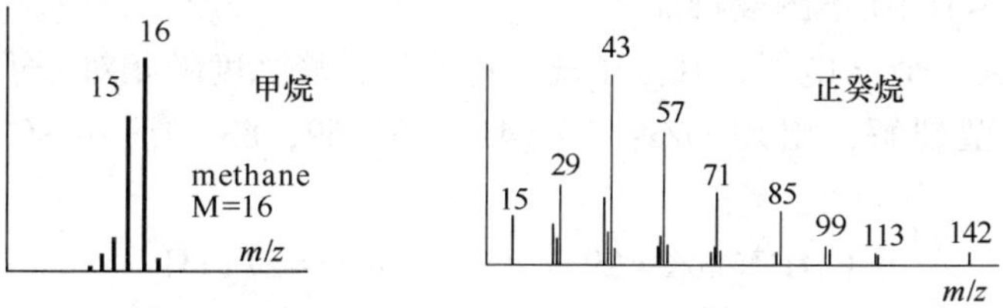

图 4-47　直链烷烃甲烷(a)和正癸烷(b)的质谱图

② 环烷烃：M 峰一般很强，环开裂时失去两个碳的碎片，出现 m/z 28$(C_2H_4)^{+\cdot}$，m/z29$(C_2H_5)^{+\cdot}$和 M-28、M-29 的峰，以及 m/z：28，42，56，70，……C_nH_{2n}系列峰，环已烷和甲基环已烷的质谱见图 4-50 和图 4-51。

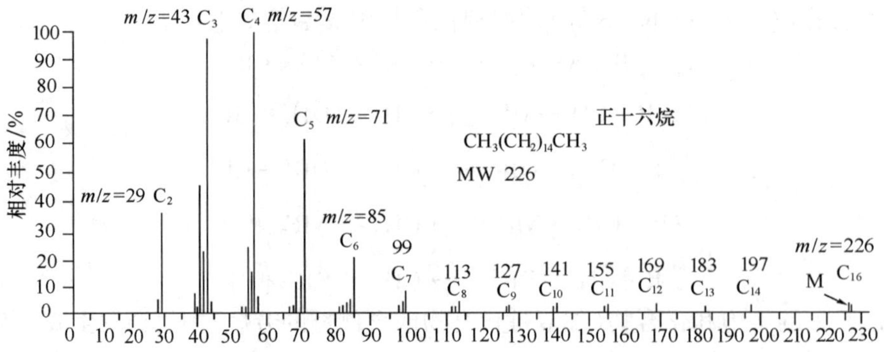

图 4-48　直链烷烃正十六烷的质谱图

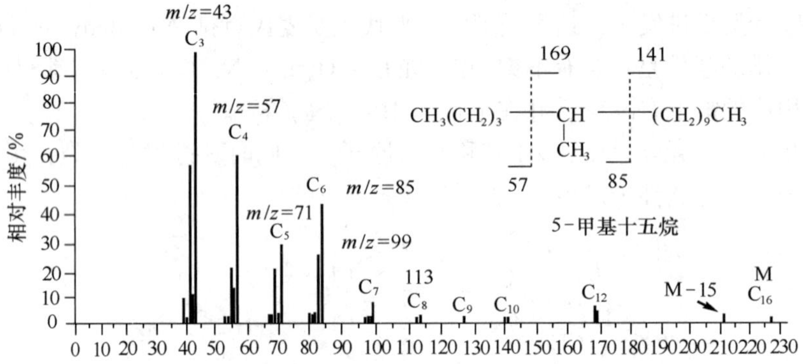

图 4-49　支链烷烃 5-甲基十五烷的质谱图

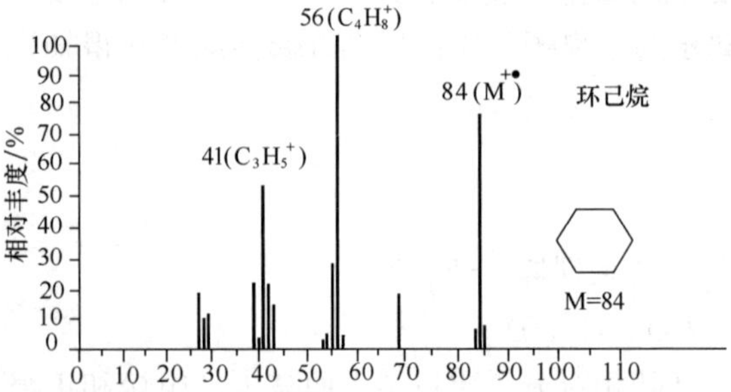

图 4-50　环己烷的质谱图

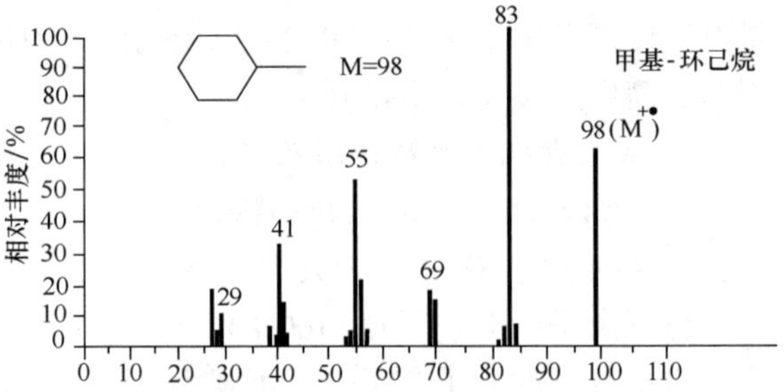

图 4-51　甲基环己烷的质谱图

(2) 烯烃(alkenes)的质谱图及特征

① 烯烃容易失去一个 π 电子，其分子离子峰明显，峰强度随相对分子质量增大而减弱；

② 由于烯丙基型裂解，出现 m/z：27，41，55，69，83，等……C_nH_{2n-1} 系列峰，见图 4-52。

$$C_2H_5^+(m/z=29) \rightarrow C_2H_3^+(m/z=27)+H_2$$

③ 发生麦氏重排，产生 C_nH_{2n} 离子。

(3)芳烃(aromatic hydrocarbons)质谱图及特征

芳烃质谱特征是：

① 分子离子峰明显，M+1 和 M+2 可精确量出，便于计算分子式。

② 带烷基侧链的芳烃常发生苄基型裂解，产生 m/z 91(往往是基峰)的 Tropylium ion；若

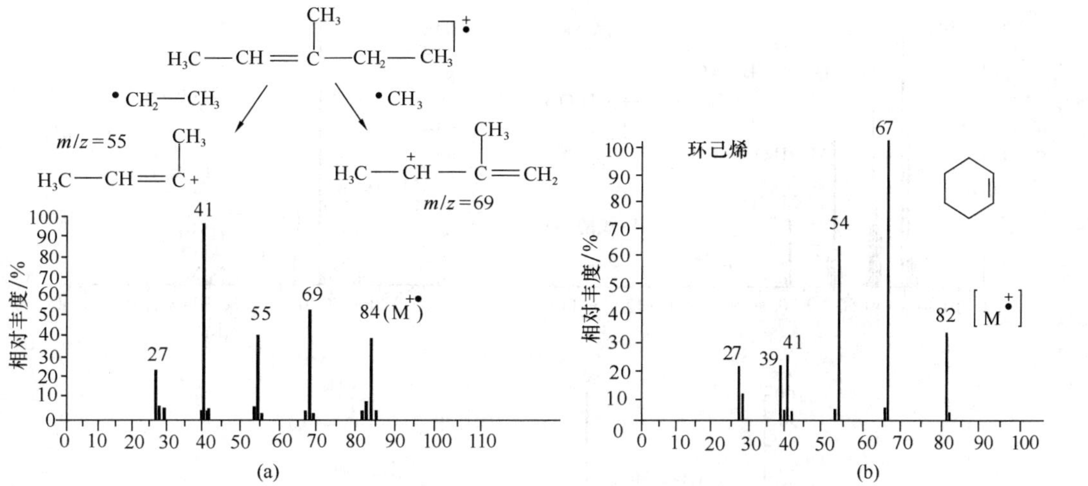

图 4-52　3-甲基-2-戊烯(a)和环己烯(b)的质谱图

基峰的 m/z 比 91 大 $n\times14$，表明苯环 α 碳上另有烷基取代，形成 m/z 105(91+14)、119(91+2×14)等的取代 Tropyliumion；m/z 91 的 Tropyliumion 可进一步裂解形成 m/z 65 的 $C_5H_5^+$环戊烯基离子和 m/z 39 的 $C_3H_3^+$环丙烯基离子，正丁基苯的裂解过程见图 4-53。

③ 含正丙基或丙基以上侧链的芳基(含 γ-H)可发生麦氏重排形成 m/z 92 的 $C_7H_8^+$离子，如图 4-54 所示。

④ 侧链 α 裂解虽然发生机会较少，但仍有可能。所以芳烃质谱中可以见到 m/z 77 的 $C_6H_5^+$(苯基)、m/z 78(苯重排产物)、m/z 79(苯+H)的离子峰。

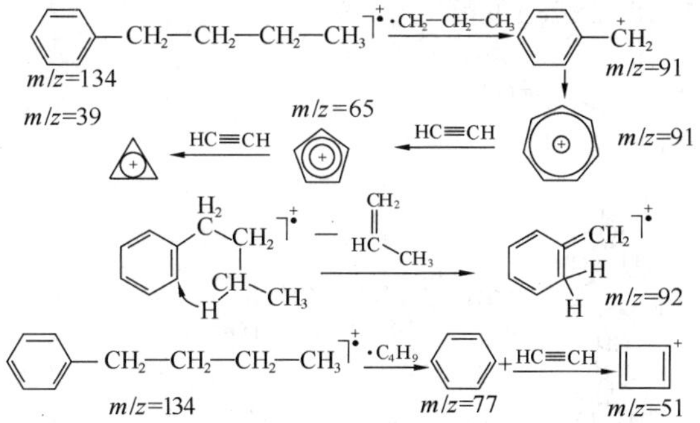

图 4-53　正丁基苯的质谱裂解过程

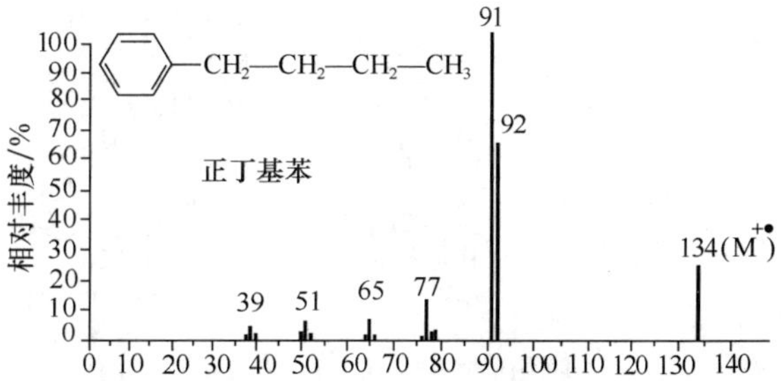

图 4-54　正丁基苯的质谱图

(4) 醇和酚(alcohols and phenols)质谱图及特征

醇类质谱特征:

① 分子离子峰很弱或看不到。

② 所有伯醇(甲醇除外)和高相对分子质量仲醇和叔醇容易脱水形成 M-18 峰，谱图解析时不要将 M-18 峰误认为分子离子 M^+峰。

③ 羟基的 C_α-C_β 键容易断裂形成极强的 m/z 31($CH_2=O^+H$，伯醇)、m/z 45($CH_3CH=O^+H$，仲醇)或 45+14n 的峰，m/z 59($(CH_3)_2CH=O^+H$，叔醇)或 59+14n 的峰(如图 4-55 所示)，这些峰对于鉴定醇类极为重要。因为醇的质谱由于脱水而与相应的烯烃质谱类似，而 m/z 31 或 m/z 45、m/z 59 峰的存在则往往可以判断样品是醇而不是烯烃。

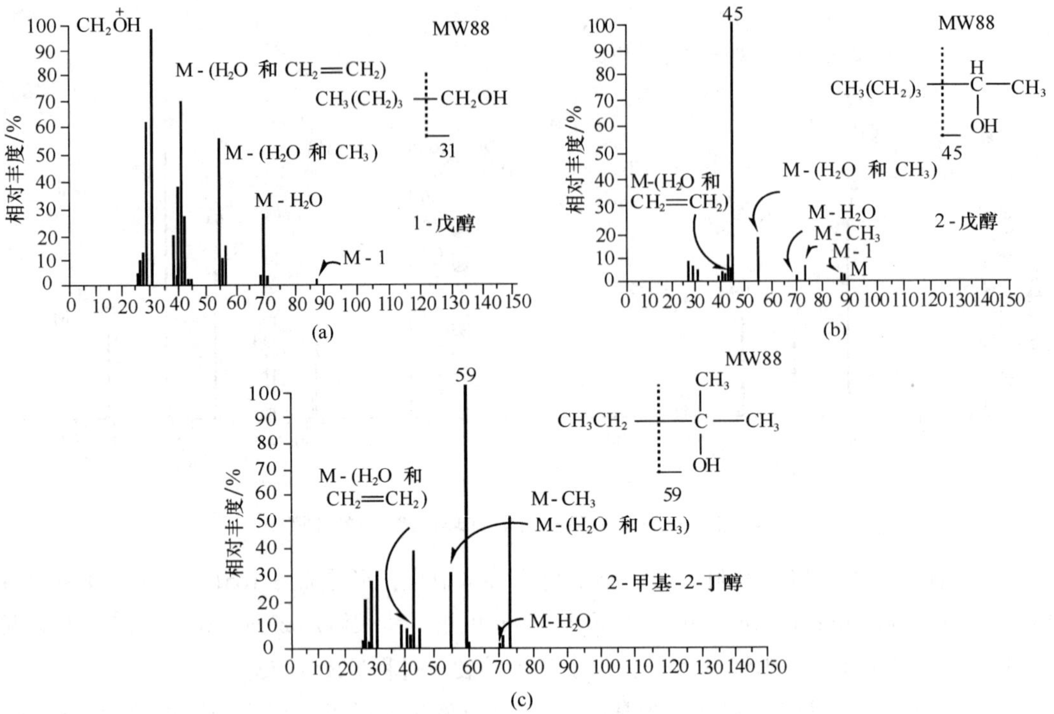

图 4-55　1-戊醇(a)、2-戊醇(b)和 2-甲基-2-丁醇(c)的质谱图

④ 碳数大于 4 的开链伯醇，可同时发生脱水和脱烯，产生 M−46 的峰，如图 4-56 所示；若 δ 碳上烷基 R 较大，M−46 的链烯还会进一步脱 $CH_2═CH_2$ 产生(M−18−n×28)的峰，如辛醇(M=130)质谱中的 m/z 84(M−18−28)、m/z 56(M−18−2×28)的峰。

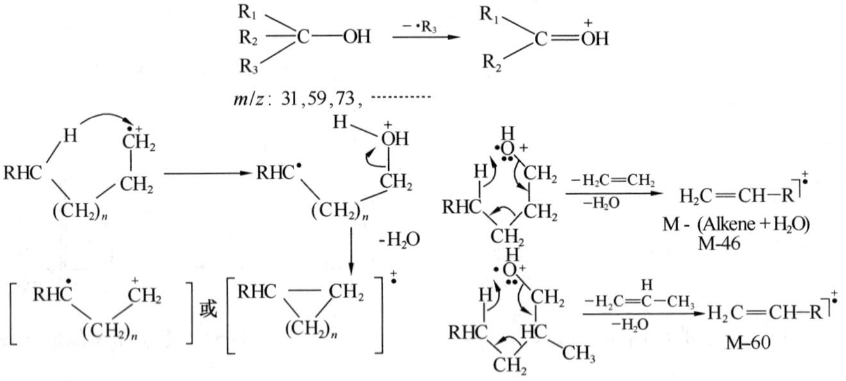

图 4-56　醇的基本裂解和长链(碳数大于 4)伯醇的脱水、脱烯质谱裂解过程

⑤ 丙烯醇型不饱和醇的质谱有 M−1 强峰，是由于有生成共轭离子的裂解。

⑥ 环己醇的裂解还包括氢原子的转移，较复杂。

酚和芳香醇的质谱特征：

① 酚和芳香醇的质谱中 M 峰很强，酚的 M 峰往往是基峰。

② 苯酚的 M−1 峰不强，而甲基苯酚和苄醇的 M−1 峰很强；苯酚、苄醇和邻甲基苄醇及邻羟甲基苯酚的裂解过程见图 4-57，邻乙基苯酚的裂解过程及其质谱图见图 4-58。

③ 苯酚在无其他取代情况下，可发生氢重排断裂，然后经 α 断裂、i 断裂形成 M−CO、M−HCO的碎片离子。

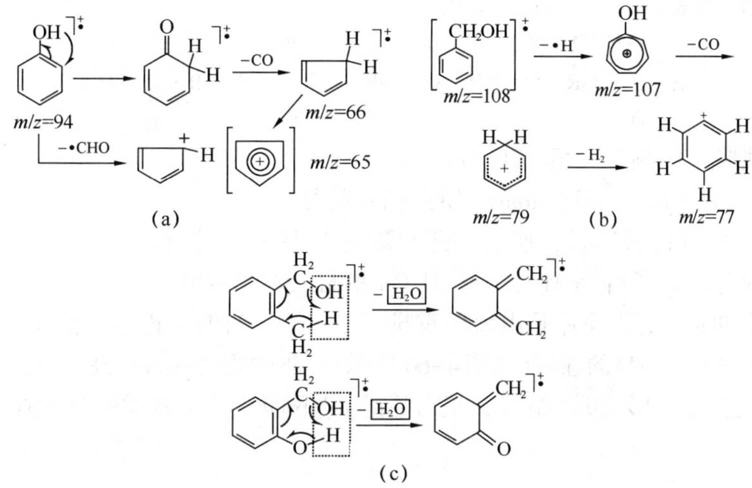

图 4-57　苯酚(a)、苄醇(b)和邻甲基苄醇及邻羟甲基苯酚(c)的质谱裂解过程

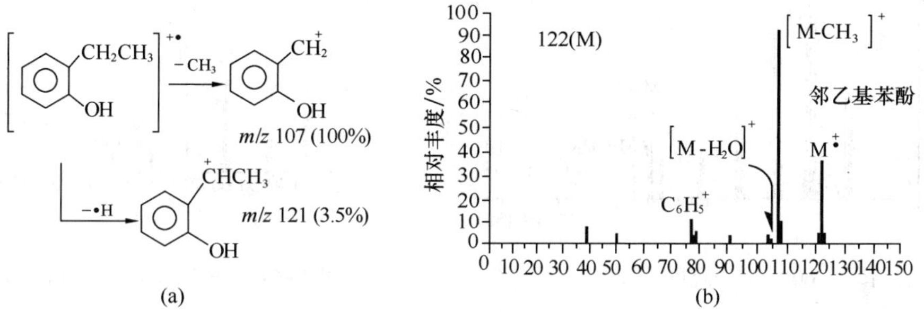

图 4-58　邻乙基苯酚的质谱裂解过程(a)及其质谱图(b)

(5) 醚(ethers)质谱图

醚的分子离子裂解方式与醇相似。

① 脂肪醚的 M 峰很弱但可观察到，芳香醚的 M 峰较强；若增大样品用量或增大操作压力，可使 M 峰及 M+1 峰增强。

② 脂肪醚有三种裂解方式：

α 裂解(C_{α}—C_{β} 键断裂)，正电荷留在氧原子上，取代基团大的优先丢失，形成 m/z 45、59、73 等强峰，这类离子还可进一步裂解形成 m/z 31 的峰。

i 裂解(O—C_{α} 键断裂)，因产生的烷氧基碎片 RO˙ 较 HO˙ 稳定，故容易发生(O—C_{α} 键断裂的 i 裂解在醇中一般难于发生)，形成 m/z 29、43、57、71 等峰，如图 4-59 中乙基仲丁基醚质谱图所示。

重排断裂，形成比不重排的 i 裂解少一个质量单位的峰，如 m/z 28、42、56、70 等峰。

③ 芳香醚经常发生 O—C_{α} 键断裂的裂解。

④ 缩醛是一类特殊的醚，中心

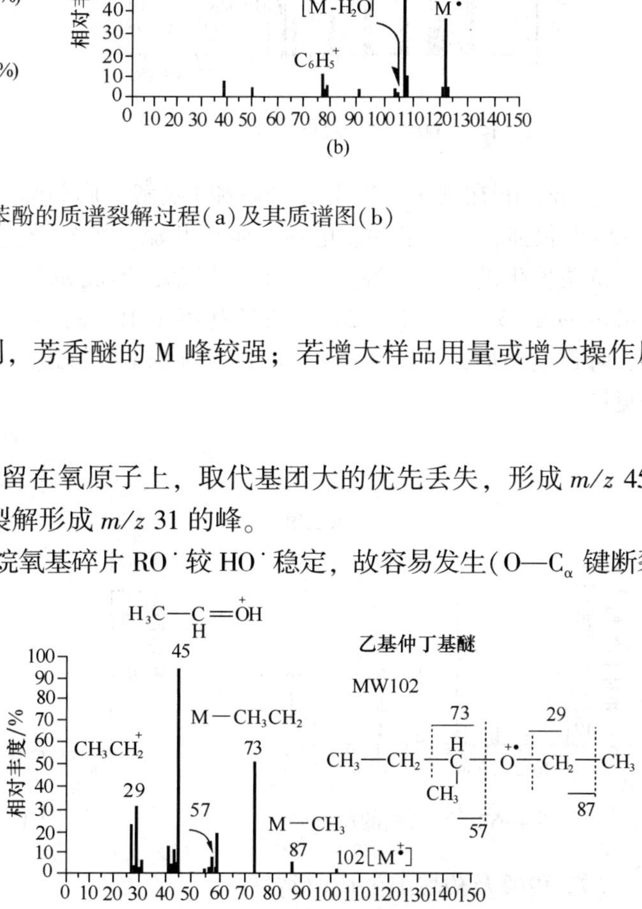

图 4-59　乙基仲丁基醚的质谱图

碳原子的四个键都可裂解，概率相差无几。

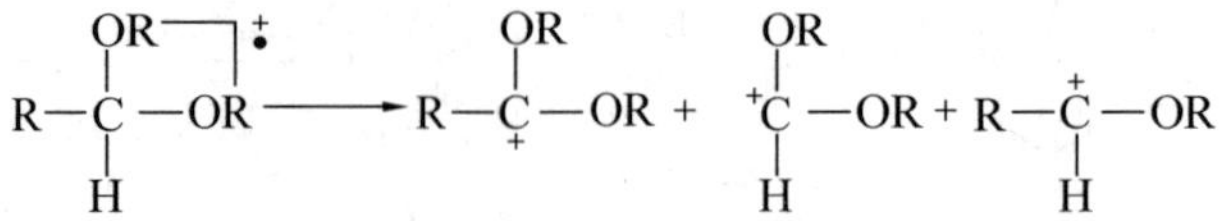

⑤ 环醚断裂脱去中性碎片醛(CH_2O)。

(6) 醛、酮(aldehydes and ketones)质谱图及特征

① 醛和酮的 M 峰比较明显，脂肪族醛和酮的 M 峰不如芳香族的强。

② 鉴定醛的碎片离子峰是 M-18($M-H_2O$)和 M-28(M-CO)。

③ 脂肪族醛和酮，主要碎片是由麦氏重排产生。醛裂解时，正电荷留在不含氧的碎片上，形成 M-44($H_2C=CH—OH$)的强峰(如图 4-60 所示)；酮的质谱有 m/z 58、72、86 峰；$R \geq C_3$ 的酮会发生第 2 次麦氏重排形成更小碎片，正丙基正丁基酮质谱裂解及质谱图见图 4-61。

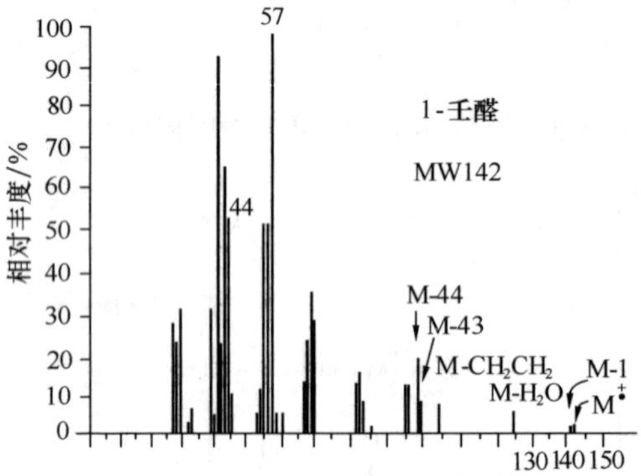

图 4-60　1-壬醛的质谱图

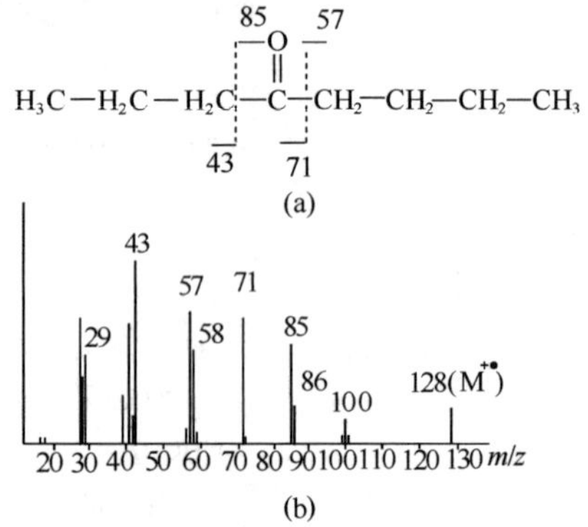

图 4-61　正丙基正丁基酮的质谱图

④ 醛、酮在羰基碳发生 α 裂解和 i 裂解，脂肪醛形成 M-1 峰强度一般与 M 峰近似，而 m/z29 峰很强，芳香醛因正电荷与苯环共轭，容易产生 R^+离子(M-29)。

酮类发生的类似裂解，脱去较大烃基，形成 m/z 43、57、71 的 $RC\equiv O^+$峰；也可发生异裂形成 m/z 15、29、43、57 等的烃基离子 R^+峰；环酮裂解复杂，但仍从酮基的 α 裂解开始，环己酮的质谱见图 4-62 所示；芳香酮 i 裂解最终产生苯基离子，对氯苯基苯基酮的质谱见图4-63。

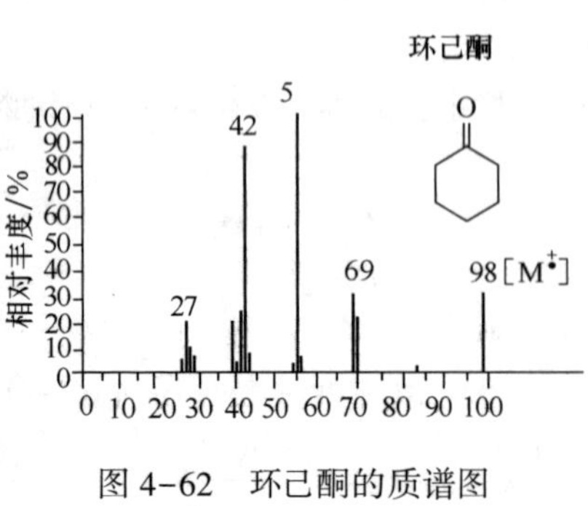

图 4-62　环己酮的质谱图

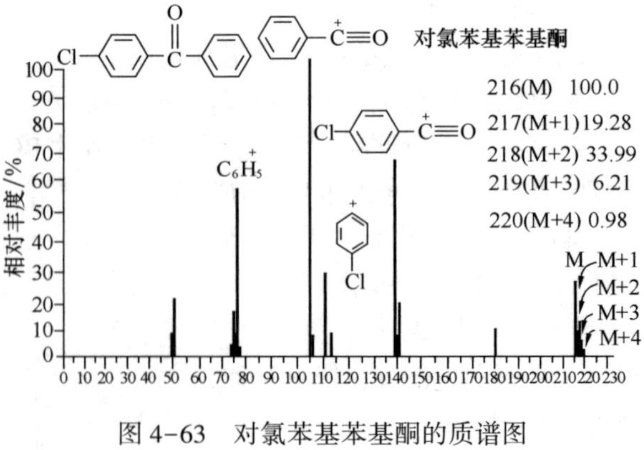

图 4-63　对氯苯基苯基酮的质谱图

(7) 羧酸及羧酸酯的质谱特征

① 脂肪羧酸的 M 峰一般可看到，其特征峰是 m/z 60 峰(由麦氏重排产生)，m/z 45 峰

(α 裂解，失去 R˙，形成$^{+}CO_2H$)明显；低级脂肪酸常有 M－17(失去 OH)、M－18(失去 H_2O)和 M－45(失去 CO_2H)的峰。己酸的裂解过程见图 4－64。

② 芳香羧酸的 M 峰很强，其特征峰有 M－17、M－45 峰；邻位取代芳香羧酸重排失水形成 M－18 峰。

③ 直链一元羧酸酯的 M 峰可观察到，且随相对分子质量的增高(C>6)而增大；芳香羧酸酯的 M 峰较明显。

④ 因麦氏重排，甲酯可形成 *m/z* 74 的基峰(如图 4－65 所示)，乙酯可形成 *m/z* 88 的基峰；若 α 碳上有烃基取代，则将形成 *m/z* 74、88、102、116 等同系列峰；羧酸酯还可发生双氢重排裂解，产生质子化的羧酸离子碎片峰。

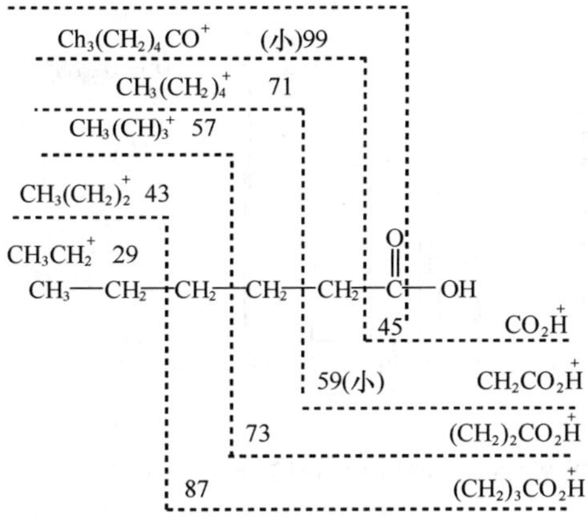

图 4－64 己酸的质谱裂解过程

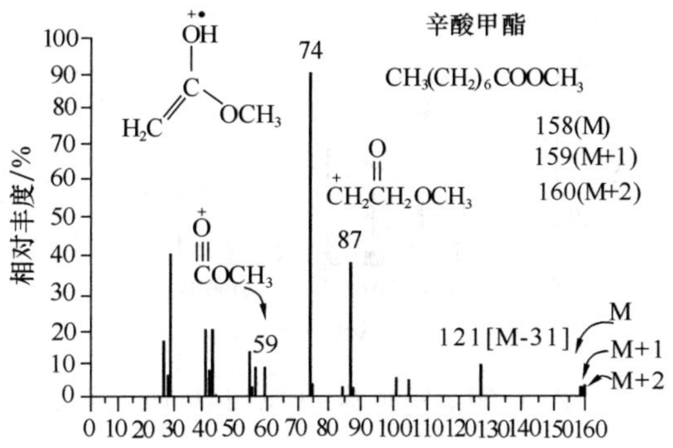

图 4－65 辛酸甲酯的质谱图

(8) 胺的质谱及特征

伯胺的质谱与醇相似，仲胺的质谱与醚相似。

胺类的特征峰是 *m/z* 18($^{+}NH_4$)峰，醇类也有 *m/z*18(H_2O)峰，两者区别是：胺类中质量数 18 与 17($^{+}NH_3$)峰的比值远大于醇类的比值；与醇、醚类似，胺类也产生 *m/z* 31、45、59 等重排峰。

① 脂肪开链胺的 M 峰很弱，或者消失而脂环胺及芳胺的 M 峰较明显(如图 4－66 所示)；含奇数 N 的胺其质量为奇数，低级脂肪胺、芳香胺可能出现 M－1 峰(失去˙H)。

② 与醇类似，胺的主要开裂是 α 裂解(C_α—C_β 断裂)，形成 *m/z* 30、44、58、72、68 等峰；α 碳无取代的伯胺 RCH_2NH_2 可形成 *m/z*30($CH_2=N^{+}H_2$)的强峰，此峰是伯氨基存在的有用佐证，但不能作为确证，因为仲胺及叔胺因二次裂解和氢原子重排也可能形成 *m/z*30 峰，不过较弱。

6. 质谱提供的结构信息及特点

在有机化合物的质谱图中，各种离子或离子系列的质荷比及相对丰度提供了有机化合物的结构信息，这些信息主要是：化合物的相对分子质量、化学式、所含官能团和化合物类型以及基团之间连接顺序。

(1) 化合物相对分子质量

这是质谱提供的最重要信息。在质谱图中确定分子离子峰是测定相对分子质量的关键。一些结构不稳定的化合物在常规的电子轰击质谱中不产生分子离子峰或其丰度非常低，这时最好采用化学电离(CI)、快原子轰击(FAB)等“软电离”技术来测定相对分子质量。

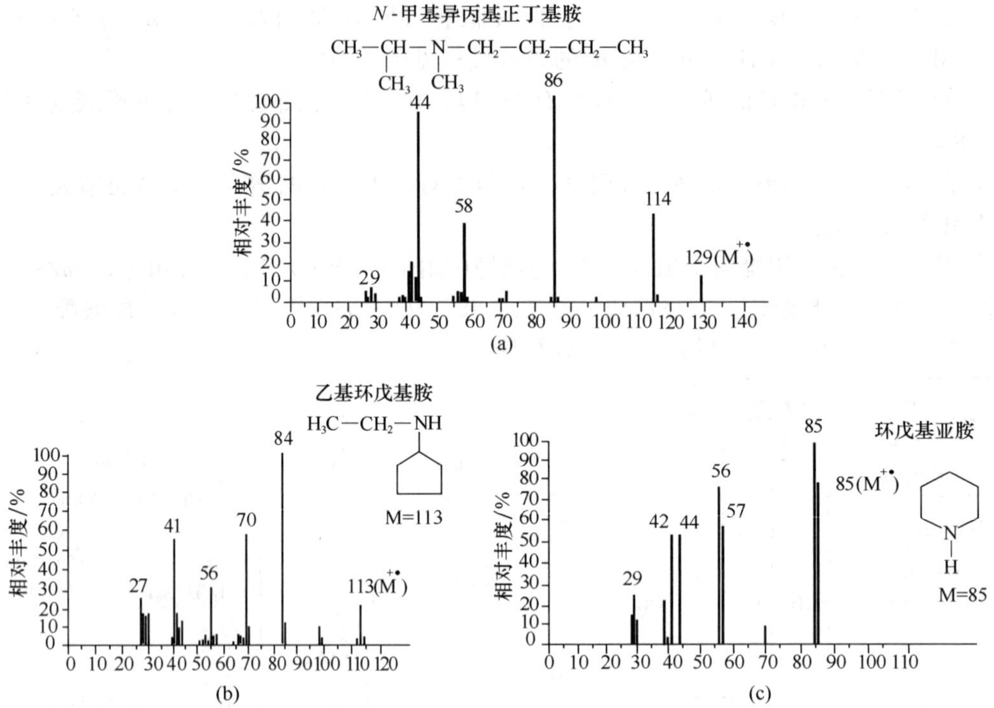

图 4-66　N-甲基异丙基正丁基胺(a)、乙基环戊基胺(b)和环戊基亚胺(c)的质谱图

(2) 化学式

推导未知物的化学式(即化合物的元素组成)是质谱的又一重要用途。两种方法可以推导化学式，一是在低分辨质谱中的同位素丰度法，即利用分子离子与它的[M+1]、[M+2]等同位素离子的相对丰度比来推导其元素组成；另一种是利用高分辨质谱精密测定分子离子的精确质量，然后根据每一种同位素相对原子质量所特有的"质量亏损"推导分子离子的元素组成。

同位素法是一个简便易行的推导化合物化学式的方法，但有一定的限制条件。当未知物的相对分子质量不大，且质谱中分子离子峰的相对强度较大时，利用同位素丰度法能较好地推导出化学式。但随着化合物的相对分子质量增大，低丰度的重同位素对[M+1]、[M+2]离子丰度的贡献不可忽略，且分子式的可能组成也大大增加，此法便不再适合了。当分子离子峰的相对丰度低于5%时，同位素峰丰度测定的相对误差较大，也不适宜使用上述方法。

在条件许可时，使用高分辨质谱测定分子离子的精密质量，然后由计算机计算推测其元素组成是最理想的方法。它比同位素丰度法精确，且在测定分子离子元素组成的同时，还可以同时测定主要碎片离子的元素组成，有利于进一步的结构分析。

(3) 官能团和化合物类型

质谱图中各种碎片离子的 m/z 和丰度提供有关化合物所含官能团和化合物类型的信息。通常碎片离子很多，为了从中获得有价值的信息，可从以下三个方面去研究。

① 重要的低质量端离子系列。在低质量区，一个特定 m/z 的离子只有少数几个元素组成和结构的可能性。例如，m/z29，只有 C_2H_5 和 CHO 两种可能。但 m/z 大的离子峰，如 m/z129，则可排出上百种可能结构。研究重要的低质量端离子系列可以得到有关化合物类型的信息。

② 高质量离子的研究。随着离子质荷比增大，可能结构的数目呈指数上升。因此，直

接研究高质量离子很困难。通常是研究小的中性丢失，即研究分子离子与高质量碎片离子的质量差。这些小的中性丢失很容易得到有明确解释的结构信息。例如，$[M-1]^+$表示从分子离子中失去一个H，一个强的$[M-1]$暗示存在一个活泼H或其他活泼基团，如苯甲醛质谱图中就有强的$[M-1]^+$峰，又如$[M-15]^+$、$[M-18]^+$、$[M-20]^+$等总是表示分子离子失去CH_3，H_2O，HF。

③ 特征离子。尽管离子的单分子裂解是多途径和多级反应，能生成许多碎片离子，但一些由于官能团存在而引发的简单断裂和重排反应生成的离子常常具有特殊的质量数。理论上它们有许多可能的组成和结构，但实际上只有少数具有特征性结构的基团才能在质谱中产生这些峰。例如苯基的 m/z 77、苄基的 m/z 91、苯酰基的 m/z 105、胺的 m/z 30、伯醇的 m/z 31等。了解特征离子所代表的结构对于确定化合物类型及所含官能团非常有用。

(4) 基团之间的连接和空间结构

质谱中一些重排离子(属于一类特征离子)的产生需要相关基团处于特定的空间位置，因此这些离子的存在能够提供分子中某些基团的连接次序或空间排列。例如，只有处在芳烃邻位的基团或烯烃顺式的基团才能发生消去一个小分子的重排反应，生成特征奇电子离子。

质谱法鉴定化学结构具有以下特点：提供的信息总量大。高分辨质谱可提供化合物准确的相对分子质量、分子式和分子结构的分析数据。常见的一些有机化合物有时仅用质谱法就能完成定性定量任务。所需样品量少(10^{-11} g)，分析时间短，可与色谱联用，但仪器复杂，价格昂贵，操作、维护困难。此外，质谱使用前要根据被分离样品挥发程度的难易、热稳定性等因素选择不同电离技术，才能得到可靠满意的结果。

质谱分析最大特点是灵敏度高、快速，最低检出极限可达 10^{-12} g，质谱图可以提供化合物的相对分子质量。尽管根据裂解碎片可推测化合物某些结构，但对于异构体识别、分子空间构型、判别基团连接方式、相对分子质量超过数万的大分子等分析困难。

4.5.2 质谱解析方法与示例

在质谱图上，各离子峰的相对丰度及质量数(m/z 或 m/e)与分子的结构密切相关，高丰度碎片离子峰的 m/z 或 m/e 代表分子中最易开裂部分的质量，掌握各类有机物的开裂规律有助于对质谱图中所出现的各种质谱峰进行正确判断，以便可靠地获得化合物类型、相对分子质量、元素组成及其结构等信息。

质谱在剖析中的应用主要是进行质谱解析，所谓质谱解析，即从质谱图的各种峰推断有机化学的分子结构。

1. 质谱的解析

根据分子离子峰质荷比可确定相对分子质量，准确地测定相对分子质量是质谱法的独特优点，它比经典的相对分子质量测定法快而准。但由于同位素峰的存在，使在质谱图中最高m/z 峰不一定是分子离子峰，而且许多化合物的分子离子不稳定，致使分子离子峰甚小或根本不出现。因此，正确判断分子离子峰就成为确定相对分子质量的关键。

(1) 确定分子离子峰和相对分子质量

在质谱图中，分子离子峰能提供最有价值的信息，与分子离子峰对应的 m/z 或 $m/$e 就是相对分子质量，由相对分子质量和元素组成可推断化合物的分子式及不饱和度数。

通常分子离子峰位于质谱图中最大质量数一端(不一定是最大质量数的峰)，其质荷比即相对分子质量。由于分子离子的稳定性及重排等，质谱图上质荷比最大的峰并不一定是分子离子峰。辨认分子离子峰的方法有：

① 利用化学结构来判断分子离子峰强度。利用经验规律判断分子离子峰，各类化合物分子离子峰稳定性顺序是：芳香族化合物(包括芳香杂环)>共轭烯烃>烯烃>环烷烃>酮>直链烷烃>硫醇>醚>胺>酯>酸>支链烃>醇。

② 分子离子峰应符合“氮律”。只有 C，H，O 组成的有机化合物，其分子离子峰一定是偶数；含氮化合物的氮原子有奇数或偶数，则其分子离子峰也相应地为奇数或偶数。

③ 分子离子峰与邻近峰的质量差是否合理。有机分子失去碎片大小是有规律的：如失去 H、CH_3、H_2O、C_2H_5……，因而质谱图中可看到 M−1、M−15、M−18、M−28 等峰，而不可能出现 M−3，M−14，M−24 等峰，如出现这样的峰，则该峰一定不是分子离子峰。质量差为 4−13、19−25、37、38、50−53、65−66……的不是分子离子峰，当差值为 14(CH_2)时应小心，这表明可能有待测物的同系物存在。

④ 注意 M+1 峰。某些化合物(如醚、酯、胺、酰胺、腈、氨基酸酯和胺醇等)的质谱上分子离子峰很小，或者根本找不到，而 M+1 峰却相当大。在分析质谱图时，化合物的相对分子质量应该比此峰质量小 1。

⑤ 注意 M−1 峰。某些化合物(醛、醇或含氮化合物)没有分子离子峰，但 M−1 峰很大。

⑥ 改变仪器实验条件，增大分子离子峰强度以检出分子离子峰。采用化学电离源、场离子或场解吸源等电离方法；制备易挥发的衍生物，如通过甲基化、乙酰基化、甲酯化、氧化或还原等方法将样品制备成适当的衍生物后再测定。

(2) 确定分子式

利用质谱确定分子式有两种方法。低分辨质谱仪采用同位素峰相对强度法，高分辨质谱仪能够测定每一质谱峰的精确相对分子质量数，从而确定化合物的实验式和分子式(即高分辨质谱法)。一般高分辨质谱仪测定分子离子的相对分子质量数的误差不大于±0.006，能符合此准确数值的分子式数目少，再配合其他信息，即可从这少数可能化合物中判断出最合理的分子式。现代高分辨质谱仪附属的计算机系统可以给出分子离子峰的元素组成，同时也可给出质谱图中主要碎片峰的元素组成。因此，条件允许时尽量采用高分辨质谱法。

使用低分辨质谱仪时，确定分子式采用同位素峰相对强度法(也叫同位素丰度比法)，该法确定分子式有查 Beynon 表法和估算法。下面主要介绍同位素峰相对强度法中查 Beynon 表法。

有机化合物一般由 C、H、O、N、S、F、Cl、Br、I、P 等元素组成，其中除了 F、I、P 外，其余元素都有同位素，各种同位素的天然丰度比见表 4−18。

表 4−18　一些重同位素与最轻同位素天然丰度相对比值

重同位素	^{13}C	^{1}H	^{17}O	^{18}O	^{15}N	^{33}S	^{34}S	^{37}Cl	^{81}Br	^{29}Si	^{30}Si
相对比值/%	1.11	0.015	0.04	0.20	0.37	0.80	4.4	32.5	98.0	5.1	3.4

化合物含重同位素的分子离子比全部由轻同位素组成的离子在质谱中 m/z 高 1 或 2 或更多质量单位处出现，这些峰就是分子离子的同位素峰。这些同位素峰的强度与分子中含该元素的原子数目及该同位素的天然丰度有关。同位素离子峰$(M+1)^+$、$(M+2)^+$与 M 的强度比可帮助判断某些元素(Cl，Br，S)是否存在：M/(M+2)= 3∶1(分子中含有 Cl)；M/(M+2)= 1∶1(分子中含有 Br)。

Beynon 质谱数据表中列出各种分子式所对应的 M、M+1、M+2 峰的强度。根据质谱测定的 M+1 和 M+2 峰强度百分比值，查 Beynon 质谱数据表，即可确定分子式。

【例 4-18】 某化合物的 IR 显示含羰基，MS 中的 M、M+1、M+2 峰强度比分别为 M(150)100%、M+1(151)11.1%、M+2(152)0.8%，试确定其分子式。

解：由 MS 数据知，(M+2)/M = 0.8%小于 4.4%，由表 4-19 可知此化合物不含 S、Cl、Br。

查 Beynon 表：相对分子质量为 150 的分子式共 29 个，其中 M+1 峰在 10%~12%[取(M+1)±1]的共有 6 个，见表 4-19。

表 4-19 例 4-18 的可能分子式

序号	M+1	M+2	可能分子式
1	10.34	0.66	$C_9H_{12}NO$
2	10.71	0.52	$C_9H_{14}N_2$
3	11.60	0.61	$C_{10}H_2N_2$
4	11.07	0.75	$C_{10}H_{14}O$
5	11.44	0.60	$C_{10}H_{16}N$
6	11.96	0.85	$C_{11}H_2O$

在表 4-19 中，序号 1 和 5 的两式因含有奇数氮，而相对分子质量为偶数，与氮律不符，可排除。序号 3 和 6 的两式因含氢数太低，不合理。序号 2 和 3 因不含氧与 IR 数据不符(IR 显示有羰基)，序号 6 的碳原子数大于 10，也可排除。序号 4 的 M+1(11.07%)、M+2(0.75%)与 MS 数据 M+1(11.1%)、M+2(0.8%)很接近，又含氧原子，所以可以断定该化合物分子式为 $C_{10}H_{14}O$。

【例 4-19】 某化合物的 MS 中的 M(132)100%、M+1(133)8.62%、M+2(134)4.70% 试确定其分子式。

解：因 M+2 峰的强度 4.70%接近 4.4%，判断其中比含 S。因 Beynon 表中的分子式只含 C、H、N 和 O 四种元素，因此需从相对分子质量 132 减去 ^{32}S 的质量数 32 得 100，再从 M+1 的强度 8.62%、M+2 的强度 4.70%分别减去 ^{33}S 和 ^{34}S 的贡献，得 M+1(101)7.82%(8.62%-0.80%)、M+2(102)0.26%(4.70%-4.40%)。查 Beynon 表知相对分子质量 100 的分子式共 18 个，其中 M+1 峰强度接近 7.82%的式子 4 个(见表 4-20)。

表 4-20 例 4-19 的可能分子式

序号	M+1	M+2	可能分子式
1	7.09	0.22	$C_6H_{14}N$
2	7.98	0.28	C_7H_2N
3	7.82	0.26	C_7H_{16}
4	8.71	0.33	C_8H_4

其中序号 1 和 2 的分子式含有奇数氮，而相对分子质量 132 是偶数，与氮律不符，故排除。序号 3 和 4 的分子式比较，序号 3 的 M+1(102)7.82%，M+2(102)0.26%与题中条件一致，故该化合物的分子式为 $C_7H_{16}S$。

(3) 对碎片离子进行分析

找出主要碎片离子峰，记录其质荷比和相对强度，找出亚稳离子，利用 $m^* = \frac{m_2^2}{m_1}$ 公式，

确定 m_1 和 m_2 离子的母子关系，推断开裂过程。注意是否有重要的碎片脱落，并以此推测结构及开裂形式。利用高分辨质谱，测定化合物分子离子峰及各种碎片离子的精确质量数，并决定其元素组成。

① 由明显的特征断裂估算化合物的结构类型或裂解类型。由特征断裂及其失去的碎片判断化合物结构类型见表 4-21。

表 4-21　根据失去碎片的情况判断化合物结构类型

离　子	失去的碎片	化合物的结构类型
M-1	H	醛类(一些醚或胺类)
M-15	CH_3	甲基取代物
M-18	H_2O	醇类
M-28	C_2H_4、CO、N_2	C_2H_4(麦氏重排)
		CO(从脂环酮等脱掉)
M-29	CHO、C_2H_5	醛类、乙基取代物
M-34	H_2S	硫醇
M-35　M-36	Cl、HCl	氧化物
M-43	CH_3CO、C_3H_7	甲基酮、丙基取代物
M-45	COOH	羧酸类
M-60	CH_3COOH	醋酸酯类

② 根据碎片离子质量推断其元素组成、估算化合物的结构类型，如表 4-22 所示。

表 4-22　根据离子质量推断化合物结构类型

离子质量	元素组成	化合物的结构类型
29	CHO	醛
30	CH_2NH_2	伯胺
43	CH_3CO、C_3H_7	甲基酮、丙基取代物
29、43、57、71 等	C_2H_5、C_3H_7 等	正烷烃
39、50、51、52、65、77	芳香族裂解产物	芳环类
60	CH_3COOH	羧酸、乙酸酯类
91	$C_6H_5CH_2$	苄基
105	C_6H_5CO	苯甲酰基

③ 重要离子质量的奇偶数特性可说明是重排过程或是逆狄尔斯-阿德尔(逆 Diers Alder)反应；

④ 高分辨质谱分析可给出这些碎片离子的化学组成。

(4) 初步列出结构式

列出部分结构单元和剩余单元，推出试样分子可能含有的官能团，计算其不饱和度。将各结构单元和剩余部分结构，按所有可能的结合方式联结起来。用质谱或其他数据，舍去不合理的结构式，即得到比较合理的结构式，并与相应的标准图谱核对。

(5) 确定结构式

提出结构式，并配合其他分析数据和结构信息，最后确定化合物分子结构式是否正确。

要注意充分使用质谱标准图谱及电子计算机联机进行质谱图库的检索。

质谱解析过程是：确认分子离子峰和相对分子质量；根据分子离子 M^+ 的奇偶数，判断是否含氮原子；根据分子离子峰的强度判断化合物类型；根据相对分子质量确定分子式；根据分子式，计算不饱和度；根据特征断裂、碎片离子质量和失去的碎片情况判断化合物类型。

2. 质谱解析示例

【例 4-20】 某化合物的质谱图如图 4-67所示，亚稳峰表明有 *m/z*154→139→111 的断裂关系，求该化合物的结构式。

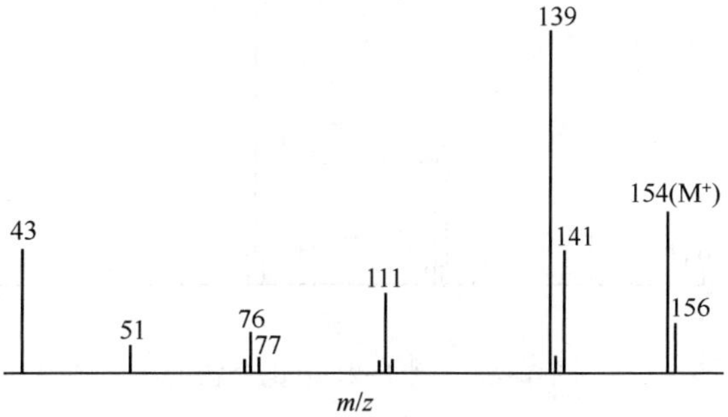

图 4-67　例 4-20 中化合物的质谱图

解：

（1）确定分子离子峰

① 分子离子峰（*m/z*154）很强，可能是芳香族；

② 相对分子质量 154 为偶数，说明不含氮或含偶数个氮；

③ 同位素峰 M+2（*m/z*156）与分子离子峰的强度比值，约为 M ∶（M+2）= 100 ∶ 32，看出有一个氯原子。

（2）查 Beynon 表确定分子式：C_8H_9OCl

（3）碎片离子峰的分析：

① 质量丢失：*m/z*139（M−15），失去—CH_3；

② 由碎片离子推测官能团：*m/z* 43 可能为 C_3H_7 或 CH_3CO；*m/z* 51、76、77 表明有苯环。

③ 结构单元有 Cl、CH_3CO（或 C_3H_7）、C_6H_4（C_6H_5），其余部分的质量等于 154−35−43−76=0。

（4）初步推断结构式有：

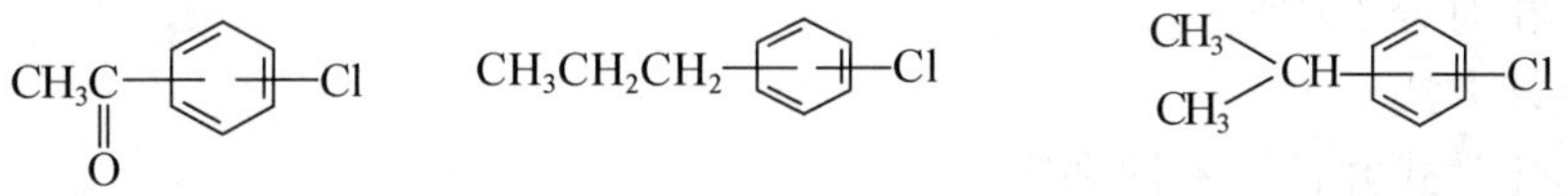

I　　　　II　　　　III

（5）确定结构式

Ⅱ式应发生苄基断裂产生（M−28）峰。这两个峰在质谱图中不明显。Ⅲ式应发生苄基断裂产生（M−15）峰，谱图中确有此峰，但解释不了 *m/z*139→111 亚稳峰的产生。所以只有 I 式最合理。

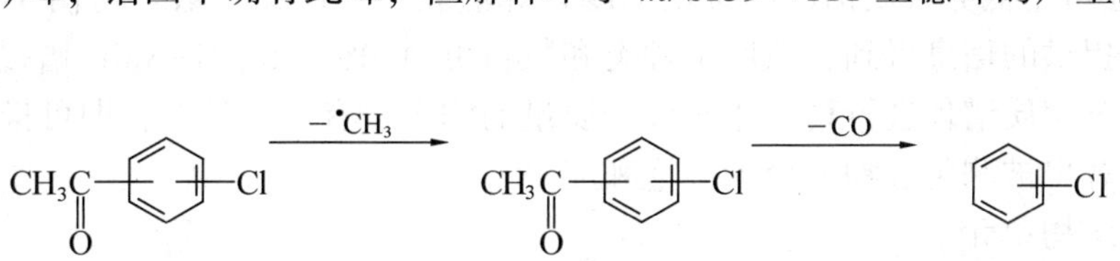

m/z 154　　　　*m/z* 139　　　　*m/z* 111

【例 4-21】 某化合物质谱如图 4-68 所示，分子离子峰精确质量为 136. 0886。由分子离子峰质量，查得分子式为 $C_9H_{12}O$，其不饱和度 u=4。试推断其结构式。

解：

（1）确定分子离子峰和相对分子质量：由题意知，*m/z*136 为分子离子峰，相对分子质

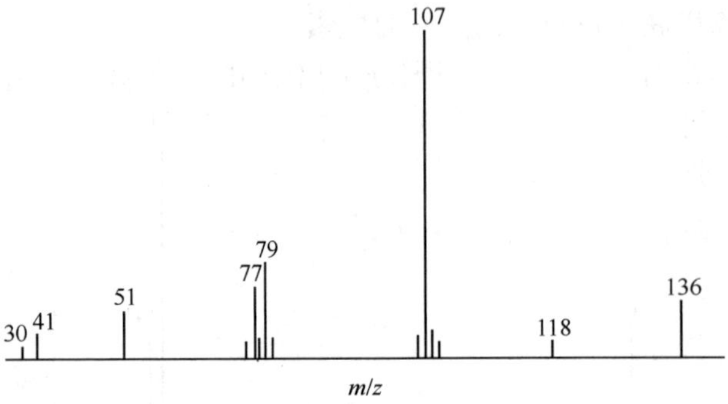

图 4-68 例 4-21 中化合物的质谱图

量为 136.0886；

（2）确定分子式：查 Beynon 表得分子式为 $C_9H_{12}O$，其不饱和度 $u=4$；

（3）碎片离子：碎片离子峰 m/z118（M－18），表明为醇类，m/z107（M－29），表明可能有 C_2H_5，m/z39、51、57 等表明有芳环。

（4）初步确定结构单元：结构单元有 OH、C_2H_5、C_6H_5 等，其余部分的质量为 13（136－17－29－77）应为 CH。

（5）确定可能结构为：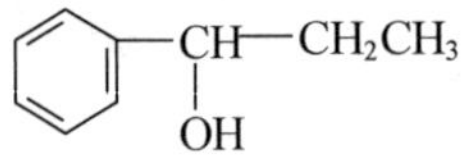

4.6 谱图综合解析

一般说来，除紫外光谱（UV）之外，其余三谱（IR、NMR 和 MS）都能独立用于简单有机物的结构分析。但对于稍微复杂一些的实际问题，单凭一种谱学方法往往不能解决问题，而要综合运用这四种谱来互相补充、互相印证，才能得出正确结论。但是波谱综合解析的含义并非追求“四谱俱全”，而是以准确、简便和快速解决问题为目标，根据实际需要选择其中二谱、三谱或四谱的结合。

波谱综合解析并无固定的步骤，下面介绍波谱综合解析的一般思路，仅供参考，在具体运用时应根据实际情况取舍。

1. 综合解析四谱的一般思路

（1）确定相对分子质量

质谱是最好方法。

（2）推测化学式并计算不饱和度

推测化学式主要有两种方法。

① 数据分析法。首先根据质谱的分子离子峰和同位素峰及其相对强度，利用 Beynon 表选出一些可能化学式；其次推测分子中 C、H 及杂原子数目，从而确定分子式。C 原子数除由 ^{13}C 谱外，还可用低分辨质谱的同位素丰度计算法获得；H 原子数目可由 ^{1}H-NMR 谱的积分曲线高度比提供的信息得到；杂原子种类和数目可由 MS、IR、^{1}H-NMR 谱提供部分信息。

②采用高分辨质谱仪进行精确相对分子质量的测定。有了化学式，即可推测分子式。由分子式可以计算出被测化合物的分子不饱和度。

（3）确定结构单元

四谱中，红外（IR）和核磁共振氢谱（^{1}H-NMR）在确定结构单元方面的作用比较突出。IR 主要提供含氢基团和含叁键、双键的基团，如 OH、NH、SH、C ═C、C ═N、C ═O、C≡C 、N ═C ═O、 C≡N 、C ═S、N ═N、NO_2、SO_3、苯环等。氢谱（^{1}H—NMR）主要提供碳氢基团 CH_3、CH_2、CH 以及它们组合的乙基、异丙基、叔丁基、长 CH_2 链、烯烃和苯环及取代类型，同时也能提供含杂原子的基团，如 CH_3O、CH_3CO 等。氢谱的一个突出优点是它能指出分子的对称性和基团的个数，红外光谱因谱峰的重叠而难以判断。

从质谱(MS)中比较容易确定 Cl、Br、F、I 等杂原子。在特殊情况下，紫外(UV)和核磁共振碳谱(^{13}C-NMR)提供很有用的信息。例如，用 UV 确定大的共轭体系中共轭双键的个数，^{13}C-NMR 确定六取代的苯、四取代的烯烃等，这些基团在红外和核磁共振氢谱中都因缺少信息而容易遗漏。

（4）列出结构片断并组成可能的分子结构

当结构单元确定之后，剩下的任务就是将小的结构单元组成较大的结构片断，最后列出可能的分子结构。

在这方面核磁共振的化学位移和自旋偶合裂分以及质谱碎片离子质量非常有用。例如，对于化学位移分别为 2.1、2.3、3.0、3.3 没有裂分的甲基峰，我们很容易知道它分别与羰基、苯环、氯和氧相连。如果是没有裂分的 CH_2 峰，情况就比较复杂，因为有两个基团影响它的化学位移。但在一定范围内，即官能团已经确定时，只能列出少数几个可能组合，再利用其他谱提供的信息进行筛选。例如，某未知化合物经过初步解析列出了两个可能的结构：$C_6H_5CH_2OCOCH_2CH_3$ 和 $C_6H_5OCH_2COCH_2CH_3$，用^1H-NMR 不易判断，因为两个化合物两组 CH_2 化学位移很接近。若辅之于质谱数据，问题就很容易解决了。两个化合物在苯环的β-位易发生断裂分别生成 m/z 91 的苄基离子和 m/z 93 的苯氧基离子。从上述例子可以看到质谱中碎片离子的质荷比对结构单元的排列和对结构片断或整个分子结构非常有用。

（5）对可能结构进行“指认”或对照标准谱图，确定最终结果

对于比较复杂的化合物，第四步常常会列出不止一个可能结构。因此，对每一种可能结构进行“指认”，然后选择出最可能的结构是必不可少的一步。即使在推测过程中只列出一个可能结构，进行核对以避免错误也是必要的。

所谓“指认”就是从分子结构出发，根据原理去推测各谱，并与实测的谱图进行对照。例如，利用^1H-NMR 化学位移表或经验公式来推测每一个可能结构中碎裂方式及碎片离子的质荷比。通过“指认”，排除明显不合理的结构。如果对各谱的“指认”均很满意，说明该结构是合理、正确的。

当推测出的可能结构有标准谱图可对照时，也可以用对照标准谱图的办法确定最终结果。当测定条件固定时，红外与核磁共振谱有相当好的重复性。若未知物谱与某一标准谱完全吻合，可以认为两者有相同的结构。同分异构体的质谱有时非常相似，因此单独使用质谱标准谱图时要注意。若有两种或两种以上的标准谱图用于对照，则结果相当可靠。

如果有几种可能结构与谱图均大致相符时，可以对几种可能结构中的某些碳原子或某些氢原子的δ值利用经验公式进行计算，由计算值与实验值的比较，得出最为合理的结论。

2. 波谱综合解析示例

【例 4-22】 有一化合物分子式为 $C_{10}H_{16}$。紫外光谱 $\lambda_{max}=231nm(\varepsilon 9000L\cdot mol^{-1}\cdot cm^{-1})$；红外光谱在 $1645cm^{-1}$有中等强度吸收峰，$1383cm^{-1}$(强)和 $1370cm^{-1}$(强)双峰；其此化合物加氢只能吸收 2mol 的 H_2，试确定其结构。

解：

（1）计算不饱和度 $u=3$，紫外吸收 $\lambda_{max}=231nm$，可能有两个双键共轭和一个环，或三个双键(两个双键共轭)，因为加氢反应只吸收 2mol 的 H_2，所以化合物只能有双键共轭和一个环。

（2）谱图解析

① 红外光谱在 $1645cm^{-1}$有中等强度吸收峰，说明有双键(小于 $1660cm^{-1}$说明是顺式、

乙烯基或亚乙烯基结构)；

② 1383cm^{-1}(强)和 1370cm^{-1}(强)双峰表示有异丙基存在。

(3) 推测结构

可能的结构为

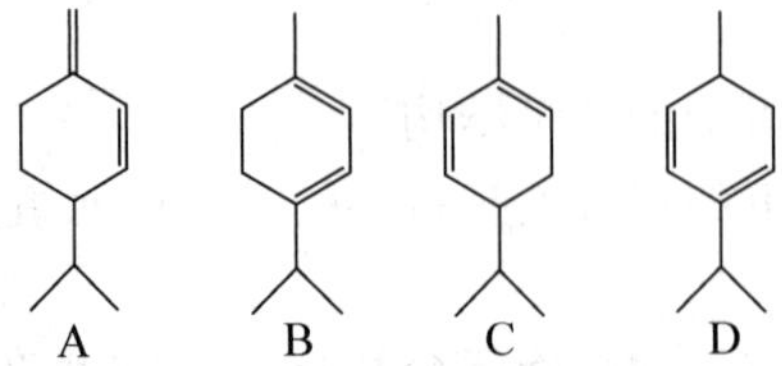

(4) 计算 λ_{max}

A 结构：λ_{max} = 非稠环二烯母体+2×烷基取代+环外双键 = 217+2×5+5 = 232nm(231)

B 结构：λ_{max} = 同环二烯母体+4×烷基取代 = 253+4×5 = 273nm

C 结构：λ_{max} = 同环二烯母体+3×烷基取代 = 253+3×5 = 268nm

D 结构：λ_{max} = 同环二烯母体+3×烷基取代 = 253+3×5 = 268nm

(5) 结构确定与验证

通过计算证明 A 结构 λ_{max} = 232nm 最接近实测值；采用与标准谱图对照、或与结构类似的模型化合物对比，或按分析的结果合成标准样品的方法进行验证，若谱图特征完全相同并与其他方法所得结果吻合，即可确认结构的正确。

【例 4-23】 某未知物的 IR 谱在 1730cm^{-1}处有强吸收，其 MS 和^{1}H-NMR 谱如图 4-69 所示，试推测该未知物的结构。

解：

(1) 确定分子离子峰和相对分子质量

由图 4-21(a)可知，质谱图中有几处 *m/z* 相差两个质量单位、强度几乎相等的成对的峰

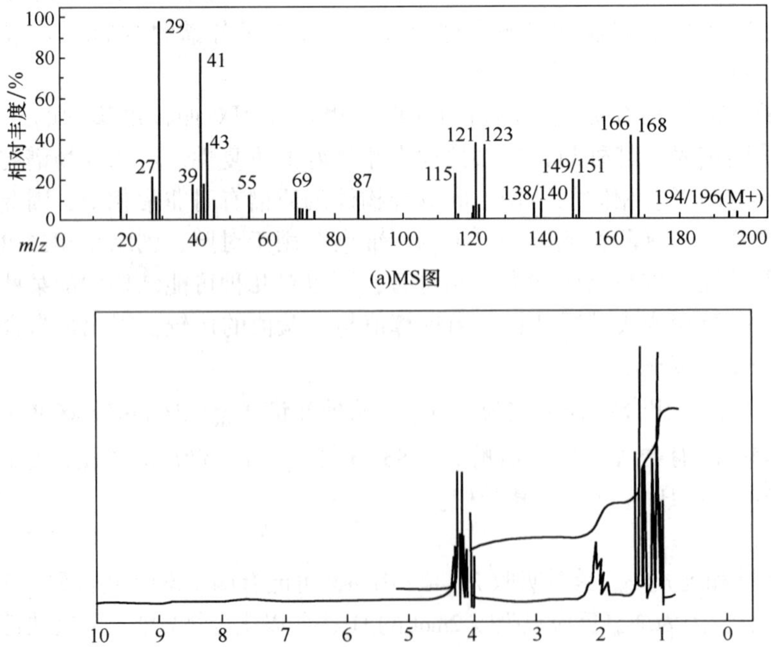

图 4-69 例 4-23 的未知物波谱图

（m/z168 与 m/z166、m/z151 与 m/z149、m/z140 与 m/z138、m/z123 与 m/z121），这是因为样品分子含有 Br，Br 的两种同位素^{79}Br 和^{81}Br，天然丰度比约为 1 ∶ 1 的缘故。最高质量端的一对峰中，m/z 为 194 的质量数与实验式 $C_6H_{11}O_2Br$ 的质量一致，说明该峰为分子离子峰，分子式即是 $C_6H_{11}O_2Br$，由此可以计算出该化合物的不饱和度为 1。

即质谱图中 m/z194 为分子离子峰，确定相对分子质量为 194，不饱和度为 1。

（2）确定元素组成和分子式，计算不饱和度

由于质谱图中 m/z194 与 m/z196 的相对丰度几乎相等，说明分子中含一个 Br 原子；

从其在红外谱图中的 1730cm^{-1}强吸收峰可知分子中含羰基，即含一个氧原子；

^{1}H-NMR 谱中，从低场到高场积分曲线高度比为 3∶2∶3∶3，H 原子数目为 11 或其整数倍，C 原子数目可用下式计算：

C 原子数目 =（相对分子质量 − H 原子数目 × 1 − 杂原子量总合）÷ 12

$= (194-11-16-79) \div 12 = 7$ 余 4

因不能整除，需用试探法调整。分析上述计算结果，余数 4 加 12 等于 16，因此可能另含一个氧原子。

重新检查各谱，发现^{1}H-NMR 中，处于低场 4 附近的一簇峰裂分复杂，估计含有两种或更多 H 原子，而 Br 原子存在不能造成两种 H 的化学位移在低场，羰基也不能使邻近的 H 化学位移移到 4 处，因此存在另一个氧原子的判断是合理的。

质谱图中 m/z45，m/z87 等碎片离子也说明有非羰基的氧存在。

重新计算 C 原子数目。

C 原子数目 $= (194-11-16\times2-79) \div 12 = 6$

故分子式为 $C_6H_{11}O_2Br$，不饱和度为 1。

（3）确定官能团和结构单元

由以上分析可知分子中含 Br、C ═O、—O—；从氢谱的高场到低场分别有 CH_3（三重峰）、CH_3（三重峰）、CH_2（多重峰），仔细研究 $\delta = 4$ 处的裂分峰情况，可以发现它由一个偏低场的四重峰和一个偏高场的三重峰重叠而成，一共有三个 H，其中四重峰所占的积分曲线略高，它为—CH_2—（四重峰），另一个则为 CH（三重峰）。

（4）初步确定可能结构

综上所述，分子中应有两个较大的结构单元 CH_3CH_2—和 CH_3CH_2CH—以及 Br、C = O、—O—三个官能团。前者的 CH_2 化学位移为 4.2，必须与 O 相连；后者的 CH_2 左右均连接碳氢基团，它的化学位移只能归属到 ~2，这样，可列出以下两种可能的结构：

Ⅰ

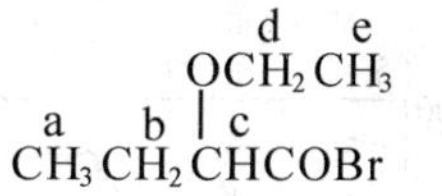

Ⅱ

（5）对可能结构进行“指认”，确定最终结构

先看两种结构中 CH_2(d) 的化学位移，理论计算表明结构Ⅰ中 $\delta_d = 4.1$，结构Ⅱ中羰基 α-断裂很容易失去 Br 生成 m/z 为 115 的离子，而实际上在高质量端有许多丰度可观的含 Br 碎片离子。因此，可以排除结构Ⅱ，而重点确认结构Ⅰ。根据理论计算，结构Ⅰ中各种 H 的化学位移和自旋裂分情况如下：

$\delta_a=0.9$(三重峰)

$\delta_b=1.3+0.6+0.2=2.1$(多重峰)

$\delta_c=0.23+0.47+2.33+1.55=4.58$(三重峰)

$\delta_d=4.1$(四重峰)

$\delta_e=0.9+0.4=1.3$(三重峰)

除 δ_c 计算结果偏大之外，其余基本与谱图相符。

再看质谱主要碎裂方式和产物离子的质荷比。

结构 I 的主要碎裂方式和碎片离子如下，它较好地解释了质谱中的重要离子。

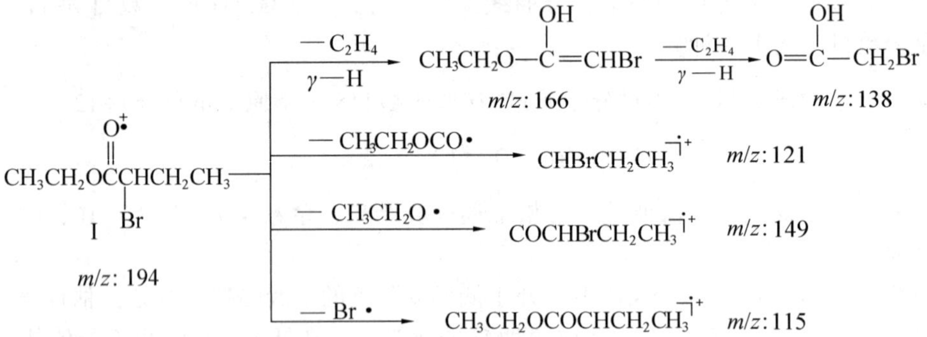

由此可以认为该未知物的结构为 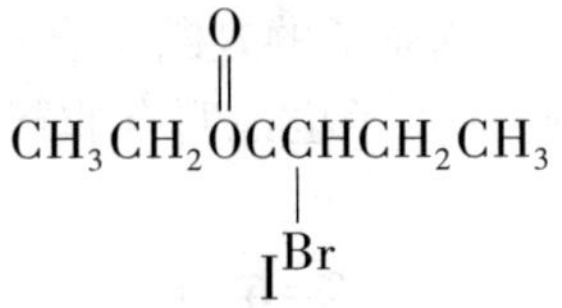 ，即 α-溴代丁酸乙酯。

【例 4-24】 某未知化合物的紫外光谱数据：乙醇溶剂中 $\lambda_{max}=220nm(\lg\varepsilon=4.08)$，$\lambda_{max}=287nm(\lg\varepsilon=4.36)$；质谱、红外光谱、核磁共振氢谱如图 4-70 所示。根据这些数据和光谱图，推测其结构。

解：

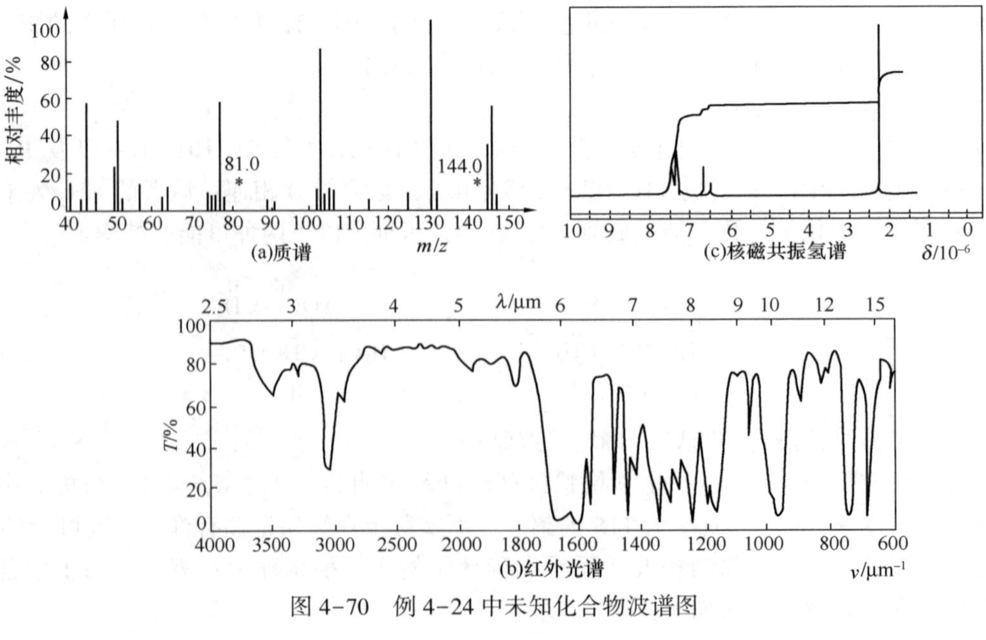

图 4-70　例 4-24 中未知化合物波谱图

（1）确定分子离子峰、相对分子质量和分子式

质谱图[见图 4-70(a)]上高质量端 m/z146 的峰，从它与相邻邻质量离子峰的关系可知它可能为分子离子峰。m/z147 的为(M+1)峰，相对于分子离子峰其强度为 10.81%，m/z148 的为(M+2)峰，强度为 0.73%。

根据相对分子质量与同位素峰相对强度从 Beynon 表中查出分子式 $C_{10}H_{10}O$ 的(M+1)为 10.65%，(M+2)为 0.75%，与已知的谱图数据最为接近，因此分子式为 $C_{10}H_{10}O$。

从 $C_{10}H_{10}O$ 可以算出不饱和度为 6，因此该未知物可能是芳香族化合物。

（2）确定结构单元或官能团

红外光谱[见图 4-70(b)]：3090cm^{-1} 处的中等强度的吸收带是 $\nu_{=CH}$。1600cm^{-1}、1575cm^{-1}以及 1495cm^{-1}处的较强吸收带是苯环的骨架振动 $\nu_{C=C}$。740cm^{-1}和 690cm^{-1}的较强带是苯环的外面 $\delta_{=CH}$，结合 2000~1660cm^{-1}的 $\delta_{=CH}$倍频峰，表明该化合物是单取代苯。

1670cm^{-1}的强吸收带表明未知物结构中含有羰基，波数较低，可能是共轭羰基。

3100~3000cm^{-1}除苯环的 $\nu_{=CH}$以外，还有不饱和碳氢伸缩振动吸收带。1620cm^{-1}吸收带可能是 $\nu_{C=C}$，因与其他双键共轭，使吸收带向低波数移动。970cm^{-1}强吸收带为面外 $\delta_{=CH}$，表明双键上有反式二取代。

核磁共振氢谱[见图 4-70(c)]：共有三组峰，自高场至低场为单峰、双峰和多重峰，谱线强度比 3∶1∶6。高场 δ_H=2.25 归属于甲基氢核，低场 δ_H=7.5~7.2 归属于苯环上的五个氢核和一个烯键氢核。δ_H=6.67、6.50 的双峰由谱线强度可知为一个氢核的贡献，两峰间隔 0.17，而低场多重峰中 δ_H=7.47、7.30 的两峰相隔也是 0.17，因此这四个峰形成 AB 型谱形。测量所用 NMR 波谱仪是 100MHz 的，所以裂距为 17Hz，由此可推断双键上一定是反式二取代。

综合以上的分析，该未知物所含的结构单元有：

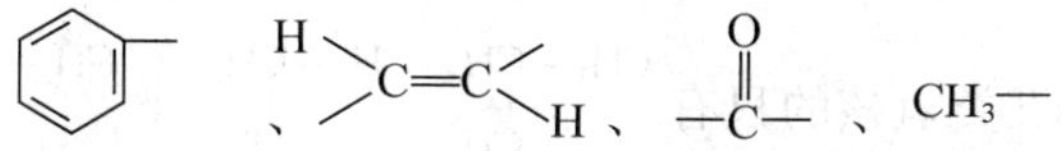

（3）初步确定结构式

甲基不可能与一元取代苯连接，因为那样会使结构闭合。如果 CH_3 与烯相连，那么甲基的 δ_H 应在 1.9~1.6，与氢谱不符，予以否定。CH_3 与羰基相连，甲基的 δ_H 应在 2.6~2.1，与氢谱(δ_H=2.25)相符。

紫外光谱：λ_{max}=220nm($\lg\varepsilon$=4.08)为 $\pi\rightarrow\pi^*$ 跃迁的 K 吸收带，表明分子结构中存在共轭双键；λ_{max}=287nm($\lg\varepsilon$=4.36)为苯环的吸收带，表明苯环与双键有共轭关系。因此未知物的结构为：

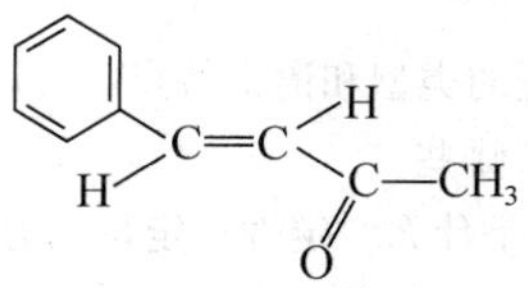

（4）确认结构式

用质谱验证：

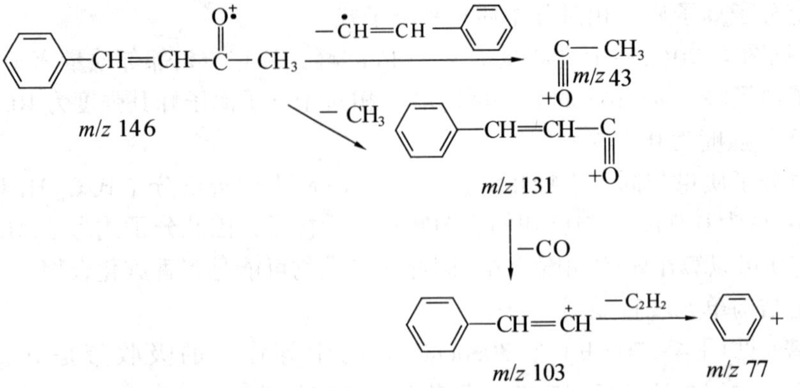

亚稳离子 m^* 81.0，因 $81.0=\frac{103^2}{131}$，证明了 m/z131 的离子裂解为 m/z103 的离子。

质谱图上都有上述的碎片离子峰，因此结构式是正确的。

【例 4-25】 有一未知物含 C、H、O 的质量分数分别为 68.13%、13.72%、18.15%，相对分子质量为 88.15；与 Na 反应放出 H_2；^{1}H-NMR 谱：$\delta_1=0.9$(d，6H)，$\delta_2=1.1$(d，3H)，$\delta_3=1.6$(m，1H)，$\delta_4=2.6$(m，1H)，$\delta_5=3.5$(s，1H)，写出其构造式。

解：由元素比和相对分子质量计算，知分子式为 $C_5H_{12}O$，由与 Na 反应放出 H_2，知它不是醚、羰基化合物，而是醇(只含一个 O)。

写出符合上述条件的可能构造式

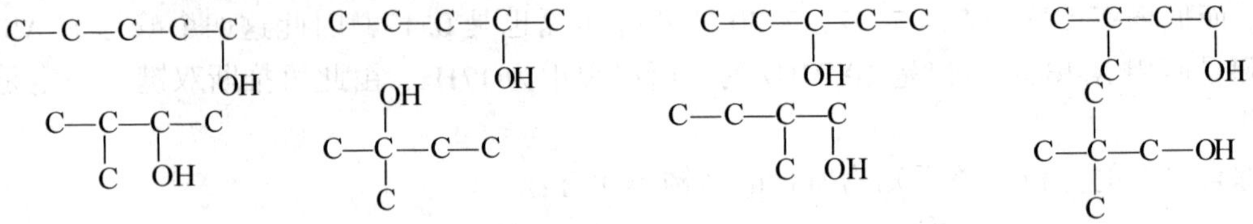

对照^{1}H-NMR 谱：有五类氢核的只有 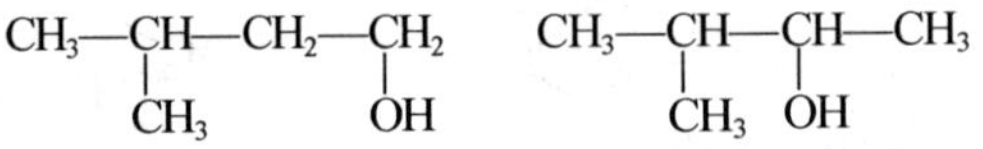

又知氢核数之比为 6 ∶3 ∶1 ∶1 ∶1

所以只有 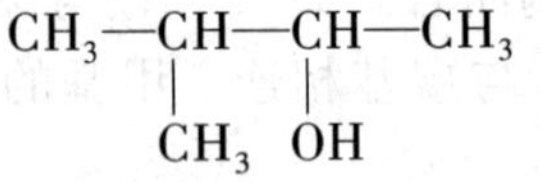 符合题意。

思 考 题

1. 举例说明生色团、助色团的含义。
2. 画图说明红移、蓝移、增色效应、减色效应。
3. 何谓隔离效应？何谓等吸收点？
4. 说明 K 带、B 带、R 带的电子跃迁的类型和谱带特点。
5. 导致最大吸收峰发生位移的因素有哪些？
6. 紫外-可见光谱定性、定量的依据是什么？定性、定量的方法有哪些？
7. 说明紫外-可见光度计的仪器组成和各部分的作用。
8. 简要说明在紫外-可见光谱中，吸收谱带与化学结构的关系。
9. 在紫外-可见光谱测定中，需要考虑的分析条件有哪些？如何进行选择？
10. 在剖析过程中，紫外-可见光谱有哪些应用？
11. 官能团区(特征区)、指纹区的波数范围分别是多少？这两个频率区在化合物结构鉴定中各有何作用？

12. 利用红外光谱鉴定脂肪族烷烃、烯烃、炔烃、芳香族、各类羰基化合物、氰基化合物时，各主要依据哪些波数的吸收峰？

13. 解析红外光谱图时，需要注意哪些问题？

14. 解析红外光谱图的一般方法是什么？

15. 如何从萨特勒(Sadtler)红外标准谱图集中检索到所需的标准谱图？

16. 怎样利用红外光谱图区分羧酸与酰胺，醛与酮，伯醇、仲醇与叔醇？

17. 线型酸酐与环状酸酐有何区别？

18. 判定脂肪烃碳链中亚甲基数大于 4，主要依据哪一波数的吸收峰？

19. 根据图 4-71 中 $C_4H_8O_2$ 的 IR 图推测其结构，并写出解析过程。

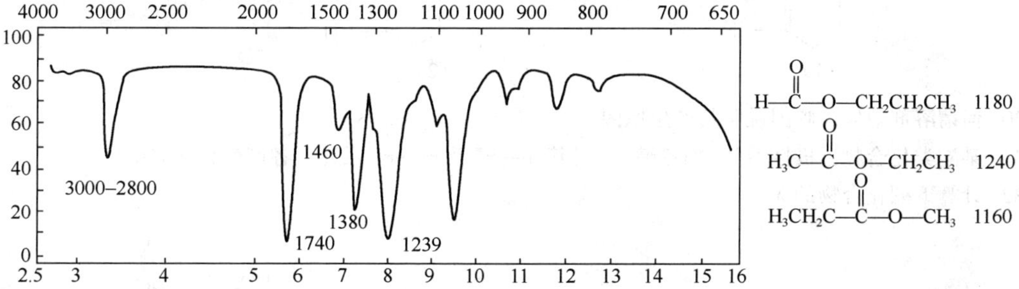

图 4-71　化合物 $C_4H_8O_2$ 的 IR 图

20. 化合物 C_8H_8 是一种纯液体，根据其图 IR(见图 4-72)推测其结构，并写出解析过程。

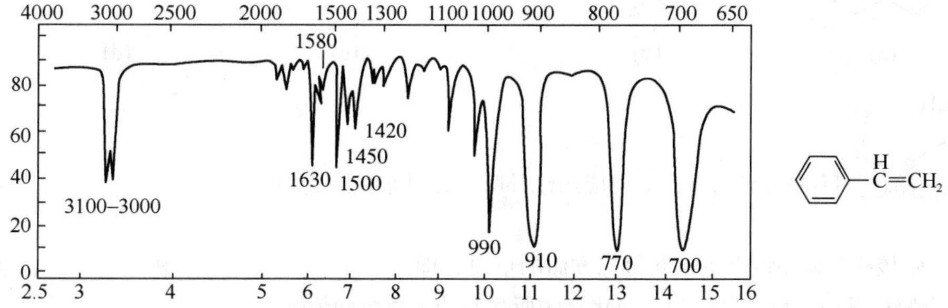

图 4-72　化合物 C_8H_8 的 IR 图

21. 依据图 4-73 中 C_8H_7N 的 IR 图推测其结构，并写出各吸收峰所对应的基团振动类型。

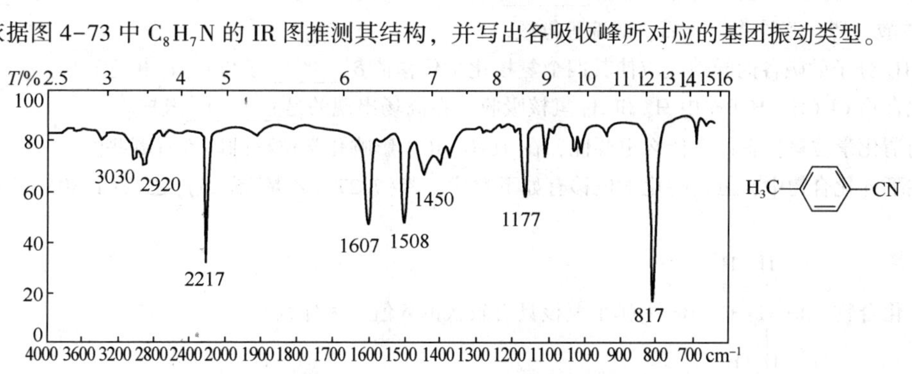

图 4-73　化合物 C_8H_7N 的 IR 图

22. 红外光谱的应用特点有哪些(特征性高，分析时间短，所用试样少，不破坏试样，样品可以回收，测定方便，制样技术简单，仪器价格适中)？

23. 氢核磁共振波谱在有机化合物结构鉴定过程中能提供哪些信息？

24. 利用何规则确定相邻氢的数目？

25. 在解析质谱图时，如何确定分子离子峰、相对分子质量和分子式？

26. 各类有机化合物的分子离子峰有何规律？

27. 烷烃、烯烃、芳烃、羧酸、羧酸酯、醇、醚、胺等有机化合物的质谱特征峰分别有哪些？

28. 下列分子有几种类型电子跃迁？

CH_3OH，$CH_3CH_2COCH_3$，$CH_2=CHCH_2OCH_3$，$C_6H_5NH_2$

29. 有两种异构体，α 异构体吸收峰在 228nm($\varepsilon=14000$)，β 异构体在 296nm($\varepsilon=11000$)。试指出这两种异构体分别属于下面两种结构中的哪一种？

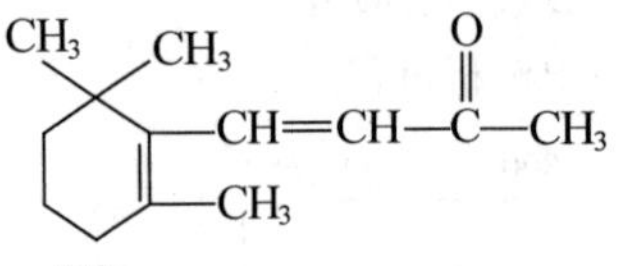

(1)

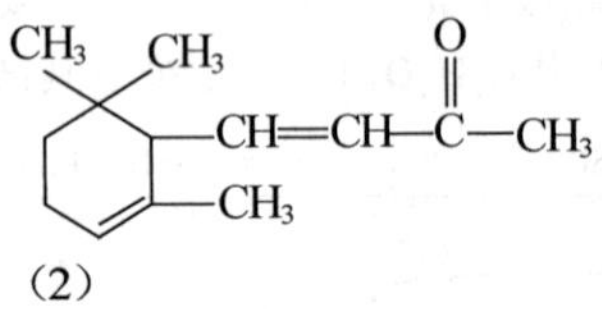

(2)

30. 何谓溶剂效应，画图说明其产生原因。

31. 某酮类化合物，极性溶剂(如乙醇)，对其 n→π* 及 π→π* 跃迁，各产生什么影响？

32. 计算下列化合物的 λ_{max}：

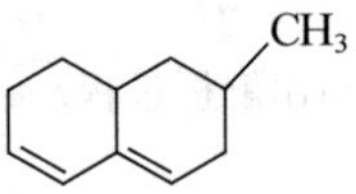

(a)

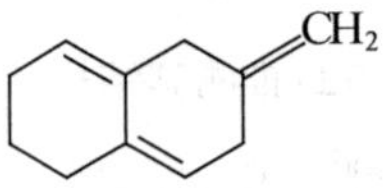

(b)

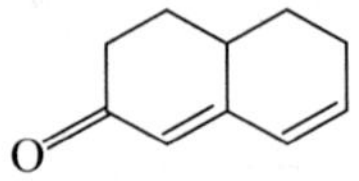

(c)

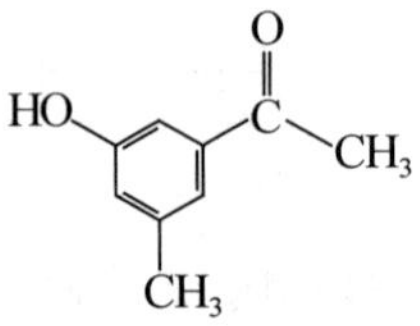

(d)

33. 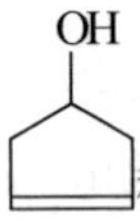

和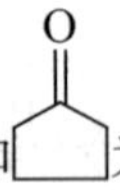

为同分异构体，如何应用红外吸收光谱来检定它们。

34. 从一张核磁共振图谱上可以获得三方面的信息，即________、________和________，前两者可以用以推断化合物的基团，后者可作为判断化合物所含有的氢核数的依据。

35. 解析氢核核磁共振图谱时，根据________可以推算出总的氢核数及其所在位置，根据________可以推知是羧酸、醛、芳香族、链烯、链烷等氢核。

36. C_2H_4 分子的磁各向异性效应使其四个氢核化学位移值 δ________(与 C_2H_6 相比)。

37. 化合物 $Cl_2CH_aCH_bBr_2$ 中 H_a 和 H_b 氢核吸收峰在高场出现的是________氢核。

38. 何谓化学位移？它们有什么重要性，在^{1}H-NMR 中影响化学位移的因素有哪些？

39. 在下列化合物中，氢核的化学位移有如下顺序：苯(7.27)>乙烯(5.25)>乙炔(1.80)>乙烷(0.80)，试解释之。

40. 在化合物 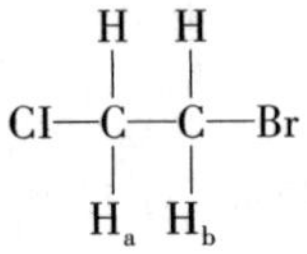

中哪个氢核具有较大的 δ 值？为什么？

41. 何谓自旋偶合、自旋裂分？

42. 在 CH_3CH_2COOH 的氢核磁共振图谱中可观察到其中有四重峰及三重峰各一组。

(1)说明这些峰产生的原因；(2)哪一组峰处于较低磁场？为什么？

43. 对氯苯乙醚的^{1}H-NMR 图谱见图 4-74 所示。试说明各峰之归属，并解释之。

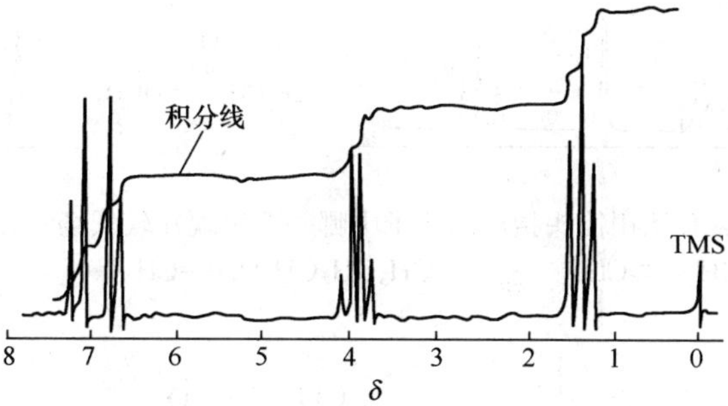

图 4-74　对氯苯乙醚的^{1}H-NMR 谱图

44. 解释下列化合物中，所指出的氢核的不同δ值。

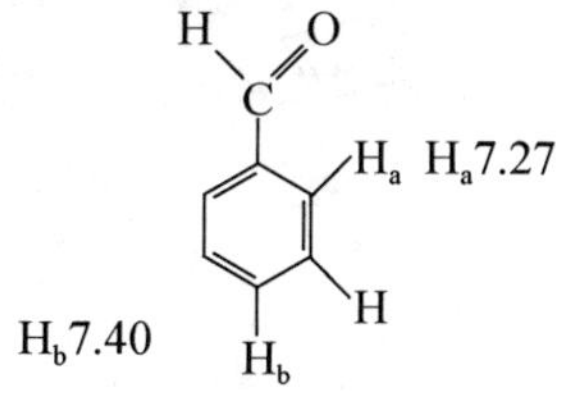

45. 当用高能量电子轰击气体分子，则分子中的外层电子可被击出成带正电的离子，并使之加速导入质量分析器中，然后按质荷比(m/z)的大小顺序进行收集和记录下来，得到一些图谱，根据图谱峰而进行分析，这种方法称为________。

46. 一个(或一组磁等价)氢核 A 与两组类似磁等价的氢核(X_m，Y_n)偶合(如丙烷中亚甲基氢核与两组甲基氢核之间的偶合)，共振信号分裂为：________重峰。

47. ^{81}Br 同位素相对丰度为 98.0%，化合物 CH_2Br_2 的分子离子峰与相应同位素离子峰相对强度比 I_M : I_{M+2} : I_{M+4}为：________。(A1 :1 :1，B1 :2 :1，C1 :3 :1，D1 :6 :9)

48. 有一化合物其分子离子的 m/z 分别为 120，其碎片离子的 m/z 为 105，问其亚稳离子的 m/z 是多少？

49. 某有机化合物(M = 140)其质谱图中有 m/z 分别为 83 和 57 的离子峰，试问下述哪种结构式与上述质谱数据相符合。

(1)　(2)

50. 某一液体的化学式为 $C_5H_{12}O$，bp138℃，质谱数据见图 4-75，试推测其结构。

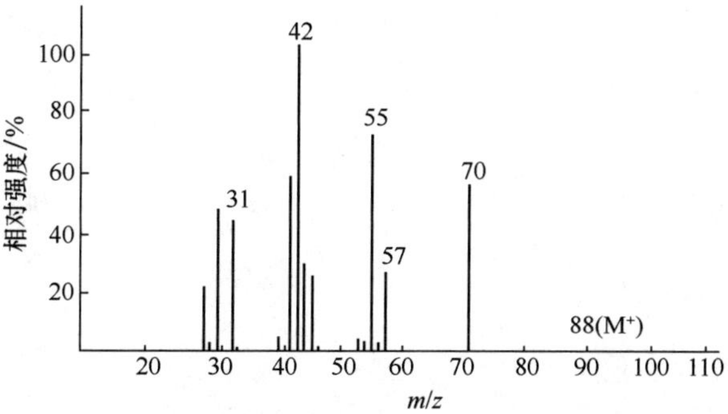

图 4-75　化合物 $C_5H_{12}O$ 的质谱图

51. 某烃，分子式为 C_6H_{12}能使 Br_2/CCl_4 褪色，^{1}H-NMR 谱测得δ= 1.0，1.7，2.25 和 4.7，峰面积比为 6 :3 :1 :2。此烃经催化加氢得到$(CH_3)_2CHCH(CH_3)_2$，求该烃的构造式。

52. 用^{1}H-NMR 谱区别乙酸乙酯和丙酸甲酯(提示：绘出各化合物的高分辨率^{1}H-NMR 谱)

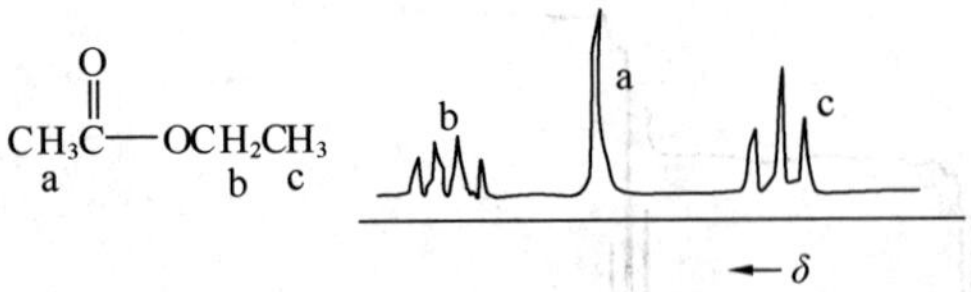

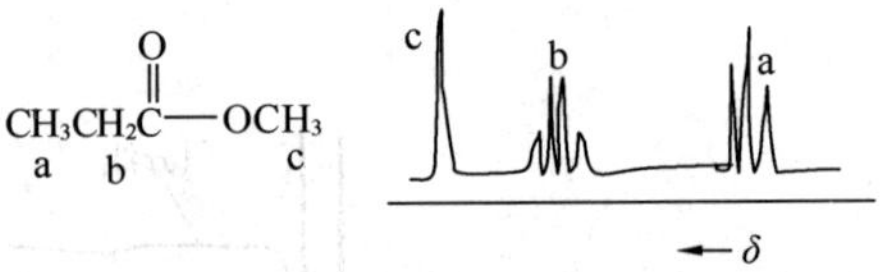

53. 下列各对化合物中，预测用箭头指出的质子中哪一个出现在较低场？并解释之。

（1） $CH_3CH_2CH_2C\equiv CH$ 和 $CH_3CH_2CH_2CH=CH_2$

（2） 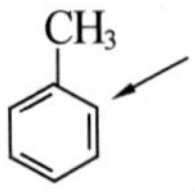 和 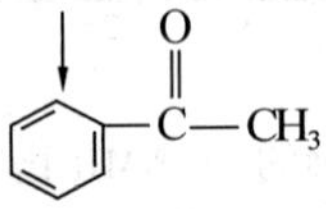

（3） 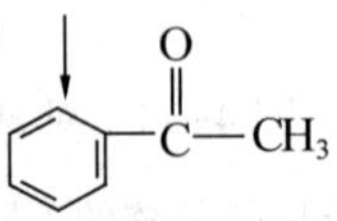 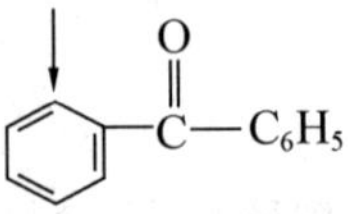

（4） 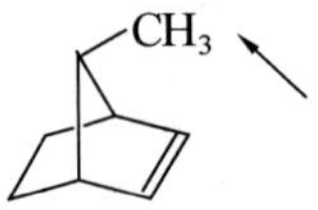 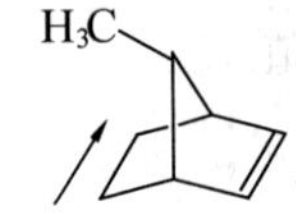

第 5 章　合成验证与性能测试

由于分离过程中纯化得到的样品不一定有足够纯度，所应用的分析仪器、方法也可能有一定局限，给出的信息就不一定准确和完善，由此推断出来的未知组分结构式就可能有错误。推测结构时，波谱法虽是重要手段，但如果配合化学方法(如物理常数测定、溶解性试验、显色反应、衍生物制备和降解反应等)将使结论更加可靠。

对单一组分的样品，剖析结果的可靠检验方法是通过化学合成以验证结构式正确性；对组成复杂的配方型产品则需要通过性能测试以检验其应用效果或其他相关性能。

5.1　合成验证

合成验证通常是合成标准样品(化合物本身或衍生物)，或寻找纯物质作类似的波谱分析，或从标准图谱库中查找结构相同的谱图，仔细分析比较这些波谱数据和化学测定数据(如熔点)，以便作出最后的判断。

在产品剖析中，若从天然产物中得到一种活性化合物，经提取、分离、纯化，确定其结构，若为一新化合物，就需用人工已知、可靠的合成方法把它合成出来，以验证其结构。此时，有机合成路线设计是剖析工作者必备的手段。

有机合成路线设计涉及的学科众多，其内容异常丰富，限于篇幅，本章只简要介绍分子分割法(又称逆向合成法)的基本程序、原则和技巧，导向基和保护基的应用等，以引导读者学会灵活应用已学过的基础知识和实验技术，经过逻辑推理、分析比较，最终确定较佳的合成路线进行有效的合成。

1. *逆向合成的一般程序*

逆向合成法也叫倒推法，其一般程序如下。

(1) 分析

① 确认目标分子中的官能团；

② 用已知和可靠的反应进行切断；

③ 必要时重复切断，至达到易于取得的起始原料。

(2) 合成

① 根据分析，写出合成计划，加进试剂和条件；

② 根据实验中遇到的失败和成功，修改计划。

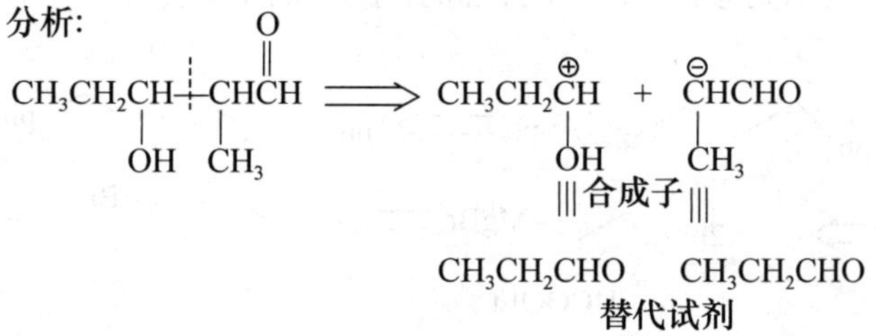

2. *逆向切断的原则*

① 切断依据应合理。按照一定机理进行的切断才会有合理的合成反应与之对应；切断

是手段，合成是目的，切断时一定要想到合成。

② 最大程度简化原则。

③ 原料易得原则。

3. 逆向切断的技巧

（1）优先考虑碳架的形成

有机化合物由碳骨架、官能团和立体构型三部分构成，其中立体构型并不是每个有机化合物都具备。因此，拟合成目标分子的结构设计主要包括三个方面：碳架的建立，官能团的转化和立体化学的选择性及其控制。其中碳架的建立和官能团的引入是设计合成路线最基本的两部分，而碳架的建立是设计合成路线的核心。因官能团附着在碳架上，碳-碳键的形成反应就发生在功能团上或受官能团影响而活化的部位上(如双键 α 位或羰基上)。因此目标分子碳架的形成不能脱离官能团的作用。所以，要发生碳-碳成键反应，前体分子中必须要有成键所需的官能团存在。考虑碳架建立时，必须考虑通过什么反应形成新的碳-碳键，以利于合成反应的进行。

（2）碳-杂键优先切断

碳-杂键因有极性往往不如碳-碳键稳定，并且合成时此键也容易生成。因此在合成一个复杂分子时，常将碳-杂键的形成放在最后几步完成。但在逆向合成分析时，合成方向后期形成的碳-杂键，应优先考虑切断。

（3）目标分子活性部位应优先切断

目标分子中官能团部位和某些支链部位可先切断，因这些部位常是活泼、易成键的地方。

（4）添加辅助基团后切断

有些化合物结构上没有明显官能团，或没有明显可切断的键。此时可以在分子的适当位置添加某个官能团，以便于找到逆向变换的位置及相应的合成子(逆向合成中，拆开的目标分子或中间体所得到的各个组成结构单元或碎片称为合成子)。但同时应考虑此官能团在正向合成时应容易除去，否则不能添加。

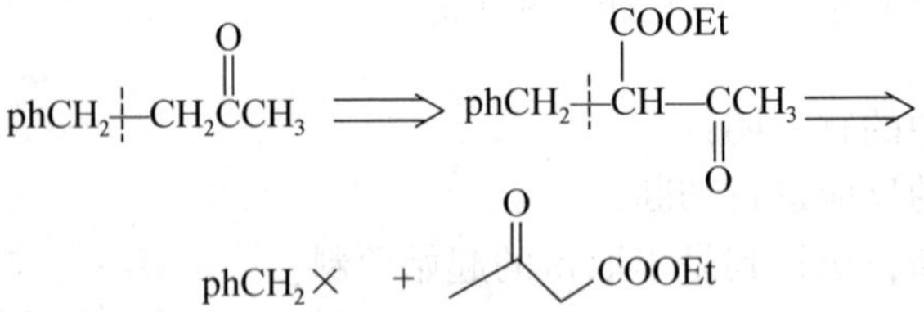

（5）回推到适当阶段再切断

有些分子不能直接切断，或切断后得到的合成子在正向合成时没有合适的方法连接起来。此时应将目标分子回推到某一替代的目标分子是常用方法。

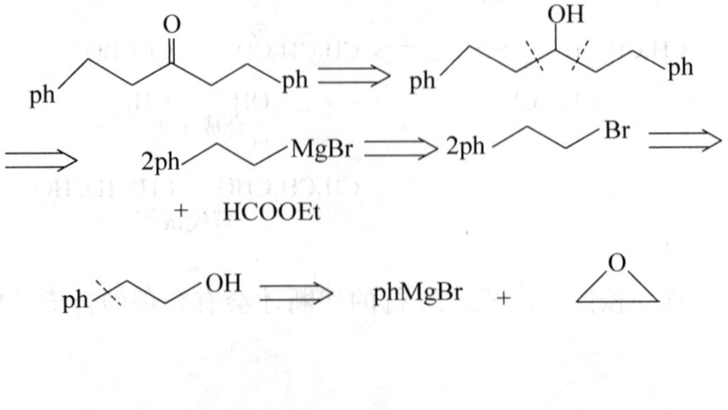

（6）利用分子对称性切断

利用分子的对称性（如对称面或对称中心）可以使分子结构中的相同部分同时连接到分子骨架上，从而使合成问题得以简化。有些分子本身虽不具有对称性，但经过适当变换或切断，可以得到对称中间物的认为存在潜在对称性。

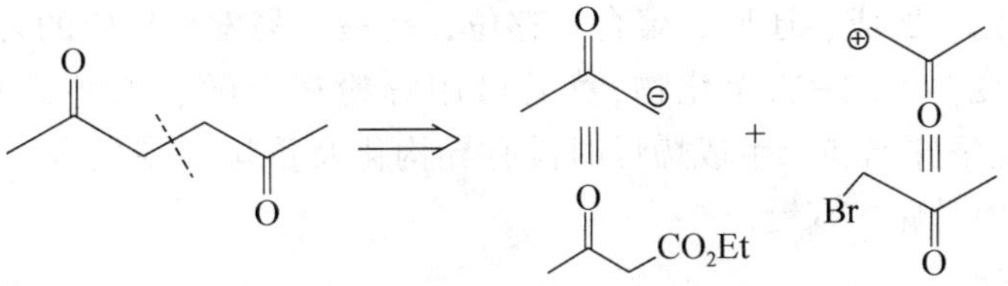

4. 导向基和保护基的应用

导向基的作用是将反应导向在指定位置上发生。根据导向基的作用不同，可分为活化导向（在分子中引入活性基团作为控制单元）、钝化导向和封闭特定位置的导向［引入阻断基，如苯环取代反应中的—SO_3H、—COOH、—$C(CH_3)_3$］三种形式。

作为保护基必须具备的条件：对不同官能团能选择性保护；引入、除去保护基的反应简单，产率高，其他官能团不受影响；可经受必要的和尽可能多的试剂作用，所形成的衍生物在反应条件下稳定。常见官能团保护的反应归纳如下。

（1）羟基的保护

醇容易被氧化、酸化和卤化，仲醇和叔醇还容易脱水。因此，在欲保留羟基的反应中，需要将醇转变成醚类、缩醛或缩酮类以及酯类等保护起来。

① 酯化法。利用酯在中性和酸性条件下比较稳定的性质，将醇转化成酯以保护羟基。常用的保护基是乙酰基。反应后保护基可用碱性水解的方法除去。

$$\mathrm{ROH} \xrightarrow[60℃]{\mathrm{Ac_2O/NaOAc/AcOH}} \mathrm{ROAc}$$

② 苄醚法。苄醚在碱性条件下稳定，反应后可在 Pd-C 催化剂上低压加氢氢解还原。

$$\mathrm{ROH} \xrightarrow{\mathrm{KOH/C_6H_5CH_2Cl}} \mathrm{ROCH_2C_6H_5}$$

（2）羰基的保护

醛、酮中的羰基可发生氧化、还原以及各种亲核加成反应，是有机化学中最容易发生反应的官能团。对醛、酮的保护最重要方法是形成缩醛或缩酮。

乙二醇、乙二硫醇是常用的羰基保护剂，它们与醛、酮作用生成的环缩醛、环缩酮，对还原试剂（如钠的醇溶液、钠的液氨溶液、硼氢化钠、氧化铝锂）、催化加氢、中性或碱性条件下的氧化剂以及各种亲核试剂都很稳定，因此可在这些反应中保护羰基。缩醛或缩酮对酸敏感，很弱的草酸或酸性离子交换树脂都能有效地脱去保护基，过程如下。

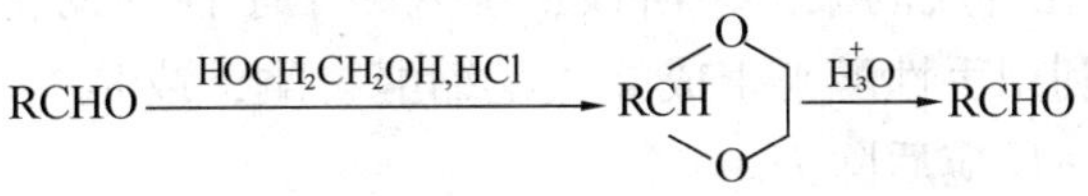

（3）羧基的保护

由于羧基中的羟基与羰基形成 p-π 共轭，使羰基活性降低，羟基活性升高，因此羧基的保护实际上是羟基的保护，即用形成酯的形式来保护羧基，如甲酯或乙酯，但除去甲酯或乙酯需要较强的酸或碱。因此，可采用叔丁酯（可用弱酸除去）、苄酯（用氢解还原除去）等形式，这些酯可由相应羧酸的酰氯与醇制得。

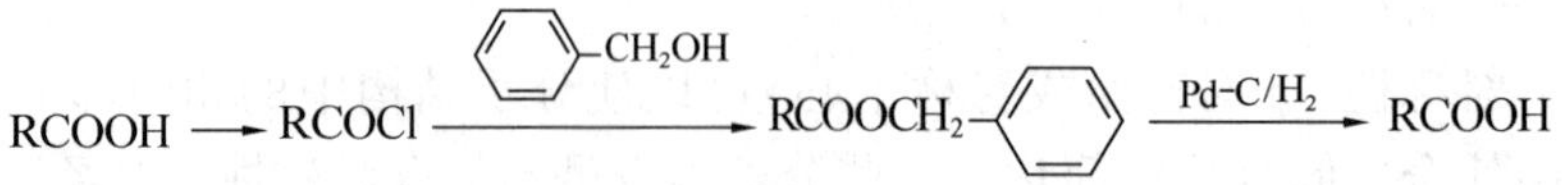

（4）烯键的保护

烯烃容易被氧化、加成、还原、聚合、移位，是最容易发生反应的官能团之一。将烯烃首先与卤素反应转变为1,2-二卤化物,然后可用锌粉在甲醇、乙醇或乙酸中脱卤再生出碳-碳双键。此反应条件温和，生成烯烃时没有异构化及重排等副反应，因此可用于带烯键化合物氧化其他基团时保护双键。

（5）氨基的保护

胺类化合物的氨基容易发生氧化、烷基化、酰基化以及与醛、酮缩合等反应，对氨基的保护是阻止这类反应的发生。

① 氨基酰化。氨基酰化是保护氨基的常用方法。一般伯胺的单酰基化已足以保护氨基，使其在氧化中保持不变，保护基可在酸或碱性条件下水解除去。

$$NH_2CH_2CH_2CHO \xrightarrow{(CH_3CO)_2O} CH_3CONHCH_2CH_2CHO \xrightarrow{KMnO_4} CH_3CONHCH_2CH_2COOH \xrightarrow{\text{水解}} NH_2CH_2CH_2COOH$$

二元羧酸与胺形成的环状双酰衍生物非常稳定，能提供更安全的保护。常用的酰化剂是丁二酸酐、邻苯二甲酸酐。

② 用烷基保护。用烷基保护氨基，主要是用苄基和三苯甲基，尤其是三苯甲基的空间位阻作用对氨基有很好的保护作用，且容易脱除。

5. 不对称合成

近来，各种天然产物的复杂结构(多至数十个手性中心)和各种有理论意义化合物的特殊结构都向化学工作者提出了新的挑战。对于有机合成，除了在反应条件上要求尽量温和外，在选择性上也要求有化学选择性、区域选择性、立体选择性及对映选择性。实现对映选择性的合成，也就是手性合成、不对称合成问题。

不对称合成是指在一个反应中使非手性的分子转变为手性分子，在产生的手性分子中，对映异构体的含量是不等量的。一般来说，实现不对称合成的途径有五个。

① 手性底物诱导。通过底物原有手性的诱导，在产物中形成新的手性中心。很多天然产物立体控制的全合成，往往选择从一个手性原料出发。如：青蒿素的全合成就是从手性的香茅醛或是手性的异胡薄荷醇开始。目前常选用的手性起始物有萜类、氨基酸、糖类等。

② 手性辅助诱导。在合成的某一个阶段，引入一个手性辅助物，形成局部诱导，产生一个新的手性中心。如利用手性醇来生成酯或是缩醛、酮，或是利用手性的胺来生成酰胺。这种手性辅助物往往要在反应后除去。

③ 手性试剂控制。

④ 手性催化剂控制。

⑤ 手性环境(包括溶剂、相转移催化剂等)影响。

以上各途径都是利用底物或辅助物的手性、试剂或催化剂的手性与反应物结合时，形成非对映异构过渡态。由于对不同面的进攻产生差异，从而产生了反应的对映选择性。

5.2 性能测试

在众多精细化学品门类中，表面活性剂是最典型的一类。

表面活性剂具有降低表面张力及在溶液中定向吸附并形成胶束的特性，由此使其具有湿润、乳化、分散、起泡、消泡、增溶、絮凝、杀菌、去污等一系列作用和功能。这些功能已在洗涤剂生产、纺织、造纸、皮革加工、金属加工、石油工业、农药制剂生产等诸多工业领域得以应用并发挥重要作用。

各种用途的工业表面活性剂与无机物、水或有机溶剂等复配而形成各类产品，如洗涤剂、化妆品、胶黏剂、涂料、颜料、染料、食品添加剂等。这些产品除特定性能要求外，通常都需要一些基本性能的测试，如去污力、润湿力、发泡力等，以便于检验产品应用效果。

1. 去污力

去污力是评价洗涤剂优劣的最重要的质量指标，它反映洗涤剂对污垢的洗涤效果，故为消费者所特别关注。由于去污力不但与洗涤剂中活性物的种类、含量有关，而且也与选用的各种助剂及整个配方结构有关，所以，去污力的高低是洗涤剂产品质量的综合反映。GB/T 13174—91 规定了用人工污布进行去污试验来评价洗涤剂去污力的方法。

该法测定原理是将人工染污的棉布试片，用一定硬度的水配制的一定浓度的洗涤溶液，在去污试验机内于规定温度下洗涤一定时间后，用白度计在一定波长下测定染污棉布试片洗涤前后及未染污布的光谱反射率，由染污试片洗后洗前的光谱反射率差对未染污试片的反射率差的比值计算去污力值，评价洗涤剂的去污作用。

2. 发泡力

发泡力是指样品溶液产生泡沫的能力。样品的泡沫性能包括起泡性和稳泡性两个方面，二者均随样品浓度上升而增强(直至极限值)。发泡力大小与水的硬度、溶液的浓度及温度等都有关。发泡力的测定方法有搅动法、气流法、倾注法等。

GB/T 13173.6—2000 洗涤剂发泡力的测定是最新发泡力测定标准。国际标准(ISO 696—1975)和国家标准(GB/T 7462—94)中采用罗氏(Ross-Miles)泡沫仪测定法。该法是测定样品在一定浓度、一定温度、一定高度自由流下的一定硬度的水溶液所产生的泡沫高度，及此泡沫在一定时间后的泡沫高度。

该法适用于表面活性剂及其有关产品(如洗衣粉、洗衣膏、液体洗涤剂等洗涤产品)。然而测量易于水解的表面活性剂溶液的发泡力，不能给出可靠的结果，因为水解物聚集在液膜中，并影响泡沫的持久性。也不适用于非常稀的表面活性剂溶液发泡力的测定。

方法原理：将样品用一定硬度的水配制成一定浓度的试验溶液。在一定温度条件下，将 200mL 试液从 90cm 高度流到刻度量筒底部 50mL 相同试液的表面后，测量得到的泡沫高度作为该样品的发泡力。

3. 润湿力

润湿与日常生活、工业生产密切相关，如洗涤剂对衣物的润湿、化妆品对皮肤的润湿、涂料的涂布、原油的开采等。润湿力的测定方法有浸没法、帆布沉降法、纱布沉降法、纱线沉降法和接触角法等。

浸没法测定的润湿力是指棉布浸没于样品溶液中，溶液取代棉布中包藏空气的能力。该法测定原棉布圆片浸没于被测溶液或已知浓度的标准溶液中的润湿时间，对相应的浓度绘制润湿时间-浓度曲线来评价润湿力。

4. 增溶力

表面活性剂在水溶液中形成胶束以后，能使不溶或微溶于水的有机化合物溶解度显著增大，形成真溶液体系。增溶实验是一定量表面活性剂将苯或其他所需考察的有机物增溶在水中，当体系中有机溶剂含量超过表面活性剂的增溶极限时，体系浑浊，由此测定其增溶能力。

5. 分散力

通常用表面活性剂对钙皂分散性来衡量活性剂的分散力。分散力测试方法有分散指数法、酸量滴定法、比浊法等。

6. 粘接强度

评价胶黏剂粘接质量最常用的方法就是测定粘接强度。粘接强度是胶黏技术当中一项重要指标，对于选用胶黏剂、研制新胶种、进行接头设计、改进粘接工艺等具有指导意义。

粘接强度是指胶黏体系破坏时所需要的应力，目前主要是通过破坏试验测得。此外还有无损检验方法，但目前还不很成熟。

7. 颜料的检验

颜料是粉状不溶于水、油、树脂等介质的具有保护和装饰作用的有色物质，分为无机颜料和有机颜料。无机颜料主要包括炭黑及铁、钡、锌、镉、铅和钛等金属的氧化物和盐，有机颜料可以分为单偶氮、双偶氮、色淀、酞菁、喹吖啶酮及稠环颜料等几种结构类型。

颜料的应用主要包括涂料、油墨、塑料、橡胶、皮革涂饰、造纸、陶瓷、纺织、建筑、工艺美术、医疗及化妆品等，常以分散状态应用于上述制品中，使其呈现出各种色彩。随着科技进步和社会的发展，颜料应用日趋广泛，产品性能受到广泛关注。

颜料产品检测是用规定的试验方法来评价颜料产品的性能。不同的颜料产品由于组成、用途不同，对颜料性能要求也不同。颜料产品技术性能指标一般包括表面性能（遮盖力、吸油量、水溶物含量）、稳定性能（耐水、耐酸、耐碱、耐热、耐光、耐溶剂）等几个方面。

8. 染料的检验

染料是与染色对象有一定亲和力，可通过适当方法上染固着，并具有一定色牢度的色素。根据染料含有的共同基本结构或共同基团等化学结构不同，分为偶氮染料（含偶氮基）、蒽醌染料（含有蒽醌结构）等。染料的性能检验有水溶性染料溶解度的测定、活性染料 pH 值的测定、阳离子染料染色色光和强度的测定等。

9. 涂料的检验

涂料是一种用途广泛的精细化工产品，对涂料的检验包括涂料产品检验（清漆、清油透明度、颜色、黏度、细度、固体含量、水含量、挥发物和不挥发物含量以及涂料闪点等）、涂料施工性能检验（干燥时间、遮盖力）和涂膜性能检测（涂膜光泽度、硬度、附着力、柔嫩性、耐冲击性、耐热性、耐水性、耐酸碱性、耐久性等）。

随着建筑涂料消费量的不断增长以及对不同用途的特殊需求，我国建筑涂料近年来迅速向高档化、多功能化方向发展，不但注重其保护性能，对其装饰性能的要求也越来越高，以满足不同用途、不同层次消费者的需求。

合成树脂乳液涂料（内墙涂料和外墙涂料）的质量标准参见 GB/T 9756—2001《合成树脂乳液内墙涂料》质量标准和 GB/T 9755—2001《合成树脂乳液外墙涂料》质量标准。

思 考 题

1. 为何要进行合成验证和性能测试?
2. 合成验证途径有哪些?
3. 简述逆向合成的原则和技巧。
4. 写出羟基、羰基、羧基、烯烃双键和氨基的常用保护方法及保护过程。
5. 表面活性剂产品的性能测试项目有哪些?
6. 胶黏剂、涂料、颜料、染料的性能测试有哪些项目?

第6章　典型精细化工产品剖析实例

6.1　表面活性剂的剖析

表面活性剂(surfactants，SA)是一类可以改变液体、固体表面或界面理化性质的一类物质，由亲水基和疏水基两部分组成，具有亲油(疏水)和亲水(疏油)的两亲分子能吸附在两相界面上，呈单分子排列，使溶液的表面张力降低。它不仅有洗涤去污作用，而且具有润湿、乳化、增溶、起泡、柔软、抗静电、杀菌等多种性能，是日常生活和工业生产不可缺少的产品，广泛应用于科技、工业及人民生活的各个领域，如农药、化肥、造纸、纺织、印染、食品、医药、塑料、涂料、印刷、照相、化妆、洗涤、石油、机械、地质、矿业、金属加工等各个产业及科技部门。

表面活性剂品种繁多，但其分子结构都具有两亲特点，即分子中同时具有亲油基团和亲水基团，亲油基团主要为长链烷基、芳基相关的基团；亲水基团则主要是含阴离子基团，如—COONa、—SO_3Na、—PO_3Na 等；含阳离子的季铵盐类化合物；以及含有多羟基、酰胺基、醚基等的非离子亲水基团。含醚键的非离子表面活性剂有多个名称，如以环氧乙烷(或环氧丙烷)为原料制成的非离子表面活性剂，可以称为聚氧乙(丙)烯醚、聚乙(丙)二醇，或环氧乙(丙)烷加成物等，熟悉各类结构的分类和应用特点，对剖析非常重要。

由于以下原因，使表面活性剂的剖析成为组成复杂的多组分样品体系剖析的典型代表，也是剖析研究的课题之一。

①表面活性剂经常与多种有机、无机、高分子或生化分子共存于一体，且含量一般较小。因此剖析这类产品时，首先需从这些复杂体系中提取和富集表面活性剂。

②表面活性剂分子结构的特殊性，即在同一分子中含有亲水和亲油两类基团，同一种表面活性剂可能在不同的多种溶剂中都能溶解，使得常规的萃取、色谱分离变得困难。它们的水溶液多具有发泡能力，因此常规的蒸馏法分离也有困难。

③许多表面活性剂相对分子质量具有不确定性，如亲油基烷烃链的碳数不规整；聚氧乙烯醚类化合物通常是聚合度数不等的混合物，而且聚合度数大小不一样，其分子的性质相差甚远，如烷基酚的聚氧乙烯醚类非离子表面活性剂，聚合度 $n<4$ 时为油溶性，可溶于苯等有机溶剂；聚合度 $n>8$ 时为水溶性，聚合度 n 在 4~8 之间时在有机溶剂和水中皆有部分溶解而易形成乳状液。剖析中除了需要准确地测定其亲水和亲油官能团的结构外，还需要测定其平均聚合度和相对分子质量分布。

④为了改进溶液的性质，一种样品中常含有两种以上表面活性剂，特别是非离子和阴离子的混用。阴、阳离子表面活性剂相遇可能产生沉淀，一般不混用。阳离子常用作杀菌剂和抗静电剂。

6.1.1　表面活性剂的分离与纯化

表面活性剂通常共存于不同体系的样品中，如在食品、化妆品、洗涤剂、纺织助剂、农药助剂、印染助剂、高分子材料助剂以及其他一些工业品和商品中，它们存在的状态可能是水溶液、乳状液、膏状物以及固体等不同的形态；分离的目的是从各种样品中提取、富集、纯化表面活性剂组分。体系不同，分离方法不同，常用的有萃取法、离子交换法和色谱法。

1. 萃取法分离

萃取法是浓集和预分离表面活性剂简便易行的方法。萃取操作可以在水溶液中用正丁醇直接萃取，也可以把样品的水溶液在红外灯下烘干后，用适当的溶剂(如乙醇)从固体残余物中萃取。

(1)表面活性剂与无机物的萃取分离

表面活性剂常与无机盐共存，如氯化钠、硫酸钠、磷酸钠、碳酸钠、硅酸钠、硼酸钠等。固体中的表面活性剂可用无水乙醇、甲醇等萃取。大部分无机盐不溶于无水的有机溶剂，只有少量的碳酸盐和硼酸盐可溶于含水醇和丙酮中。将萃取液蒸干后再用无水乙醇溶解转移出溶液，是进一步除去无机盐的简便方法。如果样品是乳状液，可烤干后用乙醇萃取。

(2)表面活性剂与有机物的萃取分离

表面活性剂与非极性或弱极性有机物共存时，可用石油醚、苯等萃取，表面活性剂可能留在醇水溶液中，非极性或弱极性组分则进入石油醚、苯等有机溶剂层。样品中有极性很强的有机物成分共存时，如糖类、多元醇、氨基酸等难溶于无水的有机溶剂，因此可用无水乙醇、丙酮、乙酸乙酯和丁醇等萃取分离除去。

因高分子材料的主组分不溶于一般的有机溶剂，因此高分子材料中的助剂可直接选取用适当的有机溶剂萃取其中的表面活性剂。

如用丁醇萃取水乳液样品时，丁醇可将各种烷基、苯基的磺酸盐、羧酸盐类阴离子表面活性剂，以及烷基吡啶盐类阳离子表面活性剂和聚氧乙烯醚类化合物非离子表面活性剂从水溶液中分离出来，此时大量的无机盐，如氯化钠、硫酸钠、磷酸钠、碳酸钠等留在水中。丁醇可溶解少量水，少量无机盐(小于0.1%)，如碳酸钠、硫酸钠等可能进入丁醇相中。当水溶液中含有其他极性和弱极性有机物时，可能与表面活性剂同时进入丁醇相中。由于表面活性剂的乳化作用，界面不易分层，稍加热有助于分层。减压蒸去丁醇后，得到表面活性剂和其他有机组分的混合物，采用色谱法作进一步的提纯。

当含表面活性剂的样品是含水的半流体或膏状物时，可直接在红外灯烤干后得到固体样品，再放入脂肪提取器中，选用适当的溶剂直接进行提取。提取的溶剂可以用石油醚、苯、氯仿、乙醚、丙酮、乙醇等按极性由小到大依次作梯度提取。表面活性剂通常在乙醚、丙酮、乙醇中。将样品溶液的 pH 值调节到 4~5 时，阴离子转化为相应的酸，可增加在醇中的溶解度；如调节 pH=8~9，阳离子转化为游离碱，也可提高它在有机溶剂中的浓度。

2. 离子交换法分离

为调节使用或应用性能，各种商品中多使用混合表面活性剂，其中以阴离子与非离子的混合使用最常见。离子型和非离子型表面活性剂相互分离的方法中，最常用的是离子交换法。

分离时可采用动态法，即用普通的离子交换柱法；或用静态法，把一定量离子交换树脂加到表面活性剂水溶液中，长时间搅拌达平衡后过滤，滤液中含非离子型表面活性剂，树脂上吸附离子型表面活性剂，再选用酸或碱性溶液洗脱，即可得到较纯的离子型表面活性剂。

常用的离子交换剂有强酸型和弱酸型阳离子交换剂，用于吸附分离阳离子表面活性剂；强碱型或弱碱型阴离子交换剂用于分离阴离子表面活性剂。将强碱和弱碱两种树脂混合或串联，分离效果更好一些。

强碱型树脂吸附含磺酸基团的阴离子表面活性剂，弱碱型离子交换剂吸附含羧酸基团的弱阴离子表面活性剂，由此可使磺酸和脂肪酸及非离子表面活性剂相互分离开。

注意，当样品中含有易水解组分，如硫酸酯、甘油酸酯及羧酸酯类化合物时，可能发生水解，生成相应的酸和醇，与未反应的原料混在一起，影响判断。采用氯型中性阴离子交换树脂，可避免酯类化合物的水解。离子交换剂使用前需做繁琐的预处理。

3. 色谱法纯化

这是分离与纯化表面活性剂的有效方法。其中常压柱色谱法，用于分离制备量较大的样品；纸色谱与薄层色谱法灵敏度高，检出鉴定方便，但对样品负荷量小，常用于微量样品的定性鉴定和分离制备。

(1)柱色谱法

样品经过萃取和离子交换分离将离子型和非离子型分开后，仍得不到纯的表面活性剂组分时，可进一步选用柱色谱提纯。

常用硅胶色谱柱，柱子规格一般 φ8～10mm，长 30～40cm 玻璃管，填充 150～200 目色谱硅胶，柱高约 10cm，干法拌样上柱，用极性不同的溶剂作梯度洗脱。如用石油醚洗脱可除去长碳键烃类组分，用苯洗脱可将甘油三酸酯类油脂分离出来。

由于非离子表面活性剂中加成的环氧乙烷数目不同，分子的极性与溶解性亦有显著差异，当 $n<4$ 时为油溶性，主要在氯仿份出现；当 $n=4\sim8$ 时，在水和有机溶剂中皆有部分溶解度，主要在氯仿-丙酮中；当 $n>8$ 时为水溶性，主要出现在丙酮-乙醇中；大相对分子质量的聚乙二醇可能出现在乙醇-水中。由于非离子表面活性剂的合成工艺中不可能得到单一相对分子质量的产物，通常 n 为一定范围的平均值，因此可能出现在不同的洗脱溶剂中。当样品中同时存在其他有机物时，与表面活性剂的完全分离比较困难。

阴离子型表面活性剂的分离还可以用聚酰胺柱和 C-18 硅胶反相键合柱。此时无机和非离子在柱中不保留，随水溶液同时流出，阴离子和一些有机组分保留在柱中，再选用不同比例的甲醇-氨水或氯仿-甲醇-水，将有机组分作梯度淋洗分离。

王敬尊曾用自制聚酰胺微柱(φ1cm×5cm)，一次吸附分离数十毫克的烷基苯磺酸类阴离子表面活性剂。吸附在柱中的阴离子表面活性剂，采用甲醇的碱性溶液(pH=8)洗脱，回收率达 90%以上，其纯度足可达到红外光谱和其他波谱分析的要求。

表面活性剂样品分离程序见图 6-1。该图也是王敬尊对表面活性剂样品剖析研究时经常采用的分离过程示意图。

用蒸馏法除去样品中的水分，常因表面活性剂易产生大量的泡沫而使实验失败。

样品中的水及低沸点溶剂可采用顶空-气相色谱法直接分析，或将小量样品吸附在净化的脱脂棉、滤纸上后加热蒸出，再用 GC/MS、GC/IR 进行分析。

此外，除去样品中的水分及溶剂最好的方法是在红外灯下烤干或热风吹干，得到固体样品后，再采用溶剂提取、离子交换或色谱法分离。非离子表面活性剂的极性范围变化很宽，常与极性相近的其他有机组分混为一体，易影响对非离子的分离和结构分析，但其他有机组分一般都有一定的相对分子质量与结构，只出现在一个馏分样品中，而非离子表面活性剂可能在不同馏分出现，其红外光谱、质谱通常是相似的，只是某些峰的强度有变化，不影响对非离子的识别和结构鉴定。

(2) 纸色谱法

因为表面活性剂大多为水溶性较大的强极性化合物，所以利用以纤维素为基体的纸上分

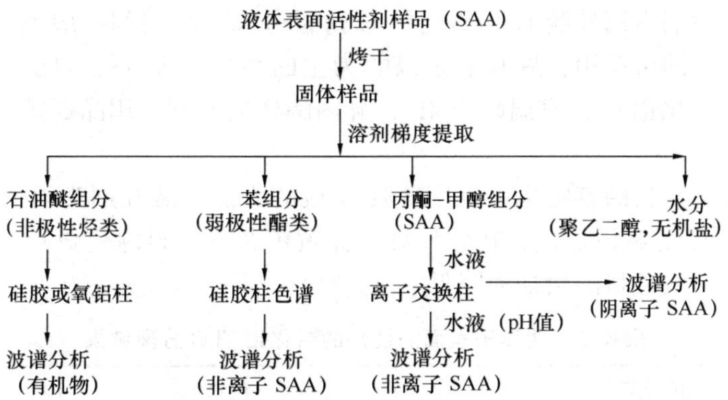

图 6-1　表面活性剂样品分离程序

配色谱法有很好的分离效果，常用于微量样品的定性鉴定。滤纸的负荷小，洗脱样品时易带入纸中的水溶性杂质，一般不用纸色谱法来分离制备样品。

纸色谱法采用的滤纸有进口 Whatman 纸、国产杭州新华滤纸等，使用前最好在丙酮-乙醇(1∶1)的溶液中上行展开过夜，使纸中吸附的一些杂质尽可能赶到滤纸前沿，然后剪去前沿，晾干后使用。

样品一般配制成浓度约为 1%的甲醇溶液，点样 5～10μL，展开剂有乙酸乙酯-甲醇-氨水(10∶5∶1)、丁醇-乙酸-水(4∶1∶1)等，展开 3h，晾干后选用适当的显色剂显色，记录斑点的颜色、荧光、位置及形状等信息。

阴离子通常用品那黄(pinacryptol)、罗丹明 6G 的醇溶液或碘薰等方法显色；非离子常用 Dragendorff 试剂(碘化铋钾试剂)显色；阳离子多为胺类的取代物，因此可用水合茚三酮或二溴荧光黄显色。表 6-1 为一些表面活性剂的纸色谱法展开及用品那黄显色的结果，展开剂为乙酸乙酯-甲醇-氨水(60∶15∶5)。

表 6-1　表面活性剂的纸色谱展开及用品那黄显色结果(紫外灯下)

表面活性剂	加热前颜色	加热后颜色(80℃)	R_f
烷基苯磺酸钠(C_{12})	橙	橙	0.70
烷基磺酸钠(C_{18})	橙	橙	0.75
磺化平平加(C_{12})	紫	紫	0.65
肥皂	淡黄	无	0.60
烷基酚聚氧乙烯醚(C_8，$n=10$)	淡蓝	蓝	0.95
甲苯磺酸盐	橙	橙	0.15
季铵盐阳离子	淡蓝	蓝	0.60

由表 6-1 可知，这些表面活性剂的 R_f 值相近，但实际样品中多种同类表面活性剂的混合使用并不常见，一般只有两类表面活性剂与其他有机组分的分离与鉴定。

当用于非离子的分析时，由于分子中加成的环氧乙烷数目不同，可能出现一长串的斑点，影响与其他组分的完全分离。

(3)薄层色谱(TLC)

TLC 法比纸色谱法和柱色谱法的分离效率高、分离时间短，可用于 mg 级样品的分离制备，应用比较广泛。

阴离子表面活性剂常用硅胶 G 和氧化铝 G 薄板分离，吸附剂一般不需活化，任其表面被水饱和，自然晾干即可使用；展开剂是以醇为主的系列。表 6-2 列出了一些阴离子的分离结果，吸附剂为氧化铝 G，室温晾干 4h，异丙醇作展开剂，用品那黄显色，或在 I_2 薰后观察棕黄色斑点位置。

阴离子中磺酸基数目的鉴定也可以用硅胶 G 板的方法，展开剂为丙醇-氨水(7∶3)，用 2.5%的二氯荧光黄乙醇溶液显色，在紫外灯下棕黄色背景上显绿色斑点，R_f 值不受碳链长短的影响，只随磺酸基数目的增加而降低。

表 6-2　阴离子表面活性剂的氧化铝 TLC 分离结果

表面活性剂	颜色	R_f
长碳链烷基苯磺酸盐	橙	0.10
二甲苯磺酸盐	橙	0.10
肥皂	蓝	0.30
烷基酚硫酸酯	淡黄	0.20
聚乙二醇	淡蓝	0.70
聚氧乙烯醚硫酸酯	蓝	0.50

阳离子表面活性剂，如三烷基氯化铵亦可用硅胶 GF254 板分离，展开剂为丙酮-浓氨水(9∶1)，可观察到黄绿色背景上的暗紫色斑点，R_f 值随碳链长度增加而增大。

非离子表面活性剂的 TLC 法研究较多，常用的吸附剂为硅胶 G，展开剂为氯仿-甲醇体系，显色剂可用碘的醇溶液、Dragendorff 试剂，或用荧光 GF254 薄板在紫外灯下观察淡紫色斑点。在一个板上一次可分离出十几个斑点，由此可鉴定非离子表面活性剂中环氧乙烷加成数目的分布。当体系中含有极性相近的其他有机组分时，需采用不同体系的展开剂，作多次分离纯化。

6.1.2　表面活性剂类型的确定

通常从样品的用途和某些表观物理化学性质，如是否存在乳化、分散、渗透、润湿、起泡、洗净、润滑、柔软、增溶、稳定及抗静电等作用，不难推测样品中是否含有表面活性剂组分的存在，但是更确切的结论需要借助某些特殊方法作进一步的检验。

对未知的表面活性剂，快速、简便、有效地确定其离子类型，即确定阴离子、阳离子、非离子及两性表面活性剂的类型，其主要鉴别方法如下。

1. 泡沫特征试验

泡沫特征试验可以初步鉴定存在的表面活性剂类型，可以和下面其他试验联合应用。

方法：在一支沸腾试管中，用几毫升水摇动少量醇萃取物，若生成泡沫，表示存在表面活性剂。加 2~3 滴稀盐酸，摇动，如果泡沫被抑制，表示在其他表面活性剂中存在肥皂；如果泡沫保持，表示存在除肥皂外的表面活性剂。

若在这种情况下加热至沸，并沸腾几分钟，如果泡沫消失，并形成脂肪层，表示存在易水解阴离子洗涤剂(烷基硫酸盐或烷基醚硫酸盐)；如果泡沫保持，表示存在不易水解的阴离子洗涤剂〔烷基(芳基)磺酸盐〕、阳离子或非离子表面活性剂，或其混合物。

2. 借助染料的增溶作用鉴定表面活性剂的离子类型

油溶性染料一般不溶于水，当样品中含有表面活性剂时，可显著地增加这些染料在水中的溶解度，这种胶束增溶、增敏现象已广泛地应用于分析研究中。如在样品的水溶液中，加入少许粉末状亮蓝 BMA(CI 16)与 NaCl 的混合物，振摇溶液，若呈现明显的蓝色，则表明表面活性剂存在，其灵敏度一般可达20μg/g。

表面活性剂离子类型的化学鉴定法就是利用表面活性剂与某些染料指示剂的增溶、转移、显色作用，不同离子的表面活性剂与某些染料指示剂在一定的介质中，会出现不同的颜色或沉淀，可以有效地区分表面活性剂离子的类型。

(1) 阴离子表面活性剂的化学鉴定

①亚甲基蓝-氯仿试验。亚甲基蓝是水溶性染料，但阴离子表面活性剂与亚甲基蓝形成可溶于氯仿的蓝色络合物，从而使蓝色从水相转移到氯仿相。利用该性质可定性、定量分析阴离子表面活性剂。

所需主要试剂有：亚甲基蓝溶液(6.8g浓硫酸缓慢注入50mL水中，冷却后加亚甲基蓝0.03g和无水硫酸钠50g，溶解后加水稀释至1L)和阴离子表面活性剂溶液(ρ_B=0.5g/L)。

检验方法：向具塞试管或量筒中移入5 mL试样溶液，加入10 mL亚甲基蓝溶液和5 mL氯仿，盖上塞子充分振荡后静置→分层→观察两层颜色。

如果氯仿层呈蓝色，表示有阴离子表面活性剂存在。

如果水层颜色较深，则表明存在阳离子表面活性剂，因为试剂是酸性的，两性表面活性剂通常呈(微弱的)阳性结果。

如果水层呈乳状，或两层基本呈同一颜色则表明有非离子表面活性剂存在。

如果有疑问，可用2mL水代替试样溶液进行对照试验。

因为试剂呈酸性，如果存在肥皂，则已分解成脂肪酸，所以肥皂不能被检出。

硝酸盐、磷酸盐等无机盐不会产生干扰。

本试验改良法是在5 mL试样溶液中加入10mL亚甲基蓝溶液和5mL氯仿，将混合物振荡(2~3)min，然后使其分层，观察两层颜色，若氯仿层呈蓝色的话，则表明存在阴离子表面活性剂。再加入试样溶液，则氯仿层产生更深的蓝色。

②混合指示剂颜色反应。该法利用在水-氯仿介质中，阴离子表面活性剂与混合指示剂中的阳离子染料(紫红色)生成配合物溶于氯仿中，使氯仿层呈紫红色而进行鉴定。混合指示剂(二硫化盐VN-150和溴代米迪鎓)溶液配制参照GB 5173—1985。

检验方法：将少量试样溶于水中，分成两份，将一份溶液pH值调节到1，另一份pH值调到11后，各加5mL混合指示剂溶液和5mL氯仿，振荡后静置分层，观察氯仿层颜色：两份溶液的氯仿层都显粉红色，表示存在阴离子表面活性剂。

非离子表面活性剂和磺基甜菜碱显阴性(无色)；甲基牛磺酸烷基酯、肥皂和肌氨酸盐在碱性条件下显粉红色，在酸性条件下显阴性。烷基甜菜碱在碱性条件下显蓝色，在酸性条件下显阴性。季铵盐阳离子表面活性剂都显蓝色。氧化胺、氧肟酸季铵盐和叔胺及其卤化物在酸性条件下显蓝色，在碱性条件下显阴性。

(2) 阳离子型表面活性剂的化学鉴定

溴酚蓝试验：利用溴酚蓝指示剂与阳离子生成蓝色配合物而鉴定阳离子型表面活性剂。

方法：将10 g/L试样溶液调节至pH值为7，加5滴试样溶液于10 mL溴酚蓝试剂(pH值在3.6~3.9的1g/L溴酚蓝乙醇溶液)中，若呈现深蓝色，则表示存在阳离子表面活性剂。

两性长链氨基酸和烷基甜菜碱(内铵盐)呈现轻微蓝色和紫色荧光。非离子表面活性剂呈阴性，而且在与阳离子表面活性剂共存时并不产生干扰，低级胺亦呈阴性。

(3)非离子型表面活性剂的化学鉴定

①浊点试验：适用于聚氧乙烯类表面活性剂的粗略鉴定。当存在少量阴离子表面活性剂

时会使浊点上升或受抑制，无机盐共存时会使浊点下降。

试验方法：将10g/L试样溶液加入试管内，边搅拌边加热，管内插入0~100℃温度计。如果呈现浑浊，逐渐冷却到溶液刚变透明时，记下此温度即为浊点。

若试样呈阳性，则可推定含有中等EO数的聚氧乙烯型非离子表面活性剂。

如加热至沸腾仍无浑浊出现，可加入食盐溶液($\rho=100$ g/L)，若再加热后出现白色浑浊，则表面括性剂是具有高EO数的聚氧乙烯型非离子表面活性剂。

如果试样不溶于水，且常温下就出现白浊，那么在试样的醇溶液中再加入水，要是仍出现白浊，则可推测为低EO数的聚氧乙烯型非离子表面活性剂。

②硫氰酸钴盐比色法：该法利用聚氧乙烯型(POE)非离子表面活性剂与硫氰酸钴盐反应生成蓝色配合物而进行快速鉴定。

方法：滴加硫氰酸钴铵试剂溶液(174g硫氰酸铵与28g硝酸钴共溶于1L水)于5mL $\rho=10$g/L的试样溶液中→静置→观察溶液颜色。

呈现蓝色，表示存在聚氧乙烯型非离子表面活性剂；呈红色至紫色为阴性；阳离子表面活性剂呈同样的阳性反应。

③氧肟酸试验：利用脂肪酰烷醇胺非离子表面活性剂在含有盐酸羟胺的氢氧化钾醇溶液或盐酸醇溶液中与氯化亚铁反应，呈现紫色或深红色而进行鉴定。注意脂肪酰烷醇胺硫酸盐也呈现同样反应，这里的醇是2-甲基-2，4-戊二醇。

(4) 两性离子表面活性剂的化学鉴定

酸性橙-Ⅱ试验：酸性橙-Ⅱ可分别与两性离子表面活性剂和阳离子表面活性剂按等摩尔比例生成配合物，当pH=1~2时，两种配合物都可被氯仿萃取；当pH=3~5时，只有与阳离子表面活性剂生成的配合物可被氯仿萃取。若在以上两种pH值条件下得到的氯仿萃取物在484nm波长处的吸光度有差异，则表示存在两性离子表面活性剂。

(5) 磺基琥珀酸酯的化学鉴定

磺基琥珀酸酯试验：在约1g试样的醇萃取物中加入过量ρ(KOH) = 30 g/L氢氧化钾/乙醇液，沸腾5 min。过滤沉淀(琥珀酸钾)后，用乙醇洗涤并干燥。部分沉淀与等量的间苯二酚混合，加2滴浓硫酸，在小火焰上加热至混合物变黑，立即冷却并溶于水中，用稀氢氧化钠溶液使呈碱性。若产生强绿色荧光，表示存在磺基琥珀酸酯。

(6) 烷基甜菜碱型表面活性剂的化学鉴定

①检验阳离子型的存在——酸性溴酚蓝法。该法利用两性表面活性剂在酸性条件下呈阳离子性质，与溴酚蓝结合后转移到氯仿层而呈现黄色来进行鉴定。

方法：称取5g(按纯组分计)试样，加水至100mL；取此溶液1滴置于试管中，加5mL氯仿、5mL溴酚蓝乙醇溶液(1g/L)和1mL盐酸溶液[c(HCl) = 6mol/L]，激烈振荡混合，氯仿层呈现黄色，试验呈阳性，表明存在阳离子型的表面活性剂。

②检验阴离子型的操作——碱性亚甲基蓝-氯仿试验。该法利用两性表面活性剂在碱性条件下呈阴离子性质，与亚甲基蓝络合后转移到氯仿层而呈现蓝紫色来进行鉴定。

方法：取上述溶液1滴，加5mL10g/L亚甲基蓝溶液、1mL氢氧化钠溶液[c(NaOH) = 1mol/L]和5mL氯仿，激烈振荡混合，氯仿层呈现蓝紫色，试验呈阳性，表明存在阴离子。

只有当上述两种试验均呈阳性，方认为是两性表面活性剂。

6.1.3 表面活性剂的元素定性分析

在表面活性剂中除含有碳、氢、氧元素外，通常还含有氮、硫、氯、溴等。将元素定性分析和与离子型鉴定的结果综合起来，可得到极有价值的信息。对某一表面活性剂，经离子型鉴定后，分下列几种情况：

①如为阴离子表面活性剂，除碳、氢、氧外，往往含有硫、氮、磷三种元素中的一至两种，极少有三种元素同时存在的表面活性剂。一般还含有 Na^+、K^+、Ca^{2+}、Mg^{2+} 等金属元素。金属元素可能由无机盐带入，但可以肯定表面活性剂中有金属元素时，一般不会是阳离子或非离子表面活性剂。

②阳离子型表面活性剂元素定性分析结果多数含氮元素及卤素，无金属离子。

③两性离子表面活性剂基本上都含有氮元素，或氮、硫共存(磺化甜菜碱，磺基咪唑啉，磺基氨基酸)，或氮、磷共存(卵磷脂、磷酸化咪唑啉)。

④非离子型表面活性剂多数不含硫、磷，烷醇酰胺中含有氮元素。

元素定性分析时，应尽量除去非活性组分的影响，所以分析前的分离工作很必要。

1. 金属钠熔法

有机元素一般没有直接的测定方法，分析时总是设法将有机元素转变成无机物，再分别检测之。钠熔法是将有机元素转变成水溶性的离子，金属钠熔化法是检验氮、硫、磷、卤素的常用分析方法。

操作方法：取一支干燥试管，加入一粒绿豆大、洁净、有光泽的金属钠，再加入 3~5mg 试样，用小火在管底缓慢加热使钠熔化，转动试管使试样与钠充分混合，当试管中钠蒸气上升至 2~3cm 高时，立刻加入少量试样，然后用大火加热到完全分解并趁热浸入 10 mL 蒸馏水中，试管底部破裂，内容物溶于水，搅拌后过滤，滤液供元素分析。

2. 元素的鉴定

(1) 硫的鉴定

①硫化铅试验：取 1mL 试液(即钠熔试验水溶液)加 c(乙酸) = 3mol/L 的乙酸酸化，加入数滴 10%乙酸铅溶液，若有棕色至黑色沉淀产生，即表明硫的存在，沉淀为硫化铅。

②亚硝基铁氰化钠试验：在 0.2mL 试液(碱性)中，加入一滴 $\rho = 1g/L$ 的亚硝基铁氰化钠溶液(临时新配)，若有深红色至紫色出现，即表明硫的存在。反应式如下：

$$Na_2S+Na_2Fe(CN)_5NO \rightarrow Na_2Fe(CN)_5(NOS)$$

③硫和氮同时鉴定：取 0.2mL 试液，加稀盐酸呈酸性反应，再加 1 滴 $\rho(FeCl_3) = 10g/L$ 三氯化铁溶液，若有红色出现，即表明有硫氰离子(CNS^-)存在。反应式如下：

$$3NaCNS+FeCl_3 \rightarrow Fe(CNS)_3+3NaCl$$

在钠熔时，若钠量较少，硫和氮常以 CNS^-形式存在，因此在分别鉴定硫和氮时，若得到负结果，则必须做本试验。

(2) 氮的鉴定

①普鲁士蓝试验：取 1mL 钠熔滤液于一小试管中，加入氢氧化钠溶液数滴，调节 pH 值至 13，加入 10~15mg 粉状硫酸亚铁及 1 滴氟化钾溶液，将混合物加热至沸，用毛细吸液管加入 1 小滴 $\rho(FeCl_3) = 10g/L$ 三氯化铁溶液，接着逐滴加入硫酸溶液至铁的氧化物全部溶解为止。让试样静置 2~3min，如有蓝色或蓝色沉淀出现，即表明有氮存在；如果溶液澄清或出现黄色，即表明负性结果；如果溶液呈绿色，即表明熔化反应不完全，需重新进行钠熔试验。如有硫存在，可多加硫酸亚铁，在酸化时将 FeS 沉淀溶去，故无干扰。本试验反应式如下：

$$6NaCN+FeSO_4 = Na_4[Fe(CN)_6]+Na_2SO_4$$

$$3Na_4[Fe(CN)_6]+4FeCl_3 \rightarrow Fe_4[Fe(CN)_6]_3\downarrow+12NaCl$$

普鲁士蓝

②氯胺T-双甲酮试验：取钠熔法滤液1mL，加入1mL ρ(氯胺T)= 10g/L的氯胺T溶液，用c(HCl)= 1mol/L的盐酸酸化。1min后溶液变浑浊，再加入3mL质量分数为3%的双甲酮吡啶溶液，摇匀。若试样含氮，则产生紫红色，放置片刻呈蓝紫外线色。

(3) 磷的鉴定

取0.2mL试液，加入3mL浓硝酸，煮沸1min。放冷，加入等体积的钼酸铵试剂。然后在50℃保温10~15min，若生成黄色沉淀，即表明存在磷。本试验反应式如下：

$$H_3PO_4+12(NH_4)_2MoO_4+12HNO_3 \rightarrow (NH_4)_3PO_4 \cdot 12MoO_3\downarrow+2NH_4NO_3$$

钼酸铵试剂配制法：取25g钼酸铵溶于50mL蒸馏水中。砷有类似反应，如果试样中含有砷时，必须在试验磷之前用硫化氢将它除去。

(4) 卤素(Cl、Br、I)的鉴定

如果存在硫或氮，则将0.2mL试液和3mL $c(H_2SO_4)$= 2mol/L硫酸溶液煮析，倒出一半，用蒸馏水补充到原体积，加几滴硝酸银溶液，若出现白色或微黄色沉淀，即表明存在卤素。

$$NaX+AgNO_3 \rightarrow AgX\downarrow+NaNO_3$$

如果不存在氮和硫，可以用刚果红作指示剂，用$c(HNO_3)$= 2mol/L硝酸溶液酸化1mL试液，再加入几滴硝酸银溶液，若出现白色或淡黄色，即表明存在卤素。

卤素间的区别，如果存在氮和硫，则用上述硫酸法除去；如果不存在则用硫酸简单酸化。加入0.5mL二硫化碳，然后滴加c(NaClO)= 0.06mol/L次氯酸钠溶液，每滴之间激烈振荡，并注意二硫化碳层的颜色。黄褐色或棕色出现，即表明存在溴，紫色表示存在碘；氯没有颜色。

$$ClO^-+H_3O+ \rightarrow H_2O+HOCl$$

$$HOCl+H_3O++2I \rightarrow Cl-+2H_2O+I_2\text{(在 }CS_2\text{ 中呈紫色)}$$

$$5HOCl+6H_2O+I \rightarrow 5H_3O++5Cl^-+2HIO_3\text{(无色)}$$

$$HOCl+H_3O++2Br^- \rightarrow 2H_2O+Cl^-+Br_2\text{(在 }CS_2\text{ 中呈棕色)}$$

(5)氟的鉴定

①取0.8mL试液。加乙酸呈酸性反应。煮沸，冷却，加2~5滴饱和氯化钙溶液，放置数小时后，析出胶状氟化钙沉淀，即表明存在氟。

②取0.4mL试液，加乙酸呈酸性反应。煮沸，冷却后，用搅拌棒蘸1滴溶液，滴在茜素锆试纸上。若红色的试纸变成黄色时，即表明存在氟。

茜素-锆试纸的制法：将滤纸裁成纸条后，浸在3.5L ρ(茜素)= 10g/L的茜素乙醇溶液和2mL ρ(氯化锆)= 4g/L的氯化锆溶液的混合液中，滤纸吸足溶液后，取出，晾干。临用时在纸上加一滴5%的乙酸溶液。

(6) 硅的检验

含硅表面活性剂灼烧后生成的SiO_2，溶解于氢氧化钠溶液中与钼酸铵$(NH_4)_2MoO_4$作用生成复合物。生成物可溶于水或酸，能把联苯胺氧化为蓝色醌型产物，而本身被还原为钼蓝。

$$SiO_2+2NaOH \rightarrow Na_2SiO_3+H_2O$$

$$Na_2SiO_3+12(NH_4)_2MoO_4+26HNO_3 \rightarrow H_4SiO_4 \cdot 12MoO_4 \cdot 2H_2O+24NH_4NO_3+2NaNO_3+9H_2O$$

$$H_4SiO_4 \cdot 12MoO_4 \cdot 2H_2O+(C_6H_4NH_2)_2+2NH_4OH \rightarrow \text{醌式产物(蓝色)}+MoM_8\text{(蓝色)}$$

6.1.4 表面活性剂官能团的化学分析

官能团的化学分析常与光谱分析配合用于表面活性剂的结构分析，根据元素定性分析的初步结果及离子型鉴别，可以将表面活性剂按离子型及所存在的元素进行分类，由此可以判断可能存在的官能团，然后针对这些官能团进行相应试验，进一步确定产品的结构。例如，元素分析含硫与金属、不含氮和磷的阴离子型表面活性剂，可通过盐酸水解试验鉴别是硫酸盐还是磺酸盐，然后再根据情况进行酯的羟肟酸试验、丙烯醛试验、催化酯化试验、甲醛-硫酸试验、乙酯化试验及芳香族磺酸试验等，以检验所存在的官能团，由此推测结构。又如元素分析不含氮、硫、磷和金属的非离子型表面活性剂可进行磷酸裂解试验，以检验所存在的官能团是聚氧乙烯基还是聚氧丙烯基，从而判断它的结构。

1. 烷基硫酸酯盐的检验

盐酸水解试验法用于检验烷基硫酸酯盐(包括低级烷基硫酸酯盐)。有机磺酸及无机硫酸盐存在均不发生干扰。

如试样呈碱性，就于110~115℃干燥，用无水甲醇或苯萃取。将萃取液过滤或离心分离除去不溶性物质后，蒸发澄清的萃取液至干燥。如试液不呈碱性，则用$c(KOH)=2mol/L$氢氧化钾-乙醇溶液调节至碱性(加百里酚酞，呈蓝色，再过量0.5mL)。再于110~115℃下干燥后同前法处理。

取0.2g处理好的试样，加入$\varphi(HCl)=1:4$的盐酸溶液6mL搅拌，将此混合物1mL移至另一试管，再加入3滴$c(HNO_3)=15mol/L$的硝酸溶液和1mL水充分振荡，接着加入3滴$\rho(BaCl_2)=100g/L$氯化钡溶液，振荡2~3min后静置。若生成不溶于水的白色结晶性沉淀($BaSO_4$)，则表示存在烷基硫酸酯盐。

2. 酯或内酯的检验

酯的羟肟酸试验法用于检验酯或含有内酯链的全部化合物，如噁唑啉、咪唑啉季铵盐、烷醇酰胺及聚氧乙烯脂肪酰胺等均呈阳性。酚对试验有干扰，酚可用氯化铁试验检出。

试验方法：将在110~115℃下干燥过的无水试样约0.1g(或3滴)加入1mL羟胺盐酸盐溶液(7g盐酸羟胺和0.02g百里酚酞溶解于乙醇并用乙醇定容到100mL)中，并加入$c(KOH)=2mol/L$的氢氧化钾乙醇溶液(含百里酚酞)直至混合物呈蓝色，再过量0.5mL，煮沸30s后，冷却，滴加$c(HCl)=2mol/L$盐酸-乙醇溶液至蓝色消失，再加入$\rho(FeCl_3)=100g/L$的氯化铁溶液2滴，然后继续添加$c(HCl)=2mol/L$的盐酸乙醇溶液直至溶液出现紫色(阳性)或黄色(阴性)。如果紫色褪去，加2~3滴过氧化氢，紫色重新出现，羟酸酯可得到鉴定。

高级和低级羧酸酯之间的鉴别按下法进行，即将显示阳性结果的试样溶液用2~3mL水稀释，加1mL氯仿充分振荡后分层，若紫色主要出现在水层，则表示有低级羧酸衍生物(C_6以下)存在；如有中等程度链长的羧酸衍生物，则水层和氯仿层均呈紫色。

3. 酚类化合物的检验

氯化铁试验法用于检验酚类化合物。

把30mg(或1滴)试样用1mL甲醇处理，充分振荡并加水4mL，再用$\varphi(HCl)=1:4$的盐酸溶液调节至石蕊试纸显酸性。过滤或离心分离除去不溶物后，加1滴氯化铁溶液[$\rho(FeCl_3)=100g/L$]，产生蓝、紫、绿、红、黑等有色沉淀物(也有不生成沉淀的情况)，表示有酚存在。有色沉淀物的颜色，往往因所用溶剂、反应物的浓度、溶液的pH值以及反应时间的不同而不同，干扰较大。如：羟基联苯磺化物呈蓝紫色，而木质素磺酸盐类呈黑色。

4. 酯类和皂角苷的检验

催化酯化试验法适于检验酯的羟肟酸试验中呈阴性的物质，可鉴定酯类和皂角苷。

试验前须除去干扰物，将0.1g(或3滴)无水试样和10滴已二醇及1滴浓硫酸于试管中[如为未知试样时，先将试样溶于1mL甲醇，如试样为碱性，则用$c(HCl)=2mol/L$盐酸甲醇溶液调节至石蕊试纸呈酸性，再于水浴上煮沸除去甲醇]。小火缓缓加热。煮沸1min后冷却，然后对生成物进行酯的羟肟试验，羧酸和羧酸盐呈阳性反应。

5. 季铵盐类化合物的检验

检验季铵盐类化合物有酚酞试验法和氢氧化钾水解试验法。

①酚酞试验法：将0.1g(或3滴)试样，3mL $\rho(NaOH)=50g/L$的氢氧化钠溶液中置于试管中，振荡使成悬浊液，如有必要可加热。冷却后加入2滴酚酞溶液和2mL苯。加胶塞后振荡静置分层，观察苯层的颜色。

若苯层显桃红色表明有碳数C_{25}以上的四烷基季铵盐存在(视苄基为7碳烷基)。

该试验对吡啶盐、喹啉鎓盐等季铵盐化合物呈阴性，且对碳数15以下的四烷基季铵盐化合物亦显示阴性结果。

②氢氧化钾水解试验法：适用于碳数C_{26}以下的季铵盐类化合物。

将含有效成分约0.1g的试样液悬浊于3mL $\rho(KOH)=50g/L$的氢氧化钾溶液中，加热，煮沸30~60s后，冷却至室温。若生成黑色油状不溶性物质，则用$\rho(KOH)=200g/L$氢氧化钾溶液重复进行前面操作，然后煮沸混合物，注意开始时的气味。

碳数在C_{26}以下的季铵盐因水解而逸出氨臭，而吡啶、喹啉鎓和异喹啉鎓等季铵盐散发出相应的吡啶、喹啉和异喹啉特有的气味。

用氢氧化钾水或甲醇溶液水解，对水解物进行化学或光谱分析，可得出许多有用信息。

6. 聚氧乙烯和聚氧丙烯基的检验

聚氧乙烯和聚氧丙烯基及其衍生物的检验方法有三种：磷酸热分解试验法、溴和溴化钾试验及Dragendorff试验法。

①磷酸热分解试验法(可检验聚氧乙烯和聚氧丙烯基)：将0.2g无水试样和1~1.5mL磷酸(质量分数为85%)加于试管中，振荡2~3s，试管口填上脱脂棉，加胶塞，塞上装有弯曲成60°的玻璃导管。然后将试管倾斜成30°角，使导管主要部分变为垂直。

为易于观察导管前部的颜色变化，可将导管前部置于白色板上，以加有1mL水的另一试管作对比。将试管加热至混合物呈暗褐色并注意混合物的起泡。

将热分解物导入装有检验液(2滴硝普钠盐溶液和1滴二乙醇胺溶于1mL水)的另一试管。继续加热至检验液出现蓝色或橙色。

最多加热5min，如不出现蓝色或橙色即为阴性。

在此条件下聚氧乙烯基分解出乙醛，与二乙醇胺共存的硝普钠盐作用形成蓝色。聚氧丙烯基分解出丙醛及其聚合物，与硝普钠盐作用形成橙色。聚氧乙烯基和聚氧丙烯基兼有的化合物(如聚醚)，首先显出橙色，随即变为暗褐色。

试验对乙二醇和丙二醇呈阴性，但对丙三醇(甘油)和甘油酯呈阳性。

注：硝普钠盐溶液配制：20g硝普钠二水盐溶于50mL水，450mL甲醇稀释。

②溴和溴化钾试验(可检验聚氧乙烯基类化合物)。

检验方法：将溶液A(含8g/L溴和120g/L溴化钾)和溶液B[$\varphi(HCl)=1:4$的盐酸溶液

和$\rho(BaCl_2)=100g/L$氯化钡的等体积混合液]以体积比为75∶25混合均匀，慢慢加入2mL质量分数为1%的试样溶液。如生成紧密的白色沉淀，表示有聚氧乙烯型非离子表面活性剂存在。某些阳离子型表面活性剂亦有同样反应。

③Dragendorff试验(可检验聚氧乙烯衍生物)。

方法：将试样点于滤纸上，以Dragendorff试剂喷雾，聚氧乙烯衍生物呈现橙红色斑点。

注：Dragendorff试剂(取溶液A和溶液B各5mL，与20mL质量分数为30%的乙酸混合，加50mL水稀释即成)；溶液A(0.85g次硝酸铋溶于100mL质量分数为30%的乙酸和40mL水中)；溶液B[$\rho(KI)=400g/L$的碘化钾溶液]。

7. 氨基酸类化合物的检验

茚三酮试验法可检验氨基酸类化合物。于滤纸上滴加质量分数为0.1%的茚三酮溶液2滴，吹干。另在1mL5%试样溶液中加水4mL，将此溶液加于上述滤纸的试剂上。在100~105℃下将滤纸干燥10min，若显出紫色，表明存在氨基酸型两性表面活性剂。咪唑啉型、内铵盐型两性表面活性剂则无此显色反应。

6.1.5 表面活性剂的结构分析

经典的物理常数、元素分析和官能团化学分析法，无法给出准确的化学结构，因此在表面活性剂的结构分析中，必须借助于现代仪器分析方法，即紫外、红外、核磁及质谱法。

1. 表面活性剂的紫外光谱分析

紫外光谱在表面活性剂的结构分析中主要用于鉴定含芳环类基团，如烷基酚类非离子，烷基芳胺季铵盐阳离子和烷基苯磺酸盐类阴离子表面活性剂的结构类型，其优点是灵敏度高，不破坏样品。常见表面活性剂的紫外吸收数据见表6-3。

表6-3 常见表面活性剂的紫外吸收(UV)数据(溶剂∶水)

表面活性剂	λ/nm(lgε)	
十二烷基苯磺酸钠	225(2.6)	261(1.2)
壬基酚聚氧乙烯醚	225(2.2)	277(1.4)
十八烷基二甲基氯化铵	215(2.0)	263(1.3)
丁基萘磺酸钠	253(3.3)	280(2.3)315(1.8)
萘磺酸甲醛缩合物	290(2.4)	320(1.5)
油酸钠	225(1.7)	
三乙醇胺油酸盐	235(1.6)	

2. 表面活性剂的红外光谱分析

这是表面活性剂的类型及结构分析最常用的分析方法，即便是红外光谱的初学者，也很容易从红外谱图中辨认出表面活性剂的骨架类型。如在1100cm^{-1}附近出现强而宽的峰，表示可能有非离子聚氧乙烯醚类化合物存在；1200cm^{-1}附近的强而宽的峰，表示有阴离子磺酸类化合物的存在；1600cm^{-1}附近的强峰可能有烷基羧酸盐(肥皂)类表面活性剂的存在。但是试图从红外谱图中得到更多、更准确的结构信息，即使是有丰富经验的红外光谱专家，在没有标准物质和标准谱图的对比时，也难以给出更准确的结构信息。特别是当样品纯度不够好时，杂质峰会严重干扰表面活性剂分子结构的识别。

关于表面活性剂的红外光谱分析可参看Hummel的专著，该书收集了450个表面活性剂的标准及商品红外光谱图。Sadtler公司的红外光谱库中亦有500多张标准和商品的红外光谱图。表6-4是表面活性剂特征官能团的红外吸收带，可供剖析参考。

表 6-4　表面活性剂(SAA)特征基团的红外吸收谱带

基　团	波数/cm^{-1}	峰形和峰强	归　属
含 C、H、O 的 SAA			
OH,	3450~330	宽，中~强	聚乙二醇及衍生物
C=O，ν			
脂肪酯	1740~1730	锐，强	烷基醇的酯
羧酸	1710~1700	锐，强	游离酸
非对称	1610~1540	宽，强	游离酸盐，肥皂
对称	1470~1370	宽，强	游离酸盐，肥皂
C=C，ν	1600，1500	锐，中~强	
C—H，δ	1380~1370	锐，中	环氧丙烷的衍生物，多侧链烃
C—O，ν			
芳烃	1250~1230	锐，强	烷基酚的衍生物
羧酸	1240~1220	宽，中~强	游离酸
酯	1180~1160	宽，中	烷基醇的酯
C—OH，ν			
伯醇	1050~1040	宽，中	甘油单酯
仲醇	≈1100	宽，中	甘油单酯
叔醇	≈1150	宽，强	多元醇
C—C，ν			
$—CH_2CH_2O—$	860~840	宽，中	聚氯乙烯醚类
$—(CH_2)_n—$，δ	≈720	锐，中	直链烃，$n>4$
含硫 SAA			
S—O，ν			
不对称$—OSO_3^-$	1270~1220	宽，特强	有机硫酸盐
不对称$—SO_3^-$	11990~1180	宽，特强	有机磺酸盐
对称$—OSO_3^-$	1100~1060	宽，强	有机硫酸盐
对称$—SO_3^-$	1060~1030	宽，中~强	有机磺酸盐
含$—SO_2NH—$	1330~1320	锐，中~强	磺酰胺
含磷 SAA			
P=O，ν			
$O=P—(OR)_3$	1280~1250	宽，特强	聚氧乙烯醚磷酸盐
$O=P—(OR)_3$	1250~1220	宽，特强	聚氧乙烯醚磷酸盐
$O=P—(OR)^{-}_{O_2}$	1100~1090	宽，特强	聚氧乙烯醚磷酸盐
含氮 SA			
$—NH$，$—NH_2$，ν	3330~3120	锐，中	阳离子 SAA
胺盐	2900~2450	宽，强	阳离了 SAA
	1390~1400	锐，特强	
	1610~1560	锐，特强	
酰胺	1670~1640	锐，特强	
	1540~1590	锐，特强	

3. *表面活性剂的核磁共振波谱分析*

红外光谱分析对表面活性剂分子中亲油基的碳链长短以及芳环的类型、取代位置、亲水基团中环氧乙烷加成物的数目、烃基的数目等，无法给出准确的结构信息。核磁共振波谱法(NMR)是解决上述问题的最佳选择。它可准确地给出分子中含质子基团的结构类型和数目、各种类型碳原子的结构类型和数目(^{13}C 核磁共振波谱法)。如由^{1}H-NMR 图中化学位移 δ

0.8~1.2、峰的形状、位置及强度，可准确地测定出分子中亲油性烷基的碳链长度、侧链数目等；由δ3.6~3.9，宽而强的峰，可准确地推出环氧乙烷聚合的数目等；由δ6.5~7.5峰的形状、位置及强度，可确定出分子中所存在的芳环类型及取代位置等。表面活性剂中常见官能团的氢化学位移见表6-5。

表6-5 表面活性剂中常见基团的质子化学位移

质子类型	化学位移	裂分峰的数目
$R—CH_3$	0.88	T
$—CH(CH_3)—$	0.9~1.1	D
$—(CH_2)_n—$	1.2~1.5	M
$Ar—CH_2—R$	2.5~3.0	T
$—O—CH_2—R$	3.5~4.0	T
$R—CH_2—OH$	3.5~4.0	T
$R—NH—CH_3$	2.0~2.5	D
$—CH_2CH_2O—$	4.5~6.0	M
Ar—H	6.5~8.0	M
R—CHO	9.5~10.0	S
RCOOH	10.5~12	S

注：T：三重峰；D：二重峰；M：多重峰；S：单峰。

4. 表面活性剂的质谱分析

由于大多数表面活性剂的分子中含有难汽化的强极性官能团，所以使用常规的EIMS和CIMS质谱法很难给出满意的质谱结果。随着软电离技术，如场解析质谱法(FDMS)、快原子轰击质谱法(FABMS)和电喷雾液相色谱-质谱法(LC/ESI-MS)等的发展和应用，许多表面活性剂的质谱分析已成为常规的技术。

(1) FDMS鉴定非离子表面活性剂

大多数非离子表面活性剂为聚氧乙烯醚或聚氧丙烯醚类的衍生物，即$RO(C_2H_4O)_mH$或$RO(C_3H_7O)_mH$，分析的主要目的是确定亲油基R基团的结构和亲水基聚氧乙烯或聚氧丙烯的数目。表6-6为不同碳链取代的苯酚与环氧乙烷加成，生成化合物的理论相对分子质量数值，即(C_nH_{2n+1})-C_6H_4O-$(C_2H_4O)_m$-H，由表中数据很容易找到表面活性剂分子结构中不同烷基碳数n和不同环氧乙烷加成数m时的分子离子峰的数值，以及碳数n一定时的一组同系物峰。

图6-2给出一种工业品的烷基酚聚氧乙烯醚的FDMS图，由图中可以看到m/z338~778一组共有11个较强的峰，其间距恰好为44，即相差一个($—CH_2CH_2O—$)结构单元；由表6-6中数据可找出图6-2中表面活性剂分子结构中烷基碳数$n=8$，$m=3\sim13$，m平均数为

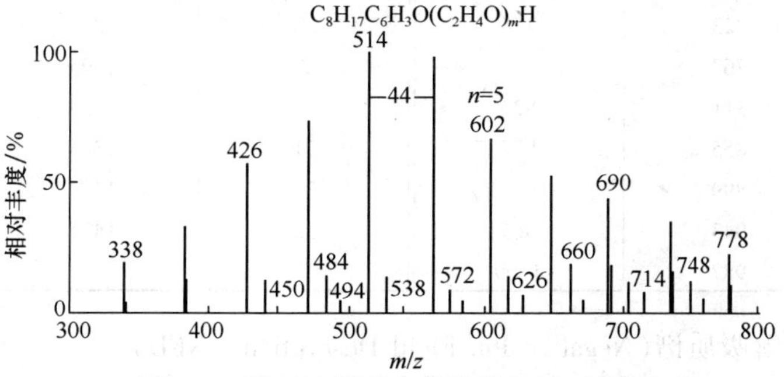

图6-2 聚氧乙烯醚辛基苯醚的FDMS图

8。此外，从图中还可以看到一些小峰，如 440、484、528、572、616、660、704、748 等另一组相间距为 44 的群峰，比主峰高出 14 个质量数，由表中数据可知此群峰是烷基中碳数 $n=9$ 时的一组同系物峰。

另一组强度更小的峰：450、494、538、582、626、714 和 758 等峰相当于苯酚双烷基取代后的环氧乙烷加成物，即$(C_8H_{17})_2—C_6H_3O—(C_2H_4O)_mH$，$m=3\sim7$。

由于 FD 源一般不会引起分子的断裂，且对各化合物的响应值基本相同，因此还可以由这些峰的强弱得出表面活性剂的平均相对分子质量、聚合度和某些杂质的含量。

表 6-6　不同烷基碳链取代的苯酚和不同环氧乙烷加成数的非离子表面活性剂 $[(C_nH_{2n+1})\cdot C_6H_4\cdot O(C_2H_4O)_mH]$ 的 FDMS 分子离子峰数值

n	m												
	4	5	6	7	8	9	10	11	12	13	14	15	16
6	354	398	442	486	530	574	618	662	706	750	794	838	883
7	368	412	456	500	544	588	632	676	72	764	808	852	896
8	382	426	470	514	558	602	646	690	734	778	822	866	910
9	396	440	484	528	572	616	660	704	748	792	836	880	924
10	410	454	498	452	586	630	674	718	762	806	850	894	938
11	424	468	512	556	600	644	688	732	776	820	864	908	952
12	438	482	526	570	614	658	702	746	790	834	878	922	966
13	452	496	540	584	628	672	716	760	804	848	892	936	980

应当注意，在 FDMS 的质谱图中经常出现 M+H 和 M+Na(M+23)的准分子离子峰，因此在判断分子离子峰时应扣除 1 或 23 个质量数。

在非离子表面活性剂中经常共存的一个组分是不同相对分子质量的聚乙二醇，它是环氧乙烷加成时的自聚物，易溶于水，在 FDMS 谱中可能出现 $44n+18$(再加 H 或加 Na)的系列峰，如表 6-7 所示。

表 6-7　聚合度为 n 的聚乙二醇相对分子质量(加 H 或加 Na)

n	M+1	M+Na	n	M+1	M+Na
11	503	—	23	1031	1053
12	547	569	24	1075	1097
13	591	613	25	1119	1141
14	635	637	26	1163	1185
15	670	701	27	1207	1229
16	723	745	28	1251	1273
17	767	789	29	1295	—
18	811	823	30	1339	—
19	855	877	31	1383	—
20	899	921	32	1427	—
21	943	965	33	1471	—
22	987	1009			

(2) 负离子场解吸质谱(Negative Ion Field Desorption，NFD)

与常规正离子 FD 方法不同，加在发射丝上和分析器中的电压与正离子 FD 相反，检测器的电极方向也作相应改变，以检测质谱过程中的负离子，给出$(M-1)^-$峰，常用于阴离子表面活性剂的分析。图 6-3 为一种工业级烷基苯磺酸钠 $C_{12}H_{25}C_6H_4SO_3Na$ 的 NFDMS 图。m/z269 到 367 相应于碳原子数 $n=8\sim15$ 的一组峰，其中 *m/z*325 相应为 $C_{12}H_{25}C_6H_4SO_3^-$的峰。

(3) 快原子轰击质谱(FAB)

FAB 技术自 20 世纪 80 年代出现以来，发展迅速，已成为强极性和离子型化合物的重要软电离技术，广泛应用于糖类、氨基酸多肽和表面活性剂的分析。实验时首先需将样品溶解在一定基体溶液(统称底物，Matrix)中稀释，常用的底物有甘油、硫代甘油等。在 FAB 的质谱图中经常会出现甘油与样品分子离子加合的簇离子峰，如$(M+93n+1)^+$，$n=0\sim5$。当样品的浓度较低或溶解度较小时，图中出现$(93n+1)^+$甘油底物的系列峰，影响对样品分子信息的辨认。

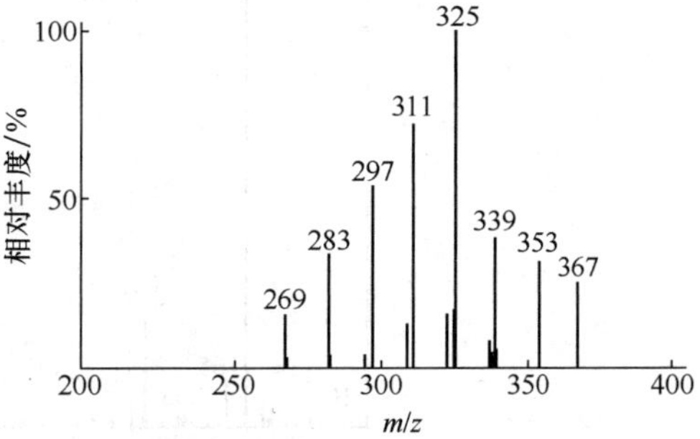

图 6-3 一种工业级烷基苯磺酸钠(325 峰)的 NFDMS 图
(发射极：10μm 活化钨丝，通加热电流 18mA)

图 6-4 为一种阳离子表面活性剂，*N*-二甲基，*N*-十四烷基，*N*-苄基氯化铵的分析结果：*m/z* 332 为 $C_{14}H_{29}—N^+(CH_3)_2—CH_2—C_6H_5$ 的准分子离子峰；*m/z* 140 为 *m/z* 332 再丢失一分子甲苯(M92)的峰；*m/z* 135 为 *m/z* 332 脱去 $C_{14}H_{29}$-(197)的峰。

图 6-5 为非离子表面活性剂的 FAB 图；图 6-6 为一种阴离子表面活性剂的 FAB 图，两图皆给出满意的分析结果。

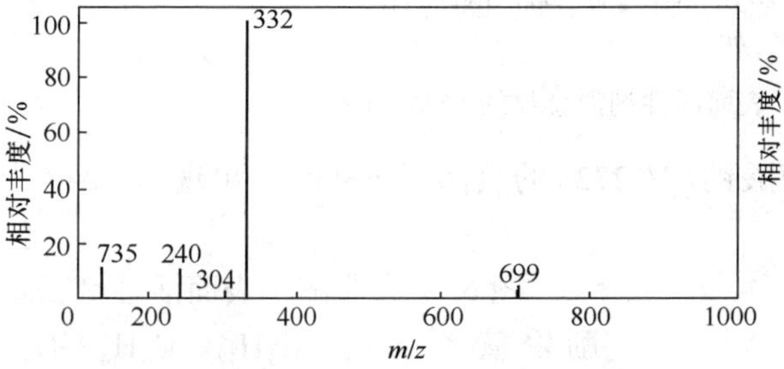

图 6-4 阳离子表面活性剂 *N*-二甲基，*N*-十四烷基，*N*-苄基氯化铵的 FABMS 图
$C_{14}H_{29}—N^+(CH_3)_2—CH_2—C_6H_5\cdot Cl^-$，[M-Cl]，*m/z*332

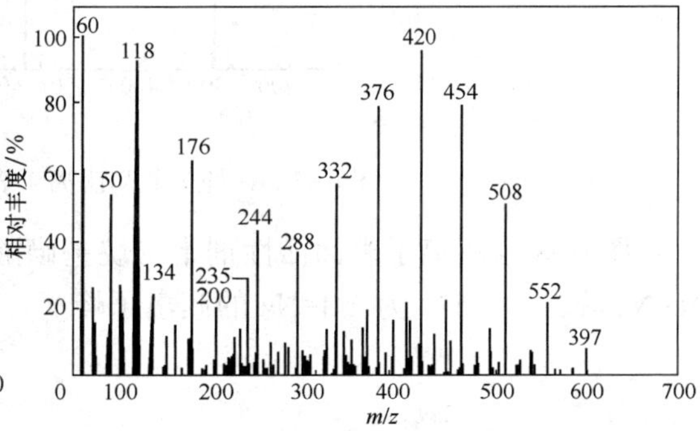

图 6-5 非离子表面活性剂月桂酸聚氧乙烯醚的 FABMS 图
$n=2\sim9$，$C_{11}H_{23}COO(CH_2CH_2O)_nH$，
平均 $n=5$，*m/z*420

(4) 电喷雾质谱技术(Electrospray Ionization，ESI-MS)

电喷雾质谱技术是近年来质谱学领域中最杰出的成就之一，成功地应用于许多水溶性物质和生物大分子的分析，同样也可有效地用在表面活性剂的分析中。下面是三种典型表面活性剂的 ESIMS 分析结果。

图 6-7 为一种工业品阴离子表面活性剂混合物的 ESIMS 图。图中 *m/z* 295 为十四烷基硫酸酯($C_{14}H_{29}OSO_3H$)的 M_1+1 准分子离子峰；*m/z* 567 与 *m/z* 295 差 272，恰好为十二烷基磺酸钠($C_{12}H_{25}SO_3Na$)的相对分子质量(M_2)，所以 *m/z* 567 为两个阴离子的(M_1+M_2)复合离

子；m/z 839 为(M_1+2M_2)，m/z1111 为(M_1+3M_2)的簇离子峰。

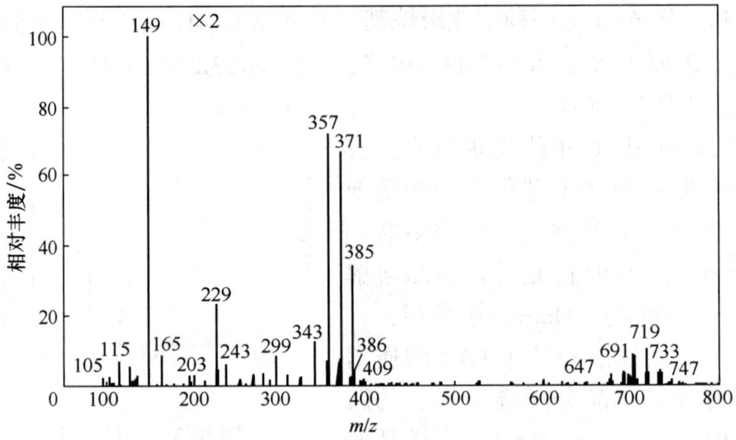

图 6-6　阴离子表面活性剂烷基苯硫酸钠的 FABMS 图

C_nH_{2n+1}—C_6H_4—OSO_3H，n=12~15，$[M+1]^+$ m/z 343，357，371，385

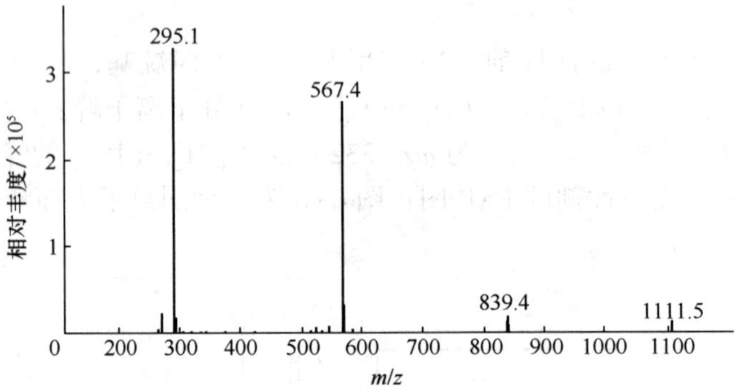

图 6-7　一种工业品阴离子表面活性剂混合物的 ESIMS 图

图 6-8 为阴离子表面活性剂十二烷基磺酸钠(M_w272)的负离子 ESIMS，出现 m/z249 为 M−Na 峰，m/z 521 为 2M−Na 的簇离子峰。

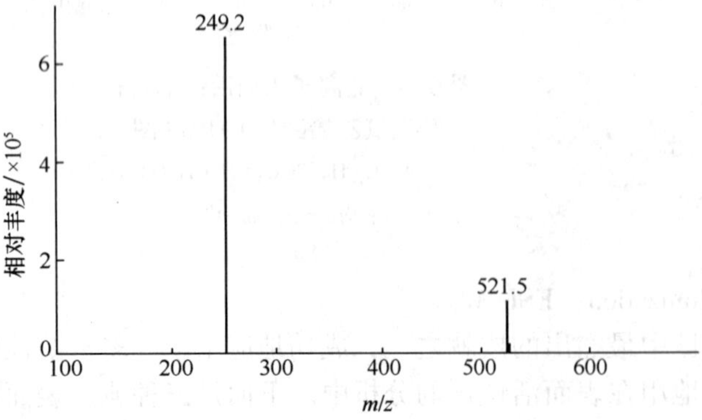

图 6-8　阴离子表面活性剂十二烷基磺酸钠的负离子 ESIMS

图 6-9 为非离子表面活性剂壬基酚聚氧乙烯醚[C_9H_{17}—C_6H_4—O—$(C_2H_4O)_nH$]的 ESIMS 图。

图 6-9 中 n=3~11 对应的 m/z 375，419，463，…，771 等系列峰皆为 M+Na 的准分子离子峰，n 平均值为 7；图中还出现的 n=7~10 的聚乙二醇 M+Na m/z 349，393，…，481 的峰。

图 6-10 为阳离子表面活性剂十六烷基三甲基溴化铵的 ESIMS 图。图中只给出阳离子 M−Br m/z 284 的峰。

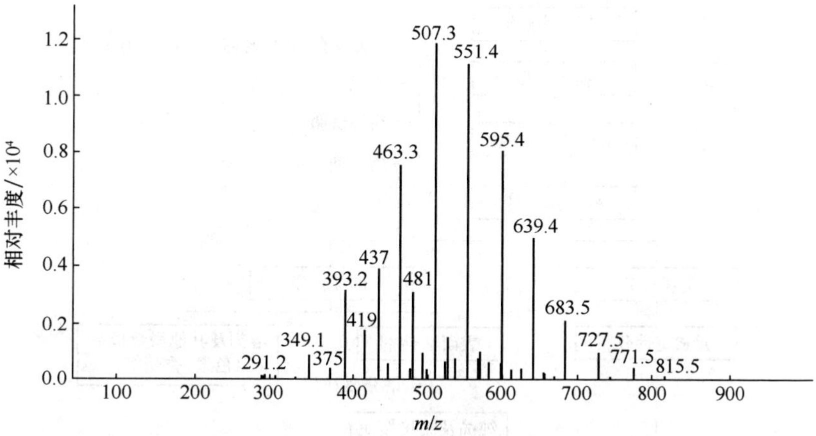

图 6-9　非离子表面活性剂壬基酚聚氧乙烯醚
[C_9H_{17}—C_6H_4—O—$(C_2H_4O)_nH$]的 ESIMS 图

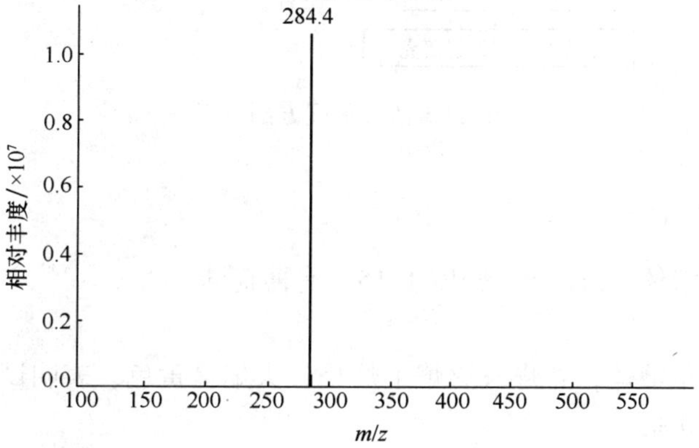

图 6-10　阳离子表面活性剂十六烷基三甲基溴化铵的 ESIMS 图

6.2　精细化工配方产品的剖析

6.2.1　羽绒清洗剂益玛璐-400 配方的剖析

在精细化工配方中，凡涉及洗涤剂、化妆品、工业清洗剂、印染助剂、光亮剂、金属表面处理剂等产品均含有表面活性剂，表面活性剂总产量的 70%用于洗涤剂工业和纤维工业。这些精细化工产品的配方千变万化，商品牌号多，但大多数产品均由两种或两种以上的表面活性剂与助剂(大多为无机成分，有助于增强表面活性剂的活性作用)组成。将这两类物质分离，再分别进行分析鉴定，就是这类精细化工配方产品剖析的基本内容。所以，配方剖析前，必须先了解该类精细化工配方中各类化学成分的性质及其在配方中所起的作用。

对进口的羽绒清洗剂益玛璐-400 进行剖析。该清洗剂有三种液体(试样 A、B、C)组成，使用时按一定比例加入。委托方要求剖析出其中的活性组分性质和含量。

1. 剖析程序

剖析程序如图 6-11 所示。

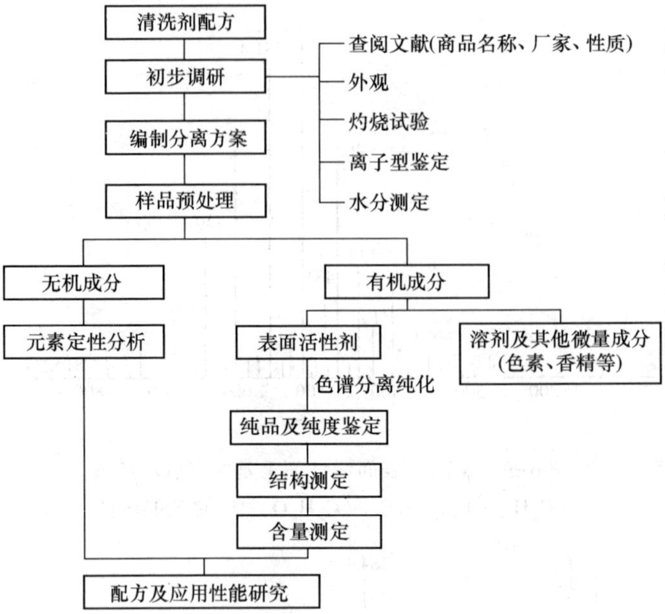

图 6-11　清洗剂配方剖析程序

2. 操作步骤

（1）外观

均匀的无色黏稠液体，pH=8，密度 1.15，有薄荷味。

（2）灼烧试验

用不锈钢匙取少量液体，置煤气火焰上灼烧，火焰呈黄色，表明试样中含钠离子；有白色残留物，说明有无机盐。

（3）离子型鉴定

应用亚甲基蓝试验法，测得试样 A 中有阴离子表面活性剂存在。

（4）水分测定

应用称重法，测得试样 A 中水的质量分数为 64.5%。

（5）混合物分离(样品预处理)

分离方案见图 6-12。

（6）活性成分的提取

将试样 A 用硅藻土搅和，置索氏提取器中，用无水乙醇回流萃取 10h。萃取液中即有白色晶体析出，经过滤得固体 160mg(晶体 A)，滤液再经减压蒸馏除去乙醇，得白色固体 810mg(晶体 B)。

（7）薄层色谱分析

薄层色谱的实验条件：薄层色谱板用硅胶 G-1%CMC 水溶液；显色剂用碘蒸气；展开剂及色谱图如图 6-13。从薄层色谱鉴定可以看出，晶体 A 和 B 为同一物质。

（8）柱色谱分离

为了去除晶体 A 和 B 中的少量杂质，采用硅胶柱色谱作进一步纯化。色谱柱应用 100~200 目硅胶，湿法装柱，洗脱液的组成为石油醚∶乙酸乙酯∶95%乙醇=3∶2∶4(体积比)。洗脱出的馏分用薄层色谱检验，合并 R_f 值相同的馏分，在蒸去溶剂后，经乙醇重结晶，得到

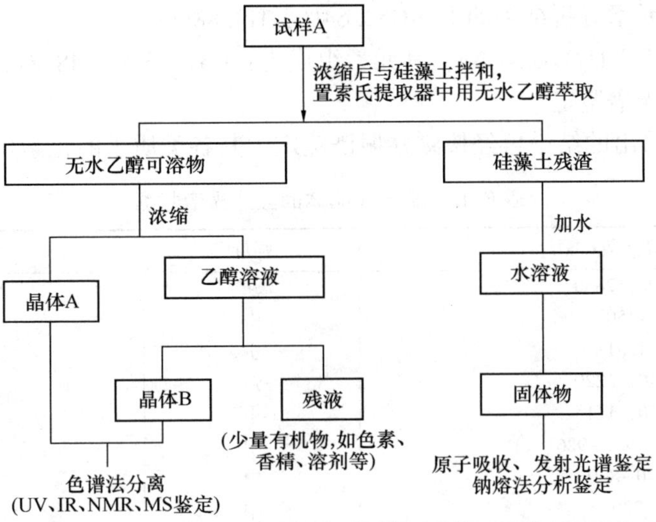

图 6-12　试样 A 的分离方案

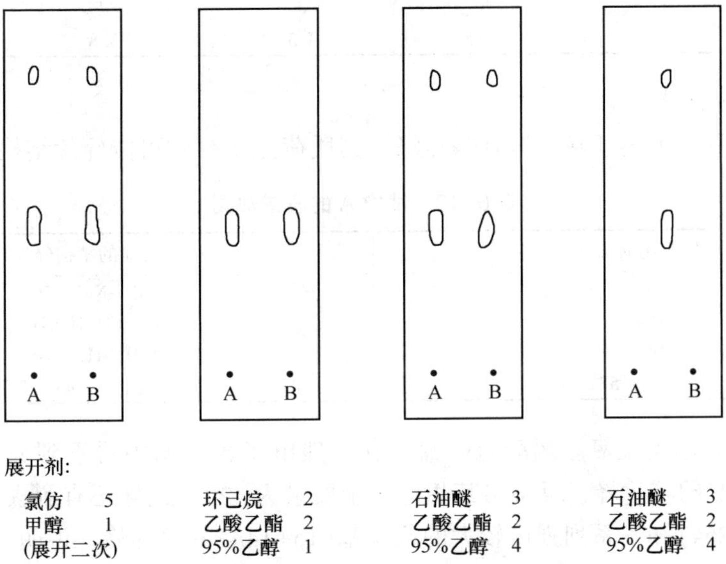

图 6-13　晶体 A 和 B 的薄层色谱分离图

白色片状的结晶。以两种溶剂体系，即 $CHCl_3$ ∶CH_3OH = 5 ∶4(体积比)和环己烷：乙酸乙酯：95%乙醇 = 2 ∶2 ∶1(体积比)对晶体进行薄层色谱展开，均显单一斑点，证明已是纯品。

(9) 紫外光谱鉴定

晶体的稀乙醇溶液在紫外光谱区没有显示明显的吸收峰，说明不存在芳环、共轭双键等不饱和基团。

(10) 红外光谱鉴定

白色晶体的红外光谱数据列于表 6-8。所得谱图与聚氧乙烯醚(EO~3)月桂酸醚硫酸钠 $C_{12}H_{25}(OC_2H_4)_3OSO_3Na$ 的谱图十分相似。

(11) 元素分析

试样 A 晶体的元素分析结果如下：C52.64%，H9.88%；

对照品 $C_{12}H_{25}(OC_2H_4)_3OSO_3Na$，其元素组成为：C51.43%，H8.81%，两者数值接近。

(12)核磁共振光谱鉴定

红外光谱初步得出的结论再经核磁共振谱鉴定，其各类质子的化学位移如表 6-9 所示。

表 6-8 试样 A 晶体的红外光谱数据

吸收峰波数/cm^{-1}	强度	可能的基团
2920，2850	强	CH_3CH_2—
1450	中	—CH_2—
1351	中	—CH_2—
1240，1220	强	—SO_3—
1150，1115	中	C—O—C
1080，953~926	中	C—O—C
840~830	中	—SO_3Na
720	中	—$(CH_2)_n$，$n>4$

表 6-9 试样 A 的核磁共振数据

分子式	CH_3	—$(CH_2)_{10}$	—CH_2	—$(CH_2$—O—$CH_2)_3$	—CH_2—OSO_3Na
质子类型	a	b	c	d	e
化学位移 δ	0.8	1.15	3.5	3.8	4.2

(13) 质谱法鉴定

质谱图中未见分子离子峰，但有碎片峰，其质荷比 m/z 和可能碎片结构列于表 6-10。

表 6-10 试样 A 的质谱数据

质荷比 m/z	可能的结构碎片
396	M^+-Na^+，H^+
264	M^+-(OCH_2CH_3)
168	M^+-(OCH_2CH_3)-OSONa，H
99，85，71，57，43	M^+-$(15+14n)$系列峰

由于试样 A 是脂肪聚氧乙烯醚硫酸盐，在一般电子轰击源中看不到分子离子峰。但可看到其脱 Na^+、H^+的碎片峰，反推出其相对分子质量为 420。此外还有脱去 3 个聚氧乙烯基的碎片峰($m/z=264$)和一系列强度较大的脱烷基($15+14n$)的碎片峰，说明长链烷基的存在。

从以上分析可看出，试样 A 含一种表面活性剂，为十二烷基三聚氧乙烯醚硫酸钠，其含量约为$\frac{0.810+0.160}{9\times1.15}\times100\%=9.37\%$，含水量为 64.5%，其余为无机盐和薄荷香精。

试样 B 和试样 C 应用相似的剖析方法也可鉴定。鉴定结果为：试样 B 为具有$(CH_3)_2$—CH—$(CH_2)_{15}$—O—$(CH_2CH_2O)_nH$ 结构的同系物，即为非离子表面活性剂十八烷基聚氧乙烯醚；试样 C 的表面活性剂为十四醇硫酸钠 $CH_3(CH_2)_{12}CH_2OSO_3Na$。

3. 配方及应用性能研究

由以上剖析可知，益玛璐-400 的三种液体主要组分是三种表面活性剂(A 十二烷基三聚氧乙烯醚硫酸钠、B 十八烷基聚氧乙烯醚、C 十四醇硫酸钠)。以这三种表面活性剂为基础，参考有关文献，设定几种配方方案。然后逐一进行应用试验，并与进口样品进行比较，最后选定最佳的配方，见表 6-11。

表6-11　最　佳　配　方

化合物名称	用量/%	主　要　作　用
十二烷基三聚氧乙烯醚硫酸酯钠	5	表面活性剂，起湿润，乳化，分散，去污等作用
十八烷基聚氧乙烯醚	8	
十四烷基醇硫酸钠	7	
三聚磷酸钠	5	碱性助洗剂，水软化剂
硅酸钠	5	
羧甲基纤维素钠 CMC	1	抗污垢沉淀
乙二胺四乙酸钠 EDTA	0.1	重金属螯合剂
氯化钠	4.7	增稠
荧光增白剂	061	增白
水	64.5	
香精(薄荷)	适量	

注：以上配方对羽绒进行了清洗试验，效果良好。

6.2.2　一种玻璃清洗剂的剖析

1. 样品外观

密封金属罐装，有压力，使用时手压喷嘴喷出白色乳状液细雾。

2. 气体组分鉴定

将罐中液体喷入 100mL 三角磨口瓶中，用注射器抽取瓶中的气体，利用 GC/MS 分析，主要质谱峰为 m/z29、43、59、72 等，基峰为 43，由此可知，罐中气体为异丁烷，在罐中用作推进喷射剂。

3. 挥发性液体组分鉴定

取三口瓶中的液体 10mL，置于压口密封的顶空进样用样品瓶中，置于 80℃ 水浴中 30min，取样品瓶顶空气体进样，气相色谱柱 DB-5，0.22mm×15m，柱温 120℃，质谱仪 Finnigan MAT90，其总离子流色谱和质谱如图 6-14 所示，对应 1 号峰组成为水，m/z18；2 号峰组成为异丙醇(m/z 60)，二者的比例为 2∶3，在样品中作溶剂。

4. 难挥发液体的组成分析

取约 5mL 从罐中喷出的液体样品，在红外灯下烤干，取少量涂在 KBr 片上，作 IR 分析，如图 6-15 所示。

图中主峰在约 1080cm^{-1}，表明样品的主体成分为非离子聚氧乙烯醚类表面活性剂，此外得不到更多有用信息。

在样品中加入少量柱色谱用硅胶，拌匀，在红外灯下烤干后，装入硅胶色谱柱顶端(色谱柱内径 8~10mm，柱高约 10cm，填充 120~150 目色谱用硅胶)，依次用石油醚、苯、氯仿、丙酮和甲醇淋洗柱子，各收集淋出液 50mL，热风吹干除去溶剂后，将各剩余物分别用红外光谱、核磁共振波谱和质谱法作结构分析。

(1) 石油醚和苯的淋洗馏分

样品量约 1%。红外光谱中只出现 720cm^{-1}、1380cm^{-1}、1460cm^{-1}、2870~2940cm^{-1}一组长碳链石蜡油类物质的峰，在水溶液为基体的样品中，可能作为消泡剂使用。

(2) 氯仿和丙酮的淋洗馏分

样品量较多，为黏稠的无色液体，溶于氯仿、丙酮和甲醇。

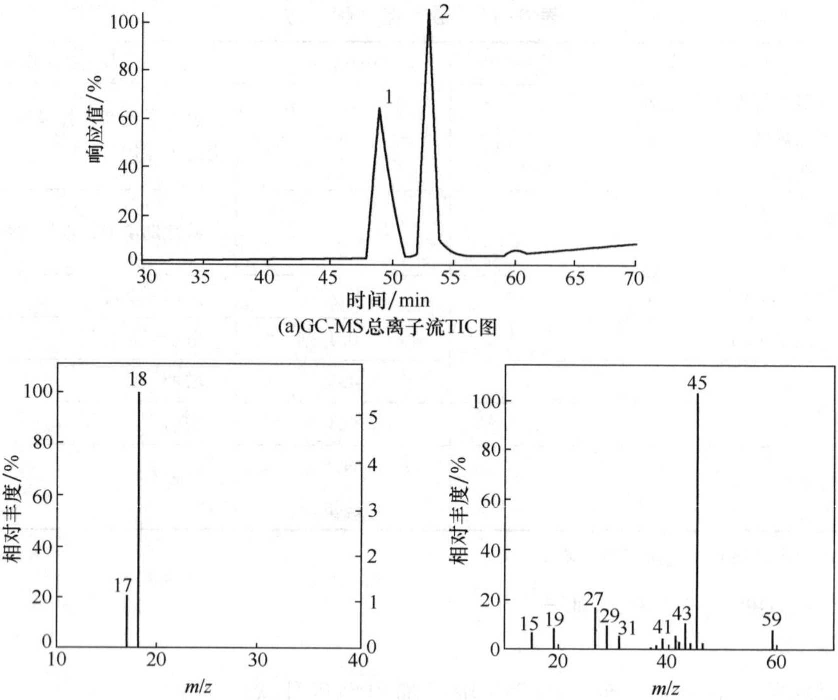

(a)GC-MS总离子流TIC图
(b)1号峰的MS图
(c)2号峰的MS图

图 6-14　挥发性液体组分的 GC/MS 图

①红外光谱：KBr 涂片上给出的 IR 图(见图 6-16)与原样的 IR 图(图 6-15)相似。

其中在约 $1100cm^{-1}$ 强吸收峰表明分子中有较多的 C—O—C 官能团，这是非离子聚氧乙烯醚类化合物的特征峰。$3400cm^{-1}$ 处的峰较高，$1050cm^{-1}$ 处峰不强，表明样品中含有较多的水，而不是分子中含有较多的羟基所产生的。但在 $1740cm^{-1}$ 出现一中强峰，表明分子中可能有酯基；$720cm^{-1}$ 处未见有明显的吸收峰出现，$1380cm^{-1}$ 的峰与 $1460cm^{-1}$ 强度几乎相等，表明分子中无长直链—$(CH_2)_n$—存在，而可能有较多的侧链甲基存在，由此该化合物的结构为含有 R—CO—O—和—$(CH_2CH_2O)_n$H 类化合物，至于亲油基 R 的细微结构以及环氧乙烷加成数目的多少，甚至是否有环氧丙烷加成物存在，皆难以从红外光谱中得出更确切的结论。红外光谱谱库检索，与 C8943Tween80 完全相同。

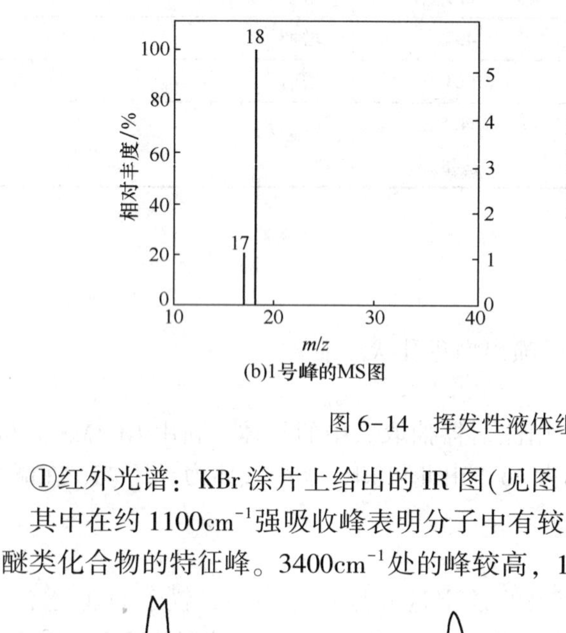

(a)未知样IR
(b)Sadtler谱库C3750非离子聚氧乙烯醚

图 6-15　有机混合物 IR 总图

②紫外光谱。该馏分用甲醇溶解后作紫外光谱，在 210～400nm 范围内未见明显吸收峰，表明亲油基 R 中不含有芳环等不饱和基团。

③核磁共振波谱分析。用氘代氯仿

$CDCl_3$ 作溶剂，BrukerAM-500MHz 仪器，测定该馏分的氢谱(图 6-17)和碳谱(图 6-18)。^{1}H-NMR 的信息如表 6-12 所示。

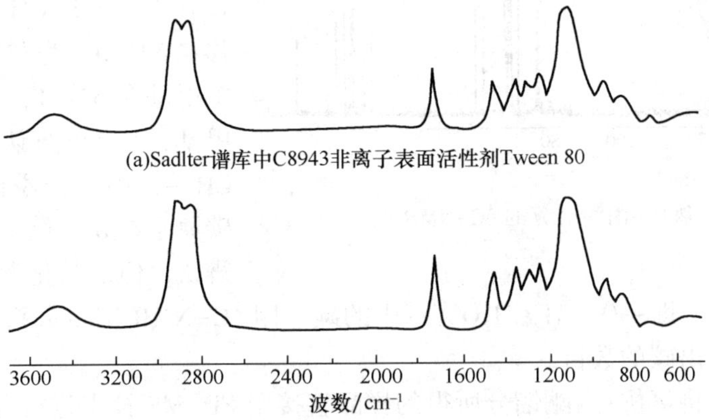

(a)Sadlter谱库中C8943非离子表面活性剂Tween 80

(b)未知样的IR图

图 6-16　氯仿-丙酮淋洗液的 IR 图

表 6-12　氯仿和丙酮馏分^{1}H-NMR 的信息

峰号	化学位移 δ	峰形	氢的数目	氢的归属
1	0. 88	单	9	叔丁基中的甲基 CH_3
2	0. 90	双	3	亚甲基上的甲基 CH_3
3	0. 50～1. 70	多	5	CH_2、CH 中的氢
4	2. 70	单	1	末端 OH 中的氢，加重水后消失
5	3. 60	单	≈20	聚氧乙烯醚中的氢，$n=5$
6	4. 05	三	2	—O—CH_2—CH_2—OH 中邻 OH 的 CH_2 峰
7	4. 45	单	2	—O—CH_2—O—
8	7. 25	单	0. 5	氘代氯仿中未氘化的杂质峰

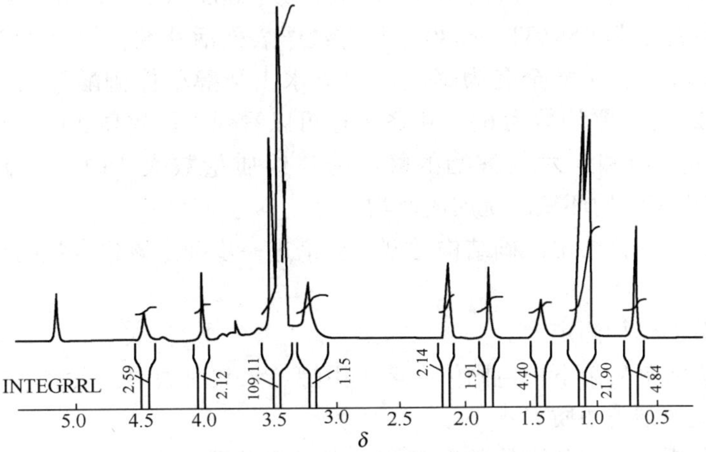

图 6-17　氯仿-丙酮馏分的^{1}H-NMR 图

由^{1}H-NMR 给出的官能团信息可知，有$(CH_3)_3C$—、—CH_2—CH(CH_3)—CH_2—、—O$(CH_2CH_2O)_n$—H 等结构单元信息，推测该化合物中 R 可能为：

$(CH_3)_3$—CH_2—CH(CH_3)—CH_2—COO—；—O—$(CH_2CH_2O)_n$—H，$n=5$。

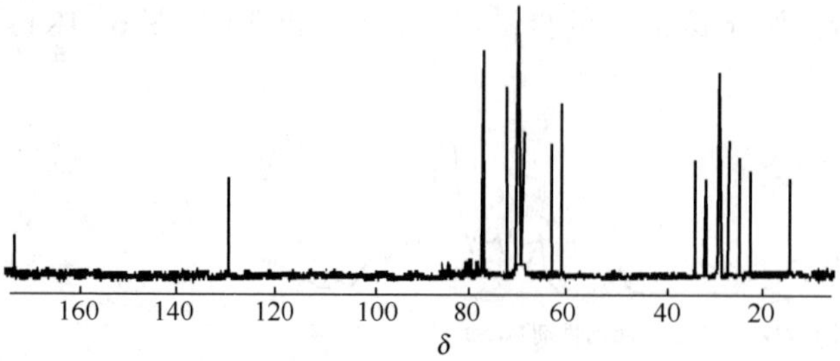

图 6-18　氯仿-丙酮馏分的[13]C-NMR 图

从该化合物的[13]C-NMR 和 DEPT 技术的数据进一步确认，该化合物中含有 4 个甲基 CH_3，其中 3 个甲基位移在 δ21.0，为叔丁基中的甲基，一个甲基在 δ21.1，为接在亚甲基中的甲基，3 个可辨认的 CH_2—和一个—CH—，和一个季碳原子。还有一组碳原子在 δ70 处，相互重叠数目不易辨认，但从其化学位移看，均为连接有氧原子的 CH_2—，即—$O(CH_2CH_2O)_n$—中的碳。因[13]C-NMR 定量分析不够准确，不易由碳峰的高低直接给出碳的数目。

④质谱分析。将氯仿-丙酮馏分所得的样品直接用 FD-MS 技术进行分析(图 6-19)，仪器为 Finnigan MAT90，发射电流 0~40mA，场解吸电压 8000V。

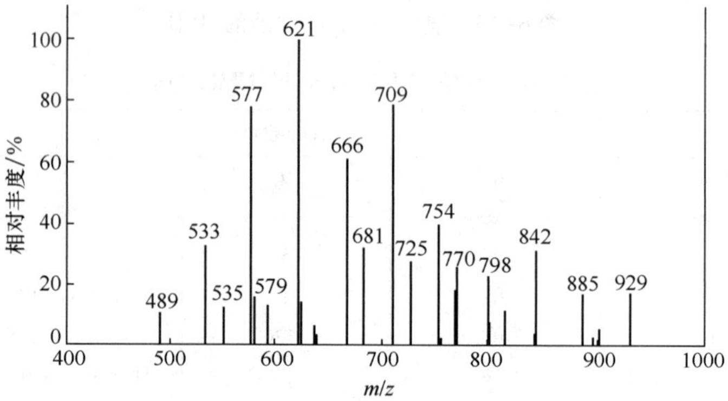

图 6-19　氯仿-丙酮馏分的 FD-MS 图

质谱信息中 m/z489、533、577、621、665、709、885、829 等相间 44 个质量单位的系列峰。由红外谱库检索为 C8943Tween80 系列非离子表面活性剂，但由质谱相对分子质量确认其结构应为 Tween40，化学全名为聚氧乙烯失水山梨醇单棕榈酸酯(polyethylene sorbitan onopalmitate，$n=2\sim12$，平均数为 6)。由图中还可以看到质量数高 2 的一组小峰，m/z 535、579、623，为样品中饱和十六碳酸酯的峰；另一组质量数大 16 的小峰，m/z 681、725、770，为原料中含山梨醇的环氧乙烷加成产物。

由此可见，红外光谱给出准确结构类型，质谱进一步确定该化合物的准确相对分子质量和结构。

(3) 甲醇馏分的结构测定

甲醇馏分除去溶剂后余下白色固体，溶于甲醇、水和丙酮中，微溶于氯仿。水溶液振摇起泡，亦为表面活性剂类物质。

①紫外光谱分析。该白色固体的甲醇溶液紫外吸收图，在 228nm 和 250nm 有两个吸收峰，表明分子中可能有苯环结构单元。

②红外光谱分析。KBr 压片，结果见图 6-20。

从图 6-20 的红外谱图上可以见到 $1200cm^{-1}$ 出现 S ═O 不对称伸缩振动吸收峰，表明分子中有—OSO_3—基团；$1380cm^{-1}$、$1460cm^{-1}$、$2870cm^{-1}$、$2950cm^{-1}$一组峰，表明分子中存在

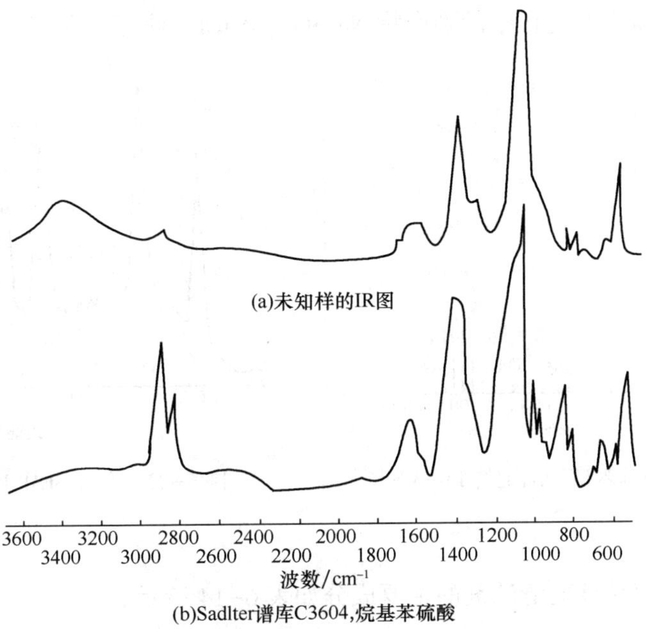

图 6-20 甲醇馏分的红外光谱图

较长的碳链，1380cm^{-1}附近出现双峰表明碳链中有侧链甲基取代；1600cm^{-1}、820cm^{-1}可能有对位取代苯结构。

经 Sadtler 红外光谱谱库计算机检索，与烷基苯硫酸盐的标准图 C3604 图十分接近。

③核磁共振波谱分析。用氘代氯仿 $CDCl_3$ 作溶剂，BrukerAM-500MHz 仪器，测定该馏分的氢谱，^{1}H-NMR 图的数据如表 6-13 所示，由此推测为 R—C_6H_4—OSO_3Na，R 为 C_{12}。

表 6-13 核磁共振波普分析数据

化学位移	多重峰数目	质子数目	归属
0.89	三重峰	3	CH_3—(CH_2)
1.10~1.90	多重峰	20	—$(CH_2)_{10}$
2.5	三重峰	2	—CH—CH_2—ph
7.20	双重峰	2	R—ph—OSO_2Na
7.80	双重峰	2	R—pH—OSO_3Na

④质谱分析。样品场解吸质谱 FDMS 分析，结果如图 6-21 所示，相应准分子离子峰，分别为 *m/z*343、357、371 和 385，对应结构式为 $C_{12\sim15}H_{25\sim31}$—C_6H_4—O—SO_3Na；*m/z*691、704、718、732 峰分别为[2M+H]$^+$、[2M+Na]$^+$簇离子峰。

由上述紫外、红外、核磁及质谱数据确证该阴离子表面活性剂的主体成分结构应为十二烷基苯硫酸酯钠盐，即 $C_{12}H_{25}C_6H_4$ — $OSO_3H(Na)$。

（4）水分

样品中无机盐一般在水分中，用电子扫描显微镜附带“能谱仪”，将水分的固体样品，用电胶带固定在铝基体上，直接给出样品中各颗粒和大面积固体物的 X 射线荧光能谱见图 6-22。由检测器收集到的 X 射线能谱数据经计算机计算直接给出图中各元素含量。由图可以看到主要元素是 Al、S、Cl、Na 和 Si，元素 Al 是样品台基体产生；元素硅可能是样品带入的污染物，因样品溶液呈中性，不可能含硅酸钠类洗涤助剂；元素 S、Cl 和 Na 的存在是十二烷基苯硫酸酯钠盐生产过程中的副产物 Na_2SO_4、NaCl。此外不含其他元素。

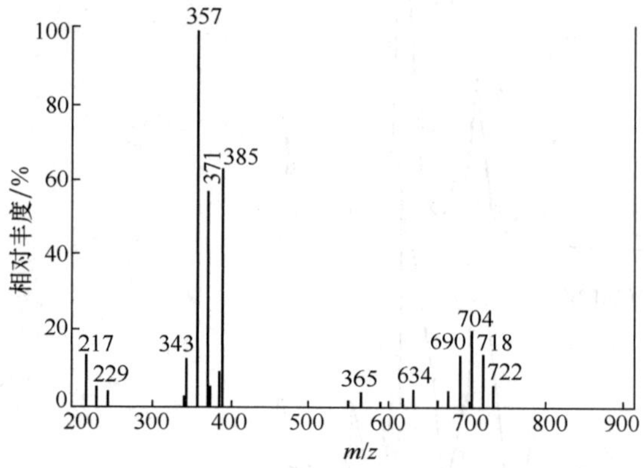

图 6-21　十四烷基苯硫酸酯钠的 FD-MS 图

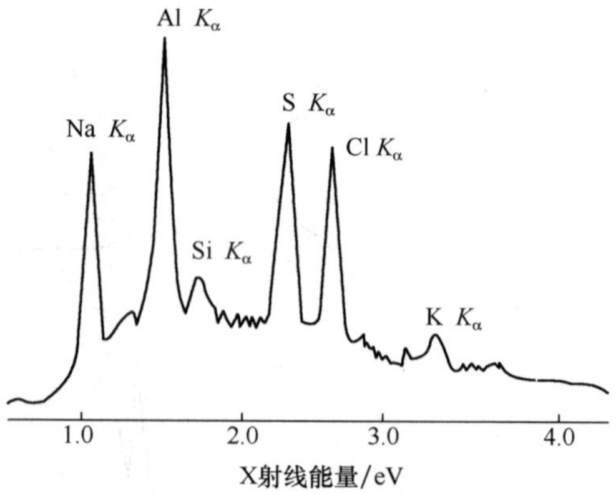

图 6-22　水分 SEM/EDAX 能谱分析图

5. 结论

综上所述，该商品玻璃清洗剂的主要成分如表 6-14 所示。

表 6-14　玻璃清洗剂的配方组成

化合物名称	用量/%	主要作用
水	49	溶剂
异丙醇	30	溶剂
吐温 40，n~6	5	表面活性剂，起湿润，乳化，
十二烷基苯硫酸钠	15	分散，去污等作用
石蜡油	1	消泡剂
香料	少许	调香
异丁烷	适量	喷射推进剂

6.3　食品添加剂的剖析

食品制造、加工过程中，需加入一些添加剂，如乳化剂、抗氧剂、防腐剂、食用色素、调味剂等。食品添加剂是一类重要的精细化学品，众多配方成就了各色食品。食品添加剂必须安全无毒，其品种较为有限。剖析食品添加剂，可改善食品质量，增加花色品种。

6.3.1　食品乳化剂的剖析

常用的食品乳化剂有脂肪酸单甘油酯、蔗糖脂肪酸酯、丙二醇脂肪酸酯及缩水山梨糖醇脂肪酸酯等。对食品乳化剂剖析前，首先将它从食品中萃取出来；若为混合组分，还需进一步分离为单一组分，然后才能进行结构鉴定。

首先采用萃取法，用有机溶剂将食品添加剂从食品中萃取出来，各类食品中不同食品乳化剂所适用的萃取剂见表 6-15。

1. 萃取分离

首先用 200mL 苯从冰淇淋中洗脱出甘油三酯，用 200mL 苯-乙醚洗脱出甘油双酯、游离酸，用 200mL 乙醚洗脱出甘油单酯，蒸出溶剂可得到脂肪酸甘油单酯、脂肪酸甘油双酯及脂肪酸甘油三酯等各组分。

2. 脂肪酸甘油单酯的结构分析

（1）离子类型鉴定及官能团化学定性

以亚甲基蓝法试验，试样溶液加入亚甲基蓝溶液和氯仿，振荡、静置，水层呈乳状，水层和氯仿层基本为同一颜色，表明该表面活性剂属非离子型。

表 6-15 食品乳化剂适用的萃取剂

食品	乳化剂	萃取剂
面包	甘油单脂肪酸酯 甘油单琥珀酸酯 POE 甘油脂肪酸酯 脂肪酸丙二醇酯	石油醚 正丙醇-水 氯仿-乙醇 石油醚
蛋糕	缩水山梨糖醇脂肪酸酯	乙醇
可可	卵磷脂(大豆磷脂质)	氯仿-乙醇
冰淇淋	甘油单脂肪酸酯 柠檬酸酯	乙醚 甲醇
人造黄油	聚甘油酯 蔗糖	甲醇 甲醇

对酯的羟肟酸试验，呈阳性，溶液呈黄色，显示为羧酸衍生物。

将试样在磷酸存在下加热，生成物导入水中，加入过氧化氢，12mol/L 盐酸与 3%均苯三酚-乙醚溶液，呈现鲜明桃红色。以上实验结果表明甘油衍生物分解出的丙烯醛在过氧化氢作用下生成丙二醛，遇均苯三酚生成桃红色化合物。表明该乳化剂为甘油衍生物，可能为羧酸甘油酯。

（2）红外光谱分析

红外光谱分析结果见图 6-23。

图中，1730cm^{-1} 为 C = O 伸缩振动峰，1177cm^{-1}为酯的吸收峰，720cm^{-1}为长碳链的—CH_2 峰，3333cm^{-1} 为—OH 峰，1111cm^{-1} 为仲醇—OH 峰，1064cm^{-1}、1042cm^{-1} 为伯醇—OH 峰。

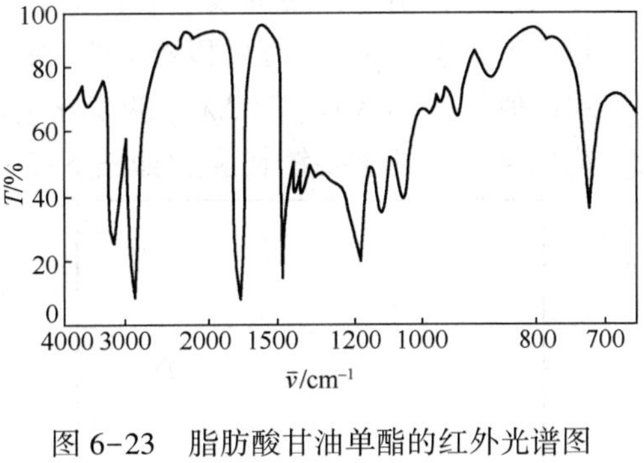

图 6-23 脂肪酸甘油单酯的红外光谱图

由此可知该化合物为羧酸甘油酯，又因为分子中含有伯醇、仲醇，所以甘油的酯化位置在 1-位。

（3）核磁共振波谱分析

将乳化剂进行核磁共振波谱分析，其结果见图 6-24。

该图中各峰归属如下：δ=0.9 峰为 CH_3 的氢；δ=1.3 峰为不邻接氧原子和酯基 CH_2 的氢；δ=2.4 的峰为—$OCOCH_2$ 上氢核峰，受邻近 CH_2 作用裂分为三重峰；δ=3.73 处峰为甘油基上 3-位上的 2 个氢；δ=3.90 处的峰为甘油基上 2-位上的 2 个氢核峰；δ=4.17 处的峰为甘油基上 1-位上的 2 个氢核峰；由积分值的比求得烷基碳数为 18，因此该食品乳化剂为硬脂酸单甘油酯。

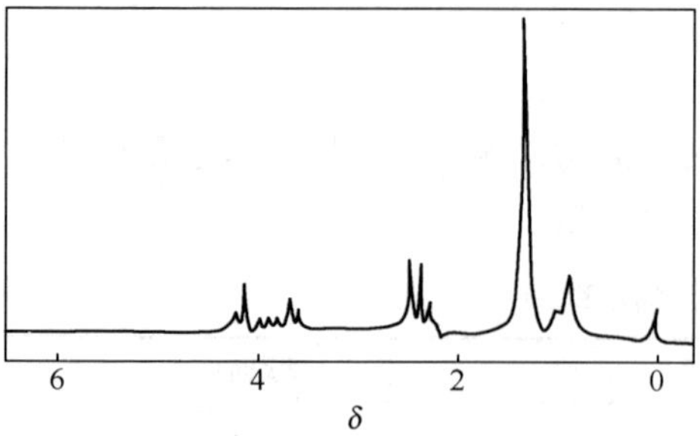

图 6-24　脂肪酸甘油单酯的^{1}H-NMR 波谱图

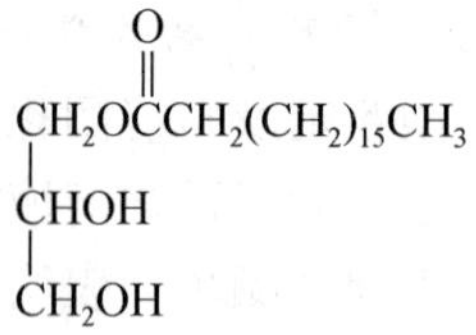

6.3.2　食用色素的剖析

本例阐述某饮料色素的剖析。

某液体饮料的 pH 值为 3～4，色泽呈玫瑰红色，随着 pH 值降低，色泽越趋鲜亮。

1. 初步鉴定

应用薄层色谱法，试验条件如下。

薄层板：硅胶 G-1%CMC 水溶液。

展开剂：正丁醇：乙酸：水=4∶1∶5(上层)。

显色剂：可见光下观察。

薄层色谱结果见图 6-25。由图说明，该色素不属于当前准许应用的合成色素(胭脂红、苋菜红)，可能为天然色素。

2. pH 值的影响

改变饮料的 pH 值，观察色泽变化。发现在酸性介质中，饮料呈玫瑰红色；随着 pH 值增大，颜色逐渐成紫色；在碱性条件下为蓝色。这说明该色素属天然花色甙类结构。

3. 色素的富集

将饮料浓缩后通过聚酰胺柱。被吸附的色素用稀乙醇洗脱，洗脱液在去除溶剂后得紫色富集品。薄层色谱鉴定，仅含微量杂质。

4. 化学结构鉴定

花甙的化学结构可用紫外光谱鉴定，具体步骤如下：

首先确定甙元分子结构框架。取代基在甙元上的位置及数目不仅引起最大吸收峰的位置发生变化，还会引起谱带曲线有规律的变化，而且在滴加 $AlCl_3$ 后，谱带的位移也会发生变化。其中 $E_{400}/E_{\lambda max}$ 的比值可以准确反映出取代基的位置，因而依据光谱图中 λ_{max}，$E_{400}/E_{\lambda max}$ 的比值，滴加 $AlCl_3$ 后 $\Delta\lambda_{max}$ 的变化情况，对照表 6-16 和表 6-17，就可确定其结构框架。花甙化合物的主要结构类型如图 6-26 所示，其紫外光谱特征见表 6-16 和表 6-17。

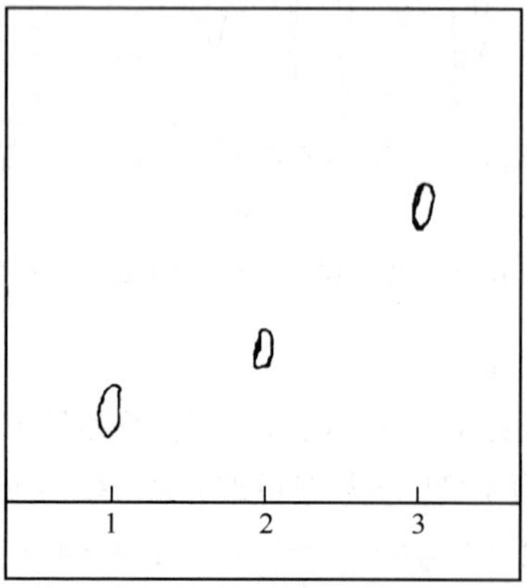

图 6-25　待测物与红色合成食用色素对照色谱

1—苋菜红；2—胭脂红；3—待测物

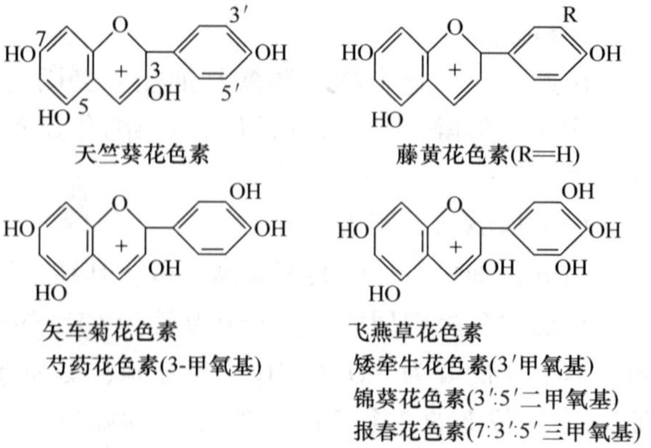

图 6-26　花色苷类化合物的结构类型

试样的富集品用0.01%盐酸-甲醇溶液稀释，然后进行紫外测定，其λ_{max}、$E_{400}/E_{\lambda max}$及滴加 $AlCl_3$ 后 $\Delta\lambda_{max}$分别为528nm、24%、19nm，为矢车菊花色素，在3位上成甙。

其次是确定甙键上的糖。将色素用 HCl 水解，水解液用乙酸乙酯萃取甙元后，再用气相色谱法进行糖的定性定量分析。然后与标准品对照，确定水解液中含有鼠李糖。糖与甙元的分子比约为11，这说明3位甙键上只含一个糖。介质为0.01%HCl 的甲醇溶液，实验误差为±2%。

表 6-16　花色素化合物光谱特征

名称	甲醇-盐酸液中 λ_{max}/nm	$AlCl_3$ 位移 $\Delta\lambda_{max}$/nm
天竺葵花色素	546	23
锦葵花色素	542	0
矮牵牛花色素	543	24
飞燕草花色素	546	23
玫瑰花色素	524	0
芍药花色素	532	0
矢车菊花色素	535	18
藤黄花色素	493	52
芹菜花色素	476	0

表 6-17　花色素及其衍生物光谱特征

	名称	λ_{max}/nm	$E_{400}/E_{\lambda max}$/%	平均/%
5位羟基未成苷	天竺葵花色素	520	39	39
	天竺葵花色素 3-成苷	506	38	
	5-矢菊花色素	535①	19	23
	矢车菊花色素 3-成苷	525①	22	
	芍药花色素	532	25	
	芍药花色素 3-成苷	523	26	
	飞燕草花色素	544①	16	18
	飞燕草花色素 3-成苷	535①	18	
	矮牵牛花色素	543①	17	
	矮牵牛花色素 3-成苷	535①	18	
	锦葵花色素	542	19	
	锦葵花色素 3-成苷	535	18	
5位羟基成苷	天竺葵花色素 3-未成苷	513	513	17
	天竺葵花色素 3,5-成苷	504①	21	
	矢车菊花色素 3,5-成苷	522	13	12
	芍药花色素 3,5-成苷	523	12	
	芍药花色素 3-未成苷	523	12	
	飞燕草花色素 3,5-成苷	534①	11	10
	矮牵牛花色素 3,5-成苷	533①	10	
	锦葵花色素 3,5-成苷	533	9	

① 表示加入 $AlCl_3$ 后 λ_{max} 有位移发生。

综上分析，该色素化学结构为矢车菊花色素 3-鼠李糖苷，结构式为

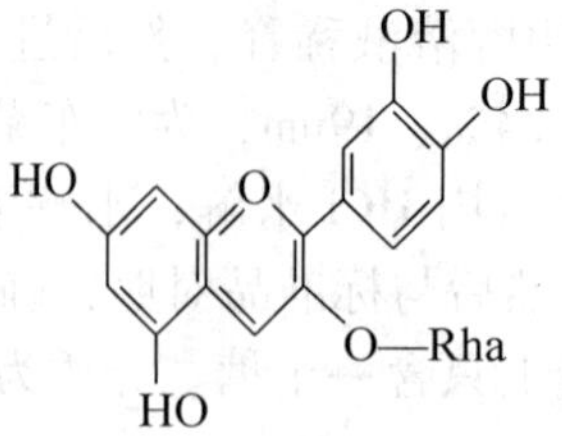

属于黑米色素的一种。

6.3.3 食品甜味剂的剖析

对一种进口点心的甜味剂进行剖析，应用薄层色谱按下述步骤进行剖析。

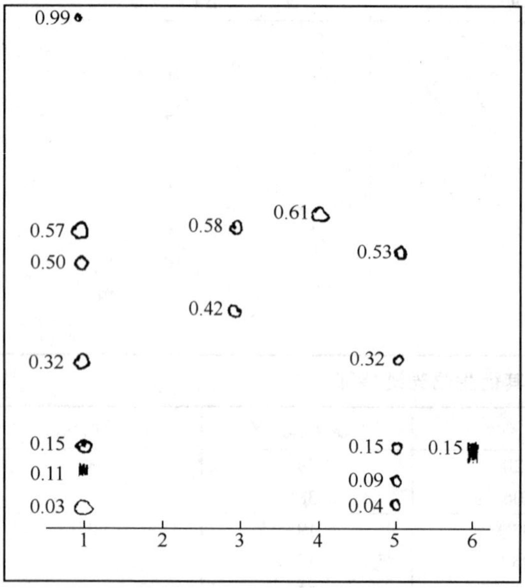

图 6-27 甜味剂的薄层色谱图

1—待测试样；2—甜密素；3—甜叶菊；4—糖精；5—甘草；6—蔗糖

1. 试样制备

待测试样：取5g点心粉碎，溶于95%乙醇和5mL水的溶液中。过滤后取上清液，用作待测试样。

标准品：收集常用的甜味剂蔗糖、甜蜜素、甜叶菊、甘草和糖精各100mg，溶于10mL 95%乙醇和5mL水的溶液。

2. 薄层色谱条件

薄层板：硅胶 G-1%CMC 水溶液；

展开剂用正丁醇：乙醇：水=4∶1∶5(取上层)；

显色剂使用磷钼酸/乙醇溶液(5%)。

3. 薄层色谱分析

薄层色谱展开结果见图6-27。

图中待测试样的斑点呈棕褐色，与甘草的斑点色泽相似，而且有不少斑点的 R_f 值相接近。蔗糖的斑点呈蓝色，在待测试样中只有微量存在。

因此，待测试样甜味剂是由甘草和少量蔗糖组成，图中2号试样甜蜜素在磷酸中不显色。

思 考 题

1. 表面活性剂的化学法鉴定有哪些。
2. 简述表面活性剂的元素分析法和官能团试验法。
2. 画出液体表面活性剂的剖析程序。
3. 画图说明清洗剂配方剖析程序。
4. 非离子表面活性剂聚氧乙烯醚类化合物的 C—O—C 官能团的特征峰频率是多少。
5. 阴离子表面活性剂烷基苯硫酸盐的红外光谱特征频率峰有哪些？
6. 食品乳化剂脂肪酸甘油单酯的红外光谱特征频率峰有哪些？写出其相应的化学基团。

参 考 文 献

[1] 黄玉媛，杜上鉴．精细化工配方研究与产品配制技术．广州：广东科技出版社，2003

[2] 王敬尊，霍慧生．复杂样品的综合分析剖析技术概论．北京：化学工业出版社，2000

[3] 陈立功，张卫红等．精细化学品的现代分离与分析．北京：化学工业出版社，2000

[4] 朱明华．仪器分析．北京：高等教育出版社，2004

[5] 刘立行．仪器分析．北京：中国石化出版社，1994

[6] 谢亚杰，王伟，刘深．表面活性剂制备技术与分析测试．北京：化学工业出版社，2006

[7] 龚盛昭主编．精细化学品检验技术．北京：科学出版社，2006

[8] 夏玉宇主编．化验员实用手册．北京：化学工业出版社，1999

[9] 薛叙明主编．精细有机合成技术．北京：化学工业出版社，1999

[10] 宋启煌主编．精细化工工艺学．北京：化学工业出版社，2004

[11] 陈耀祖编著．有机分析．北京：高等教育出版社，1981

[12] 毛培坤编．表面活性剂产品工业分析．北京：化学工业出版社，2003

[13] 何丽一编著．平面色谱方法及应用．北京：化学工业出版社，2005

[14] 刘志广主编．仪器分析学习指导与综合练习．北京：高等教育出版社，2005

[15] 中山大学化学专业资源库．有机波谱分析——综合解析．http：//ce. sysu. edu. cn/down/Soft/ShowSoft. asp，2006

参考文献